새로운 과외학습식 수학기본서
술술 읽는
POP 수학
고등수학(상)
술술읽는수학연구회

# 이 책으로 공부하는 방법

**하나!** 하루에 동영상 강의 하나씩 듣기(20분)

**NAVER** | POP수학 | 검색

http://cafe.naver.com/dohunbooks

네이버 카페, 카페명 검색에서 **POP수학** 카페를 검색,
가입하고 인강을 매일매일 듣는다.(무료)

**둘!!** 단계별로 문제풀기

1단계 [ 무료 인강과 책을 보며 따라 풀기 ]

2단계 [ 쉬운 문제부터 풀기 ]

3단계 [ 수준별 문제 풀기 ]

4단계 [ 보충강의로 심화하기 ]



**셋!!!** 반복하기

개념정리

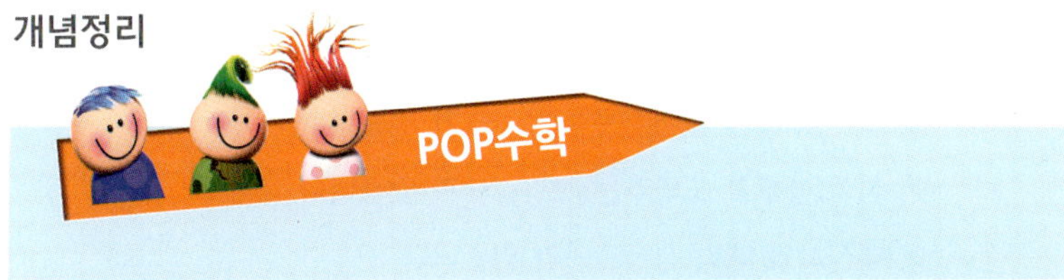
POP수학

단계별 연습문제

START-UP

Level Up

틀린문제 체크하기

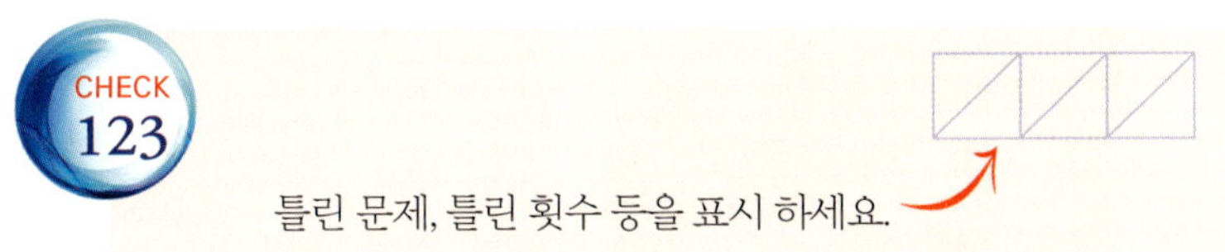
CHECK
123
틀린 문제, 틀린 횟수 등을 표시 하세요.

수학샘 한마디

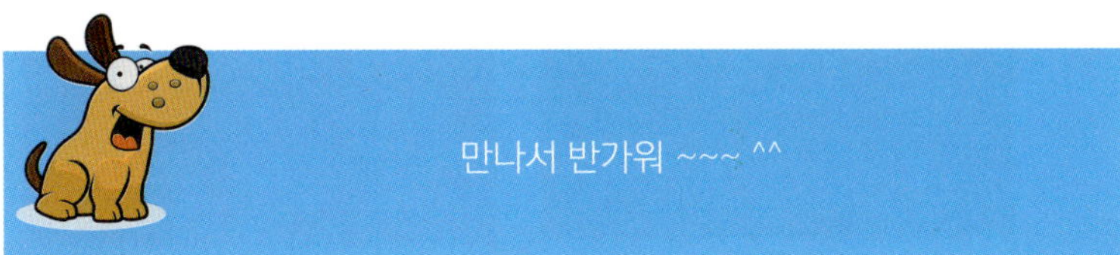
만나서 반가워 ~~~ ^^

# 동영상 강의에는

하나, 개념을 설명하는 기본강의가 있습니다.

둘, 질문을 모아 풀어주는 질문강의가 있습니다.

셋, 심화 공부를 도와주는 보충강의가 있습니다.

넷, 내신시험 대비 직전강의가 있습니다.

다섯, 모의고사 풀이 분석강의가 있습니다.

기본강의(20분)를 매일매일 들어서 개념과 유형을 익히세요.
모든 인강은 횟수, 기간에 제한 없이 무료입니다.

네이버 POP수학 카페에서 수강등록시 책 뒤에 있는 등록번호를 입력하세요.
http://cafe.naver.com/dohunbooks


# 곧 출간합니다.

# 이 책을 만들면서 . . .

오랜기간 수학을 가르치면서
수학 때문에 힘들어 하는 많은 학생들을 보았습니다.
다시 공부하려니 힘들고,
예전 것을 몰라서 힘들고…
좀 더 쉽게,
수학을 포기하지 않고,
끝까지 공부할 수는 없을까?!?
경제적으로 혹은 여러가지 사정으로
공부하는데 어려움이 있는 친구들을 도울 수는 없을까!
여러 선생님들이 머리를 맞대고 생각했습니다.

수학이 재미는 없겠지만
여러분들 꿈을 이루는데 꼭 필요한 과목이에요.
열심히,
포기하지 말고,
끝까지 공부해보도록 해요!

그리고 이 책이 나오기까지 여러모로 도와준 후배 최인수 선생님과
교정을 봐주신 박우희, 나현석 선생님께 감사드립니다.

저자 이도훈


도움을 주신 분들
고려대 수학과 친구들 –JAM
다음 카페 MATH114(http://cafe.daum.net/-math114-)
Study+Plus 선생님들
영재리더학원 선생님들과 학생들

# 목차

POP 수학 -고등수학(상) / ⓒ 이도훈, 2018 / 지은이_ 이도훈 / 펴낸곳_ 도서출판 도훈 / 등록번호 376-2017-000061_ 권선구 입북로 65
술술읽는수학연구회_ 서울시 용산구 이태원로15길 14-4 / 0507-1453-4621/ FAX 0504-227-4621 / 이메일 flyhun9@naver.com

# I

## 문자와 식

# READING MATHEMATICS

# 1. 다항식의 연산

항 : 수 또는 문자의 곱으로 이루어진 식

상수항 : 문자 없이 수로만 이루어진 항

계수 : 문자 앞에 있는 수, 즉 문자에 곱해진 수

단항식 : 하나의 항으로 이루어진 식

다항식 : 하나 이상의 항으로 이루어진 식

동류항 : 문자와 문자의 차수가 동일한 항

항의 차수 : 문자가 곱해진 개수

다항식의 차수 : 특정한 문자에 대하여 차수가 가장 높은 항의 차수

### ● 다항식 용어에 대한 예

항 : $-2x^2, 5x, -2x, 4$

상수항 : $4$

$x^2$ 계수 : $-2$

동류항 : $5x, -2x$

$x$ 항의 차수 : 일차

다항식의 차수 : 이차

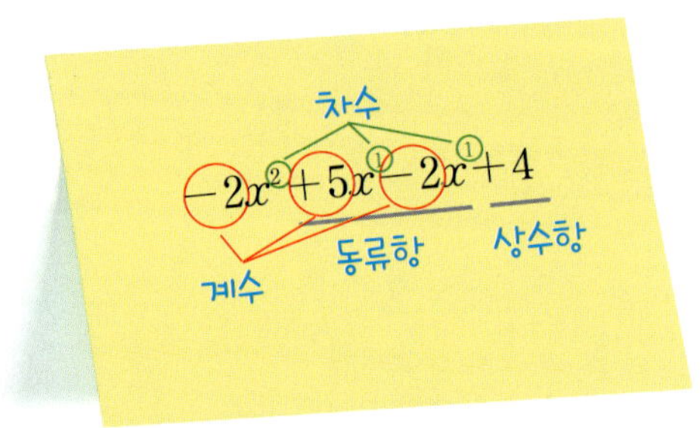


우리는 이미 중학교에서 다항식을 배웠다. 앞으로 배울 고등학교 수학의 다항식과 중학교 때 배운 다항식은 어떤 차이점이 있을까? 크게 바뀐 것은 없지만 어떻게 보면 주인공이 바뀌었다는 큰 변화가 있다. 지금까지 식의 주인공은 $x$ 이었다. 하지만 이제부터는 $y$ 도 $z$ 도 주인공이 될 수 있다. 또 미지수 사용에 대한 폭넓은 이해도 요구한다. $x, y$ 로 되어 있는 문제는 잘 풀지만 $a, b$ 로 되어 있으면 풀이에 접근하지 못하는 경우가 많다. 문자에 대하여 좀 더 폭넓게 이해해야 하겠다. 마지막으로 숫자를 연산하듯 문자로도 자

유롭게 연산을 할 수 있어야 한다. 동류항이 있으면 동류항끼리는 먼저 계산을 해야 하는 것도 잊지 말자.

$$-2x^2+5x-2x+4$$
$$=-2x^2+(5-2)x+4$$
$$=-2x^2+3x+4$$

다항식에서는 어느 문자를 기준으로 삼느냐에 따라 차수와 계수가 달라진다.



$$-5a^2b^3x^4y^5$$

$a$ 에 대한 이차식, 계수는 $-5b^3x^4y^5$

$b$ 에 대한 삼차식, 계수는 $-5a^2x^4y^5$

$x$ 에 대한 사차식, 계수는 $-5a^2b^3y^5$

$y$ 에 대한 오차식, 계수는 $-5a^2b^3x^4$

## ● 다항식의 사칙연산

다항식은 교환법칙, 결합법칙, 분배법칙이 모두 성립한다. 이런 법칙들이 성립한다는 것은 지금까지 배운 사칙연산이 모두 가능하다는 뜻이다. 괄호 앞에는 "-"가 붙어있는 문제가 많으니 식을 전개할 때에 부호가 바뀌는 것에 유의하자. 너무 빨리 계산하려고 하지 말고 조금 늦더라도 정확하게 계산하는 것이 중요하다. 공부는 노력이 아닌 습관이다. 꼼꼼하게 공부하는 습관이 몸에 배도록 하는 것이 더 중요하다. 빨리 푼다고 1등급이 되는 것이 아니다. 정확하게 푸는 사람이 1등급이 될 것이다.

그러면 문제 푸는 시간은 어떻게 단축할까? 빨리 쓴다고 시간이 단축되지는 않는다. 연습장에 글씨를 날리며 써 봤자 1, 2초이고 그렇게 빨리 풀고 나면 답이 틀리기 쉽다. 문제를 풀 때는 되도록 정자체로 쓰는 것이 좋다. 문제 푸는 시간을 줄이는 방법은 따로 있다. 이 책으로 공부하면서 문제 푸는 시간을 줄이는 방법도 천천히 알아보자.^^

다음 식을 정리해 보자.

$$x + 6y - 3z - 2 + 2x - y + z + 1$$
$$= x + 2x + 6y - y - 3z + z - 2 + 1$$
$$= 3x + 5y - 2z - 1$$

별로 어렵지 않았을 것이다. 그러면 괄호 앞에 "–"가 있는 경우를 살펴보자.

$$2x^2 + 3x - 2 - (x^2 - x - 1)$$
$$= 2x^2 + 3x - 2 - x^2 + x + 1$$
$$= 2x^2 - x^2 + 3x + x - 2 + 1$$
$$= x^2 + 4x - 1$$

문제에서는 괄호 앞에 항상 "–"가 있을 것이다. 계산할 때 주의해서 계산하도록 하자!

**CHECK 1**

다음 식을 계산하시오.

$A = x^2 - 2x + 2, \ B = 2x^2 - 3x + 1, \ C = \dfrac{1}{4}x^2 - x - \dfrac{3}{2}$ 일 때,

$$-3(B - C) - 2(A - 2B + 3C) - C$$

먼저 구하는 식을 전개하여 정리한 후 동류항을 계산하자.

$$-3(B - C) - 2(A - 2B + 3C) - C \quad \cdots\cdots \ ①$$
$$= -3B + 3C - 2A + 4B - 6C - C$$
$$= -2A + B - 4C \qquad \text{정리한 식에 A,B,C에 해당하는 다항식을 대입하자}$$
$$= -2(x^2 - 2x + 2) + (2x^2 - 3x + 1) - 4\left(\dfrac{1}{4}x^2 - x - \dfrac{3}{2}\right) \quad \cdots\cdots \ ②$$
$$= -2x^2 + 4x - 4 + 2x^2 - 3x + 1 - x^2 + 4x + 6$$
$$= -x^2 + 5x + 3$$

답 : $-x^2 + 5x + 3$

　①, ②번 식에서 괄호 앞에 음수 부호가 있다. 분배 계산을 할 때 부호를 주의해야 한다. 연산은 머리가 아닌 손이 기억한다. 이 부분이 자꾸 틀린다면 정답이 나올 때까지 반복해서 풀어보자. 문제를 다시 풀 때는 문제의 틀린 부분만 풀지 말고 처음부터 다시 풀어야 한다. 다항식 연산에서 곱하거나 나눌 때는 부호, 문자, 숫자의 순으로 계산한다는 것을 명심하자.

　이 부분은 어려운 파트가 아니고 시험에 나와도 복잡하기만 할 뿐이어서 차분히 연습하면 쉽게 익힐 수 있다. 그리고 틀린 문제는 책에 다양한 방법으로 표시해두기 바란다. 나중에 다시 책을 봤을 때 어려워서 못 푼 문제인지, 풀었었는데 틀렸던 문제인지, 몇 번 틀렸던 문제인지 알 수 있어야 한다. 그래야 시험 전 마무리 공부를 할 때 다시 풀어야 할 문제를 빨리 찾을 수 있고 공부 시간을 줄일 수 있다. 이 책은 문제 우측 상단에 삼각형을 그려넣었다. 이것을 잘 이용해서 체크하기 바란다.

메모도 기술이다!

**CHECK 2**　세 다항식 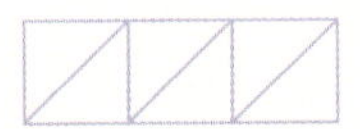

$A = ax^2 + 2xy + 2y^2,\ B = x^2 - 2xy - by^2,\ C = 2x^2 + axy - y^2$ 일 때,

$A + 3B - 4C$ 가 단항식이 된다. 이때 정수 $a, b$ 에 대하여

$a^2 + b^2$ 의 값을 구하여라. (단, $ab < 0$)

　식이 복잡해 보인다. 우선 $A + 3B - 4C$ 에 $A, B, C$ 를 대입하자.

$$ax^2 + 2xy + 2y^2 + 3\left(x^2 - 2xy - by^2\right) - 4\left(2x^2 + axy - y^2\right)$$
$$= ax^2 + 2xy + 2y^2 + 3x^2 - 6xy - 3by^2 - 8x^2 - 4axy + 4y^2$$
$$= (a - 5)x^2 - 4(a + 1)xy + (6 - 3b)y^2$$

　그런데 이 식이 단항식이어야 한다. 단항식이 되려면 3개의 항 중 2개의 항의 계수가 '0'이 되어서 하나의 항만 남아야 한다.

$$a - 5 = 0, \quad a = 5$$
$$a + 1 = 0, \quad a = -1$$
$$6 - 3b = 0, \quad b = 2 \text{ 이다.}$$

그런데 이 문제에서 제일 중요한 부분은 문제 맨 끝에 있는 $(단, \ ab < 0)$ 이다. 학생들은 문제 푸는데 너무 열중한 나머지 문제를 끝까지, 정확하게 읽지 않아 실수를 하는 경우가 많다. 문제를 끝까지 꼼꼼히 읽는 습관을 길들이자!

$ab < 0$ 는 것은 $a, b$ 의 부호가 다르다는 뜻이다. 한편, 두 개의 항이 '0'이 되기 위하여 $b = 2$ 가 되어야 하며, $b$ 의 값이 양수이므로 $a = -1$ 이다.

따라서 답은

$$a^2 + b^2 = (-1)^2 + (2)^2 = 1 + 4 = \mathbf{5}$$

답 : 5

$a, b$는 실수이고 $m, n$은 자연수 일 때, 다음 법칙이 성립한다.

1. $a^m \times b^n = a^{m+n}$

2. $(a^m)^n = a^{mn}$

3. $(ab)^n = a^n b^n$

4. $\left(\dfrac{b}{a}\right)^n = \dfrac{b^n}{a^n}$  (단, $a \neq 0$)

5. $a^m \div a^n = a^{m-n}$

지수법칙은 이미 중학교에서 배워서 익숙할 것이다.

$$(-a^2 b)^2 \times 3ab^2 \times (-2ab)^3$$
$$= (a^4 b^2) \times 3ab^2 \times (-8a^3 b^3)$$
$$= -3 \cdot 8 a^{4+1+3} b^{2+2+3}$$
$$= -24 a^8 b^7$$

먼저 괄호의 거듭제곱을 계산한다.

부호, 숫자, 문자 순으로 분리하여 계산한다.

식의 전개도 이미 중학교에서 공부했기 때문에 여기서는 생략하겠다. 하지만 중요한 것은 단순 계산은 더이상 고교과정에서 묻지 않는다는 것이다. 고등수학 다항식에서 묻고 싶은 것은 단순한 연산이 아니라 계산에 앞서 필요한 부분과 불필요한 부분을 가려내어 필요한 부분만 계산하는 센스! 무조건 전개하는 것을 원하는 것이 아니다.

문제가 요구하는 내용을 잘 살펴보고 무엇을 묻는지 생각해 보자.

다항식 $A, B, C$ 가

① 교환법칙  $AB = BA$

② 결합법칙  $(AB)C = A(BC)$

③ 분배법칙  $A(B + C) = AB + AC,\ \ (A + B)C = AC + BC$

위 세가지 법칙이 모두 성립한다는 것은 우리가 지금까지 배운 사칙연산이 모두 가능하다는 뜻이다.

**CHECK 3**

다음 식에서 $x^3$ 의 계수를 구하여라.

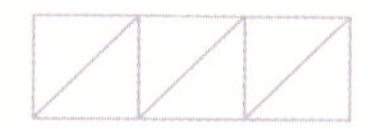

$$(4x^4 + 3x^3 + 2x^2 + x + 1)(1 + x - 2x^2 + 3x^3 - 4x^4 + \cdots + 99x^{99})$$

식을 보니 엄청 복잡해 보인다. $x^{99}$ 까지 나와있으니 '이걸 언제 전개하나' 하는 생각이 들었을 것이다. 하지만 그럴 필요가 없다. 문제에서 묻는 것은 $x^3$ 의 계수이므로 앞의 다항식의 $4x^4$ 과 뒤의 다항식의 $-4x^4$ 이하 부분은 계산할 필요가 없다. 전개를 하더라도 $x^3$ 보다 차수가 높은 항이 나오기 때문이다. 따라서 위의 식에서 계산할 부분은 다음과 같다.

$$(4x^4 + \overset{\frown}{3x^3 + 2x^2 + x + 1})(\overset{\frown}{1 + x - 2x^2 + 3x^3} - 4x^4 + \cdots + 99x^{99})$$

$$\Rightarrow (3x^3 + 2x^2 + x + 1)(1 + x - 2x^2 + 3x^3)$$
$$= 3 \cdot 1 + 2 \cdot 1 + 1 \cdot (-2) + 1 \cdot 3$$
$$= 6$$

● 답 : 6

**CHECK 4**

$$(1 + 2x + 3x^2 + 4x^3 + 5x^4 + 6x^5 + \cdots + 9x^{10})^2$$
에서 $x^4$ 의 계수를 구하여라.

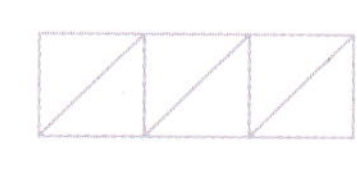

위에 3번 문제와 비슷하다. 복잡해 보이지만, 식을 다 전개할 필요가 없다. 필요한 것은 $x^4$ 의 계수이므로 $x^4$ 이 나오는 항만 곱하면 된다.

$$(1 + 2x + 3x^2 + 4x^3 + 5x^4 \cdots) \times (1 + 2x + 3x^2 + 4x^3 + 5x^4 \cdots)$$
$$\Rightarrow 1 \times 5 + 2 \times 4 + 3 \times 3 + 4 \times 2 + 5 \times 1$$
$$= 5 + 8 + 9 + 8 + 5$$
$$= 35$$

● 답 : 35

$(x - 2x^2 + 3x^3)^5$ 의 전개식에서
모든 항의 계수의 합을 구하여라

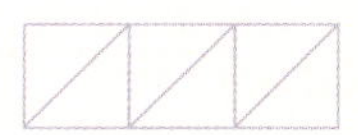

5제곱도 불편한데 계수의 총합을 묻는다. 계수의 총합을 어떻게 구해야 하나 고민이 될 것이다. 3개의 항을 5제곱하면 21개항이 나올 것인데(나중에 확률에서 배운다.), 고등학교 수학에서는 이렇게 무리한 계산을 요구하지 않는다. 그러면 계수의 총합이라는 것은 뭘까? 한번쯤 수학 시험에서 만나본 문제인데 생각이 나지 않을 것이다. 다시 이차함수로 돌아가 보자.

$f(x) = ax^2 + bx + c$ 에서 계수와 상수의 총합은 $a+b+c$ 이다. 그러면 함수식에서 $a+b+c$ 값이 나오려면 어떻게 해야 할까? 그렇다 $x$ 에 1을 대입하면 된다.

$$f(1) = a+b+c$$

따라서 수학 문제를 풀다가 "모든 계수와 상수의 합"을 구하는 표현이 나오면 변수에 1을 대입하면 된다. 그러면 다시 문제로 돌아가서 $x$ 에 1을 대입해 보자.

$$(1 - 2(1)^2 + 3(1)^3)^5$$
$$= (1 - 2 + 3)^5$$
$$= 2^5$$
$$= 32$$

답 : 32

지수 연산에서 합, 차는 어떻게 계산을 해야 할까? $2^8 - 2^5$ 을 계산해 보자. 물론 밑이 같을 때만 계산이 가능하다. 밑이 같다면 지수를 같게 만들어서 아래와 같이 계산한다. 지수의 덧셈, 뺄셈에서는 지수의 낮은 쪽으로 맞춘다.

$$2^8 - 2^5 = 2^3 2^5 - 2^5 = (8-1)2^5 = 7 \times 2^5$$

## 곱셈공식

1. $(a \pm b)^2 = a^2 \pm 2ab + b^2$

2. $(a + b)(a - b) = a^2 - b^2$

3. $(x + a)(x + b) = x^2 + (a + b)x + ab$

4. $(a + b + c)^2 = a^2 + b^2 + c^2 + 2(ab + bc + ca)$

5. $(a \pm b)^3 = a^3 \pm 3a^2 b + 3ab^2 \pm b^3$

6. $(a \pm b)(a^2 \mp ab + b^2) = a^3 \pm b^3$

7. $(a + b + c)(a^2 + b^2 + c^2 - ab - bc - ca) = a^3 + b^3 + c^3 - 3abc$

8. $(a^2 + ab + b^2)(a^2 - ab + b^2) = a^4 + a^2 b^2 + b^4$

## 곱셈공식 변형

1. $a^2 + b^2 = (a + b)^2 - 2ab = (a - b)^2 + 2ab$

2. $(a - b)^2 = (a + b)^2 - 4ab, \ \ (a + b)^2 = (a - b)^2 + 4ab$

3. $a^3 + b^3 = (a + b)^3 - 3ab(a + b), \ \ a^3 - b^3 = (a - b)^3 + 3ab(a - b)$

4. $a^2 + b^2 + c^2 = (a + b + c)^2 - 2(ab + bc + ca)$

5. $a^2 + b^2 + c^2 + ab + bc + ca = \dfrac{1}{2}\{(a + b)^2 + (b + c)^2 + (c + a)^2\}$

$a^2 + b^2 + c^2 - ab - bc - ca = \dfrac{1}{2}\{(a - b)^2 + (b - c)^2 + (c - a)^2\}$

6. $a^3 + b^3 + c^3 = (a + b + c)(a^2 + b^2 + c^2 - ab - bc - ca) + 3abc$

7. $x^2 + \dfrac{1}{x}^2 = \left(x + \dfrac{1}{x}\right)^2 - 2 = \left(x - \dfrac{1}{x}\right)^2 + 2$

8. $\left(x - \dfrac{1}{x}\right)^2 = \left(x + \dfrac{1}{x}\right)^2 - 4, \ \ \left(x + \dfrac{1}{x}\right)^2 = \left(x - \dfrac{1}{x}\right)^2 + 4$

9. $x^3 + \dfrac{1}{x}^3 = \left(x + \dfrac{1}{x}\right)^3 - 3\left(x + \dfrac{1}{x}\right), \ \ x^3 - \dfrac{1}{x}^3 = \left(x - \dfrac{1}{x}\right)^3 + 3\left(x - \dfrac{1}{x}\right)$

10. $x^5 + y^5 = (x^2 + y^2)(x^3 + y^3) - x^2 y^2 (x + y)$

곱셈공식과 곱셈공식 변형은 서로 자리만 바뀐 것이어서 곱셈공식만 정확히 외웠다면 변형은 쉽게 이해할 수 있다. 내가 외웠는지는 확인하는 방법은 연습장 위에 전체 공식을 한번 쭉 써보는 것이다. 생각이 나지 않거나 틀리게 적은 부분은 다시 잘 외우기 바란다. 공식을 잘 외웠다고 가정하고 문제에 적용해 보자.

$$a = \sqrt{3} + 1, \ \ b = \sqrt{3} - 1 \ \text{일 때,} \ a^3 + b^3 \text{을 구해보자.}$$

일단 주어진 $a, b$를 보면 +, − 의 형태이다. 그래서 $a, b$를 더하거나 곱하면 값을 쉽게 구할 수 있다. $a^3 + b^3$을 곱셈공식 변형에서 찾아보자.

$$a^3 + b^3 = (a + b)^3 - 3ab(a + b)$$

위의 식에서 보면 $a + b, ab$ 값이 필요하다. 주어진 $a, b$ 값을 더하거나 곱해서 $a + b, ab$ 값을 구한 다음 식에 대입해 보자.

$$\begin{aligned}
a + b &= \sqrt{3} + 1 + \sqrt{3} - 1 \\
&= 2\sqrt{3}
\end{aligned}$$

$$\begin{aligned}
a \times b &= (\sqrt{3} + 1) \times (\sqrt{3} - 1) \\
&= 3 - 1 \\
&= 2
\end{aligned}$$

$$\begin{aligned}
a^3 + b^3 &= (a + b)^3 - 3ab(a + b) \\
&= (2\sqrt{3})^3 - 3 \cdot 2 \cdot (2\sqrt{3}) \\
&= 24\sqrt{3} - 12\sqrt{3} \\
&= 12\sqrt{3}
\end{aligned}$$

● 답 : $12\sqrt{3}$

그러나 공식이 한 번 만 적용되는 문제는 난이도가 낮은 문제이다. 보통의 문제는 공식을 두 번 이상 적용해야 풀린다. 먼저 구해야 하는 식을 써본 후, 문제에서 값이 제시되지 않은 부분을 찾아보자. 문제를 풀기 위해서는 제시되지 않는 어떤 값을 구해야 한다. 그 값은 주어진 조건들을 잘 조합하면 구할수 있다. 다음의 경우를 살펴보자.

$$x+y+z = 4, \quad x^2+y^2+z^2 = 10, \quad xyz = \frac{1}{3} \text{ 일 때,}$$
$$x^3+y^3+z^3 \text{ 의 값을 구해보자.}$$

먼저 구하고자 하는 $x^3+y^3+z^3$ 의 식을 정리해 보자.

$x^3+y^3+z^3 = (x+y+z)(x^2+y^2+z^2-xy-yz-zx)+3xyz$ 에서 문제에 없는 값은 $xy+yz+zx$ 이다. 그러므로 이 문제를 풀려면 먼저 $xy+yz+zx$ 를 구해야 한다. 문제에서 주어진 조건을 이용해서 $xy+yz+zx$ 를 구할 수 있는 공식을 생각해 보자.

이 때, $(a+b+c)^2 = a^2+b^2+c^2+2(ab+bc+ca)$ 를 이용하면 $xy+yz+zx$ 를 구할 수 있다.

$$(x+y+z)^2 = x^2+y^2+z^2+2(xy+yz+zx)$$
$$4^2 = 10+2(xy+yz+zx) \qquad \text{좌변과 우변을 바꾼다}$$
$$2(xy+yz+zx) = 16-10$$
$$xy+yz+zx = 3$$
$$x^3+y^3+z^3 = (x+y+z)(x^2+y^2+z^2-xy-yz-zx)+3xyz$$
$$= 4(10-3)+3\times\frac{1}{3}$$
$$= 28+1 = \mathbf{29}$$

● 답 : 29

보통 문제집의 해설을 보면 풀이가 거꾸로 되어 있다. 문제를 알고 설명할 때는 어떤 값이 필요한지 알고 있으므로 필요한 것을 먼저 구하고 설명하지만 우리가 문제를 풀 때는 어떤 값이 필요할지 모른다. 따라서 문제에서 주어진 식을 먼저 살펴보고 필요한 값을 구할 수 있는 다른 식을 찾아야 한다. 복잡해 보이지만 몇 번 해 보면 필요한 식들이 머릿속에 떠오를 것이다. 힘들더라도 풀이를 보지 말고 직접 풀어 보도록 하고 공식이 잘 생각나지 않을 때에는 공식을 보되 틀린 부분만 보지 말고 공식 전체를 보면서 다시 한 번 외우도록 하자.



곱셈공식 변형 7, 8, 9번은 $a, b$ 대신에 $x, \dfrac{1}{x}$ 이 사용되었다. $a, b$ 의 전개식에서는 $ab$ 의 값을 알아야 하지만 $x, \dfrac{1}{x}$ 의 전개식에서는 $x \times \dfrac{1}{x} = 1$ 이기 때문에 식이 간단해 진다.

$$7.\ x^2 + \frac{1}{x}^2 = \left(x + \frac{1}{x}\right)^2 - 2 = \left(x - \frac{1}{x}\right)^2 + 2$$

$$8.\ \left(x - \frac{1}{x}\right)^2 = \left(x + \frac{1}{x}\right)^2 - 4 \ , \ \left(x + \frac{1}{x}\right)^2 = \left(x - \frac{1}{x}\right)^2 + 4$$

$$9.\ x^3 + \frac{1}{x}^3 = \left(x + \frac{1}{x}\right)^3 - 3\left(x + \frac{1}{x}\right), \ \ x^3 - \frac{1}{x}^3 = \left(x - \frac{1}{x}\right)^3 + 3\left(x - \frac{1}{x}\right)$$

곱셈공식 변형 9번은 아래 전개식부터 확인해 보면 쉽게 이해할 수 있다.

$$(x^2 + y^2)(x^3 + y^3) = x^5 + x^2 y^3 + x^3 y^2 + y^5$$
$$\therefore\ x^5 + y^5 = (x^2 + y^2)(x^3 + y^3) - (x^2 y^3 + x^3 y^2)$$
$$= (x^2 + y^2)(x^3 + y^3) - x^2 y^2 (x + y)$$

공식을 외울 때는 한 번에 외우려고 하지 말고 여러번 반복해서 외우자. 아침, 점심, 저녁으로 한 번씩 공식을 보거나 포스트잇에 적어 방문이나 책상 앞에 붙여 놓고 자주 보도록 하자.

초등학교 때 배운 나눗셈을 생각해 보자.

$$2\,)\overline{\,9\,} \quad\quad 9 = 2 \times 4 + 1$$

다항식으로 바꾸어 보면 다음과 같다.

$$g(x)\,)\overline{\,f(x)\,} \quad\quad f(x) = g(x)\,Q(x) + R(x)$$

그러므로 다항식도 똑 같이 나눌 수 있다. 다음 두 나눗셈을 살펴보자.

이처럼 다항식도 숫자를 나누듯이 직접 나눌 수 있다는 것은 이미 배웠다. 문제를 풀다 보면 어느 때는 직접 식을 나눠서 풀 때도 있다.

● **조립제법의 이용**

조립제법을 이용할 수도 있다. 직접 나누는 나눗셈보다 편하고 뒤에 가서 인수분해할 때, 3차 이상의 식을 조립제법을 이용하여 인수를 찾고 직접 인수분해 할 수 있는 이차식으로 만들 수 있다.

여기서는 조립제법을 이용하는 방법만 살펴 보겠다. 단 조립제법은 일차식으로 나누는 경우에만 사용할 수 있다. 먼저 $2x^3 - x^2 + 3x + 2$ 를 $x - 2$ 로 나누어 보겠다.

$$
\begin{array}{r}
2x^2 + 3x + 9 \\
x-2 \overline{\smash{)}\, 2x^3 - x^2 + 3x + 2} \\
\underline{2x^3 - 4x^2} \\
3x^2 + 3x \\
\underline{3x^2 - 6x} \\
9x + 2 \\
\underline{9x - 18} \\
20
\end{array}
\qquad
\begin{array}{r}
2 \quad 3 \quad 9 \\
1 - 2 \overline{\smash{)}\, 2 \ -1 \ \ 3 \ \ 2} \\
\underline{2 \ -4} \\
3 \quad 3 \\
\underline{3 \ -6} \\
9 \quad 2 \\
\underline{9 \ -18} \\
20
\end{array}
$$

이번에는 조립제법을 이용해 보자. $x - 2 = 0$ 이 되는 $x$ 의 값 2로 조립제법 한다.

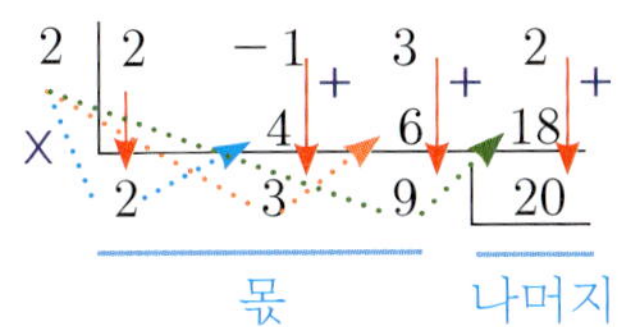


몫 : $2x^2 + 3x + 9$    나머지 : $20$

1) 2는 그냥 내려온다.

2) $2 \times 2 = 4$ 이다.

3) $(-1) + 4 = 3$ 이다.

그런데 조립제법을 이용할 때는 조심해야 할 것이 있다. 다음 두 나눗셈을 비교해 보자.

$$
\begin{array}{r}
x^2 \qquad\quad -2 \\
2x+1 \overline{\smash{)}\, 2x^3 + x^2 - 4x - 5} \\
\underline{2x^3 + x^2} \\
-4x - 5 \\
\underline{-4x - 2} \\
-3
\end{array}
\qquad
\begin{array}{r}
2x^2 \qquad\quad -4 \\
x+\dfrac{1}{2} \overline{\smash{)}\, 2x^3 + x^2 - 4x - 5} \\
\underline{2x^3 + x^2} \\
-4x - 5 \\
\underline{-4x - 2} \\
-3
\end{array}
$$

$2x+1$로 나누었을 때와 $x+\dfrac{1}{2}$로 나누었을 때의 나머지는 같지만 몫은 다르다. $x+\dfrac{1}{2}$로 나누었을 때의 몫은 $2x+1$로 나누었을 때의 몫의 두배가 된다. 이번에는 조립제법으로 계산해 보자. $2x+1$로 나누었을 때와 $x+\dfrac{1}{2}$로나무었을 때, 두 값을 '0'으로 하는 것은 똑같이 $-\dfrac{1}{2}$이므로 조립제법에서 $-\dfrac{1}{2}$으로 계산해야 한다.

$$(2x^3 + x^2 - 4x - 5) \div (2x + 1) \qquad\qquad (2x^3 + x^2 - 4x - 5) \div \left(x + \frac{1}{2}\right)$$

$$-\frac{1}{2}\ \begin{array}{|rrrr} 2 & 1 & -4 & -5 \\ & -1 & 0 & 2 \\ \hline 2 & 0 & -4 & \lfloor -3 \end{array} \qquad\qquad -\frac{1}{2}\ \begin{array}{|rrrr} 2 & 1 & -4 & -5 \\ & -1 & 0 & 2 \\ \hline 2 & 0 & -4 & \lfloor -3 \end{array}$$

위의 조립제법을 식으로 나타내면,

$2x^3 + x^2 - 4x - 5 = \left(x + \dfrac{1}{2}\right)(2x^2 - 4) - 3$로 $2x + 1$로 나누나 $x + \dfrac{1}{2}$로 나누나 조립제법에서는 결과가 똑같이 나타난다. 그래서 왼쪽의 조립제법의 경우를 나머지정리 식으로 맞추려면 다음과 같이 나누는 식에 2를 곱하고 몫은 2로 나누어야 한다.

$$\begin{aligned} 2x^3 + x^2 - 4x - 5 &= \left(x + \frac{1}{2}\right)(2x^2 - 4) - 3 \\ &= 2\left(x + \frac{1}{2}\right)\frac{1}{2}(2x^2 - 4) - 3 \\ &= (2x + 1)(x^2 - 2) - 3 \end{aligned}$$

몫은 변하지만 나머지는 변하지 않는다. 이 내용을 정리하면 다음과 같다.

$$f(x) = \left(x + \frac{b}{a}\right)Q(x) + R = (ax + b)\frac{1}{a}Q(x) + R$$

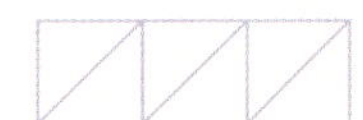

**CHECK 6**

다항식 $2x^3 - 3x^2 + x - 2$ 를 $x^2 + x + 1$ 로 나누었을 때, 몫을 $Q(x)$, 나머지를 $R(x)$ 라 하자. 이때 $Q(2) + R(3)$ 의 값을 구하여라.

문제에 미지수가 없으므로 직접 나누어도 나눗셈이 가능할 것 같다. 일단 식을 직접 나누어 보도록 하자.

$$
\begin{array}{r}
2x \quad -5 \\
x^2+x+1 \, \overline{)\, 2x^3 - 3x^2 + x - 2} \\
\underline{2x^3 + 2x^2 + 2x} \\
-5x^2 - x - 2 \\
\underline{-5x^2 - 5x - 5} \\
4x + 3
\end{array}
$$

$R(x) = 4x + 3$

$R(3) = 4 \times 3 + 3 = 15$

$Q(x) = 2x - 5$

$Q(2) = 2 \times 2 - 5 = -1$

$Q(2) + R(3) = (-1) + 15$

$\qquad\qquad = \mathbf{14}$

● 답 : 14

나누는 식이 이차식이므로 조립제법을 이용할 수 없다.

나눌 때는 계수만 이용하는 방법이 계산하기에 수월하다. 처음이라 어색하겠지만 자꾸 연습을 하다 보면 손에 익숙해질 것이다.

 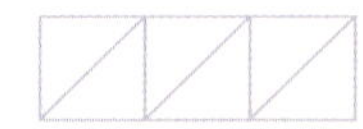



$x + y = -1$, $xy = -2$ 일 때,

$x^5 + x^6 + y^5 + y^6$ 의 값을 구하여라.

합과 곱의 형태가 주어졌으므로 계산할 식을 합과 곱의 형태로 바꾸어보자. 먼저 $x^5 + x^6 + y^5 + y^6$ 을 인수분해 해보자.

$$
\begin{aligned}
& x^5 + x^6 + y^5 + y^6 \\
&= x^5 + y^5 + x^6 + y^6 \\
&= \{x^5 + y^5\} + \{(x^2)^3 + (y^2)^3\} \\
&= \{(x^2 + y^2)(x^3 + y^3) - x^2 y^2 (x + y)\} \\
&\qquad + \{(x^2 + y^2)^3 - 3x^2 y^2 (x^2 + y^2)\} \quad \cdots\cdots ①
\end{aligned}
$$

$x^5 + y^5$ 은 [p23]에서 이미 설명하였다. 자주 나오는 문제는 아니지만 가끔 한 번 나오면 식을 유도하기 위해 시간이 많이 걸리거나 유도하는 과정에서 계산이 틀리기 쉽다. 외워두자! 외우면 언젠가 꼭 써먹을 때가 있다.

$x^6 + y^6$ 은 $(x^2)^3 + (y^2)^3$ 으로 보고 세제곱 공식을 이용하면 된다. 이제 식의 값을 구해야 하는데, 계산할 식이 길어서 필요한 $x^2 + y^2$, $x^3 + y^3$ 의 값을 따로 구해보겠다.

$$
\begin{aligned}
x^2 + y^2 &= (x + y)^2 - 2xy \\
&= (-1)^2 - 2(-2) \\
&= 1 + 4 = 5
\end{aligned}
$$

$$
\begin{aligned}
x^3 + y^3 &= (x + y)^3 - 3xy(x + y) \\
&= (-1)^3 - 3(-2)(-1) = -1 - 6 = -7
\end{aligned}
$$

계산된 값을 ①번 식에 대입해 보자.

$$= \{(5)(-7) - (-2)^2(-1)\} + \{(5)^3 - 3(-2)^2(5)\}$$
$$= \{-35 + 4\} + \{125 - 60\}$$
$$= \mathbf{34}$$

● 답 : 34

**CHECK 8**

두 양수 $a, b$에 대하여

$$a^2 + ab + b^2 = 6, \quad a^2 - ab + b^2 = 4 \text{ 일 때, } a^3 + b^3 \text{ 의 값은?}$$

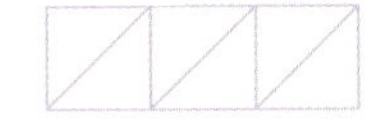

구해야 할 $a^3 + b^3$ 은 다음과 같이 쓸 수 있다.

$$a^3 + b^3 = (a+b)^3 - 3ab(a+b) \quad \cdots\cdots \quad ①$$

식의 값을 구하기 위해서 $a+b$, $ab$ 을 먼저 구해야 한다. 우선 두 식을 살펴 보자. $a^2, b^2$ 이 있고 $\pm ab$ 도 있다. 두 식이 비슷하다. 두 식을 연립하면 뭔가 나올 것 같다. 어떻게 연립해야 할지 모르겠다면, 일단 두 식을 더하거나 빼보면 된다.

$$
\begin{array}{ll}
\quad a^2 + ab + b^2 = 6 & \quad a^2 + ab + b^2 = 6 \\
+\underline{\ a^2 - ab + b^2 = 4\ } & -\underline{\ a^2 - ab + b^2 = 4\ } \\
\quad 2a^2 \quad\ + 2b^2 = 10 & \quad 2ab \qquad\ = 2 \\
\quad a^2 + b^2 = 5 & \quad ab = 1
\end{array}
$$

$$
\begin{aligned}
(a+b)^2 &= a^2 + b^2 + 2ab \\
&= 5 + 2 = 7 \\
a + b &= \pm\sqrt{7}
\end{aligned}
$$

$a, b$ 가 양수이므로 $a + b = \sqrt{7}$, $a+b$, $ab$ 값을 ①번 식에 대입하면,

$$
\begin{aligned}
a^3 + b^3 &= (a+b)^3 - 3ab(a+b) \\
&= 7\sqrt{7} - 3 \times 1 \times \sqrt{7}\ = \mathbf{4\sqrt{7}}
\end{aligned}
$$

● 답 : $4\sqrt{7}$

그림과 같이 반지름의 길이가 $30m$, $\angle AOB = 90°$ 인 부채꼴 모양의 공터에 내접하고 넓이가 $350m^2$ 인 직사각형 광장을 만들고, 광장을 가로지르는 전동보드 길을 만들려고 한다.

전동보드 길인, A–M–N–B의 최단 길이를 구하여라.

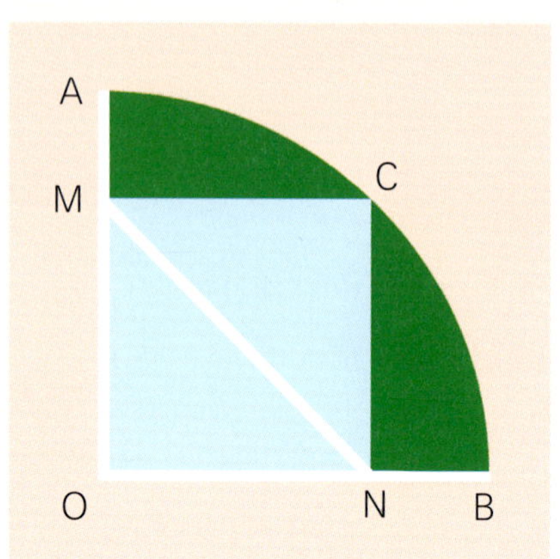


우선 문제에 도형 "원"이 나온 것에 주목해 보자. 원의 핵심은 원의 중심과 반지름이다. 그래서 문제에 원이 나오게 되면 그 원의 중심과 반지름만 잘 살펴보면 문제를 푸는 실마리가 보인다.

우선 $\overline{OM} = a$, $\overline{ON} = b$ 라고 놓으면 $\overline{AM} = 30 - a$, $\overline{BN} = 30 - b$ 가 된다. 광장의 넓이가 $350m^2$ 이므로 $a \times b = 350$ 이다.

그러면 $\overline{MN}$ 의 길이는 어떻게 구할 것인가? 이 시점에서 원을 볼 수 있어야 한다. 왜 원과 직사각형이 이 문제에 등장했을까? 그렇다, 원의 중심과 반지름, 그리고 직사각형의 대각선이다. 도형이 문제에 나왔을 때는 도형의 정의나 성질에 잘 접근해보면 문제의 실마리가 보인다. 광장은 직사각형이므로 두 대각선인 $\overline{MN}$, $\overline{OC}$ 의 길이는 같다. 즉, 구하고자 하는 길이는 $\overline{AM} + \overline{MN} + \overline{NB}$ 는 $\overline{AM} + \overline{OC} + \overline{NB}$ 와 같다.

$$\overline{AM} + \overline{OC} + \overline{NB}$$
$$= 30 - a + 30 + 30 - b$$
$$= 90 - (a + b) \quad \cdots\cdots \quad ①$$

이제 $a + b$ 의 값을 구해보자. 우리가 알고 있는 식은 $ab = 350$ 이 있다.

$a+b$의 값을 구하려면 $a^2+b^2$ 값이 필요한데, 자세히 보니 직각삼각형이 보인다. 직각삼각형 $\triangle OMN$ 에서 $a^2+b^2 = 30^2$ 이다.

$$(a+b)^2 = a^2 + 2ab + b^2$$
$$= 30^2 + 2 \times 350$$
$$= 1600$$
$$a+b = \pm 40$$
$$a+b = 40 \quad (\because a+b > 0)$$

①번 식에서

$$\overline{AM} + \overline{OC} + \overline{NB}$$
$$= 90 - (a+b)$$
$$= 90 - 40 = \mathbf{50}$$

답 : 50

**CHECK 10**

세 다항식 $f(x) = x^2 - 3x - 2$,

$g(x) = -2x^2 + x - 3$, $h(x) = x^2 - x + 1$

에 대하여 $2g(x) + f(x) + 2(h(x) - f(x))$를 구하여라.

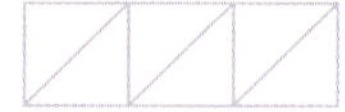

**CHECK 11**

$a^4 = 5$일 때,

$(a-1)(a+1)(a^2+1)(a^4+1)$의 값을 구하여라.

**CHECK 12**

$(x+1)(x^2+1)(x^3+1)(x^4+1)$ 의 전개식에서 모든 항의 계수와 상수항의 합을 구하여라.

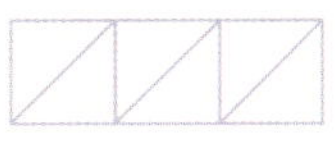

**CHECK 13**

다항식 $f(x)$를 $2x^2+5x-3$ 으로 나누었을 때의 몫을 $Q(x)$, 나머지가 $4x-5$ 일 때, 다항식 $f(x)$를 $2x-1$ 로 나눈 몫과 나머지를 구하여라.

# START-UP

**CHECK 14**

$x$에 대한 두 다항식

$$f(x) = a(x+1)^2 + b(x+1) + x, \quad g(x) = a(x+3)^2 + b(x+3) + x$$

의 전개식에서 $f(x)$, $g(x)$의 모든 항의 계수와 상수항의 합이
각각 1, −15일 때, $h(x) = a(x+2)^3 + b(x+2)^2 + 3(x+2)$의
모든 항의 계수와 상수항의 합을 구하여라.

**CHECK 15**

$x - y = 1 - \sqrt{2}$, $y - z = 1 + \sqrt{2}$ 일 때,
$x^2 + y^2 + z^2 - xy - yz - zx$ 의 값을 구하여라.

**CHECK 16**  $a+b+c=4$, $a^2+b^2+c^2=6$ 일 때, $(a-b)^2+(b-c)^2+(c-a)^2$ 의 값을 구하여라.

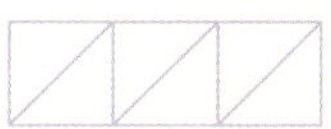

**CHECK 17**  두 다항식 $A$, $B$ 에 대하여

$A+2B=2x^2-2xy+y^2$, $A-B=-4x^2+xy+4y^2$ 일 때,

$2A+3B$ 를 $x$, $y$ 에 대한 식으로 나타내어라.

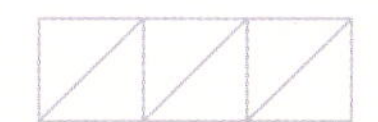

1 다항식의 연산

**CHECK 18**

$(x+1)(x^2-3)(x^3+5)(x^4-7)(x^4+9)$ 의

전개식에서 모든 항의 계수와 상수항의 합이 $a$ 일 때,

$\dfrac{a}{12}$ 를 구하여라.

**CHECK 19**

$x^2+x+1=0$ 일 때,

$3x^4+x^3-4x^2-7x+5$ 의 값을 구하여라.

**CHECK 20** 

직육면체의 겉넓이가 16이고 모서리 길이의 합이 20일 때, 직육면체의 대각선의 길이를 구하여라.

**CHECK 21**

다항식 $f(x)$를 $3x-1$로 나누었을때 몫을 $Q(x)$, 나머지를 $R$라 하자. 이때 $f(x)$를 $x-\dfrac{1}{3}$로 나누었을 때, 몫과 나머지를 구하여라.

두 다항식 $A = (1 + 3x + 5x^2 + 7x^3 + 9x^4)^2$,

$B = (9 + 7x + 5x^2 + 3x^3 + x^4)^2$ 이 있다.

$A$ 에서 $x^5$ 의 계수를 $a$, $B$ 에서 $x^3$ 의 계수를 $b$ 라고 할 때,
$a - b$ 의 값을 구하여라.

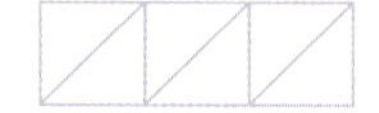

다항식 $(1 + 2x + 3x^2 + 4x^3 + \cdots + 99x^{98})^3$ 의
전개식에서 $x^3$ 의 계수를 구하여라.

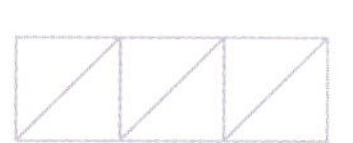

**CHECK 24**

$\left(1 - \dfrac{1}{2^2}\right)\left(1 - \dfrac{1}{3^2}\right)\left(1 - \dfrac{1}{4^2}\right) \cdots \left(1 - \dfrac{1}{9^2}\right) = \dfrac{a}{b}$ 일 때,

$a + b$의 값을 구하여라. (단, 자연수 $a, b$는 서로소의 관계이다)

**CHECK 25**

$a + b + c = \sqrt{6},\ ab + bc + ca = 2$ 일 때,

$a^3 + b^3 + c^3$ 의 값을 구하여라.

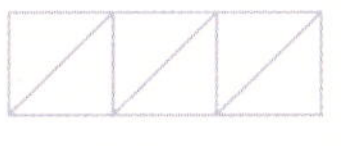

**CHECK 26**

다항식 $f(x) = x^3 - 3x^2 + 2x + 1$ 에 대하여

$f(x)$를 $a(x-1)^3 + b(x-1)^2 + c(x-1) + d$ 꼴로 나타내었을 때,

$a + b + c + d$ 의 값을 구하여라.

**CHECK 27**

삼각형의 세 변인 $a, b, c$ 가

$a^3 + b^3 + c^3 = 3abc$ 를 만족 할 때, 이차방정식 $ax^2 - bx + c = 0$ 의

한 근을 $\alpha$ 라 하자. 이 때, $\alpha^3 + 1$ 의 값을 구하여라.

**CHECK 28**

$x + y + z = 0$, $x^2 + y^2 + z^2 = 2$ 일 때, $x^4 + y^4 + z^4$ 의 값을 구하여라.

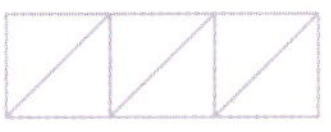

**CHECK 29**

$5(4^2+1)(4^4+1)(4^8+1) = \dfrac{4^a - 1}{b}$ 을 만족하는 자연수 $a, b$ 에 대하여 $a + b$ 의 값을 구하여라. (단, $10 < a < 20$)

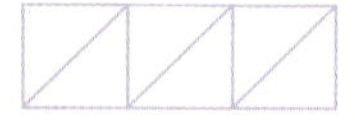

**CHECK 30**

모든 실수 $x$ 에 대하여

$$\frac{x^2 + a + bx + 2b - cx + c}{2x^2 + ax - bx + b + 2c - cx}$$

의 값이 항상 일정할 때, 상수 $a, b, c$ 에 대하여 $\dfrac{3ab}{c^2}$ 의 값은? (단, $2x^2 + (a-b)x + b + 2c \neq 0$ )

**CHECK 31**

$x^3 - 3x + 1 = 0$ 을 만족하고 자연수 $n$ 에 대하여 $f_n(x) = x^n + x^{-n}$ 이라 할 때, $f_1(x) + f_2(x) + f_3(x)$ 을 구하여라.

READING MATHEMATICS

$c^2 = a^2 + b^2$

$x = \dfrac{-b \pm \sqrt{b^2 - 4ac}}{2a}$

PHYSICS

POP 수학

$\pi = 3.14159\cdots$

# 2. 나머지정리

등호(=)가 있는 식을 **등식**이라고 한다. 식에 포함한 문자가 어떤 값을 갖더라도 항상 참이 되는 식(좌변과 우변이 같다)을 **항등식**이라 하고, 특별한 값에 대해서만 참이 되는 식을 **방정식**이라고 한다.

$x$ 에 대한 항등식이면

$$\begin{cases} ax^2 + bx + c = 0 & \Rightarrow \ a = 0, \ b = 0, \ c = 0 \\ ax^2 + bx + c = a'x^2 + b'x + c' & \Rightarrow \ a = a', \ b = b', \ c = c' \end{cases}$$

$x, y$ 에 대한 항등식이면

$$\begin{cases} ax + by + c = 0 & \Rightarrow \ a = 0, \ b = 0, \ c = 0 \\ ax + by + c = a'x + b'y + c' & \Rightarrow \ a = a', \ b = b', \ c = c' \end{cases}$$

항등식은 기본적으로 좌변과 우변이 같다. 그러니까 좌변과 우변이 같게 만드는 값을 생각해 보면 된다. $ax^2, bx, c$ 는 동류항이 아니므로 계산할 수 없다. 그런데 $ax^2 + bx + c = 0$ 이 되어야 하므로 결국 좌변이 0이 될 수 있는 방법은 $a, b, c$ 가 모두 '0'이 되어야 한다는 것이다.

등식 $2x - 5 = a(x - 3) + b$ 가 $x$ 에 대한 항등식이 되도록 하는 상수 $a, b$ 에 대하여 $a + b$ 의 값을 구해보자. 먼저 위의 식은 $x$ 에 대한 항등식이므로 주인공은 $x$ 이다. 우변을 정리해서 $x$ 가 있는 항과 $x$ 가 없는 항으로 분리한 후 좌변과 우변의 항을 비교해서 값을 구해보자.

$$\begin{aligned} 2x - 5 &= a(x - 3) + b \\ &= ax - 3a + b \end{aligned} \qquad \begin{aligned} a = 2, \quad -3a + b &= -5 \\ -3(2) + b &= -5 \\ -6 + b &= -5 \\ b &= 1 \\ \therefore \ a + b = 2 + 1 &= \mathbf{3} \end{aligned}$$

임의의 실수 $x, y$ 에 대하여 등식

$$a(2x - y + 3) + b(-x + 2y - 1) + c = -x + 5y + 2$$

가 성립하도록 하는 상수 $a, b, c$ 의 값을 구하여라.

'임의'란 말은 '아무거나'라는 말과 같은 뜻으로 '모든'의 의미가 있다. 그러니까 $x, y$ 가 어떤 값을 갖더라도 등식이 성립한다는 말이다. 문제에서 '임의의 실수 $k$ 에 대하여 항상 성립한다'는 표현이 나오면 $k$ 가 있는 항과 $k$ 가 없는 항으로 묶은 다음, $k$ 에 관한 항등식으로 접근하면 된다. 문제의 식을 전개해서 $x, y$ 와 상수항으로 묶어보자.

$$a(2x - y + 3) + b(-x + 2y - 1) + c = -x + 5y + 2$$
$$2ax - ay + 3a - bx + 2by - b + c = -x + 5y + 2$$
$$(2a - b)x + (2b - a)y + 3a - b + c = -x + 5y + 2$$

$$2a - b = -1, \quad 2b - a = 5, \quad 3a - b + c = 2$$

세 식을 연립하여 풀면

$$a = 1, \quad b = 3, \quad c = 2$$

답 : $a = 1, \ b = 3, \ c = 2$

굳이 우변을 좌변으로 다 넘겨서 $ax^2 + bx + c = 0$ 꼴로 만들지 않아도 된다. 좌변을 정리하고 우변을 정리해서 계수를 비교하면 된다.

'임의'나 '모든'의 반댓말은 '어떤'이다. 어떤 실수 $x$ 에 대해서 등식이 성립한다면 등식을 만족하는 $x$ 의 값이 하나만 있어도 된다. 문제에서 '모든'으로 표현될 때와 '어떤'으로 표현될 때의 풀이는 다르다. 문제를 주의 깊게 읽지 않아서 틀리는 경우가 많다. 문제를 읽을 때는 천천히, 꼼꼼하게 읽어야 한다.

 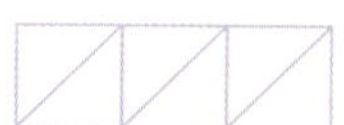

**CHECK 33** 임의의 실수 $k$ 에 대하여 등식

$kx + 2a + 4 = -ak$ 가 항상 성립하도록 하는 $x$ 의 값을 구하여라.

$k$ 에 관한 항등식이므로 우선 우변에 있는 $-ak$ 를 좌변으로 이항을 하고 $k$ 에 대하여 묶어 보자.

$$kx + 2a + ak + 4 = 0$$
$$(a + x)k + 2a + 4 = 0$$

$$\begin{array}{ll} 2a + 4 = 0, & a + x = 0 \\ 2a = -4 & -2 + x = 0 \\ a = -2 & x = 2 \end{array}$$



답 : 2

**CHECK 34** 임의의 실수 $x, y$ 에 대하여 $\dfrac{-x + by + 1}{ax + 2y - 3}$ 의 값이 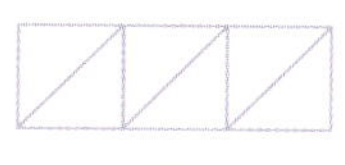 항상 일정할 때, 상수 $a + b$ 의 값을 구하여라.

$\dfrac{-x + by + 1}{ax + 2y - 3}$ 의 값이 일정한 값을 갖으므로 그 값을 $k$ 라고 놓자.

$$\dfrac{-x + by + 1}{ax + 2y - 3} = k$$
$$-x + by + 1 = k(ax + 2y - 3)$$
$$= akx + 2ky - 3k$$

$x, y$ 에 대한 항등식이므로

$-1 = ak, \quad b = 2k, \quad 1 = -3k$ 이다.

$$k = -\dfrac{1}{3},$$
$$b = 2k = 2\left(-\dfrac{1}{3}\right) = -\dfrac{2}{3}$$
$$ak = -1, \quad a\left(-\dfrac{1}{3}\right) = -1, \quad a = 3$$
$$\therefore a + b = 3 + \left(-\dfrac{2}{3}\right)$$
$$= \dfrac{7}{3}$$

답 : $\dfrac{7}{3}$

**CHECK 35**

등식 $x^2 + 3x + \dfrac{k}{3} = (x+a)(x-b)$ 는 $x$ 에 대한 항등식이다. $a, b$ 가 정수일 때, $|k| \le 100$ 을 만족시키는 정수 $k$ 의 개수는?

먼저, 우변을 정리해서 계수를 비교해 보자.

$$x^2 + 3x + \frac{k}{3} = x^2 + (a-b)x - ab$$

$$3 = a - b \qquad \vdots \qquad \frac{k}{3} = -ab$$

$$b = a - 3 \qquad \vdots \qquad k = -3ab$$

$$|k| \le 100$$
$$-100 \le k \le 100$$
$$-100 \le -3ab \le 100$$
$$-\frac{100}{3} \le ab \le \frac{100}{3}$$
$$-33.3\cdots \le ab \le 33.3\cdots$$
$$-33.3\cdots \le a(a-3) \le 33.3\cdots$$

이 범위에 해당하는 정수 $a$ 는 7부터 $-4$까지 12개이지만 문제에서 묻는 것은 정수 $k$ 의 개수이다. $a$ 가 '7'일 때, $7 \times 4 = 28$ 부터 $a$ 가 '0'일 때, $0 \times (-3) = 0$ 까지 6개가 된다. $a$ 가 '1, 0, $-1$, $-2$, $-3$, $-4$'일 때는 $k$ 의 값이 중복되기 때문에 개수에서 빠진다.

묻는 것이 무엇인지 문제를 정확히 읽고 풀어야겠다. 그렇지 않으면 다 풀고도 틀리는 경우가 많다.

답 : 6개

항등식의 성질을 이용하여 등식에 포함된 계수의 값을 알아내는 방법을 미정계수법이라 한다. 항등식 양변의 동류항의 계수를 서로 비교하여 미정계수를 구하는 것을 **계수 비교법**, 문자에 어떤 값을 대입하여 식을 간단히 한 후 미정계수를 구하는 것을 **수치 대입법**이라고 한다.

(문제를 풀 때는 수치 대입법으로 먼저 접근하고 수치대입법으로 풀 수 없을 때 식을 전개하여 계수비교법을 사용한다.)

다음 문제를 살펴보고 수치 대입법으로 풀지, 계수 비교법으로 풀지 판단해 보자.

1) $3x^2 - 2x - 4 = ax(x-1) + bx(x+2) + c(x-1)(x+2)$
2) $3x^3 + ax^2 + x + b = (x^2 - x + 1)(cx + 2)$

1)번 식은 $x = 0,\ 1,\ -2$를 대입하면 0이 되는 항들이 있어 식이 간단해져 미지수를 구할 수 있다. 반면 2)번 식은 $x$에 어떤 값을 넣어 식을 간단하게 만들 적당한 값이 보이지 않는다. 그러니까 우변을 전개하여 양변의 계수를 비교해야겠다.

1)번 식은 수치 대입법으로

$$3x^2 - 2x - 4 = ax(x-1) + bx(x+2) + c(x-1)(x+2)$$

$x = 0$ 일 때,
$$-4 = -2c,\quad c = 2$$
$x = 1$ 일 때,
$$3 - 2 - 4 = 3b$$
$$-3 = 3b,\quad b = -1$$

$x = -2$ 일 때,

$$12 + 4 - 4 = 6a$$
$$12 = 6a$$
$$a = 2$$

$$\therefore \ a = 2, \ b = -1, \ c = 2$$

2)번 식은 계수 비교법으로

$$3x^3 + ax^2 + x + b = (x^2 - x + 1)(cx + 2)$$
$$= cx^3 + (2 - c)x^2 + (c - 2)x + 2$$

$$3 = c, \ a = 2 - c, \ 1 = c - 2, \ b = 2$$

$$a = -1, \ b = 2, \ c = 3$$

● **나눗셈과 나머지정리**

수치 대입법은 나머지정리에서도 사용되는데, 나머지정리라는 것은 앞에서 설명한 것과 같이 초등학교 때 배웠던 나눗셈의 검산식이라고 생각하면 된다.

$$2\overline{)9}^{\,4} \quad \Rightarrow \quad 9 = 2 \times 4 + 1$$
$$\underline{8\phantom{0}}$$
$$1$$

$$g(x)\overline{)f(x)}^{\,Q(x)} \quad \Rightarrow \quad f(x) = g(x) \times Q(x) + R(x)$$
$$\underline{\cdots}$$
$$R(x)$$

위의 식에서 나머지 1은 나누는 수 2보다 항상 작아야 한다. 나머지가 나누는 수보다 크면 더 나누어져서 몫이 증가한다. 다항식도 마찬가지이다. 나머지 $R(x)$는 나누는 다항식 $g(x)$보다 차수가 낮아야 한다. 나누는 다항식 $g(x)$가 이차식이면 나머지는 일차 이하의 식이여야 하므로 $ax+b$로 놓는다. 나머지정리 문제에서 대부분은 몫인 $Q(x)$를 모르기 때문에 식을 풀기 위해서는 $Q(x)$를 소거할 수 있는 값, 즉 '0'을 만들 수 있는 값을 대입하여 식을 정리한다.

$f(x) = (x-2)Q(x) + R(x)$라고 하면 $x$에 2를 대입하여 $(x-2)Q(x)$를 '0'으로 만든다.

$$f(2) = (2-2)Q(2) + R(2)$$
$$f(2) = R(2)$$

즉, 우리가 알고 있었던 함숫값 $f(2)$는 다항식 $f(x)$를 $(x-2)$로 나눈 나머지값 $R(2)$와 같다.

$2x^4 - 3x^2 + 4 = (x^2-3)Q(x) + R(x^2)$라고 하면 $x^2$에 3을 대입하여 $(x^2-3)Q(x)$를 '0'으로 만든다.

$$2(3)^2 - 3 \cdot 3 + 4 = (3-3)Q(x) + R(3)$$
$$18 - 9 + 4 = 0 + R(3)$$
$$R(3) = 13$$

문제에서 몫인 $Q(x)$를 알려주는 경우는 나머지식을 전개하여 항등식으로 푸는 경우이다.

**CHECK 36**

다항식 $f(x)$에 대하여 등식

$(x-1)(x+2)f(x) = x^2 + ax - b$가 $x$에 대한 항등식일 때,

상수 $a, b$값을 구하여라.

위의 문제에서 다항식 $f(x)$가 어떤 것인지 모른다. 그런데 $x$에 1, -2 값을 대입하면 좌변이 '0'이 되어 $f(x)$를 몰라도 두 식을 얻을 수 있다. 이때 나온 두식을 연립하면 상수 $a, b$값을 구할 수 있다.

$(x-1)(x+2)f(x) = x^2 + ax - b$

| $x = 1$ 일 때, | | $x = -2$ 일 때, |
| --- | --- | --- |
| $0 = 1 + a - b$ | | $0 = 4 - 2a - b$ |
| $a - b = -1$ | | $2a + b = 4$ |

두 식을 연립하면 $a = 1, \ b = 2$이다.

답 : $a = 1, \ b = 2$

**CHECK 37**

임의의 실수 $x$에 대하여

$x^2 + 2x = a(x+1)^2 + b(x+1) + c$ 일 때,

$a + 2b + 3c$ 의 값을 구하여라.

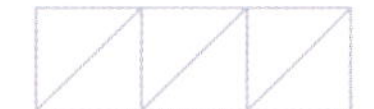

식을 살펴보니 $x$에 넣을 값은 -1 하나 뿐인데 미지수는 3개나 있다. 일단, 할 수 있는 것! $x$에 -1을 넣어보자.

$x^2 + 2x = a(x+1)^2 + b(x+1) + c$

$(-1)^2 + 2(-1) = a(-1+1)^2 + b(-1+1) + c$

$1 - 2 = c$

$c = -1$

　그 다음에 넣을 값을 생각해 보니, 아무 값이나 넣어도 $a, b$에 관한 식이 나올 것 같다. 이왕이면 계산하기 쉬운 '0'과 '1'을 넣어 보자.

$$x^2 + 2x = a(x+1)^2 + b(x+1) - 1$$
$$(0)^2 + 2(0) = a(0+1)^2 + b(0+1) - 1 \qquad \text{$x$에 '0'을 대입한다.}$$
$$0 = a + b - 1$$
$$a + b = 1 \quad \cdots\cdots ①$$

$$x^2 + 2x = a(x+1)^2 + b(x+1) - 1$$
$$(1)^2 + 2(1) = a(1+1)^2 + b(1+1) - 1 \qquad \text{$x$에 '1'을 대입한다.}$$
$$1 + 2 = 4a + 2b - 1$$
$$4a + 2b = 4$$
$$2a + b = 2 \quad \cdots\cdots ②$$

　①, ②번 두 식을 연립하면 $a = 1$, $b = 0$, $c = -1$이다. 따라서 구하는 값은

$$a + 2b + 3c$$
$$= 1 + 2 \times 0 + 3 \times (-1)$$
$$= 1 - 3$$
$$= -2$$

● 답 : $-2$

다항식을 일차식으로 나눠 나머지를 구할 때, 직접 나누지 않고 항등식의 성질을 이용하는 것을 나머지정리라 한다.

> 1) $x$에 대한 다항식 $f(x)$를 일차식 $x-\alpha$로 나누었을때의 나머지는 $f(\alpha)$이다.
>
> 2) $x$에 대한 다항식 $f(x)$를 일차식 $ax+b$로 나누었을때의 나머지는 $f(-\dfrac{b}{a})$이다.

나머지정리는 아주 중요한 단원이다. 단순한 연산 문제로 보면 안 된다. 고등학교 수학 문제는 단순한 계산능력이 아니고 수리적인 깊은 사고를 요구한다. 나머지정리 부분이 응용이 되면 상당히 어려운 문제가 된다. 쉬운 문제부터 차근히 풀어서 개념을 확실하게 익힌 후 심화 문제까지 접근해 보도록 하자.

다항식 $f(x) = x^3 + ax^2 + bx - 1$을 $x-1$로 나누었을 때의 나머지는 $5$이고, $x+2$로 나누었을 때의 나머지는 $-1$이다. 이때 $a, b$의 값을 구해보자.

$x-1$로 나누었을 때의 나머지는 5이므로, $x$에 1을 넣어서 5가 되는 식, 즉 $f(1) = 5$와 $x+2$로 나누었을 때의 나머지는 -1이므로, $x$에 -2을 넣어서 -1이 되는 식, 즉 $f(-2) = -1$을 이용하여 두 식을 끌어 낸다.

$f(1) = 1 + a + b - 1 = 5$
$a + b = 5 \cdots\cdots$ ①

$$f(-2) = -8 + 4a - 2b - 1 = -1$$
$$4a - 2b = 8$$
$$2a - b = 4 \cdots\cdots \ \textcircled{2}$$

①, ② 두 식을 연립하면 $a = 3, \ b = 2$

● 답 : $a = 3, \ b = 2$

 **CHECK 38** 다항식 $f(x)$를 $x + 2$로 나누었을 때의 나머지가 1이고, $x - 1$로 나누었을 때의 나머지가 4이다. 다항식 $f(x)$를 $(x + 2)(x - 1)$로 나누었을때의 나머지를 구하여라.

나머지정리의 기본적인 유형이다. 문제에서 우리는 두 가지 조건을 알 수 있다. $f(-2) = 1$, $f(1) = 4$이다. 그리고 나누는 식이 이차식이므로 나머지는 일차식이거나 그 이하인 상수가 될 것이다. 그래서 나머지를 $ax + b$로 놓는다.

$$f(-2) = 1, \ f(1) = 4$$
$$f(x) = (x + 2)(x - 1)Q(x) + ax + b$$

$$f(-2) = (-2 + 2)(-2 - 1)Q(-2) + a(-2) + b = 1$$
$$-2a + b = 1 \ \cdots\cdots \textcircled{1}$$

$$f(1) = (1 + 2)(1 - 1)Q(-2) + a + b = 4$$
$$a + b = 4 \ \cdots\cdots \textcircled{2}$$

①번 식과 ②번 식을 연립하면
$a = 1, \ b = 3$이다.
따라서 구하는 나머지는 $R(x) = x + 3$

● 답 : $R(x) = x + 3$

다항식 $f(x)$를 $x-1$로 나누었을 때의 나머지가 2일 때, 다항식 $xf(x-1)$를 $x-2$로 나누었을 때의 나머지를 구하여라.

$x-2$로 나누었다고 했으므로 $f(x)$, $xf(x-1)$든 $x$에 2를 대입하면 된다. 문제에 $f(x)$가 아닌 다른 형태의 문자가 있어도 $x$에 2만 대입하면 된다. 일차식으로 나누었으므로 나머지는 상수가 된다.

$f(1) = 2,$
$xf(x-1) = (x-2)Q(x) + R$ 

$2f(2-1) = (2-2)Q(2) + R$
$2 \times f(1) = R$
$2 \times 2 = R$
$\therefore R = 4$

답 : 4

우리는 $Q(x)$를 모르고 문제를 푼다. 그러므로 $Q(x)$와 곱으로 붙어 있는 항에 '0'이 되는 값을 넣으면 $Q(x)$가 지워지므로 뭔가 풀 수 있는 실마리가 보일 것이다. 가끔 몫인 $Q(x)$를 알려주고 푸는 문제도 있다. 그럴때는 식을 전개해서 좌변과 우변이 같다는 항등식으로 풀면된다.

2 나머지정리

57

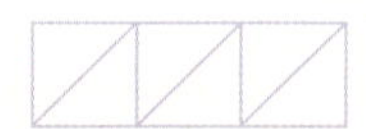

다항식 $f(x)$는 $(x-1)(x+2)$로 나누어 떨어지고 $(x+2)(x-3)$으로 나누었을 때의 나머지는 $2x+4$이다. 다항식 $f(x)$를 $(x-1)(x+2)(x-3)$로 나누었을 때의 나머지를 $R(x)$라 할 때, $R(2)$의 값을 구하여라.

문제에 따라 식을 써 보자.

$$f(x) = (x-1)(x+2)Q(x)$$
$$= (x+2)(x-3)Q'(x) + 2x+4$$
$$= (x-1)(x+2)(x-3)P(x) + R(x)$$
$$= (x-1)(x+2)(x-3)P(x) + ax^2 + bx + c \quad \cdots\cdots \text{㉠}$$

문제에서 알 수 있는 조건은 $f(1) = 0,\ f(-2) = 0,\ f(3) = 10$이다. 미지수가 3개 있고 조건이 3개 있으니 식을 찾아내서 연립하면 풀 수 있다.

㉠에 각 조건을 대입하면 다음과 같은 식을 얻을 수 있다.

$$a + b + c = 0 \quad \cdots\cdots \text{①}$$
$$4a - 2b + c = 0 \quad \cdots\cdots \text{②}$$
$$9a + 3b + c = 10 \quad \cdots\cdots \text{③}$$

미지수 $a, b, c$ 중에서 계수가 가장 간단한 $c$를 소거한다.

②$-$① 에서 $3a - 3b = 0 \quad \Rightarrow \quad a - b = 0$

③$-$② 에서 $5a + 5b = 10 \quad \Rightarrow \quad a + b = 2$

두 식을 연립하면 $a = 1,\ b = 1,\ c = -2$이다.

따라서 나머지는

$$R(x) = x^2 + x - 2$$
$$R(2) = 2^2 + 2 - 2 = \mathbf{4}$$

답 : 4

**CHECK 41** 다항식 $f(x)$를 $(x-2)^2$로 나누었을 때의 나머지가 $x+1$이고, $x-1$로 나누었을 때의 나머지가 4이다. $f(x)$를 $(x-2)^2(x-1)$로 나누었을 때의 나머지를 구하여라.

문제에 맞게 나머지정리 식을 쓰면 구해야 하는 나머지는 다음과 같다.

$$f(x) = (x-2)^2 Q_1(x) + x + 1 \quad \cdots\cdots \quad ①$$
$$f(x) = (x-1) Q_2(x) + 4$$

우리가 구해야 할 식은

$$f(x) = (x-2)^2(x-1)P(x) + ax^2 + bx + c \,\text{이다.}$$

구해야 하는 미지수는 3개인데, 대입할 수 있는 값은 두 개 밖에 없으므로 연립을 해도 풀 수 없다. 그래서 식을 바꾸어야 한다. $(x-2)^2$로 나누었을 때의 나머지가 $x+1$이라는 것을 이용해서 아래와 같은 식으로 바꿀 수 있다.

$$f(x) = \underset{\text{나눈 식}}{\underline{(x-2)^2}} \, \underset{\text{몫}}{\underline{(x-1)P(x)}} + \underset{\text{추가된 몫}}{\underline{a(x-2)^2}} + \underset{\text{나머지}}{\underline{x+1}}$$

$$= (x-2)^2\{(x-1)P(x) + a\} + x + 1$$

$(x-2)^2$로 나눈다고 보면 $(x-1)Q(x)$은 몫이 되고, 이차식으로 나누었으므로 나머지는 1차 식이 되어야 한다. 문제에서 $(x-2)^2$로 나눴을 때 나머지를 문제에서 $x+1$이라고 주었다. 처음에 놓았던 나머지 $ax^2+bx+c$는 $(x-2)^2$으로 나누면 몫이 더 생긴다. $(x-2)^2$로 나누었을 때의 나머지가 $x+1$이 되야 하고, $ax^2+bx+c$을 $(x-2)^2$으로 나누면 몫은 $a$가 된다.

$Q_1(x)$를 $x-1$로 나눈다고보면, $Q_1(x) = (x-1)P(x) + a$를 ①번 식에

대입한 것과 같다.

이 부분이 잘 이해가 되지 않으면 보충강의를 들어보기 바란다.

따라서 $(x-2)^2(x-1)$로 나누었을 때의 나머지 $ax^2+bx+c$는
$(x-2)^2$로 나누면 $a(x-2)^2+x+1$로 놓을 수 있고, 그러면 미지수 3개는
가 1개로 준다. 그 식에 '$x-1$로 나누었을 때의 나머지가 4' $\Rightarrow$ $f(1)=4$를
적용하면 된다.

$$f(x) = (x-2)^2(x-1)Q(x) + ax^2+bx+c$$
$$\phantom{f(x)} = (x-2)^2(x-1)Q(x) + a(x-2)^2+x+1 \quad \cdots\cdots ②$$

$$f(1) = (1-2)^2(1-1)Q(1) + a(1-2)^2+1+1 = 4 \qquad x \text{에 '1'를}$$
$$a+2 = 4 \qquad\qquad\qquad\qquad\qquad\qquad \text{대입한다.}$$
$$a = 2$$

$$R(x) = a(x-2)^2+x+1 \qquad ②\text{번 식의 나머지에서 } a \text{에 '2'를 대입한다.}$$
$$\phantom{R(x)} = 2(x-2)^2+x+1$$
$$\phantom{R(x)} = 2x^2-7x+9$$

● 답 : $2x^2-7x+9$

나머지정리 문제는 주어진 문제에 맞게 식을 써놓고 문제에서
제시한 조건들을 적용하면 풀이가 보인다.

모든 실수 $x$ 에 대하여

$$x^{10} - 1 = a_{10}(x-1)^{10} + a_9(x-1)^9 + a_8(x-1)^8 + \cdots$$
$$+ a_1(x-1) + a_0$$

이 성립할 때, $a_9 + a_7 + a_5 + a_3 + a_1$ 의 값을 구하여라.

계수의 합을 묻는 문제에서는 요구하는 계수의 형태를 끌어내기 위해서 $x$ 에 적당한 값을 넣어 보면 된다. 먼저 위의 식에서 $x$ 에 '2'와 '0'을 대입해 보자.

$x = 2$
$$2^{10} - 1 = a_{10}(2-1)^{10} + a_9(2-1)^9 + a_8(2-1)^8 + \cdots + a_1(2-1) + a_0$$
$$2^{10} - 1 = a_{10} + a_9 + a_8 + \cdots + a_1 + a_0 \quad \cdots\cdots ①$$

$x = 0$
$$0^{10} - 1 = a_{10}(0-1)^{10} + a_9(0-1)^9 + a_8(0-1)^8 + \cdots + a_1(0-1) + a_0$$
$$-1 = a_{10} - a_9 + a_8 - \cdots - a_1 + a_0 \quad \cdots\cdots ②$$

두 식을 연립해 보자. ① － ②를 하면,

$$2^{10} = 2(a_9 + a_7 + a_5 + a_3 + a_1)$$
$$\therefore a_9 + a_7 + a_5 + a_3 + a_1 = \mathbf{2^9}$$

답 : $\mathbf{2^9}$

 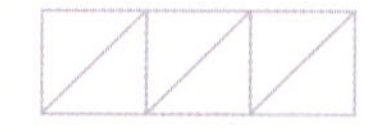



$x$에 대하여 $f(x)$가 다음 조건을 만족시킬 때, $g(1)$의 값을 구하여라.

가) $x^3 - 2x^2 + 3x - 3$를 $f(x)$로 나눈 나머지는 $g(x)$이다.

나) $x^3 - 2x^2 + 3x - 3$를 $g(x)$로 나눈 나머지는 $f(x) - x^2 + x - 1$이다.

복잡해 보이지만 일단 문제에 맞게 나머지정리 식을 써보자. 그런데 $f(x)$나 $g(x)$가 몇 차식 인지 모른다. 조건에서 식의 차수를 고려해서 유추해 보면 다음과 같이 정리할 수 있다.

$$x^3 - 2x^2 + 3x - 3 = \underset{\text{2차}}{f(x)} \cdot \underset{\text{1차}}{Q(x)} + \underset{\text{1차 이하}}{g(x)} \quad \cdots\cdots \text{①}$$

$$= \underset{\text{1차}}{g(x)} \cdot P(x) + \underset{\text{상수}}{f(x) - x^2 + x - 1} \quad \cdots\cdots \text{②}$$

①번 식에서 $f(x)$를 이차식으로 보면 $g(x)$는 일차 이하의 식이지만, ②번 식을 보면 $g(x)$는 일차식이어야 한다. 나머지인 $f(x) - x^2 + x - 1$는 나누는 $g(x)$가 일차식이므로 상수가 되어야 한다.

따라서 $f(x) = x^2 - x + a$로 놓을 수 있다. 다른 경우도 생각해 볼 수 있지만 ①번 식의 $f(x)$와 ②번 식의 나머지에 해당하는 $f(x) - x^2 + x - 1$의 차수를 따져보면 오류가 생긴다. 나누는 식의 차수와 나머지의 차수를 잘 비교해서 풀이에 다가가야 한다.

$$
\begin{array}{r}
x - 1 \\
x^2 - x + a \,\overline{\smash{)}\, x^3 - 2x^2 + 3x - 3} \\
\underline{x^3 - x^2 + ax \phantom{aaaaa}} \\
-x^2 + (3-a)x - 3 \\
\underline{-x^2 + \phantom{aa} x - a} \\
(2-a)x - 3 + a
\end{array}
$$

$g(x) = (2-a)x + a - 3$

$\therefore g(1) = (2-a)(1) + a - 3$

$\qquad = -1$



답 : $-1$

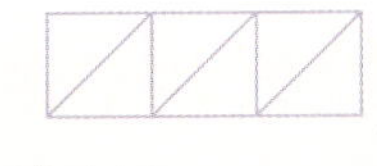

**CHECK 44**

$x$에 대한 다항식 $f(x) = ax + 2b$가 다음 조건을 만족시킬 때, $f(3)$의 값을 구하여라. (단, $a, b \neq 0$이다.)

가) $f(x^3)$를 $f(x)$로 나눈 나머지는 $8a + 2b$이다.

나) $f(x^4)$를 $f(x^2)$로 나눈 나머지는 $2$이다.

$f(x)$가 아닌 $f(x^3)$과 $f(x^4)$이 나와서 문제가 복잡해 보이지만 문제를 푸는 방법은 똑 같다. 고등학생이 되었다고 덧셈의 규칙이 바뀌지는 않는다. 숫자로 더하던 것을 문자나 다항식으로 더할 뿐이다. 더하는 대상이 바뀐 것이지 덧셈의 정의나 계산법은 똑같다. 이 문제도 $f(x)$를 풀듯이 풀면 쉽게 풀린다. 모르는 것이 아니라 익숙하지 않은 것이다. 그래서 수학은 유형이 중요하고, 틀린 문제를 반복해서 푸는 것이 중요하다. 문제에서 제시한 것을 나머지정리 식을 써보면 다음과 같다.

가) $f(x^3) = f(x) \cdot Q(x) + 8a + 2b$

$\quad ax^3 + 2b = (ax + 2b) \cdot Q(x) + 8a + 2b \qquad x$에 $-\dfrac{2b}{a}$를 대입한다.

$\quad a\left(-\dfrac{2b}{a}\right)^3 + 2b = 8a + 2b$

$\quad \dfrac{-8b^3}{a^2} = 8a$

$\quad (-b)^3 = a^3, \ -b = a$

나) $f(x^4) = f(x^2) \cdot P(x) + 2$

$\quad ax^4 + 2b = (ax^2 + 2b) \cdot P(x) + 2 \qquad x^2$에 $-\dfrac{2b}{a}$를 대입한다.

$\quad a\left(\dfrac{4b^2}{a^2}\right) + 2b = 2$

$\quad \dfrac{4b^2}{a} + 2b = 2 \qquad a = -b$를 대입

$\quad \dfrac{4b^2}{-b} + 2b = 2$

$\quad -4b + 2b = 2$

$\quad -2b = 2, \ b = -1 \quad \therefore \ a = 1, \ b = -1$

$\quad f(x) = x - 2$

$\quad \therefore \ f(3) = 3 - 2 = \mathbf{1}$

답 : 1

$x^3$ 의 계수가 1인 삼차식 $P(x)$ 에 대하여
$P(1) = 1$,  $P(2) = 2$,  $P(3) = 3$ 일 때,
$P(x)$ 를 $x-4$ 로 나눈 나머지는?

우선 방정식 $P(x)$ 를 구하기 위해서는 '0' 값을 갖는 식이 필요하다. 위의 식에서 $P(1) = 1$,  $P(2) = 2$,  $P(3) = 3$ 으로는 방정식을 만들 수 없으니 상수를 이항하여 우변을 '0'으로 만들어야 한다.

$P(1) - 1 = 0$,  $P(2) - 2 = 0$,  $P(3) - 3 = 0$ 으로 바꾸어보면,

$P(1) - 1 = 0$ 에서 처럼 $P(1)$ 과 1이 같으므로 방정식을 $P(x) - x$ 로 놓을 수 있다. 또 1, 2, 3을 세 근으로 갖는다는 것을 알 수 있다. 이때, $P(x)$ 가 삼차식이며 $x^3$ 의 계수가 1이므로 방정식은 다음 처럼 정리할 수 있다.

$$P(x) - x = (x-1)(x-2)(x-3)$$
$$P(x) = (x-1)(x-2)(x-3) + x$$

$x-4$ 로 나눈 나머지를 구해야 하니, 위의 식 $x$ 에 4를 대입한다.

$$P(4) = (4-1)(4-2)(4-3) + 4$$
$$= 10$$

답 : 10

문제를 풀 때, 서로 같은 것과 서로 다른 것, 서로 보완적인 것을 잘 살펴보면 수의 연관성을 찾을 수 있다. 다음 페이지에서 더 업그레이드된 문제를 살펴보자.

 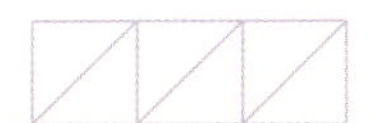

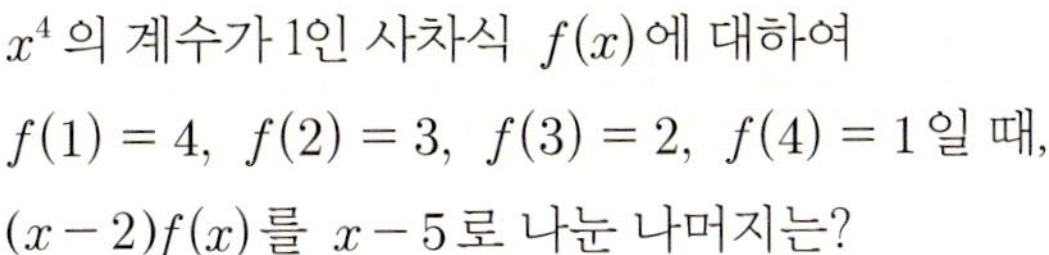

$x^4$의 계수가 1인 사차식 $f(x)$에 대하여
$f(1)=4,\ f(2)=3,\ f(3)=2,\ f(4)=1$일 때,
$(x-2)f(x)$를 $x-5$로 나눈 나머지는?

일단 $f(x)$를 구해보자. 위의 문제와는 조금 다르다.

먼저 $f(1)=4,\ f(2)=3,\ f(3)=2,\ f(4)=1$에서 1-4, 2-3, 3-2, 4-1 사이의 관계를 살펴보고 연관성을 알아내야 한다. "아무리 생각해보아도 모르겠다."가 아니라 뭔가 연결되는 실마리를 꼭 찾아야 한다. 수학문제는 퀴즈와 같아서 생각하면 생각할수록 답에 다가가고 그렇지 않고 모르겠다고 내버려두면 절대 풀이에 다가갈 수 없다.

그러면 위의 수들은 어떤 연관이 있을까? 두 수를 더하면 5가 된다. 1이면 4가 되고 2이면 3이 되어야 하므로 $5-x$의 규칙이 있음을 알 수 있다. 이런 문제도 자주 접하다 보면 쉽게 규칙을 찾을 수 있다. 우리가 풀어야 하는 숫자들은 전혀 상관 없는 것들이 복잡하게 놓인 것이 아니라 연관된 수들이 단순한 규칙으로 연결되어 있다는 것을 명심하자. 따라서 식을 다음과 같이 정리할 수 있다.

$$f(1)=4,\ f(2)=3\ f(3)=2,\ f(4)=1$$
$$f(1)-4=0,\ f(2)-3=0\ f(3)-2=0,\ f(4)-1=0$$
$$f(x)-5+x=(x-1)(x-2)(x-3)(x-4)$$
$$f(x)=(x-1)(x-2)(x-3)(x-4)+5-x$$

$(x-2)f(x)$ 에서 $x=5$를 대입

$$(5-2)f(5)=(5-1)(5-2)(5-3)(5-4)+5-5$$
$$3f(5)=24$$
$$f(5)=\mathbf{8}$$

답 : 8

**CHECK 47** 자연수 $n$ 에 대하여 다항식 $x^n(x^2 + px - q)$ 를 $(x-3)^2$ 으로 나누었을 때의 나머지가 $3^n(x-3)$ 이라 한다. 이 때 실수 $p, q$ 에 대하여 $p - q$ 의 값을 구하여라.

지수형태가 나와서 복잡해 보이지만 나머지정리 문제는 문제에서 서술한 내용을 그대로 적어놓고 보면 풀이가 보인다. 복잡한 식을 보지 말고 $x$ 에 어떤 값을 넣어서 식을 간단히 할 수 있는지 살펴보자.

$$x^n(x^2 + px - q) = (x-3)^2 Q(x) + 3^n(x-3) \qquad \text{\color{blue}{$x$ 에 3을 대입}}$$
$$3^n(9 + 3p - q) = 0$$

$3^n$ 은 $n$ 값에 상관없이 항상 '0'보다 크다. 그러므로 $9 + 3p - q = 0$ 이다. 한편 우변은 $(x-3)$ 으로 묶을 수 있다. 그렇게 되면 좌변도 $(x-3)$ 을 인수로 갖는다는 것이므로 $x^2 + px - q$ 를 조립제법을 이용하여 강제로 인수분해 할 수 있다.

$$
\begin{array}{c|ccc}
3 & 1 & p & -q \\
  &   & 3 & 9+3p \\
\hline
  & 1 & p+3 & \big|\ 0
\end{array}
$$

$$x^n(x^2 + px - q) = (x-3)^2 Q(x) + 3^n(x-3)$$
$$x^n(x-3)(x+3+p) = (x-3)\{(x-3)Q(x) + 3^n\}$$
$$x^n(x+3+p) = (x-3)Q(x) + 3^n$$
$$3^n(3+3+p) = 0 + 3^n \qquad \text{\color{blue}{$x$ 에 3을 대입}}$$
$$6 + p = 1$$
$$p = -5$$

$9 + 3p - q = 0$ 에서
$$9 - 15 - q = 0$$
$$q = -6 \qquad \therefore\ p - q = -5 - (-6) = 1$$

답 : 1

3차 이하의 다항식 $f(x)$가 다음 조건을 만족할 때, $f(3)$값을 구하여라.

가) 다항식 $f(x) - x$는 $(x-1)^2$으로 나누어 떨어진다.

나) 다항식 $f(x) + x - 5$는 $(x+2)^2$으로 나누어 떨어진다.

두 조건을 만족하는 $f(x)$를 구해보자. 먼저 문제의 조건에 따라 나머지 정리 식을 써보고, 식을 간단히 할 수 있는 값을 $x$에 대입해 보자.

$$f(x) - x = (x-1)^2(ax+b)$$
$$f(x) = (x-1)^2(ax+b) + x \quad \cdots\cdots ①$$
$$f(1) = (1-1)^2(a \cdot 1 + b) + 1 = 1$$
$$f(x) + x - 5 = (x+2)^2(cx+d)$$
$$f(x) = (x+2)^2(cx+d) - x + 5 \quad \cdots\cdots ②$$
$$f(-2) = (-2+2)^2(c \cdot (-2) + d) + 2 + 5 = 7$$

①번 식에서
$$f(-2) = (-2-1)^2(-2a+b) - 2 = 7$$
$$9(-2a+b) = 9, \quad -2a+b = 1 \quad \cdots\cdots ③$$

②번 식에서
$$f(1) = (1+2)^2(c+d) - 1 + 5 = 1$$
$$9(c+d) = -3, \quad 3c + 3d = -1 \quad \cdots\cdots ④$$

①, ②번 식에서
$$f(0) \implies (0-1)^2(a \cdot 0 + b) + 0 = (0+2)^2(c \cdot 0 + d) - 0 + 5$$
$$b = 4d + 5 \quad \cdots\cdots ⑤$$
$$f(-1) \implies (-1-1)^2(a \cdot (-1) + b) + (-1)$$
$$= (-1+2)^2(c \cdot (-1) + d) - (-1) + 5$$
$$-4a + 4b = -c + d + 7 \quad \cdots\cdots ⑥$$

③, ④, ⑤번 식을 $a$로 표현하여 ⑥번 식에 대입하여 연립을 한다.

$$a = \frac{1}{3}, b = \frac{5}{3} \implies f(x) = (x-1)^2\left(\frac{1}{3}x + \frac{5}{3}\right) + x$$
$$f(3) = (3-1)^2\left(\frac{1}{3} \cdot 3 + \frac{5}{3}\right) + 3$$
$$= 4 \cdot \left(\frac{1}{3} \cdot 3 + \frac{5}{3}\right) + 3 = \frac{41}{3}$$

 답 : $\dfrac{41}{3}$

# START-UP

**CHECK 49**

임의의 실수 $x$에 대하여 등식

$x^3 + 3x^2 - 5x + 2$
$= a(x-1)(x+2)(x+3) + b(x-1)(x+2) + c(x-1) + d$

가 성립할 때, 실수 $a+b-c+d$를 구하여라.

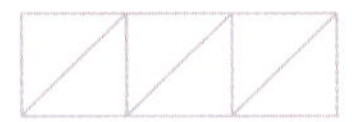

**CHECK 50**

$x$에 대한 다항식

$(x^2 + 2x - 1)^5 = a_0 + a_1 x + a_2 x^2 + a_3 x^3 + \cdots + a_{10} x^{10}$ 에서

$a_0 + a_1 + a_2 + a_3 + \cdots + a_{10}$ 를 구하여라.

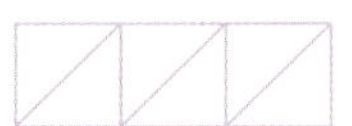

**CHECK 51**

다항식 $2x^3 + ax^2 - bx + c$ 를 $x^2 - x + 1$ 로 나누었을 때, 몫이 $2x + 1$ 이고 나머지가 $3x$ 가 될 때, $a + b + c$ 를 구하여라.

**CHECK 52**

다항식 $f(x)$ 를 $x + 2$ 로 나누었을 때 나머지가 8, $x - 5$ 로 나누었을 때 나머지가 1일 때, $f(x)$ 를 $x^2 - 3x - 10$ 으로 나누었을 때의 나머지를 $R(x)$ 라 하자. 이때 $R(4)$ 의 값을 구하여라.

# START-UP

**CHECK 53**

다항식 $f(x)$를 $x^2+x-2$로 나누었을 때, 나머지가 $x+1$이고, $x^2+4x+3$으로 나누었을 때 나머지가 $x-3$이다. $x^2+2x-3$으로 나누었을 때의 나머지를 구하여라.

**CHECK 54**

다항식 $x^3+ax^2-bx+2$를 $(x+1)^2$으로 나누어 떨어지도록 하는 상수 $a,\ b$의 값에 대하여 $\dfrac{2a}{b}$를 구하여라.

**CHECK 55**

다항식 $f(x)$를 $x+2$로 나누었을 때의 몫은 $Q(x)$, 나머지는 $1$이고, $Q(x)$를 $x-1$로 나누었을 때의 나머지는 $-3$이다. 이때 $f(x)$를 $x-1$로 나누었을 때의 나머지를 구하여라.

**CHECK 56**

$x$에 대한 다항식 $x^3+3x^2+ax-b$가 $(x-1)(x+2)$로 나누어 떨어질 때, $a+b$의 값을 구하여라.

# START-UP

**CHECK 57**

다항식 $x^{49} + ax^2 - bx + 2$ 가 $x^2 - 1$ 을 인수로 가질 때, 상수 $a, b$ 에 대하여 $ab$ 를 구하여라.

**CHECK 58**

조립제법을 이용하여 $2x^3 - x^2 + 4x + 2$ 를 $2x - 1$ 로 나눴을 때의 몫과 나머지를 구하여라.

**CHECK 59**

다항식 $A = x^3 - 2x^2 - x + 4$ 에 대하여,

1) $A = a(x-2)^3 + b(x-2)^2 + c(x-2) + d$ 가 $x$ 에 대한 항등식일 때, 상수 $a, b, c, d$ 의 값을 구하여라.

2) $1000A(1.9)$ 를 구하여라.

**CHECK 60** 최고차항의 계수가 $1$인 다항식 $P(x)$가 모든 실수 $x$에 대하여 등식 $P(x^2+1)+x=xP(x)+a$를 만족시킬 때, 상수 $a$의 값을 구하시오.

**CHECK 61** 다항식 $f(x)$를 $x^2+3x+2$로 나눈 나머지가 $2x+6$일 때, $f(2x)$를 $x+1$로 나누었을 때 나머지를 구하여라.

**CHECK 62** 

다항식 $f(x)$를 $x^2 + 2$로 나누었을 때
나머지가 $x - 1$이고, $x - 1$로 나누었을 때의 나머지가 3이다.
이 다항식 $f(x)$를 $(x^2 + 2)(x - 1)$로 나누었을 때 나머지를
$R(x)$라고 했을 때, $R(-2)$를 구하여라.

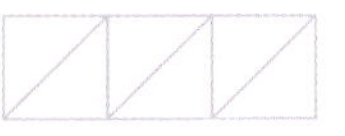

**CHECK 63**

다항식 $x^4 + 3$을 $(x - 1)^3$으로 나눈 나머지를
$R(x)$라고 할 때, $R(1)$의 값을 구하여라.

2 나머지정리

 **CHECK 64**

다항식 $f(x)$가 $\{f(x)\}^2 = 2f(x^2) + f(2x-1)$를 만족시킬 때, 일차식 $f(x)$를 구하여라.

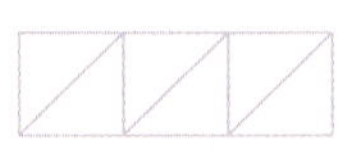

 **CHECK 65**

$2019^{11}$을 $2020$으로 나누었을 때의 나머지를 구하여라.

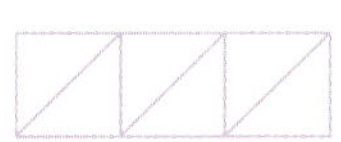

**CHECK 66** 다항식 $x^{12}$을 $x-4$로 나누었을 때 몫을 $Q(x)$라 하고, $Q(x)$를 $x-2$로 나누었을 때의 나머지를 구하여라.

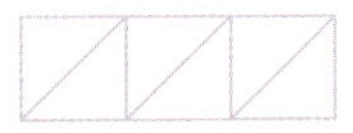

**CHECK 67** 계수가 정수인 일차식 $f(x) = ax + b$가 다음 두 조건을 만족할 때, $f(3)$의 값을 구하여라.

1) $f(x^2)$을 $f(x)$으로 나눈 나머지는 $4a + b$이다.

2) $f(x^4)$을 $f(x^2)$으로 나눈 나머지는 $8$이다.

**CHECK 68** 서로 다른 두 자연수 $a, b$와 정수 $k$에 대하여
$f(x) = x^4 - ax^3 + bx^2 - 3x + 2$가 $x - k$로 나누어 떨어질 때,
$a + b - k$의 값을 구하여라. (단, $a > b$)

**CHECK 69** 다항식 $f(x)$를 $(x + 2)^3$으로 나누었을 때
나머지가 $x^2 + 3x + 1$이고, $(x + 1)^2$으로 나누었을 때의 나머지는
$x + 5$일 때, $f(x)$를 $(x + 2)^2(x + 1)$으로 나누었을 때의 나머지
$R(x)$를 구하여라.

**CHECK 70**

삼차 다항식 $f(x)$에 대하여 $f(x) + 2x$를 $(x-1)^2$으로 나누었을 때, $f(x) + x$를 $(x+1)^2$으로 나누었을 때, 각각 나누어 떨어졌다. 이때, $f(3)$의 값을 구하여라.

**CHECK 71**

이차 이상의 다항식 $f(x)$를 $x-a$로 나누었을 때 나머지가 1, $x-a+1$로 나누었을 때 나머지가 $-1$이다. $f(x)$를 $(x-a)(x-a+1)$로 나누었을 때 나머지를 $R(x)$라 하자. $R(a-2)$를 구하여라.

 **CHECK 72**
임의의 실수 $x$에 대하여 등식
$$(x-1)^3 + 2(x-2)^2 + 3(x-3) + 4$$
$$= (x+1)^3 + a(x+2)^2 + b(x+3) + c$$
가 성립할 때, 실수 $a, b, c$에 대하여 $a-b-c$의 값을 구하여라.

**CHECK 73**
$x^{30} - 1$을 $(x-1)^2$으로 나누었을 때,
나머지를 $R(x)$라고 할 때, $R(2)$의 값을 구하여라.

**CHECK 74**

임의의 실수 $x$에 대하여 $f(x+2)=f(x-2)$를 만족하는 다항식 $f(x)$를 $x-3$으로 나누었을 때 나머지가 2이다. 다항식 $f(x)$를 $(x-3)(x+1)$로 나누었을 때의 나머지를 구하여라.

**CHECK 75**

모든 $x$에 대하여

$$f(x) = x^2 f(x-1) - 2x^4 + 4x^3$$

이 성립할 때, $f(-1)$를 구하여라.

# READING MATHEMATICS

# 3. 인수분해

1. $a^2 + 2ab + b^2 = (a+b)^2, \ \ a^2 - 2ab + b^2 = (a-b)^2$

2. $a^2 - b^2 = (a+b)(a-b)$

3. $x^2 + (a+b)x + ab = (x+a)(x+b)$

4. $a^2 + b^2 + c^2 + 2(ab+bc+ca) = (a+b+c)^2$

5. $a^3 + 3a^2b + 3ab^2 + b^3 = (a+b)^3, \ \ a^3 - 3a^2b + 3ab^2 - b^3 = (a-b)^3$

6. $a^3 + b^3 = (a+b)(a^2 - ab + b^2), \ \ a^3 - b^3 = (a-b)(a^2 + ab + b^2)$

7. $a^3 + b^3 + c^3 - 3abc = (a+b+c)(a^2 + b^2 + c^2 - ab - bc - ca)$

$$= \frac{1}{2}(a+b+c)\{(a-b)^2 + (b-c)^2 + (c-a)^2\}$$

8. $a^4 + a^2b^2 + b^4 = (a^2 + ab + b^2)(a^2 - ab + b^2)$

곱셈공식과 곱셈공식 변형과 인수분해 공식은 서로 연관성이 있다. 그래서 곱셈공식과 인수분해를 이어서 공부하는 것도 좋은 방법이다. 우선 공식을 꼼꼼히 외우는 것이 중요하다. 처음에는 자주 읽어 보고 그 다음에는 연습장에 공식을 쭉 적어보자. 그러다 보면 빠트리거나 잘 생각이 나지 않는 것이 있을 것이다. 이런 것들을 집중적으로 더 외우면 좋은 효과가 있을 것이다. 인수분해는 고등학교 수학의 구구단과도 같은 기본적인 연산이다.

다 외우고 있다고 생각하고 진행하겠다. 여기에서는 인수분해의 심화 문제 보다 기본적인 풀이에 더 집중하겠다. 중요한 부분만 몇 가지 더 설명하자면 $a^3 + b^3$ 은 두 가지 형태로 나타낼수 있다.

$a^3 + b^3 = (a+b)(a^2 - ab + b^2) \quad \cdots ①$

$a^3 + b^3 = (a+b)^3 - 3ab(a+b) \quad \cdots ②$

①번 식은 인수분해를 한 것이고 ②번 식은 합과 곱의 형태로 나타낸 것

이다. 조금 뒤에 나오는 내용이지만 이미 여러분들이 중3때 배워서 알고 있는 근과 계수와의 관계를 이용한 문제는 $a^3 + b^3$ 을 합과 곱의 형태인 ②번의 형태로 바꾸어야 한다.

인수분해 공식 7번을 조금 더 자세히 설명한다면,

$$a^2 + b^2 + c^2 - ab - bc - ca$$
$$= \frac{1}{2}(2a^2 + 2b^2 + 2c^2 - 2ab - 2bc - 2ca)$$
$$= \frac{1}{2}(a^2 - 2ab + b^2 + b^2 - 2bc + c^2 + c^2 - 2ca + a^2)$$
$$= \frac{1}{2}\{(a-b)^2 + (b-c)^2 + (c-a)^2\}$$



그래서 다음과 같이 두 가지 형태로 인수분해가 된다.

$$a^3 + b^3 + c^3 - 3abc = (a+b+c)(a^2 + b^2 + c^2 - ab - bc - ca) \quad \cdots ①$$
$$= \frac{1}{2}(a+b+c)\{(a-b)^2 + (b-c)^2 + (c-a)^2\} \quad \cdots ②$$

위의 두 가지를 문제풀이 관점에서 살펴보면,

①번 공식은 $a + b + c = 0$일 때 사용한다. $a + b + c = 0$ 이므로 우변의 값은 '0'이다. 따라서 식의 결과는 $a^3 + b^3 + c^3 = 3abc$ 가 된다. 그런데 $a, b, c$의 합이 '0'이 되는 경우의 예가 고1 과정에서는 없다. 고3 때 벡터를 배우면 $a + b + c = 0$ 이 되는 경우가 2가지 정도 나온다. 그때까지는 문제에서 $a + b + c = 0$ 이라고 꼭 표시를 해주므로 이런 표현들이 문제에 있으면 ①번 공식을 생각해 내야 한다.

②번 공식은 $a + b + c \neq 0$일 때 사용한다. $a, b, c$의 합이 '0'이 아닌 경우는 많다. $a, b, c$ 가 양수일 때, 자연수일 때, 삼각형의 세 변일 때, 어떤 길이의 값일 때 등등 다양하다. 그러므로 문제에서 $a + b + c \neq 0$ 이라는 표현은 안 나온다. 대신 위에 보여준 예처럼 말로 바꾸어 나오기 때문에 문제를 잘 읽고 $a + b + c \neq 0$인 경우인지 알아차려야 한다.

그러면 식의 결과는 어떻게 될까? 좌변의 값이 '0' 이어서 우변도 '0' 값이 돼야 하는 상황에서 시작한다.

그런데 $a+b+c \neq 0$ 이어서 $(a-b)^2 + (b-c)^2 + (c-a)^2$ 가 '0' 이어야 한다. 따라서 $a=b=c$ 가 된다. 다음 두 문제를 살펴보자.

**CHECK 76**

$a+b+c=0$ 일 때, 다음을 계산하여라.

$$\frac{a^3 + b^3 + c^3}{-abc}$$

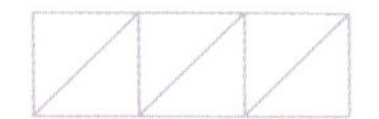

$a^3 + b^3 + c^3 - 3abc = (a+b+c)(a^2 + b^2 + c^2 - ab - bc - ca)$ 공식을 이용하면

$a^3 + b^3 + c^3 - 3abc = (0)(a^2 + b^2 + c^2 - ab - bc - ca)$

$a^3 + b^3 + c^3 - 3abc = 0$

$a^3 + b^3 + c^3 = 3abc$

따라서 $\dfrac{a^3 + b^3 + c^3}{-abc} = \dfrac{3abc}{-abc} = -3$ 이다.

답 : $-3$

아는 것이 나왔다고, 외운 공식이 문제에 나왔다고 급하게 계산하지 말자! 이 문제를 풀기 위해 필요한 값이 무엇인지, 어떤 내용을 묻는 문제인지 먼저 생각해보자. 식을 전개하거나 계산하는 것은 그다음 일이다.

$(a-b)^3 + (b-c)^3 + (c-a)^3$ 을
인수분해하시오.

$a-b=A,\ b-c=B,\ c-a=C$ 로 치환을 하면 $A^3+B^3+C^3$ 이고

$A+B+C=(a-b)+(b-c)+(c-a)=0$ 이 된다. 따라서

$$A^3+B^3+C^3-3ABC=(A+B+C)(A^2+B^2+C^2-AB-BC-CA)$$
$$A^3+B^3+C^3=3ABC \qquad \text{좌변이 "0"이다.}$$
$$=3(a-b)(b-c)(c-a)$$

● 답 : $3(a-b)(b-c)(c-a)$

위의 두 문제에서 살펴 본 것처럼 $a+b+c=0$ 일 때,

식의 결과는 $a^3+b^3+c^3=3abc$ 가 된다는 것도 꼭 기억해 두자.

이제 $a+b+c \neq 0$ 인 경우를 살펴보자.



$a,b,c$ 가 삼각형의 세 변일 때,

$a^3+b^3+c^3=3abc$ 가 나타내는 삼각형은 어떤 삼각형인가?

$$a^3+b^3+c^3-3abc=(a+b+c)(a^2+b^2+c^2-ab-bc-ca)$$
$$0=\frac{1}{2}(a+b+c)\{(a-b)^2+(b-c)^2+(c-a)^2\}$$
$$=\frac{1}{2}(a+b+c)\{(a-b)^2+(b-c)^2+(c-a)^2\}$$

$\{(a-b)^2+(b-c)^2+(c-a)^2\}=0 \qquad \because a+b+c \neq 0$

$a=b=c$ 인 정삼각형이다.

● 답 : 정삼각형

중학교 때처럼 인수분해 공식만 묻는 단순한 문제는 나오지 않는다. 치환을 해서 인수분해 공식의 형태가 되는 문제도 중학교 수준이므로 시험에 나온다고 해도 쉬운 문제에 해당할 것이다. 공식이 변형되거나 치환을 하더라도 변형된 형태에서 한 번 더 생각하는 문제들이 나온다. 그런 예를 몇 가지 들어보겠다. 공식을 머릿속으로 잘 생각하며 공식의 형태를 맞추어 나가면서 풀어보자.

인수분해를 열심히 공부하다 보면 직관력이 생겨 앞으로 수학을 더 잘 할 수 있게 된다. 수학 공부를 할 때는 해설지를 보면 안 된다. 특히 인수분해는 더 그렇다. 스스로 풀어야 한다. 스스로의 힘으로 풀어서 답까지 가보도록 반복적으로 연습하자.

**CHECK 79**

$x^2 + y^2 + z^2 + 2xy - 2yz - 2zx$ 를
인수분해 하시오.

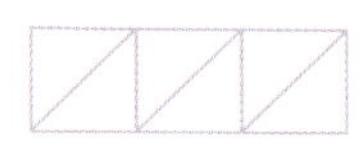

문제를 살펴보니 $-2yz - 2zx$ 는 "−"가 붙어있는데, $2xy$ 만 "+"이다. 뭔가 다른 차이점이 문제를 푸는 열쇠가 된다. 수학문제는 머리보다 손으로, 손보다 눈으로 풀어야 한다. 이 문제의 열쇠는 $-2yz, -2zx$ 에 있다. 두 항의 공통인 $z$ 가 바로 $-z$, 즉 음수라는 것이다. 그래서 식을 다음과 같이 바꾸어 생각해보면 공식이 보일 것이다.

$$x^2 + y^2 + (-z)^2 + 2xy + 2y(-z) + 2(-z)x$$
$$= (x + y - z)^2$$

● 답 : $(x + y - z)^2$

$a^2 = 3$ 일 때, 다음 식의 값은?

$$A = \{(2+a)^n - (2-a)^n\}^2 - \{(2+a)^n + (2-a)^n\}^2$$

$n$ 제곱이 나와서 복잡해 보인다. 바깥쪽에 있는 2제곱은 할만한데, $n$ 제곱은 어떻게 해야 한단 말인가? 수학 문제를 풀때는 모르는 것에 신경쓰지 말고 내가 풀수 있는 것을 찾아 먼저 푼다! 그러다 보면 답까지 갈 수 있다. 문제를 읽고 나서 바로 풀이나 답이 보이지는 않는다. 그러면 위에 문제에서 내가 할 수 있는 것은 무엇일까? 일단 치환을 해보자.

$A = \{P^n - Q^n\}^2 - \{P^n + Q^n\}^2$ 이렇게 보일 수도 있고

$A = \{C\}^2 - \{D\}^2$ 으로 보일 수도 있다. 어느 것으로 시작해도 상관은 없다. 본인이 보기에 편안한 것으로 접근해서 풀어보자.

$$2+a \Rightarrow P,\ 2-a \Rightarrow Q$$

$$A = \{P^n - Q^n\}^2 - \{P^n + Q^n\}^2$$
$$= (P^n - Q^n + P^n + Q^n)(P^n - Q^n - P^n - Q^n)$$
$$= (2P^n)(-2Q^n)$$
$$= -4P^n Q^n = -4(PQ)^n$$
$$= -4\{(2+a)(2-a)\}^n$$
$$= -4(4 - a^2)^n$$
$$= -4(4-3)^n = -4 \times 1 = -\mathbf{4}$$

$P = 2+a,\ Q = 2-a$ 로 치환한 것을 다시 환원한다.

$a^2 = 3$ 을 대입한다.



생각보다 풀이가 쉽다. 미로를 생각해 보자. 미로 문제를 푸는 사람은 엄청 복잡하게 느끼겠지만 미로를 만든 사람은, 혹은 길을 알고 있는 사람은 쉽게 길을 찾을 것이다. 문제를 만든 사람은 문제가 쉽게 풀리게 끔 숫자를 맞춰어 놨다는 것이다. 그러니 문제를 풀 때도 풀리게 끔 생각하는 것이 중요하다. 문제에서 풀 수 있는 부분을 찾아 하나씩 풀어 나가다 보면 답에 다가가게 된다.

풀 수 있는 것을 계속 찾아라!

인수분해를 할 때는

1. 공통인수를 끌어 낸다.

2. 인수분해 공식을 이용해서 푼다.(치환하는 것도 포함)

3. 복이차식을 이용한다.

4. 여러가지 문자가 나왔을 경우

　　a. 차수가 낮은 문자로 내림차순으로 정리한다.

　　b. 차수가 같으면 익숙한 문자로 내림차순으로 정리한다.

5. 그 외 특이한 형태가 몇가지 있다.

### 공통인수

1번 공통인수를 끌어내는 것은 인수분해의 기본이다. $x$ 의 값을 구할 때, 연산을 할 때는 공통인수가 있는지 먼저 살펴보고 그다음 인수분해 공식을 적용하자.

$$2x^2 + 4x + 2$$
$$= 2(x^2 + 2x + 1) = \mathbf{2(x+1)^2}$$

$$ab^2 - 2ab + a$$
$$= a(b^2 - 2b + 1) = \boldsymbol{a(b-1)^2}$$

특히 항이 짝수 개인 경우는 공통인수를 묶어서 쉽게 인수분해가 되는 경우도 있다. 공통인 항을 묶어 냈을 때, 공통인 항들이 나타나야 한다. 공통인 항이 나타나지 않는다면 공통인수를 잘못 끌어낸 것이니 다른 항으로 다시 묶어보기 바란다.

$$ac + bc + ad + bd$$
$$= c(a+b) + d(a+b) = \boldsymbol{(a+b)(c+d)}$$

1번과 2번은 중학교 때부터 많이 연습이 되었으므로 간단히 설명을 마치겠다.

### ● 복이차식 인수분해

3번 복이차식을 살펴보자. 이차식이 반복되는 식, 즉 짝수 차수로 된 식을 복이차식이라고 한다. $x^2 = X$ 로 치환해서 풀리는 경우도 있지만 그렇지 않은 경우도 많다. 아래 두 문제를 살펴보자.

$$x^4 + 2x^2 - 3 \quad \cdots ①$$
$$x^4 + 3x^2 + 4 \quad \cdots ②$$

①번 식은 $x^2 = X$ 로 치환하면 인수분해가 쉽게 된다.

$$x^4 + 2x^2 - 3$$
$$= X^2 + 2X - 3 \qquad x^2 = X \text{ 로 치환한다.}$$
$$= (X + 3)(X - 1)$$
$$= (x^2 + 3)(x^2 - 1) \qquad X = x^2 \text{ 로 다시 환원한다.}$$
$$= \mathbf{(x^2 + 3)(x + 1)(x - 1)}$$

그러므로 ①번 식은 복이차가 아닌 2. 인수분해 공식을 이용해서 푼다.(치환하는 것도 포함)로 봐도 무방하다. 그러면 ②번 식은 어떻게 풀까? $x^2 = X$ 로 치환해 보아도 인수분해가 되지 않는다.

$$x^4 + 3x^2 + 4 \quad \Rightarrow \quad X^2 + 3X + 4 \quad \cdots ?$$

이런 복이차식은 (완전제곱식)$^2$ - (나머지)$^2$ 형태로 바꾸고 합차공식을 이용하여 인수분해를 한다. 완전제곱식에 대해서 다시 살펴보면,

$x^2 + bx + c$ 가 완전제곱식이 되려면 $x$ 의 계수 $b$ 를 기준으로 할 때와 상수 $c$ 를 기준으로 하는 두 가지 방법이 있다. $x$ 의 계수 $b$ 를 기준으로 보면 상수 $c$ 는 $b$ 의 반의 제곱과 같아야 한다.

$$c = \left(\frac{b}{2}\right)^2, \quad x^2 + bx + \left(\frac{b}{2}\right)^2 = \left(x + \frac{b}{2}\right)^2$$

상수 $c$ 를 기준으로 완전제곱식을 만들려면 $x$ 의 계수 $b$ 는 $\pm 2ab$ 형태를 갖추어야 한다. 항상 +와 −의 두가지 경우가 있다는 것을 명심하자.

$$x^2 + bx + c^2 = x^2 \pm 2 \cdot c \cdot x + c^2$$
$$= (x \pm c)^2$$

이제 문제로 돌아가 보자. $x^4 + 3x^2 + 4$ 을 인수분해 하려면 어떻게 해야 할까? $x^2$ 의 계수 3을 기준으로 보면 상수는 $\left(\frac{3}{2}\right)^2$ 이 되어야 한다.

$$x^4 + 3x^2 + 4$$
$$= x^4 + 3x^2 + \left(\frac{3}{2}\right)^2 - \left(\frac{3}{2}\right)^2 + 4$$
$$= x^4 + 3x^2 + \left(\frac{3}{2}\right)^2 + \frac{7}{4}$$

그러면 위에서 제시한 (완전제곱식)$^2$ − (나머지)$^2$ 의 형태를 맞출 수 없다. 이번에는 상수 4를 기준으로 보자. 상수 4를 기준으로 완전제곱식이 되려면 가운데 항은 $\pm 4x^2$ 가 되어야 한다. 먼저 $-4x^2$ 으로 맞추어보면,

$$x^4 + 3x^2 + 4$$
$$= x^4 - 4x^2 + 4 + 7x^2$$

이 되어서 (완전제곱식)$^2$ − (나머지)$^2$ 의 형태로 맞출 수 없다. 마지막으로 $+4x^2$ 으로 맞추어 보자.

$$x^4 + 3x^2 + 4$$
$$= x^4 + 4x^2 + 4 - x^2$$
$$= (x^2 + 2)^2 - x^2$$
$$= (x^2 + 2 + x)(x^2 + 2 - x)$$
$$= \mathbf{(x^2 + x + 2)(x^2 - x + 2)}$$

이렇게 인수분해가 된다. 복이차식을 인수분해 할 때는 3번만 생각하면 된다. 2, 3학년에 가서도 문제를 풀다 보면 인수분해에서 막히는 경우가 있다. 바로 복이차식의 형태이다. 복이차식은 인수분해의 형태가 보이지 않고 풀 수 있는 형태를 맞추어야 하기 때문에 연습을 많이 해야 한다. 가지고 있는 수학 문제집에서 복이차식을 찾아 한 번 더 풀어보기 바란다. 인수분해 공식 8번도 복이차식으로 설명할 수 있다.

$$a^4 + a^2 b^2 + b^4$$
$$= a^4 + 2a^2 b^2 + b^4 - a^2 b^2$$
$$= (a^2 + b^2) - (ab)^2$$
$$= (a^2 + ab + b^2)(a^2 - ab + b^2)$$

**CHECK 81**

다음 식을 인수분해하여라.

$$1)\ a^4 + 2a^2 b^2 + 9b^4 \qquad\qquad 2)\ x^4 + 4$$

$$1)\ a^4 + 2a^2 b^2 + 9b^4$$
$$= a^4 + 6a^2 b^2 + 9b^4 - 4a^2 b^2$$
$$= (a^2 + 3b^2)^2 - (2ab)^2$$
$$= (a^2 + 3b^2 + 2ab)(a^2 + 3b^2 - 2ab)$$
$$= \mathbf{(a^2 + 2ab + 3b^2)(a^2 - 2ab + 3b^2)}$$

$$2)\ x^4 + 4$$
$$= x^4 + 4x^2 + 4 - 4x^2$$
$$= (x^2 + 2)^2 - (2x)^2$$
$$= (x^2 + 2 + 2x)(x^2 + 2 - 2x)$$
$$= \mathbf{(x^2 + 2x + 2)(x^2 - 2x + 2)}$$

● 답 : 풀이참조

여러가지 문자가 있는 경우의 인수분해를 살펴보자. 인수분해 문제가 일차항으로 여러 개, 특히 4개나 6개의 짝수 개로 되어 있으면 공통인수를 찾아 끌어내는 문제이다. 일차항이 아닌 2차 이상의 항이 섞여 있고 문자가 여러 개가 있으면 인수분해 유형 4번처럼 인수분해를 해야한다.

4. 여러가지 문자가 나왔을 경우
    a. 차수가 낮은 문자로 내림차순으로 정리한다.
    b. 차수가 같으면 익숙한 문자로 내림차순으로 정리한다.

a 형태의 경우 차수가 낮은 문자로 내림차순으로 정리하면 공통인수가 나타나 쉽게 풀린다.

$$a^3 - a^2 c - ab^2 + b^2 c$$
$$= (b^2 - a^2)c + a^3 - ab^2$$
$$= (b^2 - a^2)c + a(a^2 - b^2)$$
$$= (a^2 - b^2)(a - c)$$
$$= (a+b)(a-b)(a-c)$$

b의 경우는, 차수가 같으면 아무 문자로 정리해도 상관은 없다. 하지만 $y$ 보다 $x$, $b$ 보다 $a$ 에 익숙하므로 $x$ 나 $a$ 를 기준으로 정리하는 것이 실수를 줄일 수 있다.

$$2x^2 - xy - y^2 + 7x - y + 6$$    $x$ 를 기준으로 정리한다.
$$= 2x^2 + (7-y)x - y^2 - y + 6$$    $x$ 가 없는 항( $x$ 를 기준으로 상수항에 해당한다.)이 인수분해 된다.
$$= 2x^2 + (7-y)x - (y^2 + y - 6)$$

이때, $x$ 가 없는 $(y^2 + y - 6)$ 을 상수로 보고 전체 식을 인수분해 할 수 있다. 먼저 $(y^2 + y - 6)$을 인수분해하고 전체 식을 인수분해 해 보자.

$$= 2x^2 + (7 - y)x - (y^2 + y - 6)$$
$$= 2x^2 + (7 - y)x - (y + 3)(y - 2)$$

$$
\begin{array}{lll}
x & -(y - 2) & = -2xy + 4x \\
2x & (y + 3) & = xy + 3x \\
\hline
 & & -xy + 7x
\end{array}
$$

$$= (x - y + 2)(2x + y + 3)$$

### ● 윤환의 순

다음으로 특이한 형태의 인수분해를 살펴보자. 먼저 "윤환의 순"이라는 인수분해 형태가 있다. 다음 식을 인수분해 해보자.

$$ab(a - b) + bc(b - c) + ca(c - a)$$

식을 전개 한다면 $a, b, c$ 모두 이차식이므로 $a$를 기준으로 내림차순으로 정리한 후 인수분해를 하면 된다.

$$ab(a - b) + bc(b - c) + ca(c - a)$$
$$= a^2 b - ab^2 + b^2 c - bc^2 + c^2 a - ca^2$$
$$= (b - c)a^2 - (b^2 - c^2)a + (b - c)bc$$
$$= (b - c)a^2 - (b - c)(b + c)a + (b - c)bc$$
$$= (b - c)\{a^2 - (b - c)a + bc)\}$$
$$= (b - c)(a - b)(a - c)$$
$$= -(a - b)(b - c)(c - a)$$

$(a - c)$가 아니고 $-(c - a)$로 표현하는 것은 $a, b, c$가 원을 그리듯 순환한다는 것을 보여주기 위해서 이다. 시험에 자주 나오는 형태이니 결과를 잘 기억하도록 하자. 이와 같은 것이 몇 개 더 있다.

$$a^2(b-c) + b^2(c-a) + c^2(a-b)$$
$$= (b-c)a^2 + b^2c - b^2a + c^2a - c^2b$$
$$= (b-c)a^2 - (b^2 - c^2)a + (b-c)bc$$
$$= (b-c)a^2 - (b-c)(b+c)a + (b-c)bc$$
$$= (b-c)\{a^2 - (b-c)a + bc)\}$$
$$= (b-c)(a-b)(a-c)$$
$$=-(a-b)(b-c)(c-a)$$

$$-a(b^2-c^2) - b(c^2-a^2) - c(a^2-b^2)$$
$$=-ab^2 + ac^2 - bc^2 + ba^2 - ca^2 + b^2c$$
$$= (b-c)a^2 - (b^2-c^2)a + (b-c)bc$$
$$= (b-c)a^2 - (b-c)(b+c)a + (b-c)bc$$
$$= (b-c)\{a^2 - (b-c)a + bc)\}$$
$$= (b-c)(a-b)(a-c)$$
$$=-(a-b)(b-c)(c-a)$$

위에서 살펴 본 것과 같이

$$ab(a-b) + bc(b-c) + ca(c-a)$$
$$a^2(b-c) + b^2(c-a) + c^2(a-b)$$
$$-a(b^2-c^2) - b(c^2-a^2) - c(a^2-b^2)$$

는 **윤환의 순** 형태이고 모두 결과가

$-(a-b)(b-c)(c-a)$ 이다.

## ● 상반식 형태의 인수분해

상반식 형태로 된 인수분해가 있다. 가운데 항을 중심으로 좌우의 계수가 대칭을 이루는 식이다.

$$x^4 + x^3 - 4x^2 + x + 1$$

$x^2$ 으로 묶어낸다.

$$= x^2\left(x^2 + x - 4 + \frac{1}{x} + \frac{1}{x^2}\right)$$

$$= x^2\left(x^2 + \frac{1}{x^2} + x + \frac{1}{x} - 4\right)$$

곱셈공식 변형 6번을 이용한다.

$$6.\ x^2 + \frac{1}{x}^2 = \left(x + \frac{1}{x}\right)^2 - 2 = \left(x - \frac{1}{x}\right)^2 + 2$$

$$= x^2\left\{\left(x + \frac{1}{x}\right)^2 - 2 + x + \frac{1}{x} - 4\right\}$$

$$= x^2\left\{\left(x + \frac{1}{x}\right)^2 + x + \frac{1}{x} - 6\right\}$$

인수분해를 하기 위해 $x + \frac{1}{x} = A$ 로 치환 한다.

$$= x^2\{A^2 + A - 6\}$$

$$= x^2\{(A + 3)(A - 2)\}$$

다시 $A = x + \frac{1}{x}$ 로 환원한다.

$$= x^2\left\{\left(x + \frac{1}{x} + 3\right)\left(x + \frac{1}{x} - 2\right)\right\}$$

$$= x\left(x + \frac{1}{x} + 3\right)x\left(x + \frac{1}{x} - 2\right)$$

$x^2$ 을 양쪽으로 나누어 각 인수를 곱해 분모를 없애고 식을 정리한다.

$$= (x^2 + 1 + 3x)(x^2 + 1 - 2x)$$

$$= \mathbf{(x^2 + 3x + 1)(x^2 - 2x + 1)}$$

## ● 치환을 이용한 인수분해

전개를 한 후 공통된 부분을 치환하는 인수분해도 있다.

$$(x - 1)(x - 3)(x + 2)(x + 4) + 8$$

상수항 -1,-3,+2,+4의 합이 같도록 짝을 맞춘다

$$= (x - 1)(x + 2)(x - 3)(x + 4) + 8$$

$$= (x^2 + x - 2)(x^2 + x - 12) + 8$$

$x^2 + x = A$ 로 치환한다.

$$= (A - 2)(A - 12) + 8$$

$$= A^2 - 14A + 24 + 8$$

$$= A^2 - 14A + 32$$

$$= (A - 16)(A + 2)$$

$A = x^2 + x$ 로 다시 환원한다.

$$= \mathbf{(x^2 + x - 16)(x^2 + x + 2)}$$

## ● 조립제법을 이용한 인수분해

　　3차 이상의 다항식의 인수분해는 조립제법을 이용한다. 3차, 4차 인수분해 공식도 있지만 문제가 대부분 공식의 형태가 아니므로 조립제법을 이용하여 이차식이 될때까지 계속 인수분해를 한다. 그리고 나머지 이차식은 인수분해 공식을 적용하면 된다.

$$4x^4 + 4x^3 - 7x^2 - 4x + 3$$

계수의 합이 'O'이 되면 인수가 '1'이 되고
$(4+4-7-4+3=0)$

홀수 차수의 계수의 부호를 바꾸고 합이 'O'이 되면 인수가 '-1'이된다.
$(-4+8-1-3=0)$

$$(x-1)(x+1)(4x^2+4x-3)$$
$$= (x-1)(x+1)(2x-1)(2x+3)$$

　　조립제법을 이용한 인수분해는 인수가 일차식 일때만 사용할 수 있다. 인수가 $\pm1$이 아니면 $\pm2, \pm3, \cdots$ 인수를 찾을 때까지 값을 바꿔가며 조립제법을 이용해야 한다. 그래도 값을 찾을 수 없으면 $\pm\dfrac{1}{2}, \pm\dfrac{1}{3}, \cdots$ 도 생각할 수 있다.

　　다음 식을 조립제법을 이용하여 인수분해 해 보자.

$$12x^3 + 16x^2 - 5x - 3$$

　　아무리 찾아봐도 인수가 보이지 않을 것이다. $\pm1, \pm2, \pm3, \cdots$ 에는 인수가 없다. 그러면 어떻게 해야할까? $\pm\dfrac{1}{2}, \pm\dfrac{1}{3}, \pm\dfrac{1}{4}, \cdots$ 등에서 찾아야 한다. 그러면 '너무 복잡한 것 아닌가?' 하는 생각이 들겠지만 인수가 되는 규칙을 알면 쉽게 찾을 수 있다. 인수는 최고차 항의 계수와 상수항의 약수 중에 있다.

$$\text{인수} = \pm \frac{\text{상수항의 약수}}{\text{최고차항 계수의 약수}}$$

따라서 위 문제의 인수는 $\pm \dfrac{3\text{의 약수}}{12\text{의 약수}}$ 중에 있다. 너무 가짓수가 많다고 생각하겠지만 하나만 찾아내면 나머지는 인수분해를 통해 쉽게 풀 수 있다. $\dfrac{1}{2}$ 로 조립제법을 해보자. 인수분해 결과는 다음과 같다.

$$12x^3 + 16x^2 - 5x - 3 = (2x - 1)(2x + 3)(3x + 1)$$

$x^3 - x^2 - 5x - 3$ 을 인수분해 한다면 인수는 $\pm 1, \pm 3$ 중에 있다.

$$x^3 - x^2 - 5x - 3 = (x + 1)(x - 1)(x - 3)$$

[p110]에 있는 [인수분해연습]에서 인수분해를 더 연습해 보자.

### ● $x^n - 1$ 의 인수분해

$x^n - 1$ 을 인수분해 해보자. 먼저 공통된 성질을 알아보기 위해서 우리가 알고 있는 비슷한 형태의 인수분해 몇 가지를 살펴보자.

$$a^2 - b^2 = (a - b)(a + b) \quad\Rightarrow\quad x^2 - 1 = (x - 1)(x + 1)$$
$$a^3 - b^3 = (a - b)(a^2 + ab + b^2) \quad\Rightarrow\quad x^3 - 1 = (x - 1)(x^2 + x + 1)$$

두 식에서 연관성을 찾았는가? 규칙을 보면 앞에 인수는 $x - 1$ 이고 뒤에 인수는 최고차 항에서 1을 뺀 값에서부터 내림차순으로 쭉 나열되어 있는 것을 볼 수 있다. 따라서 $x^n - 1$ 는 다음과 같이 인수분해 될 것이다.

$$x^n - 1 = (x - 1)(x^{n-1} + x^{n-2} + x^{n-3} + \cdots x + 1)$$

이제 공통된 규칙이 보이는가? 고등학교 수학에서는 연산 이전에 수의 연관성과 규칙성에 대해서 먼저 묻는다. 이것이 보여야 연산도 가능해진다. 그러니 문제를 계산하려고 하지 말고 먼저 수의 연관성이나 규칙성을 찾아보는 연습을 하자.

지금까지 인수분해의 일반적인 패턴을 살펴 보았다. 제일 중요한 것은 인수분해 공식의 1번 **"공통인수를 끌어 낸다."**이다. 쉬운 문제를 너무 어렵게 생각해서 풀이에 접근 못하는 경우가 많다. [p90]에서 나열한 인수분해 하는 방법대로 접근한다면 문제를 잘 풀 수 있을 것이다. 공식만으로 풀리는 인수분해 문제는 2~3개의 식이 함께 사용된다. 문제를 풀다가 공식이 잘 생각나지 않는다면 햇갈리는 부분만 보지 말고 전체 공식을 다시 외우면서 나머지 공식도 꼼꼼하게 점검하기 바란다.

### ● '1'이 포함된 인수분해

공식이 변형되어 나오는 문제가 많으니 주의하자. 문자가 아닌 숫자가 들어있을때 햇가리는 경우가 많다. 특히 1이 들어있는 문제를 주의하자. 1은 필요에 따라 형태를 바꿀수 있다.

$$1 = 1^2 = 1^3 = 1^4$$

아래 문제에서 1이 어떻게 바뀔 수 있는지 확인해 보자.

$$a^3 - b^3 + 3ab + 1 \qquad a^3 + b^3 + c^3 - 3abc = (a+b+c)(a^2+b^2+c^2-ab-bc-ca)$$
$$= a^3 + (-b)^3 + 1^3 - 3a(-b) \times 1$$
$$= (a-b+1)(a^2+(-b)^2+1^2-a(-b)-(-b\times1)-(-a\times1))$$
$$= (a-b+1)(a^2-b^2+1+ab+b-a)$$
$$= (a-b+1)\{(a+b)^2+(-b-1)^2+(1-a)^2\}$$
$$= (a-b+1)\{(a+b)^2+(b+1)^2+(a-1)^2\}$$

$a \Rightarrow a$, $-b \Rightarrow b$, $1 \Rightarrow c$ 로 보고 인수분해 공식 7번을 이용하면 된다. 이처럼 인수분해 문제 속에 1이 들어가 있으면 풀이가 잘 보이지 않는다. "−"

부호도 마찬가지이다. 경우에 따라 +를 −(−)로 보거나 −를 +(−)로 보아야 하는 경우가 있으니 주의하자.

**CHECK 82** 다항식

$$(x-12)^3 - 6(x-12)^2 + 12(x-12) - 8$$ 이 $(x-a)^3$ 로 인수분해 될 때, 상수 $a$ 의 값은?

반복적으로 나타나는 형태가 보인다. 이것을 치환하면 문제의 실마리가 보일 것이다. $x-12$ 를 $A$ 로 치환해 보자.

$$\begin{aligned}
&(x-12)^3 - 6(x-12)^2 + 12(x-12) - 8 \\
&= (A)^3 - 3\cdot 2(A)^2 + 3\cdot 2^2(A) - 2^3 \\
&= (A-2)^3 \\
&= (x-12-2)^3 \\
&= (x-14)^3 \qquad \therefore a = \mathbf{14}
\end{aligned}$$

답 : 14

**CHECK 83** $a^3 + b^3 + c^3 = 3abc$ 를 만족하는 세 양수 $a, b, c$ 에 대하여 이차방정식 $ax^2 + bx + c = 0$ 의 근을 $\alpha$ 라고 할 때, $\alpha^3 - 1$ 의 값은?

$$a^3 + b^3 + c^3 - 3abc = (a+b+c)(a^2 + b^2 + c^2 - ab - bc - ca)$$
$$0 = \frac{1}{2}(a+b+c)\{(a-b)^2 + (b-c)^2 + (c-a)^2\}$$
$$= \frac{1}{2}(a+b+c)\{(a-b)^2 + (b-c)^2 + (c-a)^2\}$$
$$\therefore \{(a-b)^2 + (b-c)^2 + (c-a)^2\} = 0$$
$$a = b = c \qquad \because a+b+c \neq 0$$

앞에서 강조한 부분이 나왔다.

$a^3 + b^3 + c^3 = 3abc$ 이므로  $a^3 + b^3 + c^3 - 3abc = 0$ 이고  $a, b, c$ 가  양수 이므로  $a + b + c$ 는 '0'이 될 수 없다. 즉, $a + b + c \neq 0$ 이다. 그러므로 $a = b = c$ 가 된다. 이것을 문제에 적용해 보자.

$$ax^2 + bx + c = 0$$
$$ax^2 + ax + a = 0$$
$$a(x^2 + x + 1) = 0$$
$$(x^2 + x + 1) = 0$$
$$\alpha^2 + \alpha + 1 = 0$$

$$\alpha^3 - 1 \qquad a^3 - b^3 = (a - b)(a^2 + ab + b^2)$$
$$= (\alpha - 1)(\alpha^2 + \alpha + 1)$$
$$= (\alpha - 1) \times 0 \ = 0$$

$$\therefore \alpha^3 - 1 = \mathbf{0}$$

● 답 : 0

**CHECK 84** 

다항식 $(x+1)(x+3)(x+5)(x+7) + k$ 가

$x$ 에 대한 이차식의 완전제곱꼴로 인수분해 될 때,

상수 $k$ 의 값을 구하여라.

$$(x+1)(x+3)(x+5)(x+7) + k$$
$$= \{(x+1)(x+7)\}\{(x+3)(x+5)\} + k$$
$$= (x^2 + 8x + 7)(x^2 + 8x + 15) + k \qquad x^2 + 8x = A \ \text{로 치환 한다.}$$
$$= (A + 7)(A + 15) + k$$
$$= A^2 + 22A + 105 + k$$

이 식이 완전제곱식이 되려면 상수는 $A$ 의 계수의 반의 제곱과 같아야 한다.

$$11^2 = 105 + k$$
$$\therefore k = \mathbf{16}$$

● 답 : 16

자연수 n에 대하여 가로의 길이가 $n^3 + 6n^2 + 11n + 6$, 세로의 길이가 $n^2 + 5n + 6$인 직사각형 모양의 공책이 있다. 한 변의 길이가 $n + 2$인 정사각형의 스티커로 바닥 전체를 붙이려고 한다. 직사각형 바닥의 가로에 놓인 스티커의 개수를 $a$, 세로의 개수를 $b$, 전체 스티커의 개수를 $c$라고 할 때, $a + b + c$를 구하여라. (단, 스티커는 바닥에 겹치지 않고 빈틈없이 붙여야 한다.)

정사각형인 스티커를 공책 바닥에 빈틈없이 붙인다는 것은 겹치는 것이 없다는 것이고 스티커의 개수는 자연수라는 것이다. 다항식 가로인 $n^3 + 6n^2 + 11n + 6$과 세로인 $n^2 + 5n + 6$은 정사각형 스티커의 한 변인 $n + 2$으로 나누어 떨어져야 한다.

$$n^3 + 6n^2 + 11n + 6 = (n + 2)(n + 1)(n + 3)$$
$$n^2 + 5n + 6 = (n + 2)(n + 3)$$

따라서 가로의 개수는 $(n + 1)(n + 3)$개이고, 세로의 개수는 $(n + 3)$이다. 스티커의 개수는 가로×세로이므로 $(n + 1)(n + 3)^2$개가 된다.

$$
\begin{aligned}
a + b + c &= (n + 1)(n + 3) + (n + 3) + (n + 1)(n + 3)^2 \\
&= (n + 3)\{(n + 1) + 1 + (n + 1)(n + 3)\} \\
&= (n + 3)(n^2 + 5n + 5) \\
&= n^3 + 8n^2 + 20n + 15
\end{aligned}
$$

● 답 : $n^3 + 8n^2 + 20n + 15$

계산하는 방식은 바뀌지 않는다. 고교수학에서는 숫자로 계산하던 것을 미지수나 다항식, 함수 등으로 계산할 뿐이다. 문자 연산도 숫자 계산하듯 연산하면 된다. 자신감을 갖고 마음껏 풀어라!

 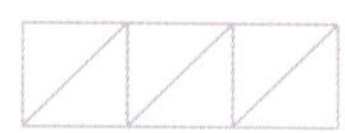

**CHECK 86** 연속하는 세 자연수 $a, b, c$ 에 대하여

$$ab(a-b)+bc(b-c)+ca(c-a)$$의 값을 구하여라.

앞에 [p95]에서 살펴본 것처럼 '윤환의 순'의 문제이다, 앞에서 설명한 부분이므로 이해가 잘 안되는 학생은 다시 [p95]을 보기 바란다. 문제의 식이 윤환의 순이어서 결과를 알고 있다면 문제의 답에 거의 접근한 것이다. 그러면 연속하는 세 자연수 $a, b, c$ 는 어떻게 해야 할까?

$a, b, c \Rightarrow a, a+1, a+2$ 로 놓으면 된다.

$$ab(a-b)+bc(b-c)+ca(c-a)$$
$$=-(a-b)(b-c)(c-a) \qquad \text{(윤환의 순이다)}$$
$$=-\{a-(a+1)\}\{(a+1)-(a+2)\}\{(a+2)-a\}$$
$$=-(-1)(-1)(2)=-2$$

 답 : $-2$

**CHECK 87** $a-b=-3,\ b-c=5$ 일 때,

$$-a(b^2-c^2)-b(c^2-a^2)-c(a^2-b^2)$$의 값을 구하여라.

$-a(b^2-c^2)-b(c^2-a^2)-c(a^2-b^2)$ 은 윤환의 순 형태이고 결과가 $-(a-b)(b-c)(c-a)$ 가 된다. 그러면 $c-a$ 는 어떻게 구할까?

$a-b=-3,\ b-c=5$ 두 식을 연립하면 $c-a=-2$ 를 구할 수 있다.

따라서 구하는 값은

$$-(a-b)(b-c)(c-a)=-(-3)(5)(-2)$$
$$=-30$$

답 : $-30$

**CHECK 88**

$x = \dfrac{124^3 + 1}{123 \times 124 + 1}$ 이라 할 때,

$\dfrac{x-3}{x+1}$ 의 값을 구하여라.

숫자가 반복적으로 나타나는 것이나 거듭제곱의 형태로 되어 있는 수를 문자로 치환하면 풀이가 쉽게 보인다.

124를 $a$로 치환해 보자

$$x = \frac{124^3 + 1}{123 \times 124 + 1} = \frac{a^3 + 1}{(a-1) \times a + 1}$$
$$= \frac{(a+1)(a^2 - a + 1)}{a^2 - a + 1}$$
$$= a + 1 = 125$$

$$\frac{x-3}{x+1} = \frac{125-3}{125+1} = \frac{122}{126} = \frac{61}{63}$$

 답 : $\dfrac{61}{63}$

 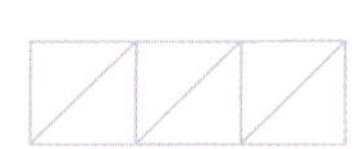

**CHECK 89**

$x = 1 - \sqrt{2}$, $y = 1 + \sqrt{2}$ 일 때,
$x^2 + y^2 - x^2 y - xy^2 + 2xy$ 를 구하여라.

$x, y$ 의 값이 +, − 형태이어서 더하거나 곱하면 값이 간단하게 정리된다.
주어진 식을 인수분해 해 보자.

$$x^2 + y^2 - x^2 y - xy^2 + 2xy$$
$$= x^2 + 2xy + y^2 - xy(x + y)$$
$$= (x + y)^2 - xy(x + y)$$
$$= (x + y)(x + y - xy)$$

$x + y = 2$, $xy = -1$
$$\therefore (x + y)(x + y - xy) = 2\{2 - (-1)\}$$
$$= 6$$

 답 : 6

0이 아닌 세 실수 $x, y, z$ 가

$x^3 + y^3 + 8z^3 = 6xyz$ 를 만족시킬 때, $\dfrac{y+2z}{2x} + \dfrac{2z+x}{2y} + \dfrac{x+y}{z}$ 의

값이 될 수 있는 모든 수들의 합은?

이 문제는 인수분해 공식 7번에 해당한다.

$$a^3 + b^3 + c^3 - 3abc = (a+b+c)(a^2 + b^2 + c^2 - ab - bc - ca)$$
$$= \frac{1}{2}(a+b+c)\{(a-b)^2 + (b-c)^2 + (c-a)^2\}$$

$x \Rightarrow a,\ y \Rightarrow b,\ 2z \Rightarrow c$ 로 보면 $x^3 + y^3 + 8z^3 - 6xyz = 0$ 이므로

$$x^3 + y^3 + 8z^3 - 6xyz = (x+y+2z)\{x^2 + y^2 + (2z)^2 - xy - 2yz - 2zx\}$$
$$= \frac{1}{2}(x+y+2z)\{(x-y)^2 + (y-2z)^2 + (2z-x)^2\} = 0$$

여기서 우리가 생각해 봐야할 것은 분모인 $x, y, 2z$ 에 관한 것이다.

$x + y + 2z = 0$ 일 때와 $x + y + 2z \neq 0$ 일 때로 나누어 생각해봐야 한다.

1) $x + y + 2z = 0$ 일 때는 $y + 2z = -x, x + 2z = -y, x + y = -2z$ 이 된다. 이것을 식에 대입하면

$$\frac{y+2z}{2x} + \frac{2z+x}{2y} + \frac{x+y}{z} = \frac{-x}{2x} + \frac{-y}{2y} + \frac{-2z}{z} = -3 \text{가 된다.}$$

2) $x + y + 2z \neq 0$ 일 때는 [p85]에서 배운 것처럼

$(x-y)^2 + (y-2z)^2 + (2z-x)^2 = 0$ 이다. 따라서 $x = y = 2z$ 가 된다. 이것을 식에 대입하면

$$\frac{y+2z}{2x} + \frac{2z+x}{2y} + \frac{x+y}{z} = \frac{x+x}{2x} + \frac{y+y}{2y} + \frac{2z+2z}{z} = 6$$

구하는 답은 $-3 + 6 = \mathbf{3}$ 이다.



답 : 3

**CHECK 91**

$x$ 에 대한 다항식

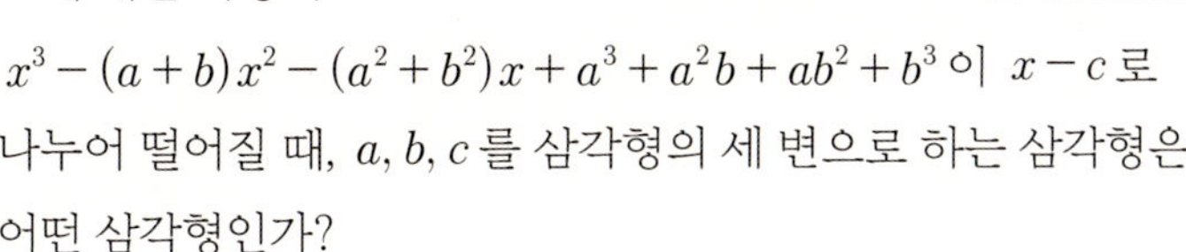

$x^3 - (a+b)x^2 - (a^2 + b^2)x + a^3 + a^2b + ab^2 + b^3$ 이 $x - c$ 로
나누어 떨어질 때, $a, b, c$ 를 삼각형의 세 변으로 하는 삼각형은
어떤 삼각형인가?

$x^3 - (a+b)x^2 - (a^2 + b^2)x + a^3 + a^2b + ab^2 + b^3$ 는 조립제법으로 인수
분해가 가능하다. 인수는 앞에서 배운 것처럼 최고차항 계수 '1'의 약수와 상
수항의 약수로 알 수 있다.

상수항에 해당하는 $a^3 + a^2b + ab^2 + b^3$ 는 다음과 같이 인수분해 된다.

$$a^3 + a^2b + ab^2 + b^3$$
$$= a^2(a+b) + b^2(a+b)$$
$$= (a+b)(a^2+b^2)$$

따라서 인수는 $\pm(a+b), \pm(a^2+b^2)$ 중에 하나가 있다. 그래서 $a+b$ 로
조립제법을 해 보면,

$$
\begin{array}{r|cccc}
a+b & 1 & -a-b & -a^2-b^2 & a^3+a^2b+ab^2+b^3 \\
    &   & a+b  & 0        & -a^3-a^2b-ab^2-b^3 \\
\hline
    & 1 & 0    & -a^2-b^2 & 0
\end{array}
$$

$$\Rightarrow (x-a-b)(x^2-a^2-b^2)$$
$$= (c-a-b)(c^2-a^2-b^2) = 0$$



$c = a+b$ 또는 $c^2 = a^2 + b^2$ 이지만 삼각형의 세변인 $a, b, c$ 가
$c \neq a+b$ 는 될 수 없으므로 $c^2 = a^2 + b^2$ 만 해가 된다. 따라서 식을 만족하
는 삼각형은 **$c$ 가 빗변인 직각삼각형**이다.

● 답 : **$c$ 가 빗변인 직각삼각형**

$a+b+c=\sqrt{6}$, $a^2+b^2+c^2=2$ 일 때,

$a^3+b^3+c^3$ 의 값을 구하여라. (단, $a, b, c$ 는 실수)

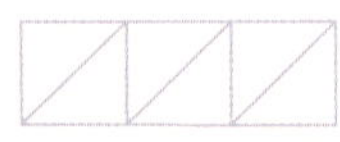

문제의 형태로 보아 인수분해 7번째 공식을 적용하면 될 것 같다.

$$a^3+b^3+c^3-3abc=(a+b+c)(a^2+b^2+c^2-ab-bc-ca)$$
$$=\frac{1}{2}(a+b+c)\{(a-b)^2+(b-c)^2+(c-a)^2\}$$

그러면 $a^2+b^2+c^2-ab-bc-ca$ 를 구해야하는데, 그럴려면 인수분해 4번째 공식을 이용해야 한다.

$$(a+b+c)^2=a^2+b^2+c^2+2(ab+bc+ca)$$

$$6=2+2(ab+bc+ca)$$
$$2(ab+bc+ca)=4$$
$$ab+bc+ca=2$$

위의 식에서

$a^2+b^2+c^2-ab-bc-ca=0$ 이 되고

$a^2+b^2+c^2-ab-bc-ca=\frac{1}{2}\{(a-b)^2+(b-c)^2+(c-a)^2\}$ 이므로

$(a-b)^2+(b-c)^2+(c-a)^2=0$ 이다.

$\therefore a=b=c$ 이고 $3a=\sqrt{6}$, $a=b=c=\dfrac{\sqrt{6}}{3}$

$$a^3+b^3+c^3=3abc \quad (\because \ a^2+b^2+c^2-ab-bc-ca=0)$$
$$=3\times(\frac{\sqrt{6}}{3})^3=\frac{2\sqrt{6}}{3}$$

답 : $\dfrac{2\sqrt{6}}{3}$

 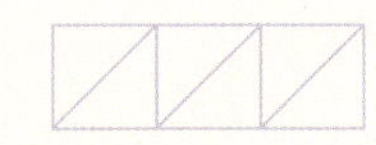

**CHECK 93** 세 실수 $a, b, c$ 가 $a^2 + b^2 + c^2 = 10$, $a + b + c = \sqrt{30}$ 를 만족시킬 때, $\dfrac{bc}{a}$ 의 값을 구하여라.

일단 조건과 연관된 공식을 생각해 보자. 곱셈공식 4번이다. 앞에 문제와 유사해서 앞 문제를 충분히 이해했다면 쉽게 풀 수 있는 문제일 것이다. 시험에 나오는 어려운 문제는 두 가지이다. 진짜 어려운 문제이거나 푼듯한 문제인데 접근을 잘 못하겠는 문제이다. 모르는 문제는 어쩔 수 없다. 그런데 풀어 본 듯한 문제인데 풀이가 생각나지 않으면 몹시 당황하게 되는 경우가 있다. 문제를 한 번 풀어서 틀렸다고 하면 다시 풀어보고 그 풀이를 기억해야 한다. 공부의 기본은 암기이다. 이해가 되었다면 쉽게 외울 수 있을 것이다. 이해가 되지 않더라도 외워두자. 자꾸 접하다 보면 어느 시점에서 이해가 될 것이다.

$$(a + b + c)^2 = a^2 + b^2 + c^2 + 2(ab + bc + ca)$$
$$30 = 10 + 2(ab + bc + ca)$$
$$ab + bc + ca = 10$$

$a^2 + b^2 + c^2 - (ab + bc + ca) = 0$ 이 되므로

$\dfrac{1}{2}\{(a-b)^2 + (b-c)^2 + (c-a)^2\} = 0$이다.

$$\therefore a = b = c$$
$$3a = \sqrt{30}$$
$$a = b = c = \frac{\sqrt{30}}{3}$$
$$\frac{bc}{a} = \frac{a^2}{a} = a = \frac{\sqrt{30}}{3}$$

답 : $\dfrac{\sqrt{30}}{3}$

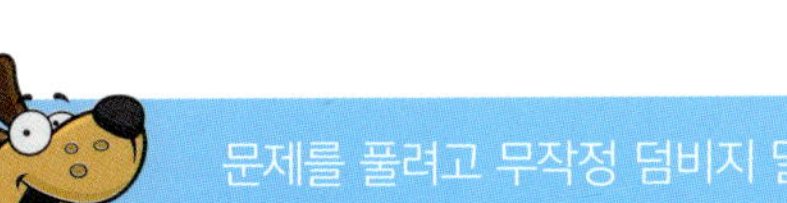
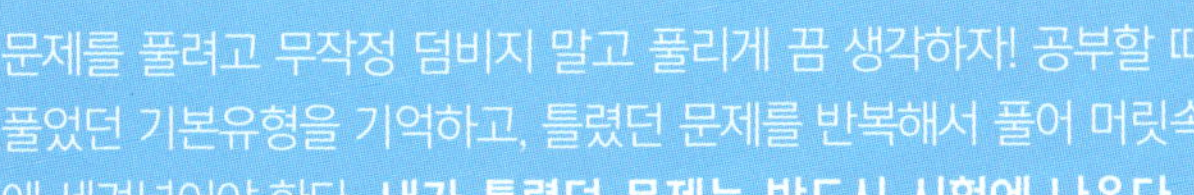

**094** $1 - a - b + ab$

**095** $4x^2 - 12x + 9$

**096** $2x^2 + 5x - 3$

**097** $m^4 - n^4$

**098** $25p^2 - 10pq + q^2$

**099** $ab - cd + bc - ad$

**100** $9a^2 + 6a + 1$

**101** $27p^3 - 64q^3$

**102** $16a^2 - b^2$

**103** $27x^2 - 12y^2$



094) $(1 - a)(1 - b)$  095) $(2x - 3)^2$  096) $(x + 3)(2x - 1)$  097) $(m^2 + n^2)(m + n)(m - n)$
098) $(5p - q)^2$  099) $(a + c)(b - d)$  100) $(3a + 1)^2$  101) $(3p - 4q)(9p^2 + 12pq + 16q^2)$
102) $(4a + b)(4a - b)$  103) $3(3x + 2y)(3x - 2y)$

**104** $(2a+3)^2 - (a+2)^2$

**105** $3m^2 + 4mn - 7n^2$

**106** $mx^3 - 27my^3$

**107** $x^2 + 2xy + y^2 - z^2$

**108** $a^2 - ab - 12b^2$

**109** $16a^2 - 24ab + 9b^2$

**110** $8mn - 2mnx^2$

**111** $16p^4 - 81q^4$

**112** $x^3 + 9x^2 + 27x + 27$

**113** $a^2 + b^2 + c^2 - 2ab - 2bc + 2ca$



104) $(3a+5)(a+1)$　105) $(3m+7n)(m-n)$　106) $m(x-3y)(x^2+3xy+9y^2)$

107) $(x+y+z)(x+y-z)$　108) $(a+3b)(a-4b)$　109) $(4a-3b)^2$　110) $2mn(2+x)(2-x)$

111) $(2p-3q)(2p+3q)(4p^2+9q^2)$　112) $(x+3)^3$　113) $(a-b+c)^2$

**114** $a^3 - 4a^2 + a + 6$

**119** $27a^3 + 27a^2b + 9ab^2 + b^3$

**115** $x^2 + y^2 + 4 + 2(xy - 2y - 2x)$

**120** $(x^2 - 2x)^2 - 11(x^2 - 2x) + 24$

**116** $(a + 1)^2 - (a + 1) - 12$

**121** $p^3 - 9p^2 + 27p - 27$

**117** $8b^3 - 12b^2 + 6b - 1$

**122** $27a^5b - 8a^2b^4$

**118** $x^3 + y^3 - 6xy + 8$

**123** $x^4 + 2x^2 + 9$



114) $(a + 1)(a - 2)(a - 3)$　115) $(x + y - 2)^2$　116) $(a + 4)(a - 3)$　117) $(2b - 1)^3$
118) $(x + y + 2)(x^2 + y^2 + 4 - xy - 2y - 2x)$　119) $(3a + b)^3$　120) $(x + 1)(x - 3)(x + 2)(x - 4)$
121) $(p - 3)^3$　122) $a^2b(3a - 2b)(9a^2 + 6ab + 4b^2)$　123) $(x^2 + 2x + 3)(x^2 - 2x + 3)$

**124** $8x^3 + 36x^2y + 54xy^2 + 27y^3$

**125** $15a^2 + 8ab - 12b^2$

**126** $3p^2q - 6pq^2 + 15p^2q^2$

**127** $-4zx^2 + 24xyz - 36zy^2$

**128** $(a-b)^2 - 2b(b-a)$

**129** $a^3 + a^2p + 2ap + p^2 - 1$

**130** $a^4 - 14a^2 + 25$

**131** $16a^2 + 4a^2b^2 + b^4$

**132** $a^2 - (b-2)a - (b+1)(2b-1)$

**133** $p^2qr - pr^2 + pqs + qr - pq^2 - rs$

3 인수분해



124) $(2x + 3y)^3$  125) $(3a - 2b)(5a + 6b)$  126) $3pq(p - 2q + 5pq)$  127) $-4z(x - 3y)^2$
128) $(a - b)(a + b)$  129) $(a + p - 1)(a^2 + a + p + 1)$  130) $(a^2 + 2a - 5)(a^2 - 2a - 5)$
131) $(4a^2 + 2ab + b^2)(4a^2 - 2ab + b^2)$  132) $(a + b + 1)(a - 2b + 1)$  133) $(pq - r)(s + pr - q)$

**134** $12ab^2p^2 - 12ab^2pq + 3ab^2q^2$

**135** $(x-1)^3 - 8$

**136** $a^2 - (2p-1)a + p(p-1)$

**137** $p^2q + q^2r - q^3 - p^2r$

**138** $8x^3 + y^3 + 6xy - 1$

**139** $4a^2 - 4c^2 + 4ab + b^2$

**140** $b^3 + 2b^2 - 11b - 12$

**141** $a^2 + 3ab + 2b^2 + a + 3b - 2$

**142** $(a^2 + 3a)^2 - 2(a^2 + 3a) - 8$

**143** $a^3 - 4a^2 + a + 6$



134) $3ab^2(2p-q)^2$  135) $(x-3)(x^2+3)$  136) $(a-p)(a-p+1)$  137) $(p+q)(p-q)(q-r)$
138) $(2x+y-1)(4x^2+y^2-2xy+2x+y+1)$  139) $(2a+b+2c)(2a+b-2c)$  140) $(b+1)(b-3)(b+4)$
141) $(a+2b-1)(a+b+2)$  142) $(a+1)(a+2)(a-1)(a+4)$  143) $(a+1)(a-2)(a-3)$

**144** $x^2 + 9y^2 - 4z^2 - 6xy$

**145** $a^2 + b^2 - 2bc + 2ca - 2ab$

**146** $x^4 + x^2z^2 - y^2z^2 - y^4$

**147** $(y+1)^3 + (y-2)^3 - (2y-1)^3$

**148** $2(a+1)^2 + (a+1)(a-3) - (a-3)^2$

**149** $6r^4 - 7r^3 + 3r^2 - 7r - 3$

**150** $r^3 + 9r^2s + 27rs^2 + 27s^3$

**151** $(a-1)(a-3)(a-5)(a-7) + 15$

**152** $t^4 + t^2 + 25$

**153** $2a^4b + 4a^3b^2 + 2a^2b^3 - 8a^3b - 8a^2b^2 + 6a^2b$



144) $(x - 3y + 2z)(x - 3y - 2z)$   145) $(a - b)(a - b + 2c)$   146) $(x + y)(x - y)(x^2 + y^2 + z^2)$
147) $-3(y + 1)(y - 2)(2y - 1)$   148) $2(a + 5)(a - 1)$   149) $(3r + 1)(2r - 3)(r^2 + 1)$   150) $(r + 3s)^3$
151) $(a - 2)(a - 6)(a^2 - 8a + 10)$   152) $(t^2 + 3t + 5)(t^2 - 3t + 5)$   153) $2a^2b(a + b - 1)(a + b - 3)$

**154** $a^3 - b^3 + a^2 + b^2 - 2ab$

**155** $prx^3 - (r - p^2)x^2 - 2px + 1$

**156** $(1 - x^2)(1 - y^2) - 4xy$

**157** $(a + b)^2 + 16c^2 - 8c(a + b)$

**158** $(p - x)^3 + (q - x)^3 - (p + q - 2x)^3$

**159** $(a^2 + 5a + 6)(a^2 + 7a + 6) - 3a^2$

**160** $6b^4 - 5b^3 + 6b^2 - 10b - 12$

**161** $p^4 + q^4 + r^4 + 2(p^2q^2 + 2q^2r^2 + 2r^2p^2)$

**162** $a^4 - 14a^2 + 45$

**163** $a^2 - b^2 + 3a - 7b - 10$



154) $(a - b)(a^2 + ab + b^2 + a - b)$  155) $(px - 1)(rx^2 + px - 1)$  156) $(xy - 1 + x + y)(xy - 1 - x - y)$
157) $(a + b - 4c)^2$  158) $3(x - p)(x - q)(2x - p - q)$  159) $(a^2 + 8a + 6)(a^2 + 4a + 6)$
160) $(2b - 3)(3b + 2)(b^2 + 2)$  161) $(p^2 + q^2 + r^2)^2$  162) $(a + 3)(a - 3)(a^2 - 5)$  163) $(a - b - 2)(a + b + 5)$

**164** $a^2 - 5ab + 4b^2 + a + 2b - 2$

**165** $p^4 - 14p^2q^2 + q^4$

**166** $(ab + 1)(a + 1)(b + 1) + ab$

**167** $a^4 - b^4$

**168** $p^2qr + pr^2 + prs - pqs - rs - s^2$

**169** $(x + y + z)(xy + yz + zx) - xyz$

**170** $2a^2 - ab - b^2 - 7a + b + 6$

**171** $b^4 + 4$

**172** $(r^2 + 5r + 4)(r^2 + 5r + 6) - 24$

**173** $3a^2 - 11ab + 6b^2 - ca - 4bc - 2c^2$



164) $(a - 4b + 2)(a - b - 1)$  165) $(p^2 + 4pq - q^2)(p^2 - 4pq - q^2)$  166) $(ab + a + 1)(ab + b + 1)$
167) $(a^2 + b^2)(a + b)(a - b)$  168) $(pr - s)(pq + r + s)$  169) $(x + y)(y + z)(z + x)$  170) $(a - b - 2)(2a + b - 3)$
171) $(b^2 + 2b + 2)(b^2 - 2b + 2)$  172) $(r^2 + 5r)(r^2 + 5r + 10)$  173) $(3a - 2b + 2c)(a - 3b - c)$

**CHECK 174**

$(x-1)(x-3)(x+2)(x+4)+21$이
$(x^2+ax+b)(x^2+cx-5)$로 인수분해 될 때,
상수 $a+b+c$ 의 값을 구하여라.

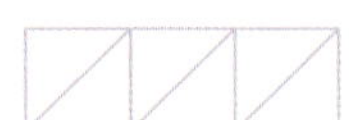

**CHECK 175**

양의 실수 가 $a, b, c$ 가 $a^3+b^3+c^3=3abc$ 를
만족시킬 때, $\dfrac{a}{b}+\dfrac{b}{c}+\dfrac{c}{a}$ 의 값을 구하여라.

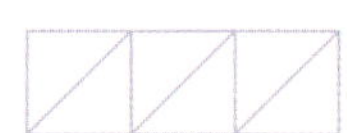

**CHECK 176**

다항식 $x^2 - 6y^2 - xy + ax - 7y + 3$ 가 $x, y$ 에 대한 두 일차식의 곱으로 인수분해될 때, 정수 $a$ 의 값을 구하여라.

**CHECK 177**

다항식 $2x^3 + 5x^2 - 4x - 3$ 을 인수분해 하였을 때, 일차식들의 합을 구하여라.

**CHECK 178**

1이 아니고 서로소 관계인 자연수 $a, b, c, d, e$ 에 대하여 $N = 15^3 + 15^2 - 15 \times 2 = a \times b \times c \times d \times e$ 일 때, $a + b + c + d + e$ 를 구하여라.

**CHECK 179**

$\dfrac{16^4 + 16^2 + 1}{16^2 + 17} = 15^2 + a$ 를 만족하는 $a$ 의 값을 구하여라.

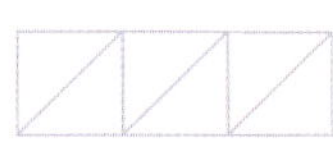

 **CHECK 180**  
$3^{16} - 1$ 의 인수 중에서
한 자리 수인 인수의 합을 구하여라.

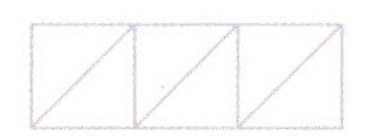

 **CHECK 181**  
$(x+1)(x+2)(x+3)(x+4)+k$ 가 이차식의
완전제곱식으로 인수분해 될 때, 상수 $k$ 의 값을 구하여라.

**CHECK 182** 삼각형의 세 변의 길이 $a, b, c$ 에 대하여
아래 등식이 성립할 때, 이 삼각형은 어떤 삼각형인지 구하여라.

$$a^3 + b^3 + c^3 + ab(a+b) - bc(b+c) - ca(c+a) = 0$$

**CHECK 183** $a + b + c = -3$ 일 때, 다음 값을 구하시오.

$$\frac{(a+1)(b+1) + (b+1)(c+1) + (c+1)(a+1)}{(a+1)^2 + (b+1)^2 + (c+1)^2}$$

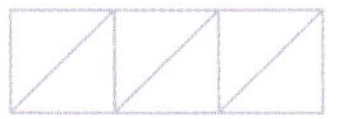

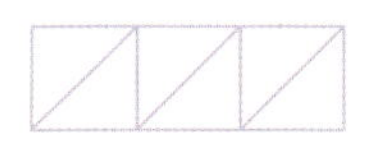

**CHECK 184**

$x$에 대한 다항식 $x^{3n} - 7x^n - 6$이 $x - 3$을 인수로 가질 때, 자연수 $n$의 값을 구하여라.

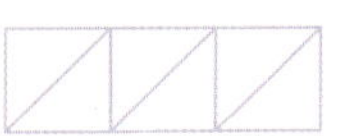

**CHECK 185**

$x^2 + x + 13$이 어떤 자연수의 제곱이 될 때, 정수 $x$의 값을 구하여라.

# II

# 방정식과 부등식

# READING MATHEMATICS

# 4. 복소수

## 허수단위

제곱하여 −1이 되는 수를 $i$로 나타내고 **허수단위**라 한다. 즉

$$i^2 = -1, \quad i = \sqrt{-1}$$

## 복소수

$a, b$가 실수일 때, $a + bi$ 꼴로 나타낸 수를 복소수라 한다.

이때 $a$를 **실수부분**, $b$를 **허수부분**이라 한다.

복소수 $z = a + bi$에서

$$\begin{cases} b = 0 일 때, \ z = a \ \Rightarrow \ 실수 \\ b \neq 0, \ a = 0 일 때, \ z = bi \ \Rightarrow \ 순허수 \\ b \neq 0, \ a \neq 0 일 때, \ z = a + bi \ \Rightarrow \ 순허수가 아닌 허수 \end{cases}$$

■ 복소수의 체계

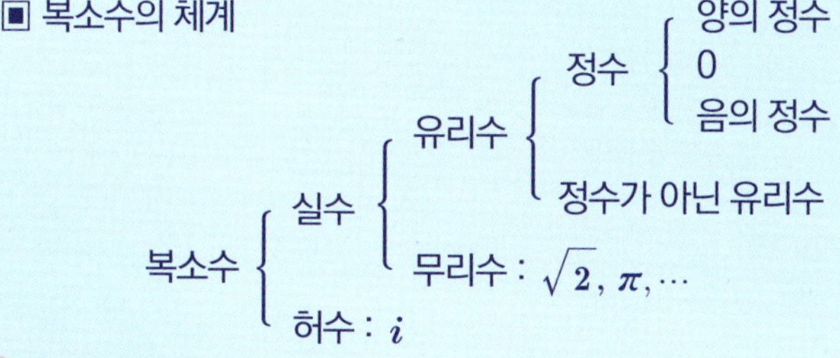


새로운 기호인 $i$가 등장했다. 지금까지 $a^2 \geq 0$ (어떤 수의 제곱은 0보다 크거나 같다)고 배웠는데, 갑자기 제곱한 것이 −1이라니? 학생 여러분 당황하셨습니까!

지금까지의 문제에서는 항상 실수라는 말이 붙었었다. $a$가 실수이면 $a^2 \geq 0$이다. 그렇다면 실수가 아닌 다른 것이 있다는 말인가? 바로 허수이다. 실수는 실제로 존재하며 수직선에 표시할 수 있는 값이나, 허수는 수직선에 표시할 수 없는, 크기를 알 수 없는 헛된 값이라 할 수 있다. 식의 계산이나 방정식에서는 값으로 구할 수 있으나 함수에서는 사용되지 않는 값이다. 다시 말해서 방정식은 허수까지 계산할 수 있으나 함수는 실수의 범위에서만 다룬다.

$$x^2 + 2 = 0 \quad x^2 = -2$$
$$x = \pm\sqrt{-2} \ = \pm\sqrt{2} \cdot \sqrt{-1} \ = \pm\sqrt{2}\, i$$

## ● 복소수에서의 항등식

복소수에서도 항등식이 성립한다. 실수부분과 허수부분은 서로 더하거나 뺄 수 없으므로 좌변과 우변의 계수를 실수부분은 실수부분끼리, 허수부분은 허수부분끼리 계산한다. 루트가 있는 항등식과 마찬가지로 하나의 식에서 두 가지 조건이 나올 수 있다.

$$(1+i)x + (1-i)y + 1 + 3i = 0$$
$$x + ix + y - yi + 1 + 3i = 0$$
$$(x + y + 1) + (x - y + 3)i = 0$$
$$x + y + 1 = 0 \quad\vdots\quad x - y + 3 = 0$$
$$x + y = -1 \quad\vdots\quad x - y = -3$$



두 식을 연립하면 $x = -2$, $y = 1$ 이 된다.

## ● 켤레복소수

복소수 $a + bi$ 에 대하여 허수부분의 부호를 바꾼 $a - bi$ 를 $a + bi$ 의 **켤레복소수**라 하고, 이것을 기호로 $\overline{a + bi}$ 와 같이 쓰고 [$a$ $plus$ $b$ $i$ bar]라고 읽는다. 켤레라는 말은 두 개가 하나의 쌍을 이룬다는 말이다. 단, $a, b$ 가 실수일 때만 켤레근이 성립한다.

$$\overline{a + bi} = a - bi, \quad \overline{a - bi} = a + bi$$

$$\overline{2i - 3} \neq 2i + 3$$
$$= -2i - 3 \text{ 이다.}$$

복소수 $z_1$, $z_2$에 대하여 다음이 성립한다.

$$\overline{(\overline{z_1})} = z_1$$

$$\overline{z_1 + z_2} = \overline{z_1} + \overline{z_2}, \quad \overline{z_1 - z_2} = \overline{z_1} - \overline{z_2}$$

$$\overline{z_1 z_2} = \overline{z_1} \cdot \overline{z_2}, \quad \overline{\left(\frac{z_2}{z_1}\right)} = \frac{\overline{z_2}}{\overline{z_1}} \quad (단,\ z_1 \neq 0)$$

### ● 복소수의 형태

복소수는 아래 네 가지 형태가 반복적으로 나타난다.

$$i$$
$$i^2 = \sqrt{-1} \times \sqrt{-1} = -1$$
$$i^3 = i \cdot i^2 = i \times (-1) = -i$$
$$i^4 = i^2 \cdot i^2 = (-1) \times (-1) = 1$$
$$\therefore\ i + i^2 + i^3 + i^4 = i + (-1) + (-i) + 1 = 0$$
$$i^{2019} = (i^4)^{504} \cdot i^3 = 1 \cdot i^3 = -i$$

따라서 $i$의 거듭제곱은 4의 배수로 나눠서 보면 된다.

복소수는 네가지가 반복된다는 것을 염두해두자.

$$i + i^2 + i^3 + i^4$$
$$= i - 1 - i + 1 = 0$$

**CHECK 186** 다음을 계산하여라.

1) $i + i^2 + i^3 + \cdots + i^{50}$

2) $\dfrac{1}{i} + \dfrac{1}{i^2} + \dfrac{1}{i^3} + \cdots + \dfrac{1}{i^{47}} + \dfrac{1}{i^{48}}$

1) $i + i^2 + i^3 + \cdots + i^{49} + i^{50}$

$= (i - 1 - i + 1) + \cdots + i - 1$

$= 12 \cdot 0 + i - 1$

$= \boldsymbol{i - 1}$

2) $\dfrac{1}{i} + \dfrac{1}{i^2} + \dfrac{1}{i^3} + \cdots + \dfrac{1}{i^{47}} + \dfrac{1}{i^{48}}$

$= \left(\dfrac{1}{i} - 1 - \dfrac{1}{i} + 1\right) + \cdots + 1$

$= 12 \cdot 0 = \boldsymbol{0}$

● 답 : 1) $i - 1$, 2) $0$

● **복소수의 사칙연산과 유리화**

복소수의 덧셈과 뺄셈에서는 실수는 실수끼리, 허수는 허수끼리 계산을 한다. 곱셈과 나눗셈에서는 교환법칙, 결합법칙, 분배법칙이 성립하므로 사칙연산이 모두 가능하다.

분모에 복소수가 오면 무리식과 같이 유리화를 해줘야 하는데, 이때 켤레복소수를 이용한다.

$(3 + 2i)(1 - 2i)$

$= 3 - 6i + 2i - 4i^2$

$= 3 - 4i + 4 \qquad (\because i^2 = -1)$

$= \boldsymbol{7 - 4i}$

$\dfrac{3 + i}{1 - 2i}$

$= \dfrac{(3 + i)(1 + 2i)}{(1 - 2i)(1 + 2i)}$

$= \dfrac{3 + 6i + i + 2i^2}{1 - 4i^2}$

$= \dfrac{3 + 7i - 2}{1 + 4} \qquad (\because i^2 = -1)$

$= \dfrac{\boldsymbol{1 + 7i}}{\boldsymbol{5}}$

**CHECK 187**

$x = 2 + i$ 일 때,

$x^3 - 4x^2 + 5x + 3$ 의 값을 구하여라.

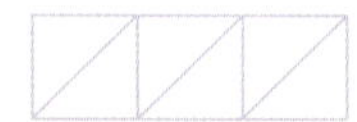

$$x = 2 + i$$
$$x - 2 = i \qquad \text{양변을 제곱한다}$$
$$(x-2)^2 = i^2$$
$$x^2 - 4x + 4 = -1$$
$$x^2 - 4x + 5 = 0$$

$$x^3 - 4x^2 + 5x + 3$$
$$= x(x^2 - 4x + 5) + 3$$
$$= x \cdot 0 + 3 = \mathbf{3}$$

답 : 3

허수가 아닌 루트일 때도 똑같이 적용할 수 있다.

$$x = 2 + \sqrt{2}$$
$$x - 2 = \sqrt{2} \qquad \text{양변을 제곱한다}$$
$$(x-2)^2 = 2$$
$$x^2 - 4x + 4 = 2$$
$$x^2 - 4x + 2 = 0$$

$$x^3 - 4x^2 + 5x + 3$$
$$= x(x^2 - 4x + 2) + 3x + 3 \qquad 5x = 2x + 3x$$
$$= x \cdot 0 + 3(2 + \sqrt{2}) + 3 \qquad x = 2 + \sqrt{2} \text{ 를 대입}$$
$$= \mathbf{9 + 3\sqrt{2}}$$

 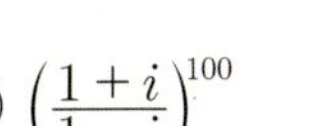

**CHECK 188** 다음을 계산하여라.

1) $\left(\dfrac{1-i}{1+i}\right)^{100}$

2) $\left(\dfrac{1+i}{1-i}\right)^{100}$

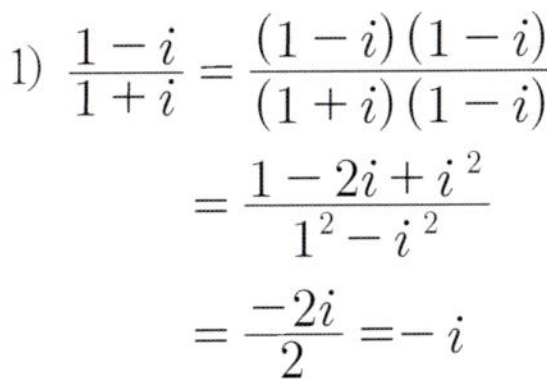

1) $\dfrac{1-i}{1+i} = \dfrac{(1-i)(1-i)}{(1+i)(1-i)}$

$= \dfrac{1-2i+i^2}{1^2-i^2}$

$= \dfrac{-2i}{2} = -i$

$\left(\dfrac{1-i}{1+i}\right)^{100} = (-i)^{100}$

$= (-i)^{4\cdot 25} = \mathbf{1}$

2) $\dfrac{1+i}{1-i} = \dfrac{(1+i)(1+i)}{(1-i)(1+i)}$

$= \dfrac{1+2i+i^2}{1^2-i^2}$

$= \dfrac{2i}{2} = i$

$\left(\dfrac{1+i}{1-i}\right)^{100} = (i)^{200}$

$= (i)^{4\cdot 50} = \mathbf{1}$

답 : 1) 1 , 2) 1

$\dfrac{1-i}{1+i}$ 와 $\dfrac{1+i}{1-i}$ 는 시험에서 자주 묻는 값이다. 문제를 빨리 풀려면 공식 외우는 것은 당연하지만 식의 값을 외우는 것도 중요하다. 수를 많이 외울수록 계산 속도가 빨라진다는 것을 명심하자.

$$\dfrac{1-i}{1+i} = -i \quad , \quad \dfrac{1+i}{1-i} = i$$

복소수에서 나올 수 있는 문제는 복소수 $z$ 가 실수인가 순허수인가이다. 문제에서 실수인지 순허수인지 직접 말해주기도 하지만, 어떤 조건을 주어 복소수 $z$ 가 실수인지 순허수인지 학생들이 직접 가려내야 하는 경우가 많다. 이런 표현들을 잘 기억해두면 문제 푸는 시간을 줄일 수 있다. 다음을 살펴보자.

① 복소수 $z$ 가 실수인 경우

$z_1 + \overline{z_1}$ 가 실수일 때, $z_1 \cdot \overline{z_1}$ 가 실수일 때, $z_1 = \overline{z_1}$ 일 때

② 복소수 $z$ 가 순허수인 경우

$\overline{z_1} = -z_1 \Rightarrow z_1$ 은 순허수 또는 $0$, $z_1^2$ 이 음의 실수일 때

 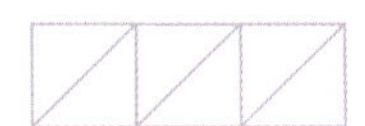

**CHECK 189** 두 복소수

$z_1 = (2 + 3i)x^2 - x + 5 + i$, $z_2 = (1 + 2i)x^2 + 2x + 3 + 5i$ 에 대하여 $z_1 - z_2$ 가 순허수일 때, 실수 $x$ 의 값을 구하여라.

복소수 문제에서는 $x, y$ 가 주인공이 아니라 $i$ 가 주인공이다. $z_1$ 과 $z_2$ 를 전개하여 실수부분과 허수부분으로 다시 묶어보자.

$$z_1 = (2 + 3i)x^2 - x + 5 + i,$$
$$= 2x^2 + 3x^2 i - x + 5 + i$$
$$= (2x^2 - x + 5) + (3x^2 + 1)i$$

$$z_2 = (1 + 2i)x^2 + 2x + 3 + 5i$$
$$= x^2 + 2x^2 i + 2x + 3 + 5i$$
$$= (x^2 + 2x + 3) + (2x^2 + 5)i$$

$$z_1 - z_2 = \{(2x^2 - x + 5) + (3x^2 + 1)i\} - \{(x^2 + 2x + 3) + (2x^2 + 5)i\}$$
$$= \{(2x^2 - x + 5) - (x^2 + 2x + 3)\} + \{(3x^2 + 1) - (2x^2 + 5)\}i$$
$$= (x^2 - 3x + 2) + (x^2 - 4)i$$

$z_1 - z_2$ 가 순허수이어야 하므로

$$x^2 - 3x + 2 = 0, \ \ x^2 - 4 \neq 0$$

$$x^2 - 3x + 2 = 0$$
$$(x - 2)(x - 1) = 0$$
$$x = 2 \ \ \text{또는} \ \ x = 1 \ \ \cdots\cdots ①$$

$$x^2 - 4 \neq 0$$
$$(x - 2)(x + 2) \neq 0$$
$$x \neq 2 \ \ \text{이고} \ \ x \neq -2 \ \ \cdots\cdots ②$$

①, ②에서 $x = \mathbf{1}$ 이다.

복소수 $z = (1 + 2i)x^2 - (2 - 3i)x - 3 - i$ 에 대하여 $z^2$ 이 음의 실수가 되었을 때, 실수 $x$ 의 값을 구하여라. (단, $i = \sqrt{-1}$ )

이전 문제에서는 $z_1 - z_2$ 가 순허수라고 말을 해 주었지만, 이 문제에서는 $z^2$ 이 음의 실수라는 표현이 있다. $z^2$ 이 음의 실수라는 표현과 $z$ 가 순허수라는 표현은 같은 것이다. $z$ 를 전개하여 실수부분과 허수부분으로 다시 묶어보자.

$$z = (1 + 2i)x^2 - (2 - 3i)x - 3 + i$$
$$= (x^2 - 2x - 3) + (2x^2 + 3x + 1)i$$

$$x^2 - 2x - 3 = 0, \quad 2x^2 + 3x + 1 \neq 0$$

$$x^2 - 2x - 3 = 0$$
$$(x - 3)(x + 1) = 0$$
$$x = 3 \ \text{또는} \ x = -1 \ \cdots\cdots ①$$

$$2x^2 + 3x + 1 \neq 0$$
$$(2x + 1)(x + 1) \neq 0$$
$$x \neq -\frac{1}{2} \ \text{이고} \ x \neq -1 \ \cdots\cdots ②$$

①, ②에서 $x = 3$ 이다.

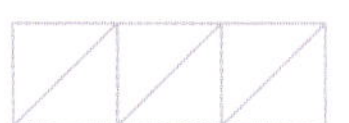

**CHECK 191**

두 복소수 $\alpha, \beta$ 에 대하여
$\alpha\overline{\alpha} = \beta\overline{\beta} = 2, \ \alpha + \beta = i$ 일 때, $\alpha\beta$ 의 값은?
(단, $\overline{\alpha}, \overline{\beta}$ 는 각각 $\alpha, \beta$ 의 켤레복소수이다.)

문제에서 준 조건을 이용하여 $\alpha\beta$ 의 값을 구하려면, 여러가지 식을 구해서 서로 잘 연결해야 한다. 연립방정식은 연산이 되는 연결고리를 잘 찾지 못하면 다람쥐 쳇바퀴 돌듯이 계산이 뱅뱅 돌기만 하고 답을 찾지 못한다. 계속 연습을 하다보면 답으로 가는 길이 쉽게 보일 것이다. 실망하지 말고 열심히 계산하기 바란다.

그럼 문제로 돌아가 변경할 수 있는 식을 찾아보자.

$$\alpha\overline{\alpha} = 2, \ \overline{\alpha} = \frac{2}{\alpha} \quad / \quad \beta\overline{\beta} = 2, \ \overline{\beta} = \frac{2}{\beta}$$

$$\overline{\alpha} + \overline{\beta} = \frac{2}{\alpha} + \frac{2}{\beta} = \frac{2(\alpha + \beta)}{\alpha\beta} = \frac{2i}{\alpha\beta}$$

$$\overline{\alpha} + \overline{\beta} = \overline{\alpha + \beta} = \overline{i} = -i$$
$$\frac{2i}{\alpha\beta} = -i, \quad \frac{2}{\alpha\beta} = -1, \quad \alpha\beta = -2$$

서로 다른 세 복소수 $\alpha, \beta, \gamma$ 가 다음을 만족할 때, $\dfrac{\gamma}{1-\alpha} = \dfrac{\alpha}{1-\beta} = \dfrac{\beta}{1-\gamma} = k$ 일 때, $k$ 의 값을 구하여라.

$f(x) = g(x) = r(x) = k$ 일 때는 $f(x) = k$, $g(x) = k$, $r(x) = k$ 의 세 개의 식으로 나누어서 푼다.

$$\gamma = (1-\alpha)k \cdots\cdots ①$$
$$\alpha = (1-\beta)k \cdots\cdots ②$$
$$\beta = (1-\gamma)k \cdots\cdots ③$$

그다음에 어떻게 식을 전개할까? 특별한 것이 없어 보인다. 연립방정식을 풀 때, 특별한 풀이가 안 보일 때는 연관된 부분이 나오도록 식을 더하거나 빼본다.

$① - ②$에서 $\quad \gamma - \alpha = (\beta - \alpha)k$
$② - ③$에서 $\quad \alpha - \beta = (\gamma - \beta)k$
$③ - ①$에서 $\quad \beta - \gamma = (\alpha - \gamma)k$

위의 세 식을 변끼리 곱하면

$$(\alpha - \beta)(\beta - \gamma)(\gamma - \alpha) = (\beta - \alpha)(\gamma - \beta)(\alpha - \gamma)k^3$$
$$= -(\alpha - \beta)(\beta - \gamma)(\gamma - \alpha)k^3$$

$\alpha, \beta, \gamma$ 가 서로 다른 세 복소수이므로 $(\alpha - \beta)(\beta - \gamma)(\gamma - \alpha) \neq 0$ 이다. $(\alpha - \beta)(\beta - \gamma)(\gamma - \alpha)$ 으로 양변을 나누면, $k^3 = -1$

따라서 $k = -1$ 이다.

답 : $-1$

 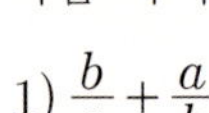

**CHECK 193**

$a = 2 + i,\ b = 2 - i$ 일 때,

다음 식의 값을 구하여라.

1) $\dfrac{b}{a} + \dfrac{a}{b}$    2) $a^3 + b^3$

조건의 값이 +, – 형태로 있는 경우는 합과 곱의 형태로 푸는 문제이다. 구하는 식을 합과 곱의 형태로 분리하고 값을 대입해서 풀면 된다.

$$a + b = (2 + i) + (2 - i) = 4$$
$$ab = (2 + i) \times (2 - i)$$
$$= 2^2 - i^2$$
$$= 4 - (-1) = 5$$

1)
$$\frac{b}{a} + \frac{a}{b} = \frac{a^2 + b^2}{ab}$$
$$= \frac{(a + b)^2 - 2ab}{ab}$$
$$= \frac{4^2 - 2 \cdot 5}{5}$$
$$= \frac{6}{5}$$

2) $a^3 + b^3 = (a + b)^3 - 3ab(a + b)$
$$= 4^3 - 3 \cdot 5 \cdot 4$$
$$= 4(16 - 15)$$
$$= 4 \cdot 1 = 4$$

답 : $1)\dfrac{6}{5}$ , $2)\,4$

$4^3 - 3 \cdot 5 \cdot 4 = 64 - 60 = 4$ 라고 계산해도 되지만 위의 풀이처럼 인수분해를 이용하는 것이 실수를 예방하고 문제를 빨리 푸는 방법이다. 귀찮다고 예전 방법을 고수하지 말고 새로운 방법을 계속 연습해서 빨리 익숙해지자! 그래야 수학 실력이 는다.

 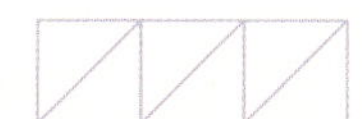

복소수 $z$와 켤레복소수 $\overline{z}$에 대하여
등식 $(1-2i)z + (2-3i)\overline{z} = 9-7i$를 만족하는
복소수 $z$를 구하여라.

$z = a+bi$, $\overline{z} = a-bi$라고 놓고 풀면 된다. 좌변을 정리한 후, 항등식의 성질을 적용하여 풀어 보자.

$$(1-2i)z + (2-3i)\overline{z}$$
$$= (1-2i)(a+bi) + (2-3i)(a-bi)$$
$$= a + bi - 2ai + 2b + 2a - 2bi - 3ai - 3b$$
$$= (3a-b) + (-5a-b)i = 9 - 7i$$
$$3a - b = 9, \quad -5a - b = -7$$

두 식을 연립하면
$a = 2, \quad b = -3$ 이다.
따라서, $z = \mathbf{2 - 3i}$

답 : $z = 2 - 3i$

### 음수의 제곱근의 성질

일반적으로 $\sqrt{a}\sqrt{b} = \sqrt{ab}$, $\dfrac{\sqrt{a}}{\sqrt{b}} = \sqrt{\dfrac{a}{b}}$ 이 성립한다.
이때는 $a > 0, b > 0$ 라는 조건이 붙어 있었다. 그러면 허수에서는 어떻게 될까? 루트 안의 값이 음수일 때는 위의 법칙이 성립하지 않는다. 시험에 자주 나오는 부분이므로 아래 정리된 것을 잘 보고 익혀두자.

$$\sqrt{a}\sqrt{b} = -\sqrt{ab} \ \Rightarrow\ a \le 0, b \le 0 \ , \ \frac{\sqrt{a}}{\sqrt{b}} = -\sqrt{\frac{a}{b}} \ \Rightarrow\ a \ge 0, b < 0$$

$a \le 0, \ b \le 0$ 일 때만 $\sqrt{a}\sqrt{b} = -\sqrt{ab}$ 이 성립하고 나머지 경우에는 $\sqrt{a}\sqrt{b} = \sqrt{ab}$ 이다. 루트 안에 미지수를 주고 범위를 묻는 경우가 많다.

 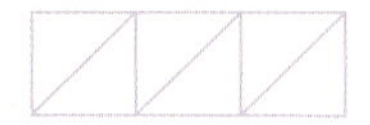

**CHECK 195** 다음을 계산 하려라.

$$1)\ (\sqrt{-3} + \sqrt{8})(\sqrt{2} - \sqrt{-27})$$

$$2)\ \frac{1 - \sqrt{-3}}{1 + \sqrt{-3}}$$

$$3)\ \left(\frac{\sqrt{3}}{\sqrt{-2}} + \sqrt{-2}\sqrt{-4}\right)(\sqrt{-2} - \sqrt{6})$$

$1)\ (\sqrt{-3} + \sqrt{8})(\sqrt{2} - \sqrt{-27})$     $(\sqrt{-1} = \sqrt{i^2} = i)$

$$= (\sqrt{3}\,i + 2\sqrt{2})(\sqrt{2} - 3\sqrt{3}\,i)$$

$$= \sqrt{6}\,i - 9i^2 + 4 - 6\sqrt{6}\,i$$

$$= \mathbf{13 - 5\sqrt{6}\,i}$$

$$2)\ \frac{1 - \sqrt{-3}}{1 + \sqrt{-3}} = \frac{1 - \sqrt{3}\,i}{1 + \sqrt{3}\,i}$$

$$= \frac{(1 - \sqrt{3}\,i)^2}{(1 + \sqrt{3}\,i)(1 - \sqrt{3}\,i)}$$

$$= \frac{1 - 2\sqrt{3}\,i + 3i^2}{1 - 3i^2}$$

$$= \frac{-2 - 2\sqrt{3}\,i}{4} = \frac{\mathbf{-1 - \sqrt{3}\,i}}{\mathbf{2}}$$

$$3)\ \left(\frac{\sqrt{3}}{\sqrt{-2}} + \sqrt{-2}\sqrt{-4}\right)(\sqrt{-2} - \sqrt{6})$$

$$= \left(\frac{\sqrt{3}}{\sqrt{2}\,i} + \sqrt{2}\,i\sqrt{4}\,i\right)(\sqrt{2}\,i - \sqrt{6})$$

$$= \left(-\frac{\sqrt{6}\,i}{2} - 2\sqrt{2}\right)(\sqrt{2}\,i - \sqrt{6})$$

$$= -\left(\frac{\sqrt{6}\,i}{2} + 2\sqrt{2}\right)(\sqrt{2}\,i - \sqrt{6})$$

$$= -\left(-\frac{1}{2}\sqrt{12} - \frac{6}{2}i + 4i - 2\sqrt{12}\right)$$

$$= -(-5\sqrt{3} + i) = \mathbf{5\sqrt{3} - i}$$





II 방정식과 부등식

다음 등식을 만족하는 $x, y$ 의 값의 범위를 구하여라.

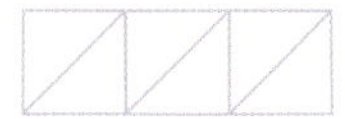

1) $\sqrt{-x+2}\sqrt{x-3}=-\sqrt{(-x+2)(x-3)}$

2) $\dfrac{\sqrt{y+3}}{\sqrt{y-1}}=-\dfrac{\sqrt{y+3}}{\sqrt{y-1}}$

3) $\begin{cases} \sqrt{x-5}\sqrt{1-x}=-\sqrt{(x-5)(1-x)} \\ \dfrac{\sqrt{x+2}}{\sqrt{x-3}}=-\dfrac{\sqrt{x+2}}{\sqrt{x-3}} \end{cases}$

1) $\sqrt{-x+2}\sqrt{x-3}=-\sqrt{(-x+2)(x-3)}$

$-x+2 \leq 0 \implies x \geq 2$

$x-3 \leq 0 \implies x \leq 3$

$\therefore \ \boldsymbol{2 \leq x \leq 3}$

2) $\dfrac{\sqrt{y+3}}{\sqrt{y-1}}=-\dfrac{\sqrt{y+3}}{\sqrt{y-1}}$

$y-1 < 0 \implies y < 1$

$y+3 \geq 0 \implies y \geq -3$

$\therefore \ \boldsymbol{-3 \leq y < 1}$

3) ① $\sqrt{x-5}\sqrt{1-x}=-\sqrt{(x-5)(1-x)}$

$\quad x-5 \leq 0 \implies x \leq 5$

$\quad 1-x \leq 0 \implies x \geq 1$

$\quad 1 \leq x \leq 5 \quad \cdots\cdots \ ③$

② $\dfrac{\sqrt{x+2}}{\sqrt{x-3}}=-\dfrac{\sqrt{x+2}}{\sqrt{x-3}}$

$\quad x+2 \geq 0 \implies x \geq -2$

$\quad x-3 < 0 \implies x < 3$

$\quad -2 \leq x < 3 \quad \cdots\cdots \ ④$

③, ④를 수직선에 그려서 공통을 구하면,

$\boldsymbol{1 \leq x < 3}$

● 답 : 풀이참조

**CHECK 197**

등식 $a(a-2bi)+bi(a-bi)-5+2i=0$ 을
만족시키는 자연수 $a, b$에 대하여 $a+b$의 값을 구하여라.

**CHECK 198**

$x = 1 + 2i$ 일 때,

$x^3 - 2x^2 + 4x + 2i$ 의 값을 구하여라.

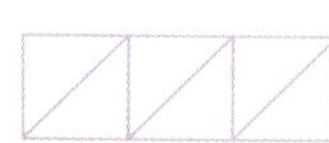

**CHECK 199**

$i^n = -i$ 가 되는 20 이하의 자연수의 합을 구하여라.

**CHECK 200**

복소수 $z = a(a - 5 + i) + 6 - 2i$ 에 대하여 $z^2$ 이 음의 실수가 되도록 하는 $a$ 의 값을 구하여라.

**CHECK 201**

복소수 $z = \dfrac{1-i}{1+i}$ 에 대하여

$z + z^2 + z^3 + \cdots + z^{101}$ 의 값을 구하여라.

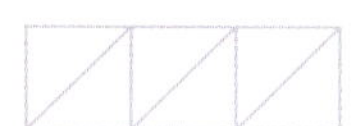

**CHECK 202**

두 실수 $x, y$ 가 등식 $\dfrac{x}{1+i} + \dfrac{y}{2-i} = \dfrac{4}{1-2i}$ 을 만족시킬 때, $5x + y$ 값을 구하여라.

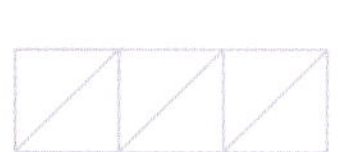

 **CHECK 203**

다음 식을 계산하여라.

$$i + 2i^2 + 3i^3 + 4i^4 + \cdots + 10i^{10}$$

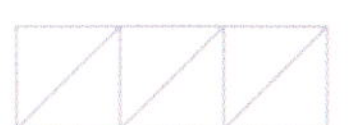

 **CHECK 204**

두 복소수 $2\alpha\overline{\alpha} = 1,\ 2\beta\overline{\beta} = 1,$

$\alpha + \beta = 2 - 3i$ 일 때, $\dfrac{1}{\alpha} + \dfrac{1}{\beta}$ 의 값을 구하여라.

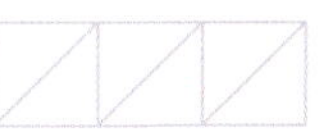

**CHECK 205**

$z = \dfrac{5 - \sqrt{-2}}{1 + \sqrt{-2}}$ 일 때, $\overline{z} = a + bi$ 라고 하자.

이 때 $a^2 + b^2$ 의 값을 구하여라.

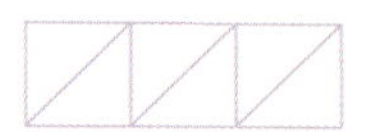

**CHECK 206**

$\sqrt{-2}\sqrt{-8} + \sqrt{-9}\sqrt{9} + \dfrac{\sqrt{-12}}{\sqrt{-2}} + \dfrac{\sqrt{18}}{\sqrt{-3}} = a + bi$ 일 때,

실수 $a, b$ 에 대하여 $a + b$ 값을 구하여라.

**CHECK 207** 

다음 식을 만족하는 자연수 $x$ 의 합을 구하여라. 

$$\frac{\sqrt{x+1}}{\sqrt{x-3}} = -\frac{\sqrt{x+1}}{\sqrt{x-3}}$$

**CHECK 208** 

0이 아닌 세 실수 $a, b, c$ 에 대하여 

$\sqrt{a}\sqrt{b} = -\sqrt{ab}$, $\dfrac{\sqrt{c}}{\sqrt{b}} = -\sqrt{\dfrac{c}{b}}$ 일 때, $\sqrt{(a-c)^2} + \sqrt{b^2} - |c-b|$ 의 값을 구하여라.

**CHECK 209**

복소수 $z$ 에 대하여

$z - \dfrac{1}{z}$ 이 실수일 때, $z - \overline{z}$ 의 값을 구하여라.

**CHECK 210**

$n$ 이 자연수일 때,

$\left(\dfrac{1+i}{1-i}\right)^{2n+1} - \left(\dfrac{1-i}{1+i}\right)^{2n-1}$ 의 값을 구하여라.

**CHECK 211**

복소수 $z = \dfrac{1-i}{1+i}$ 일 때,

$z - 2z^2 + 3z^3 - 4z^4 + \cdots + 9z^9 - 10z^{10}$ 의 값을 구하여라.

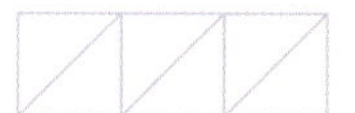

**CHECK 212**

좌표평면 위의 점 $P(x, y)$에 대하여

복소수 $z = (1+i)x + (1-i)y - 2 + i$ 라 하자. $z^2$ 이 음의 실수일 때,

$P$ 가 나타내는 도형과 $x, y$ 축으로 둘러싸인 부분의 넓이를 구하여라.

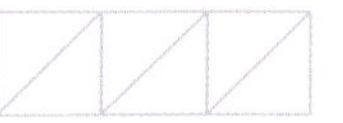

**CHECK 213**

복소수 $z_1 = 1 - 2i$ 에 대하여

$z_2 = \overline{z_1} + (1-i),\ z_3 = \overline{z_2} + (1-i),$

$z_4 = \overline{z_3} + (1-i),\ z_5 = \overline{z_4} + (1-i),\ \cdots$ 일 때, $z_{2000} = a + bi$ 이다.

이 때 $a + b$ 의 값을 구하여라.

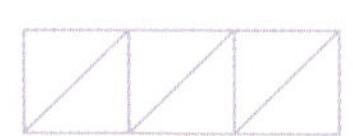

**CHECK 214**

실수 $x, y, z$ 이 $xyz + 2 = 0$ 을 만족시킬 때,

$\sqrt{x}\sqrt{y}\sqrt{z}$ 값의 모든 합을 구하여라.

**CHECK 215**

자연수 $n$ 에 대하여

$$f(n) = \left(\frac{1-i}{1+i}\right)^n - \left(\frac{1+i}{1-i}\right)^n$$ 일 때,

$f(1) + f(2) + f(3) + f(4) + \cdots + f(101)$ 의 값을 구하여라.

**CHECK 216**

자연수 $n$ 의 양의 약수가 $a_1, a_2, a_3, \cdots, a_k$ 일 때,

$$x_n = i^{a_1} + i^{a_2} + i^{a_3} + \cdots + i^{a_k} \quad (i = \sqrt{-1})$$ 으로 정의한다.

$c = 2^8,\ d = 3^4$ 일 때, $x_c + x_d = p + qi$ 이다. $p + q$ 의 값을 구하여라.

# READING MATHEMATICS

# 5. 이차방정식

### 방정식

등식에 포함된 미지수의 값에 따라 참이 되기도 하고 거짓이 되기도 하는 등식을 **방정식**이라 한다. 이때 방정식을 참이 되게 하는 값을 방정식의 **해** 또는 **근**이라고 한다.

### 일차방정식

$ax + b = 0\,(a \neq 0,\ a, b$는 상수$)$ 꼴로 변형할 수 있는 방정식을 $x$에 대한 **일차방정식**이라 한다.

### $ax = b$의 풀이

① $a \neq 0$ 일 때, $\quad x = \dfrac{b}{a}$ (오직 하나의 해)

② $a = 0$ 일 때, $\begin{cases} b = 0 \text{이면} \ \Rightarrow \ (\text{해가 무수히 많다. } -\text{부정}) \\ b \neq 0 \text{이면} \ \Rightarrow \ (\text{해가 없다. } -\text{불능}) \end{cases}$

방정식은 중학교 때부터 배워온 것이어서 친숙하다. 하지만 이제 숫자가 아닌 미지수로도 방정식을 풀어야 한다.

$$1)\ 2x + 1 = 0 \qquad\qquad 2)\ ax + b = 0$$
$$2x = -1 \qquad\qquad\qquad ax = -b$$
$$x = -\frac{1}{2} \qquad\qquad\qquad x = -\frac{b}{a}$$

위의 1번 식처럼 방정식을 계산해 왔다. 하지만 2번 식은 틀린 풀이다. 왜냐하면 $a$가 '0' 값을 갖는다면 $\dfrac{b}{a}$는 존재할 수 없기 때문이다. 그래서 $a = 0$인 경우와 $a \neq 0$인 경우를 나누어 생각해야 한다. 최고차항의 계수가 미지수일 때는 그 미지수에 대하여 생각해야 할 것이 꼭 있다는 것을 명심하자

$(a^2 - 3a + 2)x = a - 1$의 해를 구하여라.

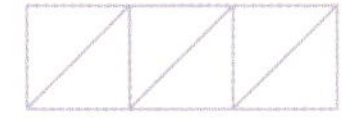

$$(a^2 - 3a + 2)x = a - 1$$
$$(a - 2)(a - 1)x = a - 1$$

$a = 1$일 때,
$\quad 0 \cdot x = 0 \implies$ 해가 무수히 많다. (부정)　　$x$에 어떤 값이 들어가도 등식을 만족한다.

$a = 2$일 때,
$\quad 0 \cdot x = 1 \implies$ 해가 없다. (불능)　　$x$에 어떤 값이 들어가도 등식을 만족하지 못한다.

$a \neq 1$, $a \neq 2$일 때,
$$x = \frac{1}{a - 2} \implies (\text{오직 하나의 해})$$

답 : $a = 1$일 때, 해가 무수히 많다.

$a = 2$일 때, 해가 없다.

$a \neq 1$, $a \neq 2$일 때, $x = \dfrac{1}{a - 2}$

## 절댓값의 방정식

절댓값의 기호가 포함된 방정식은 절댓값의 성질을 이용하여 절댓값을 먼저 푼 후, 각 경우에 대하여 방정식을 푼다. 계산한 값이 범위 안에 있을 때만 해가 된다. 따라서 해가 여러 개인 경우도 있고 일부만 해가 되는 경우, 해가 없는 경우도 있다.

절댓값 안에 있는 문자가 양수이면 그 문자가 그대로 나오고,

절댓값 안에 있는 문자가 음수이면 그 문자에 '−' 달고 나온다.

$$|A| = \begin{cases} A & (A \geq 0) \\ -A & (A < 0) \end{cases}$$

$A$가 그대로 나온다.

$A$가 '−' 달고 나온다.

$|x-2| = 3$을 풀어보자.

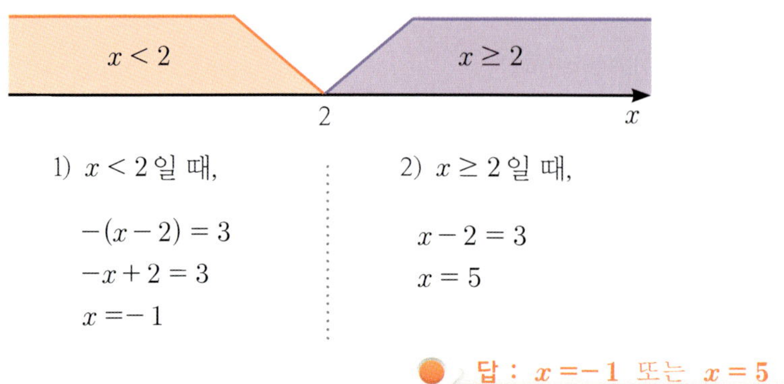



1) $x < 2$일 때,

$$-(x-2) = 3$$
$$-x+2 = 3$$
$$x = -1$$

2) $x \geq 2$일 때,

$$x - 2 = 3$$
$$x = 5$$

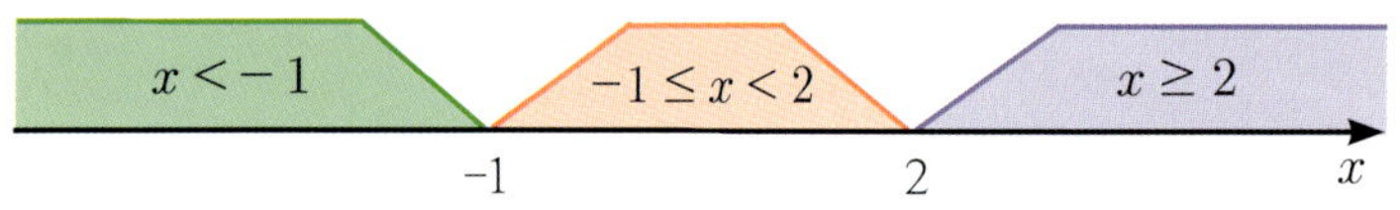



절댓값이 두 개인 경우는 세 가지 조건으로 나누어 푼다.

$|x+1|+|x-2| = 5$를 풀어보자.



1) $x < -1$일 때,

$$-(x+1) - (x-2) = 5$$
$$-x-1-x+2 = 5$$
$$-2x = 4$$
$$x = -2 \quad \text{범위에 해당하므로 해가 된다}$$

2) $-1 \leq x < 2$일 때,

$$(x+1) - (x-2) = 5$$
$$x+1-x+2 = 5$$
$$3 \neq 5 \quad \text{모순이다. 따라서 이 범위에서는 만족하는 해가 없다}$$

3) $x \geq 2$ 일 때,

$(x+1)+(x-2)=5$

$x+1+x-2=5$

$2x=6$

$x=3$　　범위에 해당하므로 해가 된다

답 : $x < -1$ 일 때, $x = -2$

$x \geq 2$ 일 때, $x = 3$

풀이 2)번에서 결과가 참이 나오면, 예를들어 $3=3$ 이 나와서 결과가 참이 나왔다면 $-1 \leq x < 2$ 구간의 어떤 수를 넣어도 성립하므로 구간 전체가 해가 된다.



$|A|$ 의 풀이와 $\sqrt{A^2}$ 의 풀이는 같다. 우리는 중학교 과정에서 $\sqrt{A^2}$ 의 풀이를 배웠다. 다시 정리해 보면 다음과 같다.

$$\sqrt{A^2} = \begin{cases} A & (A \geq 0) \quad \text{A가 그대로 나온다.} \\ -A & (A < 0) \quad \text{A가 '-' 달고 나온다.} \end{cases}$$

절댓값과 루트를 계산하는 문제가 같이 나오면 한 가지로 통일해서 풀어도 된다.

$|A| = B$, $|A| = |B|$ 인 경우는 모두 $A = \pm B$ 로 푼다.

답이 여러 개일 수도 있고, 없을 수도 있다.
조건을 나누어서 풀고 각 조건에 맞는 해만 답이 된다.
계산해서 나온 값이 답이 되지 않을 수도 있으니 주의하자.

 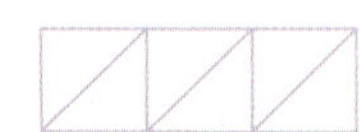

**CHECK 218**

$-3 \leq x < 2$ 일 때,

$|x+3| + \sqrt{(x-2)^2}$ 을 구하여라.

$|x+3|$ 과 $\sqrt{(x-2)^2}$ 의 형태가 달라 복잡해 보인다. 절댓값과 루트의 계산법이 같으므로 한 가지로 통일해서 나타내고 풀어보자.

$$|x+3| + \sqrt{(x-2)^2} = |x+3| + |x-2|$$
$$= x+3 - (x-2)$$
$$= x+3 - x + 2$$
$$= 5 \quad \text{범위에 해당하지 않으므로 해가 되지 않는다}$$

따라서 해는 없다.

 **답 : 해는 없다**

 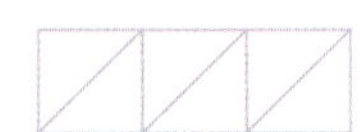

**CHECK 219**

다음 방정식의 해를 구하여라.

$|x+1| - |2x-3| = 0$

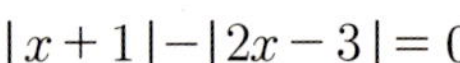

방정식에 절댓값만 두 개가 나왔으므로 $x$ 의 범위를 나누지 말고 앞에서 배운 절댓값의 성질을 이용하여 풀어보자.

$$|x+1| - |2x-3| = 0$$
$$|x+1| = |2x-3|$$

1) $x+1 = 2x-3$ 일 때,
$$-x = -4$$
$$x = \mathbf{4}$$

2) $x+1 = -2x+3$ 일 때,
$$3x = 2$$
$$x = \frac{2}{3}$$

**답 : $x = 4$ 또는 $x = \frac{2}{3}$**

 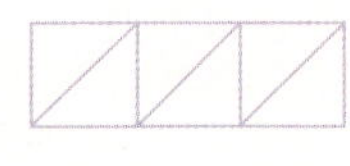

**CHECK 220**  방정식 $|x-3|+2|x+1|=-2x+4$ 을 만족하는 모든 해의 곱을 구하여라.

방정식을 풀기 위해 식에 나와 있는 절댓값을 이용하여 $x$의 범위를 세 가지로 나누고 각각의 경우에 대하여 풀어보자.

1) $x < -1$

$$|x-3|+2|x+1|=-2x+4$$
$$-x+3-2(x+1)=-2x+4$$
$$-3x+1=-2x+4$$
$$-x=3$$
$$x=\mathbf{-3}$$

2) $-1 \leq x < 3$

$$|x-3|+2|x+1|=-2x+4$$
$$-(x-3)+2(x+1)=-2x+4$$
$$-x+3+2x+2=-2x+4$$
$$x+5=-2x+4$$
$$3x=-1$$
$$x=\mathbf{-\dfrac{1}{3}}$$

3) $x \geq 3$

$$|x-3|+2|x+1|=-2x+4$$
$$x-3+2x+2=-2x+4$$
$$3x-1=-2x+4$$
$$5x=5$$
$$x=1\,(\times) \quad \text{범위를 벗어난 값이어서 해가 되지 못한다}$$

$$\therefore\ (-3)\cdot\left(-\dfrac{1}{3}\right)=\mathbf{1}$$

 답 : 1

### 이차방정식

$ax^2 + bx + c = 0$ ($a \neq 0$, $a, b, c$ 는 상수) 꼴로 변형할 수 있는 방정식을 $x$에 대한 **이차방정식**이라 한다.

방정식의 근은 복소수 범위까지 구할 수 있으며 실수인 근을 **실근**, 허수인 근을 **허근**이라고 한다.

이차방정식의 근은 **서로 다른 두 실근, 중근, 서로 다른 두 허근**으로 구분할 수 있다.

이차방정식은 인수분해를 이용하여 근을 구한다.

$(ax - b)(cx - d) = 0$

$ax - b = 0$ 또는 $cx - d = 0$

$x = \dfrac{b}{a}$ 또는 $x = \dfrac{d}{c}$

인수분해가 안될 때는 완전제곱식을 이용하여 근을 구한다.

$(x - a)^2 = b$

$x - a = \pm\sqrt{b}$

$x = a \pm \sqrt{b}$

완전제곱식의 방법을 공식화 한 것이 근의 공식이다. $x$의 계수가 짝수일 때는 짝수공식을 사용하는 것이 좋다. 계산할 때 숫자의 값이 커지면 실수하기 쉬우니까 가급적 작은 수로 계산하는 것이 좋다.

$$ax^2 + bx + c = 0 \quad \Rightarrow \quad x = \frac{-b \pm \sqrt{b^2 - 4ac}}{2a}$$

$$ax^2 + 2b'x + c = 0 \quad \Rightarrow \quad x = \frac{-b' \pm \sqrt{b'^2 - ac}}{a} \quad \text{(짝수공식)}$$

완전제곱식이나 근의 공식을 이용하여 근을 구하였는데 근에 루트가 없다면 인수분해 방법으로 쉽게 풀릴 수 있었던 문제라는 것이다. 인수분해 방법으로 다시 한 번 접근해서 풀어보기 바란다.

**CHECK 221** 다음 방정식의 해를 구하여라.

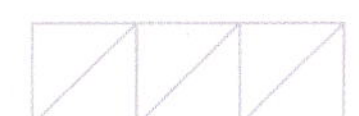

1) $x^2 - 2x - 3 = 0$

2) $\dfrac{1}{2}x^2 - x - 4 = 0$

3) $x^2 + 3x + 1 = 0$

4) $x^2 + 2x + 3 = 0$

1) $x^2 - 2x - 3 = 0$

$(x - 3)(x + 1) = 0$

$x = 3$ 또는 $x = -1$

2) $\dfrac{1}{2}x^2 - x - 4 = 0$  양변에 2를 곱한다

$x^2 - 2x - 8 = 0$

$(x - 4)(x + 2) = 0$

$x = 4,$ 또는 $x = -2$

3) $x^2 + 3x + 1 = 0$

$x = \dfrac{-3 \pm \sqrt{3^2 - 4 \cdot 1 \cdot 1}}{2 \cdot 1}$

$= \dfrac{-3 \pm \sqrt{5}}{2}$

4) $x^2 + 2x + 3 = 0$

$x^2 + 2 \cdot 1 \cdot x + 3 = 0$

$x = \dfrac{-1 \pm \sqrt{1^2 - 1 \cdot 3}}{1}$

$= -1 \pm \sqrt{2}\, i$

답 : 풀이참조

[p90]에서 인수분해 하는 순서를 배웠다. 방정식의 해를 구할 때는 인수분해를 적용하면 되고 인수분해가 안되면 **근의 공식**을 이용하면 된다.

$x$ 에 대한 이차방정식

$(a-2)x^2 - 3x + a^2 + a - 3 = 0$ 의 한 근이 1일 때,

상수 $a$ 의 값과 다른 한 근을 $\beta$ 라고 하자. $a - 4\beta$ 구하여라.

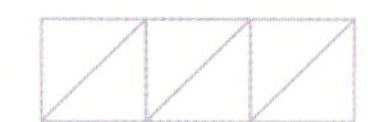

이차방정식에서의 근이 $\alpha$ 라는 것은 $f(\alpha) = 0$ 이라는 것이다. 근의 값을 $x$ 에 대입하여 계산을 하면 된다. 그리고 앞에서 배운 것처럼 최고차 항의 계수에 미지수가 있으면 생각해야 할 것이 있다. 문제에서 이차방정식이라고 했으므로 $a - 2 \neq 0$ 이다.

$x$ 에 '1'을 대입하여 $a$ 의 값을 구해보자.

$$(a-2)x^2 - 3x + a^2 + a - 3 = 0 \quad \cdots\cdots ①$$
$$(a-2) \cdot 1^2 - 3 \cdot 1 + a^2 + a - 3 = 0$$
$$a^2 + 2a - 8 = 0$$
$$(a-2)(a+4) = 0$$
$$a = 2 \ \text{또는} \ a = -4$$
$$a = -4 \ (\because a \neq 2)$$

①번 식에 대입한다

$$(-4-2)x^2 - 3x + (-4)^2 + (-4) - 3 = 0$$
$$-6x^2 - 3x + 9 = 0$$

-3으로 나눈다

$$2x^2 + x - 3 = 0$$
$$(2x+3)(x-1) = 0$$
$$x = -\frac{3}{2} \ \text{또는} \ x = 1$$

$$\therefore a - 4\beta = -4 - 4\left(-\frac{3}{2}\right)$$
$$= -4 + 6 = \mathbf{2}$$

답 : 2

**CHECK 223** 다음 이차방정식을 풀어라.

$$\sqrt{2}\,x^2 - (\sqrt{2} + 4)x + 2 + 2\sqrt{2} = 0$$

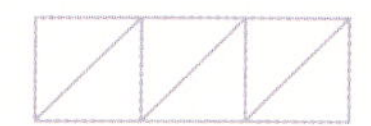

$$\sqrt{2}\,x^2 - (\sqrt{2} + 4)x + 2 + 2\sqrt{2} = 0 \qquad \text{양변에 } \sqrt{2} \text{ 를 곱한다}$$

$$2x^2 - (2 + 4\sqrt{2})x + 2\sqrt{2} + 4 = 0$$

$$x^2 - (1 + 2\sqrt{2})x + \sqrt{2} + 2 = 0 \quad \cdots\cdots ①$$

$$x = \frac{(1 + 2\sqrt{2}) \pm \sqrt{1 + 4\sqrt{2} + 8 - 4\sqrt{2} - 8}}{2 \cdot 1}$$

$$x = \frac{(1 + 2\sqrt{2}) \pm \sqrt{1}}{2}$$

$$x = \frac{1 + 2\sqrt{2} \pm 1}{2}$$

$$x = \sqrt{2} + 1 \ \text{ 또는 } \ x = \sqrt{2}$$

답 : $x = \sqrt{2} + 1$ 또는 $x = \sqrt{2}$

루트가 있어도 인수분해가 되지 않으면 근의 공식을 이용하여 근을 구하면 된다. 그러나 ①번 식을 자세히 보면 인수분해가 될 수 있다.

$$x^2 - (1 + 2\sqrt{2})x + \sqrt{2} + 2 = 0$$

$$x^2 - (1 + 2\sqrt{2})x + \sqrt{2}\,(1 + \sqrt{2}) = 0$$

$$\begin{array}{ll} 1 & \quad -\sqrt{2} \\ 1 & \quad -(1 + \sqrt{2}) \\ \hline & \quad -1 - 2\sqrt{2} \end{array}$$

$$(x - \sqrt{2})(x - 1 - \sqrt{2}) = 0$$

$$x = \sqrt{2} \ \text{ 또는 } \ x = \sqrt{2} + 1$$

이런 방법이 눈에 보인다면 계산하는 시간을 줄일 수 있다. 하지만 잘 보이지 않는다 해도 괜찮다. 그냥 근의 공식에 넣어 방정식을 풀면 된다. 수학은 손보다 눈에서 먼저 풀려야 한다. (수학 문제 풀이는 눈, 손, 머리 순서이다.) 그렇게 되려면 기본적인 문제와 내가 틀렸던 문제를 반복적으로 풀어야 한다.

### ● 절댓값이 있는 이차방정식

절댓값이 있는 이차방정식도 풀이는 같다. 먼저 절댓값에 따라 범위를 나누고 방정식을 풀고 난 후, 범위 안에 있는 것만 해로 인정하면 된다.

**CHECK 224**

$x$ 에 대한 이차방정식

$x^2 + |2x+1| - 4 = 0$ 을 풀고 모든 근의 합을 구하여라.

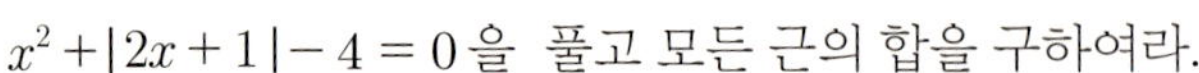

절댓값을 기준으로 구간을 나누어 방정식을 풀어보자.

1) $x \geq -\dfrac{1}{2}$

$x^2 + (2x+1) - 4 = 0$

$x^2 + 2x - 3 = 0$

$(x+3)(x-1) = 0$

$x = -3$ 또는 $x = 1$

$x = 1 \left( \because x \geq -\dfrac{1}{2} \right)$

2) $x < -\dfrac{1}{2}$

$x^2 - (2x+1) - 4 = 0$

$x^2 - 2x - 5 = 0$

$x = \dfrac{1 \pm \sqrt{1 - 1 \cdot (-5)}}{1}$

$\quad = 1 \pm \sqrt{6}$

$x = 1 - \sqrt{6} \left( \because x < -\dfrac{1}{2} \right)$

$\therefore 1 + 1 - \sqrt{6} = \mathbf{2 - \sqrt{6}}$

답 : $2 - \sqrt{6}$

절댓값 $|A|$ 는 3 가지 방법으로 나눌 수 있다. $A > 0$, $A = 0$, $A < 0$ 이다. 편의상 $A \geq 0$, $A < 0$ 로 나누어서 계산한다. 만약에 수학경시대회나 올

림피아드에서 부등식 문제를 풀다가 안 풀리면 구간을 $A > 0$, $A \leq 0$ 로 놓으면 풀리는 경우도 있다. 아주아주 어려운 문제에서는….

## ● 가우스를 포함한 이차방정식

절댓값이 포함된 이차방정식은 절댓값의 개수만큼 구간을 나누면 된다. 바로 $x$ 를 기준으로 나눈다고 보면된다. 하지만 가우스 함수는 $y$ 값을 기준으로 나눈다고 보면된다. $[x]$(가우스 $x$)는 $x$ 보다 크지 않은 최대 정수를 나타난다.

① $[1.5] = 1$ , ② $[2.7] = 2$ , ③ $[-2.7] = -3$ 이다.

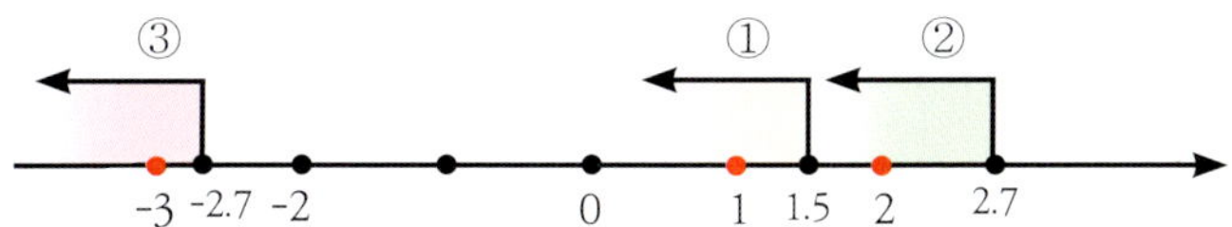

$$n \leq x < n+1 \ \text{일 때,} \quad [x] = n$$

즉, 가우스 함수는 식의 $y$ 값이 정수 값 하나만 갖도록 구간을 나누어야 한다. $[x]$, $\left[\dfrac{x}{2}\right]$, $[2x]$ 의 세 가지 경우를 비교해 보고 구간을 나누는 방법과 각 구간에서 가우스 함수가 어떤 값을 갖는지 비교해 보자. 참고로 $|x|$ 의 값은 미지수로 나오고 $[x]$ 의 값은 정수로 나온다.

$y = [x]$

$-2 \leq x < -1$ 일 때, $\qquad [x] = -2$

$-1 \leq x < 0$  일 때, $\qquad [x] = -1$

$\ \ 0 \leq x < 1$  일 때, $\qquad [x] = 0$

$\ \ 1 \leq x < 2$  일 때, $\qquad [x] = 1$

$\ \ 2 \leq x < 3$  일 때, $\qquad [x] = 2$

$$y = [2x]$$

$$-\frac{2}{2} \leq x < -\frac{1}{2} \ \text{일 때} \qquad [2x] = -2$$

$$-\frac{1}{2} \leq x < 0 \quad \text{일 때} \qquad [2x] = -1$$

$$0 \leq x < \frac{1}{2} \quad \text{일 때} \qquad [2x] = 0$$

$$\frac{1}{2} \leq x < \frac{2}{2} \quad \text{일 때} \qquad [2x] = 1$$

$$\frac{2}{2} \leq x < \frac{3}{2} \quad \text{일 때} \qquad [2x] = 2$$

$$y = \left[\frac{x}{2}\right]$$

$$-2 \leq x < 0 \ \text{일 때} \qquad \left[\frac{x}{2}\right] = -1$$

$$0 \leq x < 2 \ \text{일 때} \qquad \left[\frac{x}{2}\right] = 0$$

$$2 \leq x < 4 \ \text{일 때} \qquad \left[\frac{x}{2}\right] = 1$$

$-1 \leq x \leq 2$ 일 때, 방정식 $x^2 + [x] = [x]^2 + x$ 를 풀어라. (단, $[x]$ 는 $x$ 보다 크지 않은 최대의 정수이다.)

일단 $x$ 의 범위를 정수 단위로 나누어야겠다. 그리고 각 구간에서 갖는 가우스 값을 구하고 방정식에 대입하여 방정식을 푼다. 방정식의 해 중 $x$ 의 범위에 해당하는 값만 해로 인정이 된다.

1) $-1 \leq x < 0$ 일 때, $[x] = -1$

$$x^2 - 1 = (-1)^2 + x$$

$$x^2 - x - 2 = 0$$

$$(x - 2)(x + 1) = 0$$

$$x = 2 \ \text{또는} \ x = -1$$

$$\therefore x = -1$$

2) $0 \leq x < 1$ 일 때, $[x] = 0$

$x^2 = + x$

$x^2 - x = 0$

$x(x-1) = 0$

$x = 0$ 또는 $x = 1$

$\therefore x = \mathbf{0}$

3) $1 \leq x < 2$ 일 때, $[x] = 1$

$x^2 + 1 = 1^2 + x$

$x^2 - x = 0$

$x(x-1) = 0$

$x = 0$ 또는 $x = 1$

$\therefore x = \mathbf{1}$

4) $x = 2$ 일 때, $[x] = 2$

$x^2 + 2 = 2^2 + x$ 

$2^2 + 2 = 2^2 + 2$

좌변과 우변이 같으므로 등호가 성립한다.

$\therefore x = \mathbf{2}$

● **답 : $-1$ 또는 $0$ 또는 $1$ 또는 $2$**

● **판별식과 실근의 개수**

앞에서 근의 공식을 배웠다. 근의 공식 중 분자의 루트 안에 있는 값을 판별식이라 하고 $D$ (discriminant)라고 표시한다. 이 판별식을 통해 근의 개수를 알 수 있다.

$$ax^2 + bx + c = 0 \;\Rightarrow\; x = \frac{-b \pm \sqrt{b^2 - 4ac}}{2a} \;\Rightarrow\; D = b^2 - 4ac$$

$$ax^2 + 2b'x + c = 0 \;\Rightarrow\; x = \frac{-b' \pm \sqrt{b'^2 - ac}}{a} \;\Rightarrow\; \frac{D}{4} = b'^2 - ac$$

(단, $a, b, c$ 는 실수이다.)

일차항의 계수가 짝수인 경우에는 짝수공식을 사용한다.

$$D = (2b')^2 - 4ac = 4b'^2 - 4ac \qquad \text{양변을 4로 나눈다}$$

$$\frac{D}{4} = b'^2 - ac$$

일차항의 계수가 짝수인 경우에는 짝수공식을 사용하자. 작은 값으로 계산해서 실수도 줄이고 계산도 빨라진다.

근의 공식에서 $D$가 양수 값이면 $\pm\sqrt{b^2 - 4ac}$ 가 되어 실근이 두 개가 되고
$D$가 '0' 값이면 근이 한 개, 중근이 되고
$D$가 음수 값이면 두 개의 허근이 된다.

> 1) $D > 0 \iff$ 서로 다른 두 실근을 갖는다.
> 2) $D = 0 \iff$ 중근(서로 같은 두 실근)을 갖는다.
> 3) $D < 0 \iff$ 서로 다른 두 허근을 갖는다.

실근, 두 실근, 두근의 표현이 나오면 $D \geq 0$ 이다.

서로 다른 두 실근일 때만 $D > 0$ 이다.

이차식이 완전제곱식이거나 중근을 갖는다고 하면 $D = 0$ 이다.

이차방정식 $x^2 - 2(a+1)x + 2a^2 + a - 1 = 0$이 실근을 가질 때, $a$ 값의 범위를 구하여라.

이차방정식이 실근을 가지므로 판별식 $D \geq 0$ 이다. $x$의 계수가 짝수이므로 가급적 짝수공식을 사용하자.

$$\frac{D}{4} = (a+1)^2 - 1 \cdot (2a^2 + a - 1) \geq 0$$
$$a^2 + 2a + 1 - 2a^2 - a + 1 \geq 0$$
$$-a^2 + a + 2 \geq 0$$
$$a^2 - a - 2 \leq 0$$
$$\therefore -1 \leq a \leq 2$$

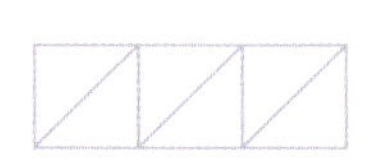

$x$에 대한 이차방정식

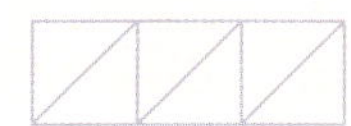

$x^2 + (2k + a)x + k^2 + 2k - b = 0$ 이 실수 $k$ 의 값에 관계없이 항상 중근을 가질 때, $a + b$ 의 값을 구하여라.

$k$의 값에 관계없이 항상 성립하므로 $k$에 관한 항등식으로 풀면 된다. 또 중근을 갖는다고 했으므로 먼저 판별식을 적용해 보자.

$$x^2 + (2k + a)x + k^2 + 2k - b = 0$$
$$D = (2k + a)^2 - 4 \cdot 1 \cdot (k^2 + 2k - b)$$
$$= 4k^2 + 4ak + a^2 - 4k^2 - 8k + 4b$$
$$= 4(a - 2)k + a^2 + 4b = 0$$

$k$에 관한 항등식이므로

$$a - 2 = 0$$
$$a = 2$$
$$a^2 + 4b = 0$$
$$2^2 + 4b = 0$$
$$b = -1$$
$$\therefore \ a + b = 2 - 1 = 1$$

이차방정식 $ax^2 + bx + c = 0$ $(a \neq 0,\ a, b, c$ 는 상수$)$ 의 두 근을 $\alpha, \beta$ 라 하면 다음 관계가 성립한다.

1) **두 근의 합** : $\alpha + \beta = -\dfrac{b}{a}$　　2) **두 근의 곱** : $\alpha\beta = \dfrac{c}{a}$

3) **두 근의 차** : $|\alpha - \beta| = \dfrac{\sqrt{b^2 - 4ac}}{|a|}$　　(단, $a, \beta$ 는 실수)

1), 2)에서 $\alpha, \beta$ 는 실근이든 허근이든 상관없이 성립한다. 하지만 3)에서는 실근일 때만 성립한다.

3)번 공식도 꼭 외워두자. 외우지 않으면 앞에서 배운 것처럼 $(\alpha - \beta)^2 = (\alpha + \beta)^2 - 4\alpha\beta$ 로 계산하여야 한다. 애써가며 계산을 많이 할 필요는 없다. 앞으로 $\alpha - \beta$ 를 묻는 문제는 3)번 공식을 이용하여 풀도록 하자.

$|\alpha - \beta| = \dfrac{\sqrt{D}}{|a|}$ 로 외워도 되겠다.

앞의 방정식에서는 인수분해를 이용하여 직접 근을 구했는데 이제는 근을 구하지 않아도 문제를 풀 수 있다. 두 근의 합과 곱만 구하면 된다.

이차방정식의 두 근을 $\alpha, \beta$ 라 할 때, 라는 표현이 나오면 두 근의 합과 곱을 구한다음, 주어진 식을 합과 곱의 형태로 바꾸어 대입하면 된다.

이차방정식 $x^2 - 2x - 1 = 0$ 의 두 근을 $\alpha, \beta$ 라 할 때, 다음 식의 값을 구하여라.

1) $\alpha^2 + \beta^2$　　　　2) $\alpha^3 + \beta^3$　　　　3) $\alpha^2\beta + \alpha\beta^2$

4) $(\alpha - 2)(\beta - 2)$　　5) $\dfrac{\beta}{\alpha} + \dfrac{\alpha}{\beta}$　　6) $\dfrac{\beta}{\alpha - 1} + \dfrac{\alpha}{\beta - 1}$

문제에서 $\alpha + \beta = 2$, $\alpha\beta = -1$ 이다. 변형된 식에 두 값을 대입해 보자.

1) $\alpha^2 + \beta^2 = (\alpha + \beta)^2 - 2\alpha\beta$

$$= 2^2 - 2 \cdot (-1)$$

$$= 4 + 2 = \mathbf{6}$$

2) $\alpha^3 + \beta^3 = (\alpha + \beta)^3 - 3\alpha\beta(\alpha + \beta)$

$$= 2^3 - 3 \cdot (-1) \cdot 2$$

$$= 8 + 6 = \mathbf{14}$$

3) $\alpha^2\beta + \alpha\beta^2 = \alpha\beta(\alpha + \beta)$

$$= (-1) \cdot 2 = \mathbf{-2}$$

4) $(\alpha - 2)(\beta - 2) = \alpha\beta - 2\alpha - 2\beta + 4$

$$= \alpha\beta - 2(\alpha + \beta) + 4$$

$$= (-1) - 2 \cdot 2 + 4 = \mathbf{-1}$$

5) $\dfrac{\beta}{\alpha} + \dfrac{\alpha}{\beta} = \dfrac{\alpha^2 + \beta^2}{\alpha\beta}$

$$= \dfrac{(\alpha + \beta)^2 - 2\alpha\beta}{\alpha\beta}$$

$$= \dfrac{2^2 - 2 \cdot (-1)}{-1} = \mathbf{-6}$$

6) $\dfrac{\beta}{\alpha - 1} + \dfrac{\alpha}{\beta - 1} = \dfrac{\beta(\beta - 1) + \alpha(\alpha - 1)}{(\alpha - 1)(\beta - 1)}$

$$= \dfrac{\alpha^2 + \beta^2 - (\alpha + \beta)}{\alpha\beta - (\alpha + \beta) + 1}$$

$$= \dfrac{(\alpha + \beta)^2 - 2\alpha\beta - (\alpha + \beta)}{\alpha\beta - (\alpha + \beta) + 1}$$

$$= \dfrac{2^2 - 2 \cdot (-1) - 2}{-1 - 2 + 1} = \mathbf{-2}$$

**CHECK 229**

이차방정식 $x^2 - 6kx + 16 = 0$ 의
두 근의 비가 $1:2$ 일 때, 실수 $k$ 의 값을 구하여라.

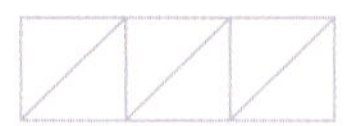

두 근의 비가 $1:2$ 이므로 두 근을 $\alpha, 2\alpha$ 라고 놓고 근과 계수의 관계를 적용하면 되겠다.

$$\alpha + 2\alpha = 6k$$
$$3\alpha = 6k$$
$$\alpha = 2k$$

$$\alpha \cdot 2\alpha = 16$$
$$2\alpha^2 = 16$$
$$2(2k)^2 = 16$$
$$8k^2 = 16$$
$$k^2 = 2$$
$$k = \pm\sqrt{2}$$

답 : $\pm\sqrt{2}$

**CHECK 230**

이차방정식 $x^2 - 2kx + 3 = 0$ 의
두 근의 차가 $2$ 일 때, 양수 $k$ 의 값을 구하여라.

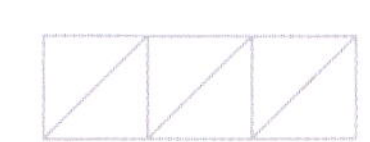

두 근의 차가 $2$ 이므로 두 근을 $\alpha, \alpha + 2$ 라고 놓고 근과 계수의 관계를 적용하면 되겠다.

$$\alpha + \alpha + 2 = 2k$$
$$2\alpha + 2 = 2k$$
$$\alpha + 1 = k$$
$$\alpha = k - 1$$

$$\alpha \cdot (\alpha + 2) = 3$$
$$(k-1)(k+1) = 3$$
$$k^2 - 1 = 3$$
$$k^2 = 4$$
$$k = \pm 2$$
$$\therefore k = 2 \quad (\because k \text{는 양수})$$

답 : $2$

근과 이차방정식의 관계

이차방정식 $ax^2 + bx + c = 0$ 의 두 근이 $\alpha, \beta$ 이면

$$ax^2 + bx + c = a(x - \alpha)(x - \beta) \text{로 인수분해된다.}$$

$x^2$ 의 계수가 1이면

$$(x - \alpha)(x - \beta) = 0 \ \Rightarrow \ x^2 - (\alpha + \beta)x + \alpha\beta = 0$$

켤레근의 성질

$a, b, c$ 가 유리수일 때, $p + q\sqrt{n}$ 가 근이면 $p - q\sqrt{n}$ 도 근이다.

$$(단, \ p, q \text{ 는 유리수}, \ \sqrt{n} \text{ 는 무리수})$$

$a, b, c$ 가 실수일 때, $p + qi$ 가 근이면 $p - qi$ 도 근이다.

$$(단, \ p, q \text{ 는 실수}, \ i = \sqrt{-1})$$



이차방정식의 두 근인 $\alpha, \beta$ 가 인수의 형태로 표현될 때, 부호가 다르게 들어간다. 두 근의 곱인 $\alpha\beta$ 는 이차방정식의 상수로 들어갈 때 부호가 바뀌지 않지만 두 근의 합인 $\alpha + \beta$ 가 이차방정식 $x$ 의 계수로 들어갈 때는 부호가 반대로 들어간다는 것을 명심하자.

예를들어 이차방정식의 최고차항의 계수가 1이고 두 근이 $2, -1$일 경우는, 두 근의 합이 1, 곱이 -2이므로 아래와 같이 나타낼 수 있다.

$$(x - 2)(x + 1) = 0$$
$$x^2 - x - 2 = 0$$

부호를 혼돈해서 틀리기 쉬우니 조심하도록 하자.
유리수나 실근이라는 표현이 없으면 켤레근은 성립하지 않는다.

 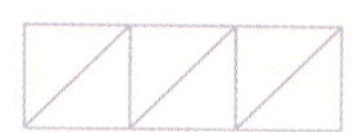

**CHECK 231** 이차방정식 $x^2 + ax + b = 0$ 의 한 근이 $1 - 2\sqrt{2}$ 일 때, 유리수 $a, b$ 에 대하여 $ab$ 를 구하여라.

$a, b$ 가 유리수이고 한 근이 $1 - 2\sqrt{2}$ 이므로 켤레근의 성질에 의해 나머지 한 근은 $1 + 2\sqrt{2}$ 이다. 두 근의 합의 2이고 두 근의 곱은 $-7$이다.

따라서 이차방정식은 $x^2 - 2x - 7 = 0$ 이된다.

$a = -2, \ b = -7$

$\therefore ab = \mathbf{14}$

답 : 14

 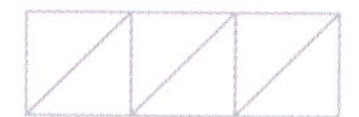

**CHECK 232** 이차방정식 $2x^2 + px + q = 0$ 의 한 근이 $\dfrac{2}{1+i}$ 일 때, 실수 $p, q$ 에 대하여 $p - q$ 를 구하여라.

먼저 허근인 $\dfrac{2}{1+i}$ 를 유리화 하자.

$$\frac{2}{1+i} = \frac{2(1-i)}{(1+i)(1-i)}$$
$$= \frac{2(1-i)}{2}$$
$$= 1 - i$$

켤레근의 성질에 의해 나머지 한 근은 $1 + i$ 가 된다. 두 근의 합은 2, 두 근의 곱은 2이다. 따라서 이차방정식은

$$2(x^2 - 2x + 2) = 0$$
$$2x^2 - 4x + 4 = 0$$
$$p = -4, q = 4$$
$$\therefore \ p - q = -4 - 4 = \mathbf{-8}$$

답 : $-8$

계수가 실수인 이차방정식 두 근이 실수일 때, 직접 근을 구하지 않고 판별식과 근과 계수와의 관계를 이용하여 실근의 부호를 판별할 수 있다.

$ax^2 + bx + c = 0$ 의 두 실근을 $\alpha, \beta$, 판별식을 $D$ 라 하면

1) 두 근이 모두 양 $\iff$ $D \geq 0,\ \alpha + \beta > 0,\ \alpha\beta > 0$

2) 두 근이 모두 음 $\iff$ $D \geq 0,\ \alpha + \beta < 0,\ \alpha\beta > 0$

3) 두 근이 서로 다른 부호 $\iff$ $\alpha\beta < 0$

지금까지 이차방정식의 두 근의 합과 곱을 구하는 것을 연습했다. 이제 더 간단하지만 더 복잡하게 두 근의 부호를 알아보는 방법을 알아보자.

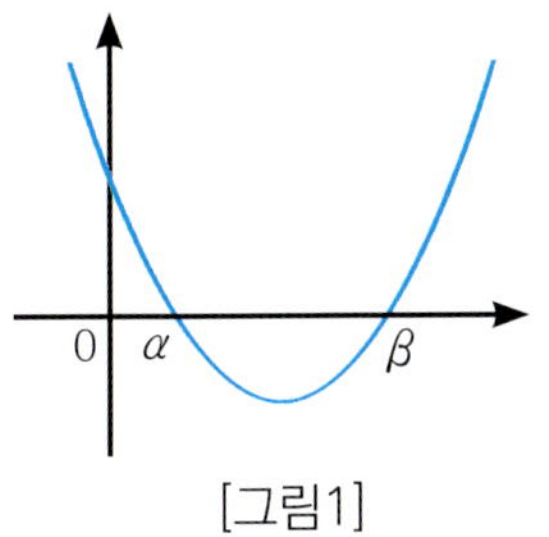

[그림1]

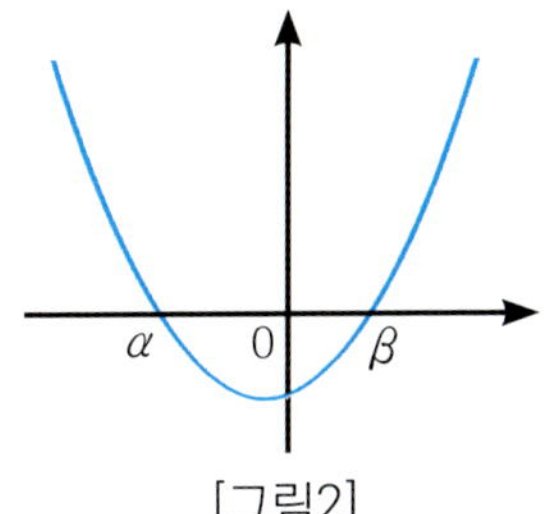

[그림2]

그림을 보면 이해하기 쉽다.

1) 두 근이 모두 양일 경우는 우선 판별식 $D \geq 0$ 이다. 중근도 서로 같은 두 근으로 보기 때문에 $D = 0$ 도 포함된다. 두 근이 모두 양이기 때문에 [그림1] 처럼 두근의 합은 양이고 곱도 양이 된다.

2) 두 근이 모두 음일 경우는 음근도 근의 개수로는 두 개 이므로 판별식 $D \geq 0$ 이고 두 근이 음이기 때문에 두 근의 합은 음이고 두 근의 곱은 양이 된다.

3) 두 근이 서로 다른 부호일 경우에는 두 근의 합이 어떤지 모르기 때문에 합에 관해서는 쓸 수 없다. 반면에 두 근의 부호가 다르기 때문에 두 근의 곱은 음이다.

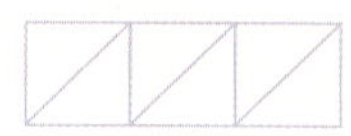

**CHECK 233** 이차방정식 $x^2 - 3x + k + 2 = 0$의
두 근이 모두 양수일 때, 실수 $k$의 값의 범위를 구하여라.

두 근이 모두 양수이므로 $D \geq 0, \ \alpha + \beta > 0, \ \alpha\beta > 0$를 만족하면 된다.

1) $D = (-3)^2 - 4 \cdot 1 \cdot (k + 2) \geq 0$

$9 - 4k - 8 \geq 0$

$-4k \geq -1$

$k \leq \dfrac{1}{4}$

2) $\alpha + \beta = 3 > 0$ (참)

3) $\alpha\beta = k + 2 > 0$

$k > -2$

$\therefore \ -2 < k \leq \dfrac{1}{4}$

답 : $-2 < k \leq \dfrac{1}{4}$

항상 공식처럼 풀리는 것은 아니다. 문제에서 주는 내용을 잘 파악해서 알 수 있는 값은 모두 적용해 공통의 해를 구해야 한다.

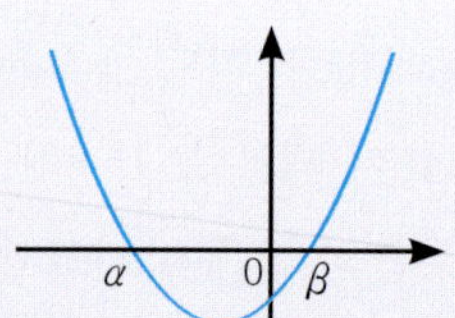


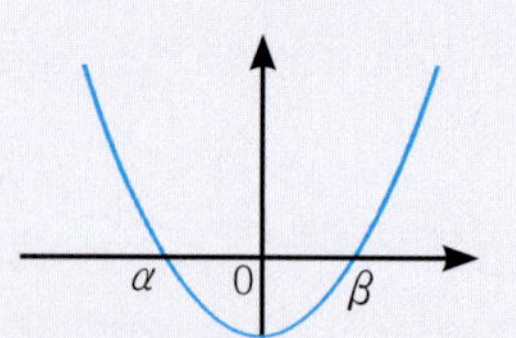

이차방정식 $x^2 - (a^2 - 2a - 3)x - a + 1 = 0$ 의

두 근의 부호가 서로 다르고 두 근의 절댓값이 같을 때,

실수 $a$ 의 값을 구하여라.

두 근의 부호가 서로 다르고 두 근의 절댓값이 같을 때는 $\alpha + \beta = 0$, $\alpha\beta < 0$ 을 만족하는 값을 구하면 된다.

$$\alpha + \beta = a^2 - 2a - 3 = 0$$
$$(a - 3)(a + 1) = 0$$
$$a = 3 \ \text{또는} \ a = -1$$
$$\alpha\beta = -a + 1 < 0$$
$$-a > -1$$
$$a < 1$$
$$\therefore a = -1$$

답 : $-1$

이차방정식의 변수 $x, y$ 가 실수라는 표현이 나오면 두 가지로 풀이를 접근할 수 있다.

> 1) 실수 $\Rightarrow$ 실근 $\Rightarrow D \geq 0$
>
> 2) 실수 $\Rightarrow$ (실수)$^2 \geq 0$

문제에 자주나오는 내용이므로 잘 익혀두기 바란다.

$D < 0$ 일 때, 서로 다른 두 허근을 갖는다고 배웠다. 허근은 항상 켤레근 형태의 쌍으로 존재한다. 이차방정식이 실근 하나, 허근 하나를 갖는 경우는 없다. 단, 변수가 실수라는 단서가 있어야 켤레근이 성립한다. 서술형 문제에서 한 근이 $a + bi$ 인데 $a, b$ 가 실수라는 표현이 없으면 나머지 한 근은 $a - bi$ 가 아닌 $\alpha$ 로 놓고 문제를 풀어야한다.

**CHECK 235**

$x$에 대한 이차방정식 $x^2 - (a + 2)x + 2a = 0$의 한 근이 3일 때, $x$에 대한 이차방정식 $x^2 - ax + a - 1 = 0$의 두 근과 $a$의 합을 구하여라.

**CHECK 236**

두 이차방정식 $x^2 + 2x + a = 0$, $2x^2 - bx + a = 0$의 공통인 근이 $x = 1$일 때, 상수 $ab$의 값을 구하여라.

**CHECK 237**

$x$에 대한 이차방정식 $x^2 - 2kx + k = 0$의
두 근의 차가 4일 때, $k$의 값의 합을 구하여라.

**CHECK 238**

$x$에 대한 이차방정식 $x^2 + 4kx + k - 1 = 0$의
두 근이 연속하는 홀수일 때, $k$ 값의 곱을 구하여라.



5 이차방정식

**CHECK 239**

$x$에 대한 이차방정식

$x^2 - (a+3)x + 2a + 3 = 0$ 이 완전제곱식이 될 때,

상수 $a$의 값을 구하여라.

**CHECK 240**

이차방정식 $ax^2 + bx + 1 = 0$의 한 근이

$2 + i$일 때, 실수 $a, b$에 대하여 $25ab$의 값을 구하여라.

(단, $i = \sqrt{-1}$)

**CHECK 241**

이차방정식 $x^2 + 3x + 1 = 0$ 의

두 근이 $\alpha, \beta$ 일 때, $\alpha^2 - 1, \beta^2 - 1$ 을 두 근으로 하고 이차항의

계수가 1인 이차방정식을 구하여라.

**CHECK 242**

$x$ 에 대한 방정식 $|x| + |x - 1| + x = 2$ 을 풀고,

모든 근의 합을 구하여라.

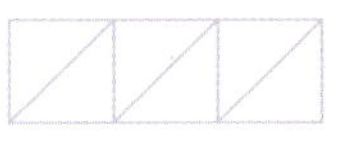

 **CHECK 243**  $x^2 + 2xy + 2y^2 + x + 3y + k$ 가
두 일차식의 곱으로 인수분해되는 상수 $k$ 의 값을 구하여라.

 **CHECK 244**  실수 $x, y$ 에 대하여 이차방정식
$x^2 + 2xy + 3x + 2y^2 - y + k = 0$ 을 만족하는 정수 $k$ 의 최댓값을
구하여라.

**CHECK 245**

방정식 $[x]^2 + [x] - 2 = 0$ 의 해가
$\alpha \le x < \beta$, $\gamma \le x < \delta$ 일 때, $\alpha\beta\gamma\delta$ 의 값을 구하여라.
(단, $[x]$ 는 $x$ 보다 크지 않은 최대의 정수)

**CHECK 246**

계수가 실수인 $n$ 에 대한 이차방정식에서
이차항의 계수가 1이고, 두 허근이 $\alpha$, $\beta$ 이고, $\alpha^2 - 2\beta + 1 = 0$ 일
때, 이 이차방정식을 구하여라.

5 이차방정식

**CHECK 247**

이차방정식 $f(x)=0$ 의 두 근을
$\alpha,\ \beta$ 라 할 때, $\alpha+\beta=4$ 이다. 이때, 방정식 $f(2x-1)=0$ 의
두 근의 합을 구하여라.

**CHECK 248**

이차방정식 $x^2-x-1=0$ 의 두 근을
$\alpha,\ \beta$ 라 할 때, $(\alpha^3-\alpha^2+\alpha-1)(\beta^3-\beta^2+\beta-1)$ 의 값을 구하여라.

**CHECK 249**

$x$에 대한 이차방정식 $(1-k)x^2 - 3x - 2 = 0$이 두 실근을 갖도록 하는 자연수 $k$의 값의 합을 구하여라.

**CHECK 250**

$x$에 대한 방정식 $kx^2 + 5x + 2 = 0$에서 $k$가 음이 아닌 정수일 때, 방정식의 근이 유리수가 되는 $k$의 개수를 구하여라.

READING MATHEMATICS

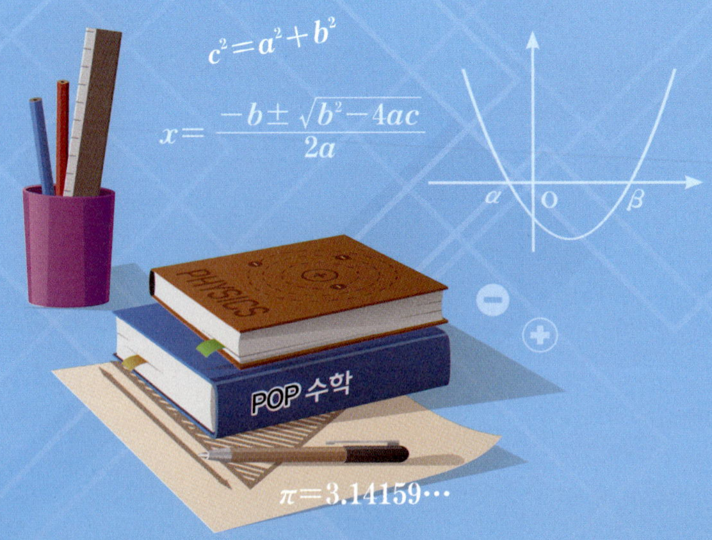
$c^2 = a^2 + b^2$
$x = \dfrac{-b \pm \sqrt{b^2 - 4ac}}{2a}$
PHYSICS
POP 수학
$\alpha$ O $\beta$
$\pi = 3.14159\cdots$

# 6. 이차방정식과 이차함수

$y$ 가 $x$ 의 다항식으로 표현되는 함수를 **다항함수**라고 한다.

$y = f(x)$ 라고 표현하고 일차함수($y = x + 2$),

이차함수($y = x^2 + 2x + 3$),

삼차함수($y = x^3 + 2x^2 + 3x + 4$) … 등이 있다.

$f(x)$ 가 상수일 때, $y = a$ 형태의 함수를 **상수함수**라고 한다.

일차함수는 중학교 과정에서 배웠으므로 여기서는 간단히 설명만 하고 넘어 가겠다.

$y = ax + b$ 에서

$$기울기 : a \ , \ y절편 : b \ , \ x절편 : -\frac{b}{a}$$

일차함수를 그리는 방법으로 보통은 기울기와 $y$ 절편을 이용한다. 기울기인 $a$ 가 양이면 제1-3사분면 방향으로, 음이면 제2-4사분면 방향으로 그린다.

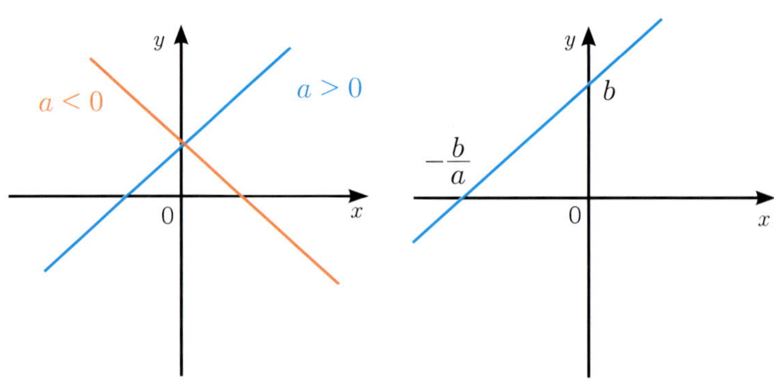

$$ax + by + c = 0 \text{ 에서}$$
$$\text{기울기} : -\frac{a}{b} \,,\; y\text{절편} : -\frac{c}{b} \,,\; x\text{절편} : -\frac{c}{a}$$

앞으로는 직선을 나타낼 때, $y = ax + b$ 보다는 $ax + by + c = 0$ 형태로 주어진다. 식을 변형하여 $y = ax + b$로 바꿀 필요는 없다. 정리된 내용처럼 기울기, $y$절편, $x$절편 값을 구하면 된다.

그래프를 그릴때도 $y$ 절편과 기울기를 이용하기 보다는 $x$절편과 $y$절편을 이용하는 방법이 더 쉽고 정확하다. $y$에 '0' 값을 넣어 나온 $x$의 값이 $x$절편이고, $x$에 '0' 값을 넣어 나온 $y$의 값이 $y$절편이다.

$2x - 3y + 6 = 0$ 을 그려보자.

$$\text{기울기} : -\frac{a}{b} = -\frac{2}{-3} = \frac{2}{3}$$
$$y\text{절편} : -\frac{c}{b} = -\frac{6}{-3} = 2$$
$$x\text{절편} : -\frac{c}{a} = -\frac{6}{2} = -3$$

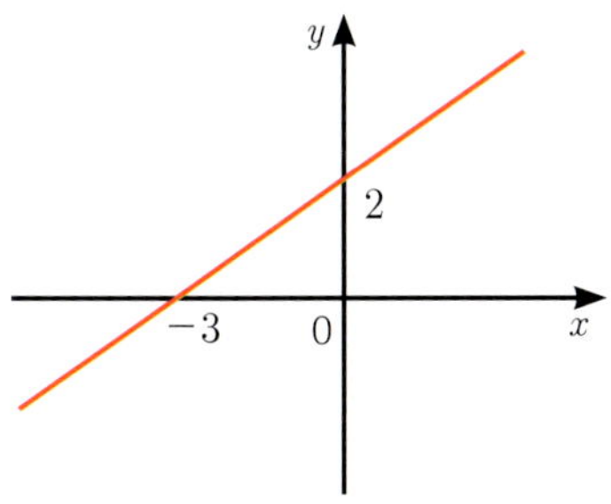

## 이차함수의 그래프

**이차함수의 기본형 $y = ax^2$ 의 그래프**

1) 원점 $(0,0)$ 을 꼭짓점으로 하고
2) $y$ 축을 축으로 하고
   좌우대칭인 형태이다.
3) $\begin{cases} a > 0\text{이면 아래로 볼록한 모양이고} \\ a < 0\text{이면 위로 볼록한 모양이다.} \end{cases}$

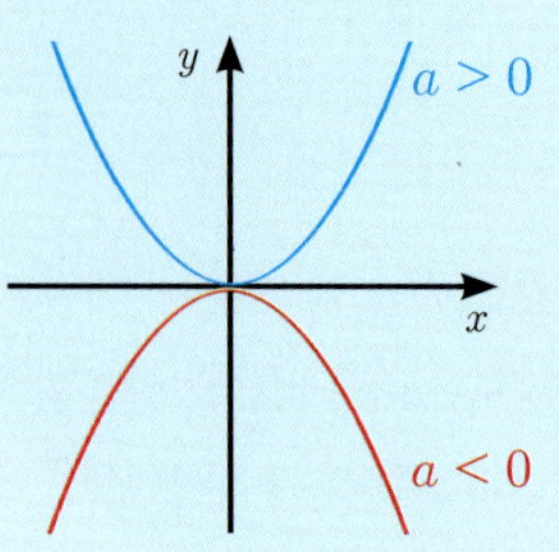


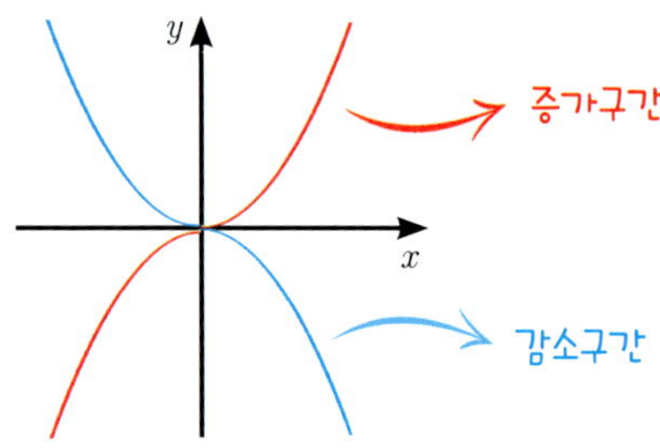


이차함수의 최고차 항인 $a$ 의 절댓값이 클수록 폭이 좁아지며 $y$ 축에 가까워진다.

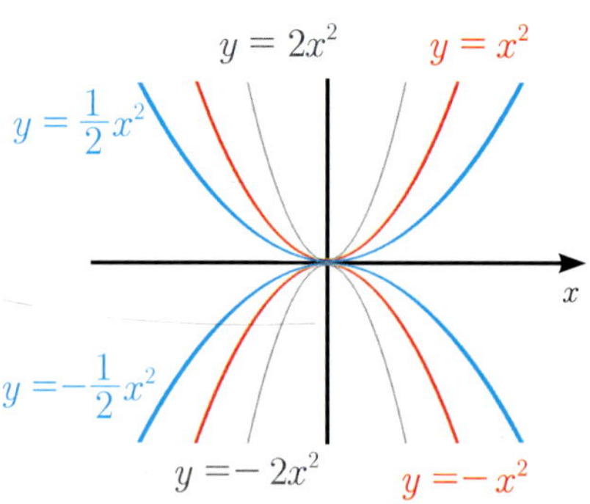

이차함수의 기본형, $y = ax^2$ 은 원점을 지난다. 이 볼록한 부분을 꼭짓점이라고 한다. 이차함수를 그릴때는 꼭짓점을 중심으로 그리면 된다. 꼭짓점을 $x$ 축으로 $p$ 만큼, $y$ 축으로 $q$ 만큼 이동하면,

$$y = a(x-p)^2 + q \text{로 나타낸다.}$$

다음 그림에서 보면 $(0, 0)$인 꼭짓점이 $(p, q)$로 이동했다. 함수식으로 쓸 때는 $x$ 값은 부호가 반대로 들어간다. 이차방정식의 축을 나타내는 축의 방정식은 꼭짓점의 $x$ 좌표 값을 이용하여 나타낸다.

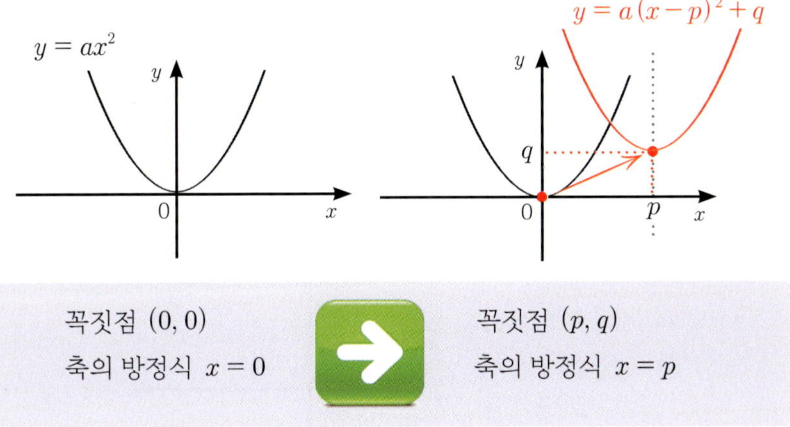



꼭짓점 $(0, 0)$
축의 방정식 $x = 0$

꼭짓점 $(p, q)$
축의 방정식 $x = p$

이차함수에서 제일 중요한 것은 꼭짓점이다. 꼭짓점은 함수식을 완전제곱식으로 바꾸어서 찾을 수 있다.

$$
\begin{aligned}
y &= ax^2 + bx + c \\
&= a\left(x^2 + \frac{b}{a}x\right) + c \\
&= a\left\{x^2 + \frac{b}{a}x + \left(\frac{b}{2a}\right)^2 - \left(\frac{b}{2a}\right)^2\right\} + c \\
&= a\left(x + \frac{b}{2a}\right)^2 - a\left(\frac{b}{2a}\right)^2 + c \\
&= a\left(x + \frac{b}{2a}\right)^2 - \frac{b^2 - 4ac}{4a}
\end{aligned}
$$

$\Rightarrow$ 꼭짓점 : $\left(-\dfrac{b}{2a}, \, -\dfrac{b^2 - 4ac}{4a}\right)$

축의 방정식 : $x = -\dfrac{b}{2a}$

꼭짓점의 좌표를 외우면 좋지만 굳이 외우지 않아도 문제를 푸는데 지장은 없다. 대부분의 이차함수는 완전제곱식으로 바꿔서 꼭짓점의 좌표를 구한다. 하지만 어떤 문제는 축의 방정식만 알아도 풀리는 경우가 있다. 축의 방정식을 구하기 위해 완전제곱을 한다면 불필요한 시간이 많이 소모되기 때문에 이때는 공식을 이용한다. 그러므로 축의 방정식은 꼭 외워두자!

함수 문제 풀이의 가장 중요한 부분은 그림이고 이차함수의 그림을 그리기 위해서는 이차함수의 꼭짓점이나 축의 방정식, $y$절편을 알아야 한다.

**CHECK 251** 다음 이차함수의 꼭짓점과 축의 방정식, $y$절편을 구하고 그림을 그리시오.

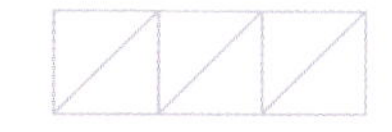

1) $y = x^2 - 4x + 5$ 　　　　　　　2) $y = 2x^2 + 4x + 3$

1) $y = x^2 - 4x + 5$
$\phantom{y} = x^2 - 4x + 4 + 1$
$\phantom{y} = (x - 2)^2 + 1$
$\Rightarrow$ 꼭짓점 : $(2, 1)$
　　　축의 방정식 : $x = 2$
　　　$y$절편 : $5$

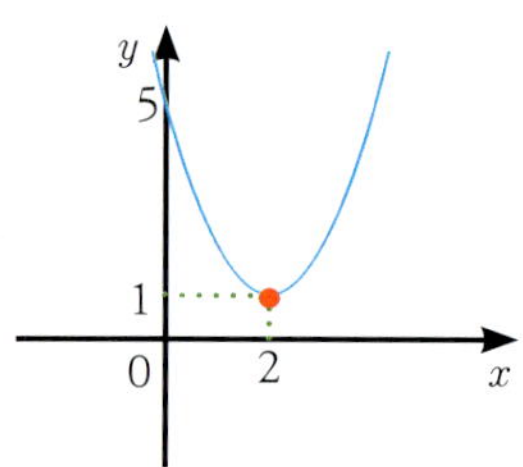

2) $y = 2x^2 + 4x + 3$
$\phantom{y} = 2(x^2 + 2x) + 3$
$\phantom{y} = 2(x^2 + 2x + 1 - 1) + 3$
$\phantom{y} = 2(x + 1)^2 - 2 + 3$
$\phantom{y} = 2(x + 1)^2 + 1$
$\Rightarrow$ 꼭짓점 : $(-1, 1)$
　　　축의 방정식 : $x = -1$
　　　$y$절편 : $3$

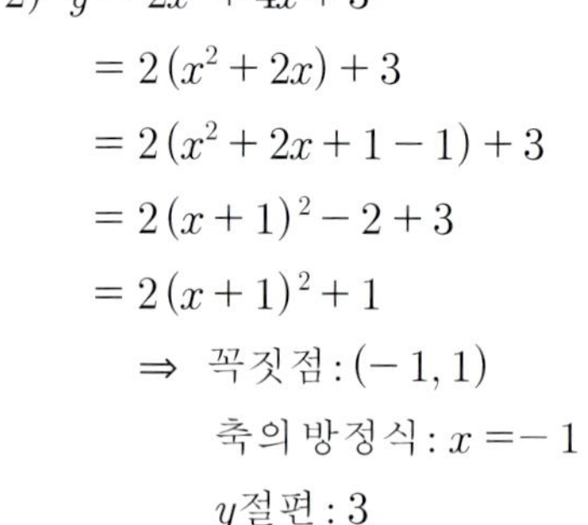

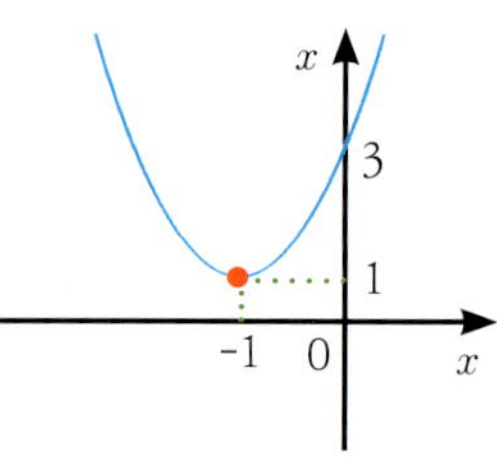

답 : 풀이참조

이차함수를 그리기 위해서는 $y$절편을 꼭 확인해야 한다. $y$절편은 이차함수 식에서 $x = 0$일 때의 값이다. 간혹 꼭짓점의 $y$의 값과 혼동하는 경우가 있는데 조심해야 한다.

이차함수가 일반형으로 주어지면 표준형으로 바꾸어야 함수 문제를 풀거나 그림을 그릴 때 유용하다.

$$y = ax^2 + bx + c \quad \Rightarrow \quad y = a(x - m)^2 + n$$
$$\text{(일반형)} \qquad\qquad \text{(표준형)}$$

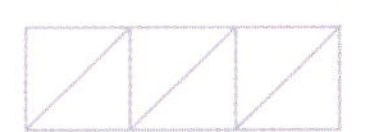

**CHECK 252** 이차함수 $y = x^2 + 4ax + 4a^2 - 4a + 1$의
그래프의 꼭짓점이 제4사분면에 있을 때,
자연수 $a$의 최솟값을 구하여라.

먼저 이차함수를 표준형으로 바꾸고 꼭짓점을 구해보자. 꼭짓점이 제4사분면에 있으려면 $x > 0, \ y < 0$ 이어야 한다.

$y = x^2 + 4ax + 4a^2 - 4a + 1$
$= (x + 2a)^2 - 4a + 1$
$\Rightarrow$ 꼭짓점 : $(-2a, -4a + 1)$

$-2a > 0, \quad a < 0$

$-4a + 1 < 0, \quad a > \dfrac{1}{4}$

$\therefore$ 자연수 $a$의 최솟값은 **1**

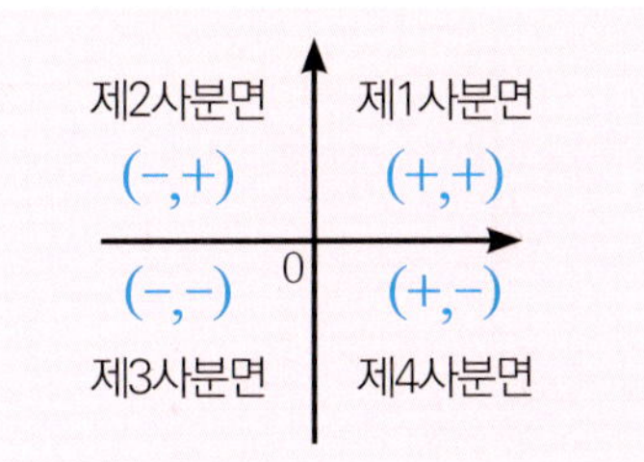

함수 문제에서는 그림을 그리는 것이 가장 중요하다. 정확하게 그릴 수 있으면 더 좋겠지만, 그렇지 않더라도 대략적인 그림의 형태만 알아도 문제를 쉽게 풀 수 있다.

## 계수로 보는 이차함수의 형태

이차함수를 완전제곱해서 표준형으로 바꾸지 않아도 그림의 형태를 알 수 있다.

$y = ax^2 + bx + c$ 에서 $x^2$ 의 계수 $a$ 는 그래프의 모양을 결정한다.

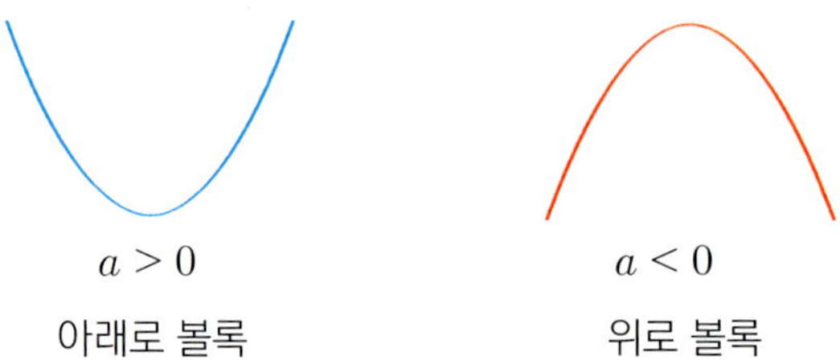


상수 $c$ 는 $y$ 절편을 의미한다. $c > 0$ 이면 $y$ 절편이 양이고 $c < 0$ 이면 $y$ 절편이 음이다. 중요한 것은 $x$ 의 계수 $b$ 인데, $b$ 의 부호는 축을 이용하여 구한다. 축의 방정식 은 $x = -\dfrac{b}{2a}$ 이다. 이것을 그림에서 확인해 보자.

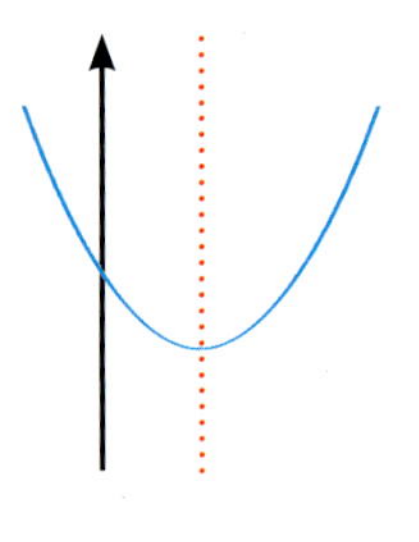

축이 $y$ 축 오른쪽, 즉 양수 부분에 있으므로

$$-\frac{b}{2a} > 0$$
$$\frac{b}{2a} < 0$$

즉, $a$ 와 $b$ 의 부호가 다르다.

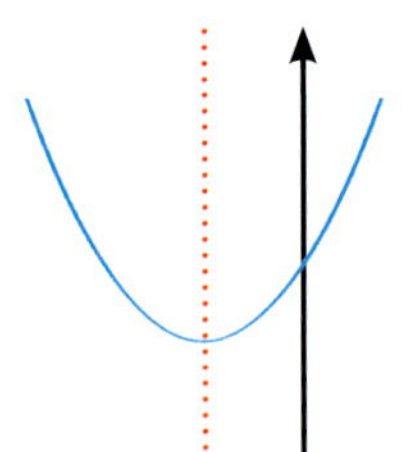

축이 $y$ 축 왼쪽, 즉 음수 부분에 있으므로

$$-\frac{b}{2a} < 0$$
$$\frac{b}{2a} > 0$$

즉, $a$ 와 $b$ 의 부호가 같다.

**CHECK 253** 이차함수 $y = ax^2 + bx + c$ 의 그래프가 그림과 같을 때, 다음의 부호를 구하여라.

1) $ab$  2) $bc$

3) $a + b + c$  4) $a - b + c$

5) $4a + 2b + c$  6) $a + 2b + 4c$

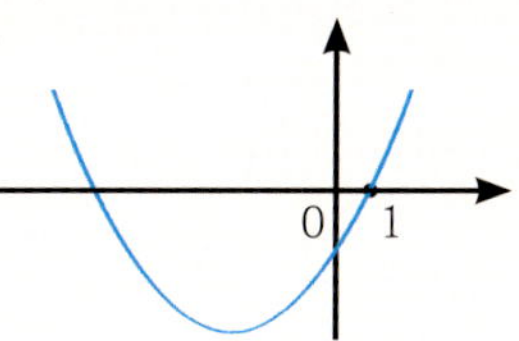

그래프의 모양으로 보아 $a > 0$ 이고 $y$ 절편 $c$ 는 $c < 0$ 이다. 그래프의 축이 음수부분에 있으므로 $a$ 와 $b$ 의 부호가 같다. 따라서 $b > 0$ 이다.

1) $ab > 0$, 2) $bc < 0$ 이다.

3) $a + b + c$ 는 계수와 상수의 합인데, 앞에서 배운 것 같이 $x = 1$ 을 대입하면 된다. 즉, $f(1)$ 을 의미한다.  $f(1) = a + b + c = 0$

그럼 4) $a - b + c$ 는 어떻하면 구할 수 있을까? 그렇다! $f(-1)$ 이다.

$$f(-1) = a - b + c < 0$$

5) $4a + 2b + c$ 는 $f(2) = 4a + 2b + c > 0$

문제는 6) $a + 2b + 4c$ 이다. $x$ 에 어떤 값을 넣어도 $4c$ 가 나오지 않기 때문이다. $4c$ 가 나올 수 있게 식을 변형해야 한다.

$$y = ax^2 + bx + c = \frac{1}{4}(4ax^2 + 4bx + 4c)$$

여기서 $x = \frac{1}{2}$ 을 대입하면 된다.

$$f\left(\frac{1}{2}\right) = \frac{1}{4}\left\{4a\left(\frac{1}{2}\right)^2 + 4b \cdot \frac{1}{2} + 4c\right\}$$
$$= \frac{1}{4}\left\{4a\left(\frac{1}{2}\right)^2 + 4b \cdot \frac{1}{2} + 4c\right\}$$
$$= \frac{1}{4}\{a + 2b + 4c\} < 0$$

$$\therefore a + 2b + 4c < 0$$

답 : 풀이참조

**CHECK 254**

이차함수 $y = ax^2 + bx + c$ 가
그림과 같을 때,
일차함수 $ax + by + c = 0$ 이
지나지 않는 사분면을 구하시오.

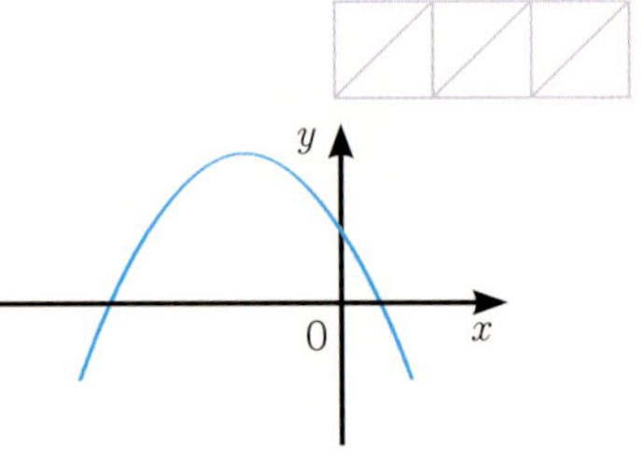

그림의 형태로 보아 $a < 0$ 이다.  $y$ 절편이 양수이므로 $c > 0$ 이다. 이차함수의 축이 음에 있으므로 $a, b$ 의 부호는 같다. 따라서 $b < 0$ 이다. 이 부호를 일차함수에 적용해 보면 기울기인 $-\dfrac{a}{b} < 0$, $y$ 절편인 $-\dfrac{c}{b} > 0$ 이다. 그림을 그려보면,

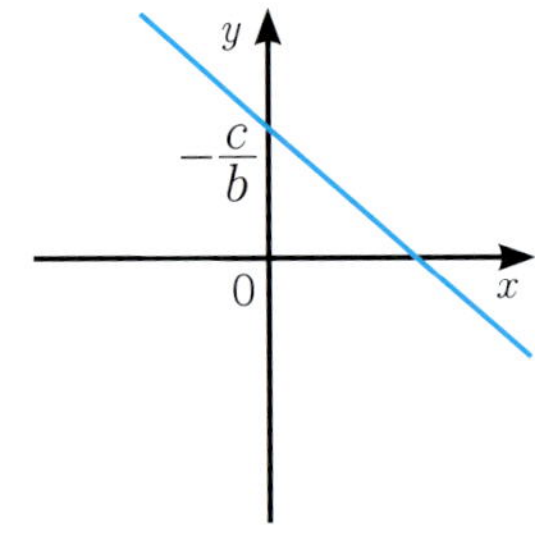

따라서 지나지 않는 사분면은 **제3사분면**이다.

● 답 : 제3사분면

### 이차함수의 식 구하기

　이차함수의 형태를 보는 것이 익숙해졌다면 이제 이차함수의 식을 구해 보는 연습을 해 보자. 지금까지는 이차함수식이 문제에서 주어졌지만 이제부터는 문제에서 제시한 조건들을 이용하여 필요한 이차함수식을 만들고 그 식으로 문제를 풀어야 한다. 이차함수식을 다양한 각도로 다시 살펴보자.

1) 꼭짓점의 좌표가 $(p, q)$일 때,　$\Rightarrow$　$y = a(x-p)^2 + q$

2) 축의 방정식이 $x = p$일 때,　$\Rightarrow$　$y = a(x-p)^2 + n$

3) $x$축과의 두 교점이 $(\alpha, 0), (\beta, 0)$일 때,　$\Rightarrow$　$y = a(x-\alpha)(x-\beta)$

4) 그래프 위의 세 점이 주어질 때,　$\Rightarrow$　$y = ax^2 + bx + c$

1) 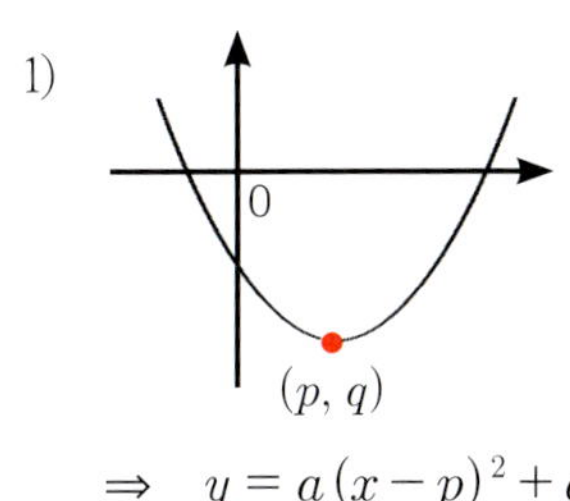
$$\Rightarrow \quad y = a(x-p)^2 + q$$

2) 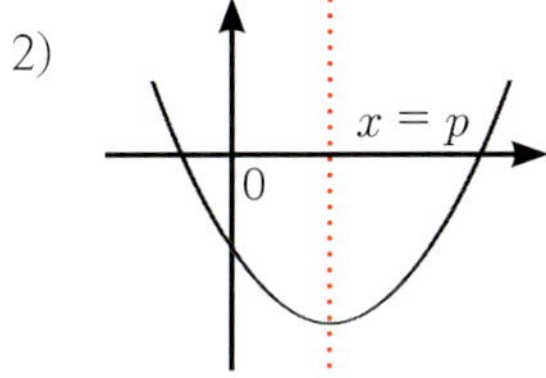

$$\Rightarrow \quad y = a(x-p)^2 + n$$

3) 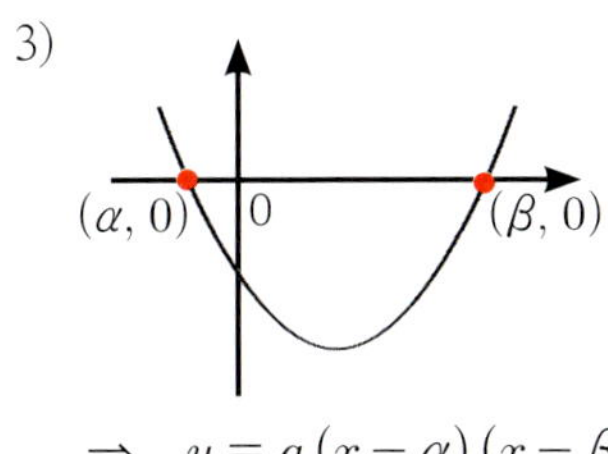

$$\Rightarrow \quad y = a(x-\alpha)(x-\beta)$$

4) 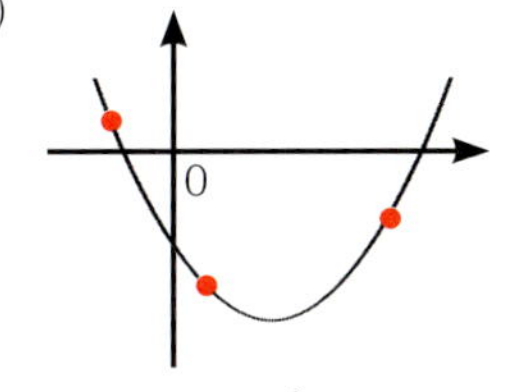
$$\Rightarrow \quad y = ax^2 + bx + c$$

　1)번은 꼭짓점이므로 쉽게 알 수 있다. 여기서 주의해야 할 것은 $q$는 꼭짓점의 $y$좌표 값이지 함수의 $y$절편 값이 아니라는 것이다. 가끔 $y = ax^2 + bx + c$의 $y$절편 값 $c$와 혼동하는 경우가 있다.

　2)번은 축의 방정식이 $x = p$를 이용한 것인데, $p$는 꼭짓점의 $x$좌표 값이다. 꼭짓점의 $y$좌표 값을 모르고 있는 상태이므로 $n$은 미지수이다.

3)번에서 $x$축과의 두 교점이 $(\alpha, 0), (\beta, 0)$라는 것은 방정식으로 보면 $\alpha, \beta$가 근이라는 것이다. 즉, $\alpha, \beta$로 인수분해가 되었다는 것이어서 인수분해가 된 형태($a(x-\alpha)(x-\beta)$)로 나타낼 수 있는 것이다.

4)번은 그래프 위의 세 점이 주어졌으므로 이차함수 일반형에 세 값을 대입해서 나온 세 식을 연립해야 한다. 미지수가 세 개이다보니 연립 계산이 복잡할 수도 있지만 의외로 쉽게 풀리는 경우도 많다. '0' 값이 있는 좌표를 먼저 대입해보자. 무턱대고 풀지 말고 변수와 계수를 잘 살펴서 계산하기 바란다.

다음 조건을 만족하는 이차함수를 구하려라. 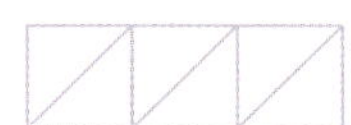

1) 꼭짓점의 좌표가 $(2, 3)$이고, $(1, 2)$를 지난다.

2) $x = -1$을 축으로 하고, $(0, 2), (1, 5)$를 지난다.

3) 최고차 항의 계수가 2이고, $x$축과의 두 교점이 $(1, 0), (3, 0)$이다.

4) 그래프 위의 세 점 $(0, 2), (1, -2), (-2, 4)$을 지난다.

1) 꼭짓점을 이용하여 완전제곱 형태로 표현해 보자.

$y = a(x-2)^2 + 3$

$(1, 2)$를 지나므로 위 식에 대입해 보자.

$2 = a(1-2)^2 + 3$

$2 = a + 3$

$a = -1$

$\therefore y = -(x-2)^2 + 3$
$= -(x^2 - 4x + 4) + 3$
$= -x^2 + 4x - 4 + 3$
$\mathbf{= -x^2 + 4x - 1}$

2) 축의 방정식이 $x = -1$이므로 이차함수는 다음과 같이 기술할 수 있다.

$$y = a(x+1)^2 + n$$

위의 함수가 $(0, 2), (1, 5)$ 두 점을 지나가므로 식에 대입해 보자.

$$
\begin{aligned}
(0,2) \quad &\Rightarrow \quad 2 = a(0+1)^2 + n \\
&\qquad\quad 2 = a + n \\
&\qquad\quad a + n = 2 \quad \cdots\cdots \ ① \\
(1,5) \quad &\Rightarrow \quad 5 = a(1+1)^2 + n \\
&\qquad\quad 5 = 4a + n \\
&\qquad\quad 4a + n = 5 \quad \cdots\cdots \ ②
\end{aligned}
$$

①, ② 두 식을 연립해 보자. ② - ①을 하면,

$$
\begin{aligned}
3a &= 3 \\
a &= 1, \quad n = 1 \\
\therefore \ y &= (x+1)^2 + 1 \\
&= x^2 + 2x + 1 + 1 \\
&= \mathbf{x^2 + 2x + 2}
\end{aligned}
$$

3) 최고차 항의 계수가 2 이므로 $a = 2$ 이다. $x$ 축과의 두 교점이 $(1, 0)$, $(3, 0)$ 이므로 인수 형태로 나타내면 $(x-1)(x-3)$ 이다. 따라서 구하는 함수식은,

$$
\begin{aligned}
y &= 2(x-1)(x-3) \\
&= 2(x^2 - 4x + 3) \\
&= \mathbf{2x^2 - 8x + 6}
\end{aligned}
$$

4) 그래프 위의 세 점을 주었으므로 이차함수의 일반형인 $y = ax^2 + bx + c$ 에 각 점을 대입하여 세 식을 구하고, 식들을 연립하여 푼다. 우선 '0' 값이 있으면 식이 쉽게 계산되므로 $(0, 2)$ 를 먼저 대입해보자.

$$
\begin{aligned}
(0,2) \quad &\Rightarrow \quad 2 = a \cdot 0^2 + b \cdot 0 + c \\
&\qquad\quad\ c = 2
\end{aligned}
$$

$$(1, -4) \implies -2 = a \cdot 1^2 + b \cdot 1 + c$$
$$a + b + c = -2 \quad \cdots\cdots \text{①}$$
$$(-2, 2) \implies 4 = a \cdot (-2)^2 + b \cdot (-2) + c$$
$$4 = 4a - 2b + c$$
$$4a - 2b + c = 4 \quad \cdots\cdots \text{②}$$

①, ② 번 식에 $c = 2$를 대입한다.

$$\text{①} \implies a + b + 2 = -2$$
$$a + b = -4 \quad \cdots\cdots \text{③}$$
$$\text{②} \implies 4a - 2b + 2 = 4$$
$$4a - 2b = 2$$
$$2a - b = 1 \quad \cdots\cdots \text{④}$$

③ + ④를 하면
$$3a = -3$$
$$a = -1, \quad b = -3$$
$$\therefore y = -x^2 - 3x + 2$$

● 답 : 풀이참조

만약에 주어진 세 점 중에서 $y$의 값이 '0'인 즉, $x$절편 값이 두 개가 있을 수 있다. 그러면 3)번을 이용해서 함수 식을 구하는 것이 더 쉽다.

CHECK 256 $\quad x = 2$를 축으로 하고 두 점 $(1, 4), (0, 1)$를 지나는 이차함수의 그래프가 점 $(3, k)$를 지날 때, $k$의 값을 구하여라.

이차함수의 축의 방정식을 알고 있으므로 2)번을 이용하여 식을 써보자. 그리고 나머지 점들을 대입하여 미지수의 값을 찾아내면 쉽게 이차함수를 구할 수 있다.

$$y = a(x-2)^2 + n$$

$$(0, 1) \quad \Rightarrow \quad 1 = a(0-2)^2 + n$$
$$4a + n = 1 \quad \cdots\cdots \ ①$$
$$(1, 4) \quad \Rightarrow \quad 4 = a(1-2)^2 + n$$
$$a + n = 4 \quad \cdots\cdots \ ②$$

① $-$ ②를 하면,

$$3a = -3$$
$$a = -1, \ n = 5$$
$$\therefore \ y = -(x-2)^2 + 5$$
$$(3, k) \quad \Rightarrow \quad k = -(3-2)^2 + 5$$
$$= -1 + 5 = \mathbf{4}$$

● 답 : 4

● **이차함수의 그래프와 해**

이차함수 $y = ax^2 + bx + c$ 의 그래프가 다음과 같다면,

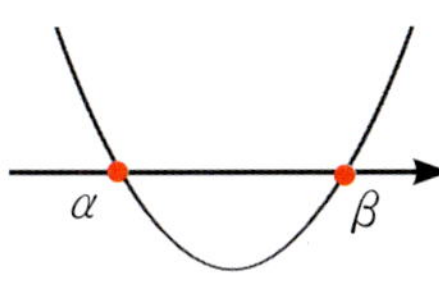

$a > 0$

$x$ 축과 서로 다른 두 점에서 만난다.

$\Rightarrow \ D > 0$

$\alpha, \beta$ 는 방정식의 두 실근이다.

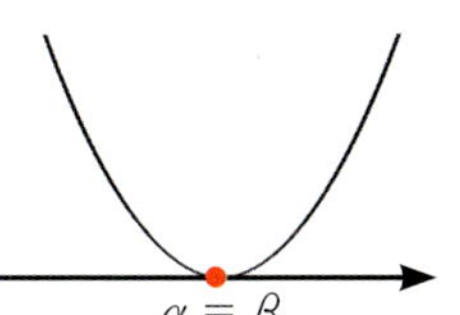

$a > 0$

$x$ 축과 한 점에서 만난다.(접한다.)

$\Rightarrow \ D = 0$

$\alpha(=\beta)$ 는 방정식의 중근이다.

$a > 0$

$x$ 축과 만나지 않는다.

$\Rightarrow \ D < 0$

방정식은 두 허근을 갖는다.

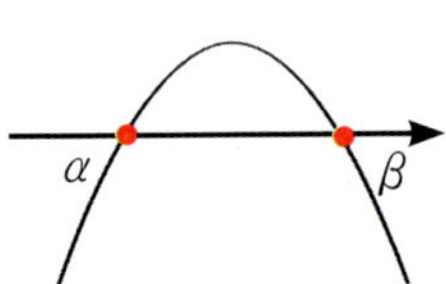



$a < 0$

$x$ 축과 서로 다른 두 점에서 만난다.

$\Rightarrow$  $D > 0$

$\alpha, \beta$ 는 방정식의 두 실근이다.

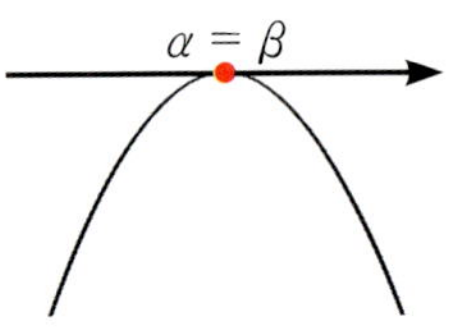



$a < 0$

$x$ 축과 한 점에서 만난다.(접한다.)

$\Rightarrow$  $D = 0$

$\alpha\,(= \beta)$ 는 방정식의 중근이다.

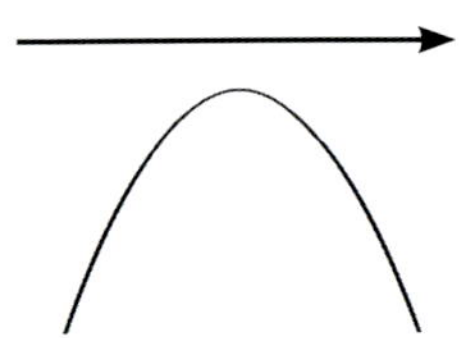

$a < 0$

$x$ 축과 만나지 않는다.

$\Rightarrow$  $D < 0$

방정식은 두 허근을 갖는다.

판별식 $D$ 는 계산하는 값이 아니라 $x$ 축과 만나는 점의 개수라는 것을 명심하자.

**CHECK 257** 이차함수 $y = x^2 + 3x + 2a$ 의 그래프가 $x$ 축과 만나지 않는 $a$ 의 범위를 구하여라.

이차함수가 $x$ 축과 만나지 않으므로, 판별식 $D < 0$ 이어야 한다.

$$y = x^2 + 3x + 2a$$
$$D = 3^2 - 4 \cdot 1 \cdot 2a < 0$$
$$9 - 8a < 0$$
$$a > \frac{9}{8}$$

답 : $a > \dfrac{9}{8}$

앞에서 이차함수와 $x$ 축과 만나는 교점의 개수를 판별식을 이용해서 알아봤다. 이제 $x$ 축이 아닌 직선과 이차함수의 관계에 대해서 살펴보자. 직선과 이차함수 그래프의 관계는 다음의 3가지가 있을 수 있다.

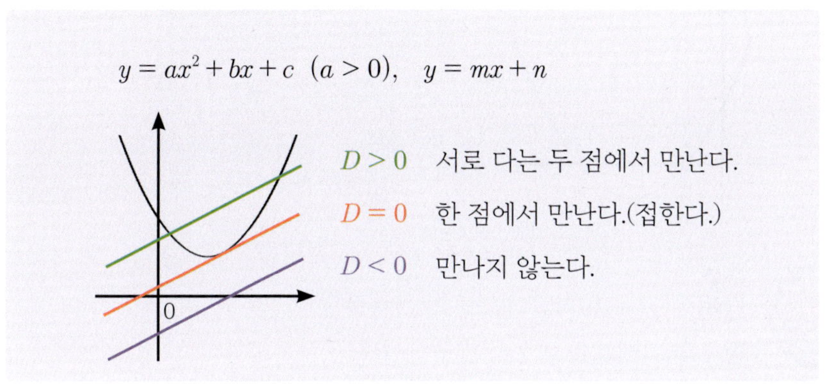


판별식으로 풀기 위해서는 두 식을 같다고 놓고, 좌변으로 식을 이항하여 새로운 이차방정식을 만든 후, 판별식을 적용하면 된다.

$$ax^2 + bx + c = mx + n$$
$$ax^2 + (b - m)x + c - n = 0$$

## 두 함수의 교점과 근의 관계

앞에서 이차함수와 직선의 관계를 살펴 보았다. 두 함수의 관계를 푸는 방법은 두 가지로 생각할 수 있다. 우선 다항식에서 배운 $a = b$ 와 함수의 $f(x) = g(x)$ 는 다르게 해석될 수 있다. $a = b$ 는 $a, b$ 가 똑같다는 뜻이고 $f(x) = g(x)$ 는 $f(x), g(x)$ 가 같다기 보다는 만난다고 해석할 수 있다.

그래서 $y = f(x), y = g(x)$ 를 $f(x) = g(x)$ 라고 풀면 교점을 구하는 것이고, $f(x) - g(x) = 0$ 로 풀면 근을 구하는 것이 된다.

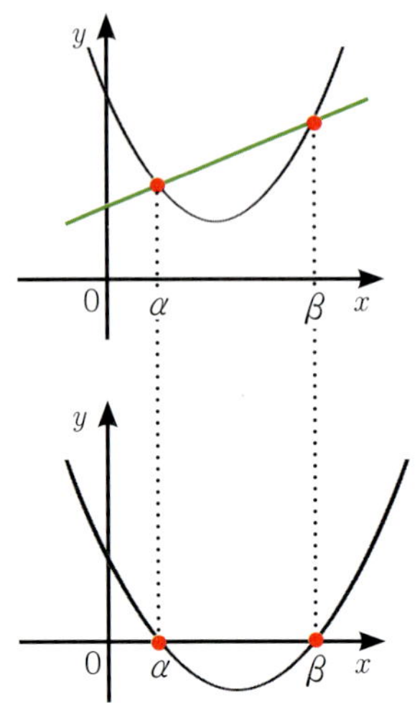

$\alpha, \beta$ 는 $f(x) = g(x)$ 의 교점

$\alpha, \beta$ 는 $h(x) = f(x) - g(x)$ 의 근

방정식 $x^2 + 2x = p$ 의 실근의 개수를 함수의 그래프를 이용하여 구하여라.

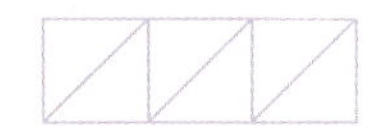

1) 교점의 개수로 구해보자.

$y = x^2 + 2x$ 와 $y = p$ 를 그려보자.

$$y = x^2 + 2x = x(x + 2)$$
$$\Rightarrow \quad 근 : -2, 0$$
$$= x^2 + 2x + 1 - 1$$
$$= (x + 1)^2 - 1$$
$$\Rightarrow \quad 꼭짓점 : (-1, -1)$$

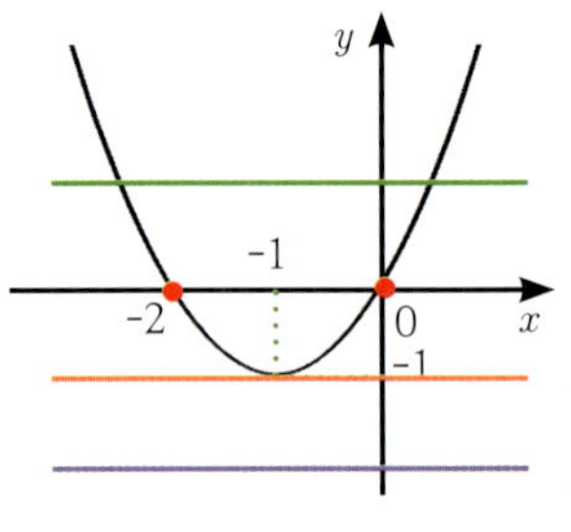


$p > -1$ 서로 다른 두 점에서 만난다.

$p = -1$ 한 점에서 만난다.(접한다.)

$p < -1$ 만나지 않는다.

2) 꼭짓점을 이용해보자.

$x^2 + 2x - p = 0$ 으로 놓고 꼭짓점을 구하기 위해 완전제곱을 해보자.

$$y = x^2 + 2x - p$$
$$= x^2 + 2x + 1 - 1 - p$$
$$= (x + 1)^2 - 1 - p$$
$$\Rightarrow \ \ 꼭짓점 \ (-1, -1 - p)$$

우리가 이차함수 식에서 알 수 있는 것은 축의 방정식 $x = -1$, 꼭짓점이 $(-1, -1-p)$ 이라는 것이다. 이것을 토대로 그림을 그리면 다음과 같다.

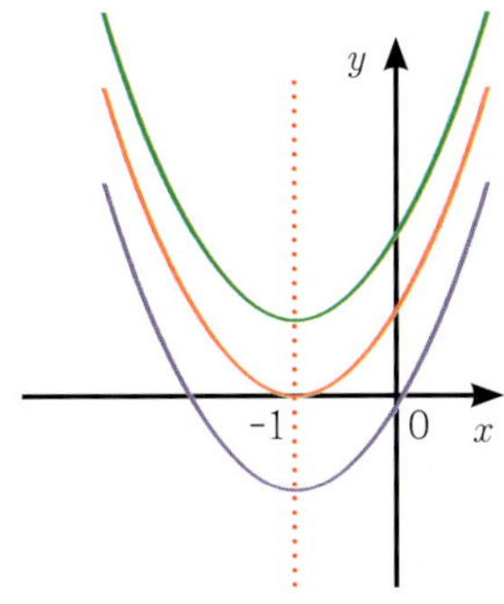

이 이차함수의 근의 갯수는 꼭짓점의 $y$ 좌표 값인 $-1 - p$ 가 결정한다.

$-1 - p > 0$ 즉, $p < -1$ 이면 $x$ 축과 만나지 않는다. ⇒ 근이 없다.

$-1 - p = 0$ 즉, $p = -1$ 이면 $x$ 축과 한 점에서 만난다.(접한다.)

⇒ 근이 하나(중근)

$-1 - p < 0$ 즉, $p > -1$ 이면 $x$ 축과 서로 다른 두 점에서 만난다.

⇒ 서로 다른 두 근

따라서 실근의 개수는

$p < -1$ 이면 0개, $p = -1$ 이면 1개, $p > -1$ 이면 2개이다.

🔴 답 : 풀이참조

이차함수 $y = x^2 + 2ax - 1$ 의 그래프와

직선 $y = x + b$ 의 교점의 $x$ 좌표가 $2, 3$ 일 때,

실수 $ab$ 의 값을 구하여라.

이차함수와 직선이 만나므로 두 식을 연립하여 하나의 함수로 만들자.

$$x^2 + 2ax - 1 = x + b$$
$$x^2 + (2a - 1)x - 1 - b = 0$$
$$\alpha + \beta = 2 + 3 = -2a + 1$$
$$-2a = 4$$
$$a = -2$$
$$\alpha\beta = 2 \times 3 = -1 - b$$
$$-b = 7$$
$$b = -7$$
$$\therefore \ ab = (-2)(-7) = \mathbf{14}$$

근과 계수와의 관계로 풀 수도 있다.

$$x^2 + 2ax - 1 = x + b$$
$$x^2 + (2a - 1)x - 1 - b = 0$$

$$(x - 2)(x - 3) = 0 \qquad$$ 
$$x^2 - 5x + 6 = 0$$

$$2a - 1 = -5$$
$$2a = -4, \ a = -2$$
$$-1 - b = 6$$
$$-b = 7, \ b = -7$$

$$\therefore \ ab = (-2)(-7) = \mathbf{14}$$

점으로 대입해서 풀 수도 있다.

$$x^2 + 2ax - 1 = x + b$$
$$x^2 + (2a - 1)x - 1 - b = 0$$
$$y = x^2 + (2a - 1)x - 1 - b$$
$$(2, 0) \implies 0 = 2^2 + (2a - 1) \cdot 2 - 1 - b$$
$$4a - b = -1 \quad \cdots\cdots \;①$$
$$(3, 0) \implies 0 = 3^2 + (2a - 1) \cdot 3 - 1 - b$$
$$6a - b = -5 \quad \cdots\cdots \;②$$

②$-$①을 하면,

$$2a = -4$$
$$a = -2, \;\; b = -7$$

$$\therefore \;\; ab = (-2)(-7) = \mathbf{14}$$

답 : 14

● 이차방정식의 근의 분리

■ 이차방정식 $y = ax^2 + bx + c \;\; (a > 0)$ 의 두 근이 $p$ 보다 큰 경우

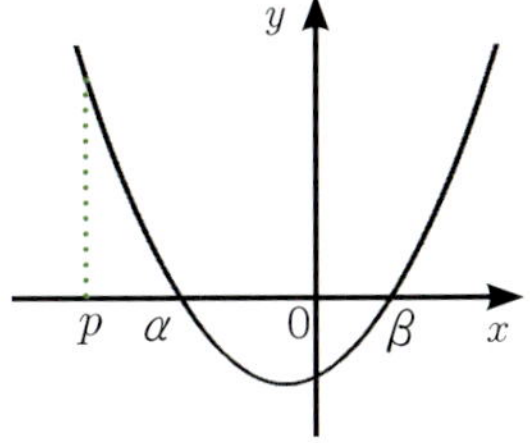


일단 두 근을 갖는다고 했으므로 $D \geq 0$ 이다.

$f(p) > 0$

이차함수의 축의 방정식 $-\dfrac{b}{2a} > p$ 이다.

이 세가지를 풀어서 공통인 해가 답이 된다.

■ 이차방정식 $y = ax^2 + bx + c$ $(a > 0)$ 의 두 근이 $p$ 보다 작은 경우

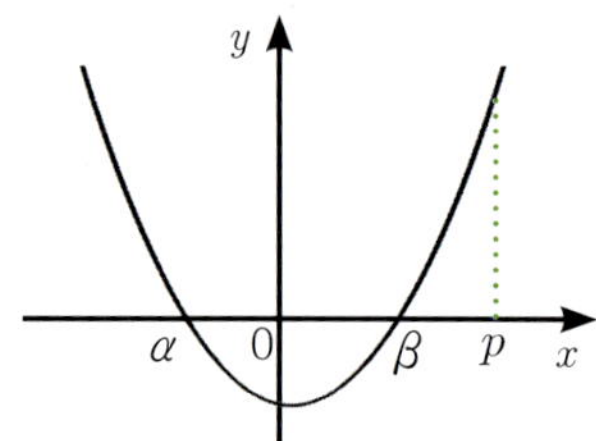

두 근을 갖는다고 했으므로 $D \geq 0$ 이다.

$f(p) > 0$

이차함수의 축의 방정식 $-\dfrac{b}{2a} < p$ 이다.


■ 이차방정식 $y = ax^2 + bx + c$ $(a > 0)$ 의 두 근 사이에 $p$ 가 있는 경우

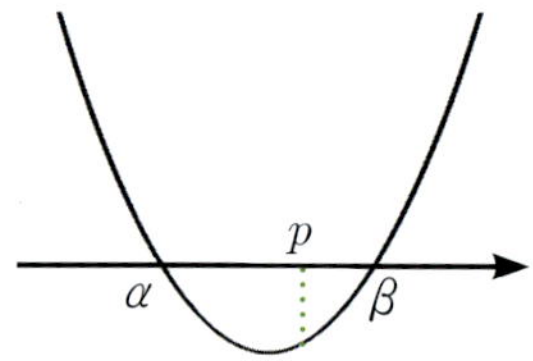

$f(p) < 0$

축의 위치는 정확하게 알 수 없으므로 사용하지 않는다.

두 근을 갖지만 이경우 $f(p) < 0$ 면 $p$ 의 양옆으로 근이 존재하기 때문에 판별식은 계산하지 않아도 된다.

■ 이차방정식 $y = ax^2 + bx + c \ (a > 0)$의 두 근이 모두 $p, q$ 사이에 있는 경우

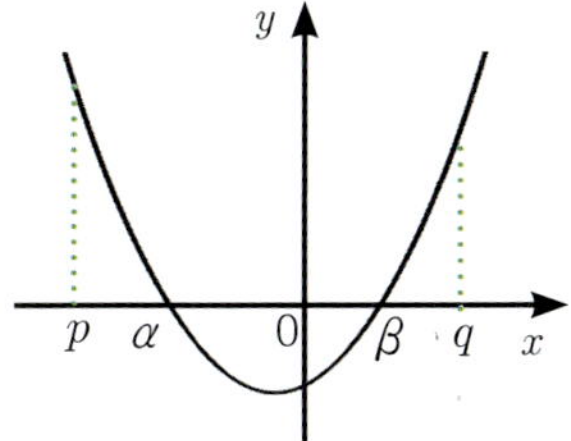

두 근을 갖는다고 했으므로 $D \geq 0$ 이다.

$f(p) > 0, f(q) > 0$

이차함수의 축의 방정식 $p < -\dfrac{b}{2a} < q$ 이다.

이상 설명한 것은 꼭 공식은 아니다. 문제에서 제시한 정보를 가지고 알 수 있는 조건을 다 적용해서 공통인 해를 구하면 된다. 조건 하나라도 빠트리고 풀면 정답과 오차가 생길 수 있다. [p175]를 다시 한 번 보고 비교해 보자. 그외 표현들은,

한 근만 $a, b$ 사이에 있을 때,

$\Rightarrow \ f(a) \cdot f(b) < 0$

한 근은 $a, b$ 사이에 있고 다른 한 근은 $c, d$ 사이에 있을 때,

$\Rightarrow \ f(a) \cdot f(b) < 0 \, , \, f(c) \cdot f(d) < 0$

판별식에서 등호는 문제에 따라 들어갈 수도 있고 빠질 수도 있으니 문제를 잘 읽으면서 판단해야 한다.

이차함수 문제를 정확하세 파악하기 위해서는 그림이 절대적으로 필요하다. 자꾸 그림 그리는 것을 연습하다 보면 나중에 복잡한 문제를 그림을 이용하여 쉽게 풀 수 있다.

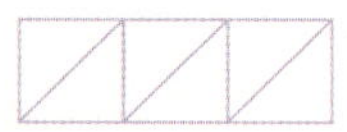

**CHECK 260** 이차방정식 $x^2 - 2x - 1 + a = 0$ 에 대하여,

1) 두 근이 모두 0보다 클 때, 실수 $a$ 의 범위를 구하여라.

2) 두 근 사이에 1이 있을 때, 실수 $a$ 의 범위를 구하여라.

1) 두 근이 모두 0보다 크려면, $D \geq 0, \ f(0) > 0, \ -\dfrac{b}{2a} > 0$ 를 만족해야 한다.

$$x^2 - 2x - 1 + a = 0$$

$$\frac{D}{4} = 1^2 - 1 \cdot (-1 + a) \geq 0 \qquad (\text{짝수공식})$$

$$1 + 1 - a \geq 0$$

$$a \leq 2$$

$$f(0) = 0^2 - 2 \cdot 0 - 1 + a > 0$$

$$a > 1$$

$$-\frac{b}{2a} = -\frac{-2}{2 \cdot 1} = 1 > 0 \qquad (\text{참})$$

$$\therefore \ \mathbf{1 < a \leq 2}$$

2) $f(1) < 0$ 만 만족하면 된다.

$$f(1) = 1^2 - 2 \cdot 1 - 1 + a < 0$$

$$\mathbf{a < 2}$$

● 답 : $a < 2$

이차방정식 $ax^2 + 2x - 1 + a = 0$ 의 한 근은 $-2$ 와 $-1$ 사이에 있고, 다른 한 근은 $2$ 와 $3$ 사이에 있을 때, 실수 $a$ 의 범위를 구하여라.

이차방정식이므로 $a \neq 0$ 이다. 그리고 $a > 0$ 인 경우와 $a < 0$ 인 경우로 나누어 생각해 봐야 한다. 즉, 두 가지 경우에 대하여 각각 풀어야 한다는 것이다. 하지만 그림을 그려보면 더 간단히 풀 수 있는 방법이 보일 것이다.

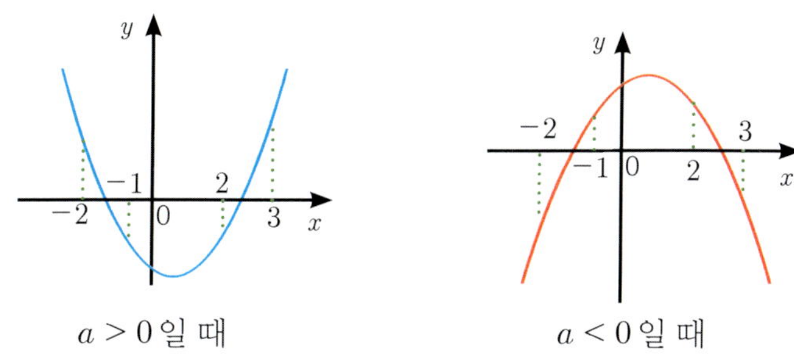

$a > 0$ 일 때 $\qquad\qquad\qquad\qquad$ $a < 0$ 일 때

두 조건을 한 번에 풀 수 있는 방법은 $f(-1)f(-2) < 0, \ f(2)f(3) < 0$ 이다.

$f(-1)f(-2) < 0$
$\qquad (4a - 4 - 1 + a)(a - 2 - 1 + a) < 0$
$\qquad (5a - 5)(2a - 3) < 0$
$\qquad 5(a - 1)(2a - 3) < 0$
$\qquad \mathbf{1 < a < \dfrac{3}{2}}$

$f(2)f(3) < 0$
$\qquad (4a + 4 - 1 + a)(9a + 6 - 1 + a) < 0$
$\qquad (5a + 3)(10a + 5) < 0$
$\qquad (5a + 3)\,5(2a + 1) < 0$
$\qquad \mathbf{-\dfrac{3}{5} < a < -\dfrac{1}{2}}$

$\therefore \ \mathbf{1 < a < \dfrac{3}{2}}$ 또는 $\mathbf{-\dfrac{3}{5} < a < -\dfrac{1}{2}}$

답 : 풀이참조

이차함수의 최대·최소는 꼭짓점에서 찾을 수 있다. $x$의 값의 범위가 실수 전체일 때, $a > 0$인 경우에는 꼭짓점에서 최솟값을 갖고, $a < 0$인 경우에는 꼭짓점에서 최댓값을 갖는다.

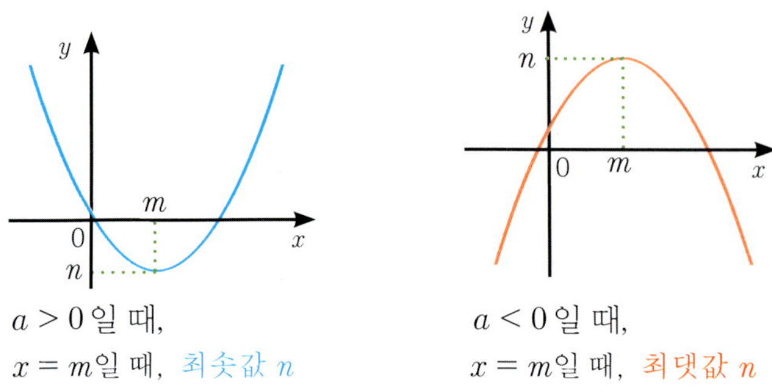

$a > 0$일 때,
$x = m$일 때, 최솟값 $n$

$a < 0$일 때,
$x = m$일 때, 최댓값 $n$

그러나 $x$의 값의 범위가 실수 전체가 아니라 일정한 구간으로 제한이 될 때는 그 범위 안에 꼭짓점이 들어가는지 먼저 살펴야 한다. 꼭짓점이 범위 안에 들어간다면, 꼭짓점에서 최대나 최솟값을 갖고, 다른 값은 범위의 시작 범위나 끝나는 범위에서 갖게 된다. 보통은 시작하는 값과 끝나는 값 중에서 꼭짓점의 $x$좌표 값과 멀리 떨어지는 값이 다른 값을 갖는다.

만약에 꼭짓점이 범위 안에 들어가지 않는다면, 함수가 증가하는 구간인지 감소하는 구간을 확인해서 최대, 최솟값을 구하면 된다. 이경우 범위의 시작하는 값과 끝나는 값에서 최대, 최솟값을 갖는다. 그림을 보고 확인하자. ($a > 0$인 경우)

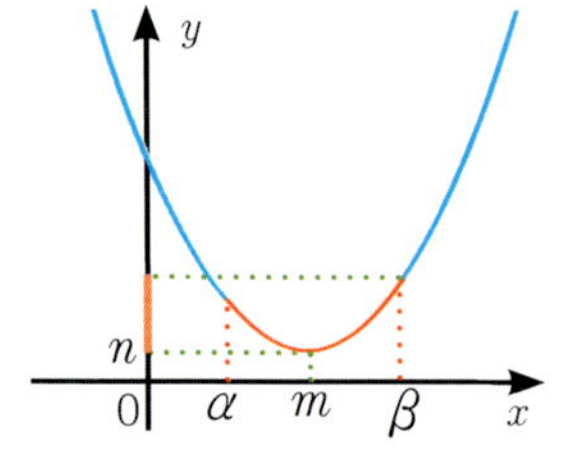

1) 꼭짓점이 범위 안에 있을 때,

$x = m$일 때, 최솟값 $n$을 갖고
$f(\alpha), f(\beta)$ 중에 큰 값이 최댓값이 된다.

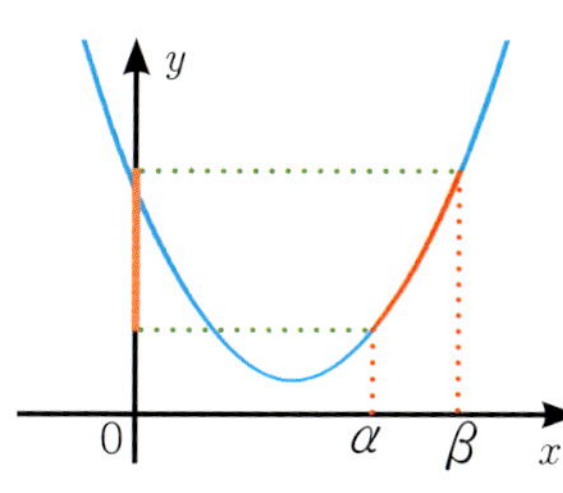

**2) 꼭짓점이 범위 밖에 있을 때,**

함수가 증가 구간에 있으므로 $f(\alpha)$가 최솟값, $f(\beta)$가 최댓값을 갖는다. 이 경우 꼭짓점은 $x$의 범위 안에 있지 않으므로 최솟값이 되지 못한다.

이차함수는 한 그래프 안에 증가하는 구간과 감소하는 구간이 같이 나타나므로 시험에 자주 등장한다. 꼭짓점을 생각하지 않거나 그림의 형태를 고려하지 않고 계산만 하게 되면 답을 틀리기 쉬우니 항상 그림을 먼저 생각해 보도록 하자.

축의 방정식을 이용해서 꼭짓점이 $x$의 범위 안에 들어가는지 쉽게 확인할 수 있다.

**CHECK 262**  실수 전체에서 $x = 1$일 때,

최솟값 2를 갖고 $y$절편이 4인 이차함수를 구하여라.

$x$의 범위가 실수 전체이고 $x = 1$에서 최솟값 2를 갖으므로 꼭짓점의 좌표는 $(1, 2)$이다. 그리고 $y$절편이 4이므로 $(0, 4)$를 대입하면 된다.

$$y = a(x-1)^2 + 2$$
$$(0, 4) \implies 4 = a(0-1)^2 + 2$$
$$4 = a + 2$$
$$a = 2$$
$$\therefore\ y = 2(x-1)^2 + 2$$
$$= 2x^2 - 4x + 4$$

● 답 : $2x^2 - 4x + 4$

다음 이차함수의 최댓값과 최솟값을 구하여라.

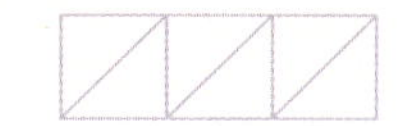

1) $y = -x^2 + 4x - 3$      2) $y = x^2 + 3x + 2$

주어진 식을 완전제곱하여 꼭짓점을 구해 보자.

1) $y = -x^2 + 4x - 3$

$\quad = -(x^2 - 4x) - 3$

$\quad = -(x^2 - 4x + 4 - 4) - 3$

$\quad = -(x-2)^2 + 1$

$x = 2$일 때, 최댓값 **1**, 최솟값은 없다.

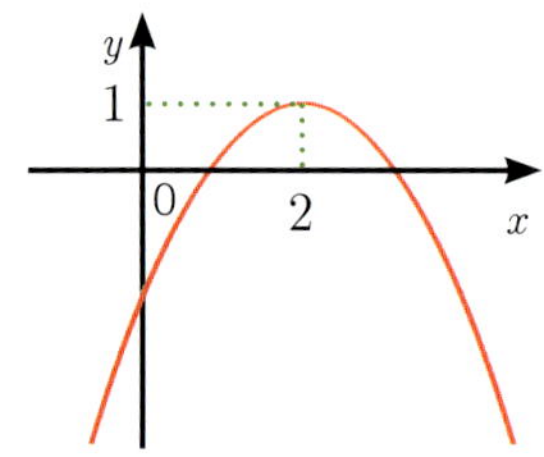

2) $y = x^2 + 3x + 2$

$\quad = (x^2 + 3x) + 2$

$\quad = \left\{ x^2 + 3x + \left(\dfrac{3}{2}\right)^2 - \left(\dfrac{3}{2}\right)^2 \right\} + 2$

$\quad = \left(x^2 + \dfrac{3}{2}\right)^2 - \dfrac{9}{4} + 2$

$\quad = \left(x^2 + \dfrac{3}{2}\right)^2 - \dfrac{1}{4}$

$x = -\dfrac{3}{2}$일 때, 최솟값 $-\dfrac{1}{4}$, 최댓값은 없다.

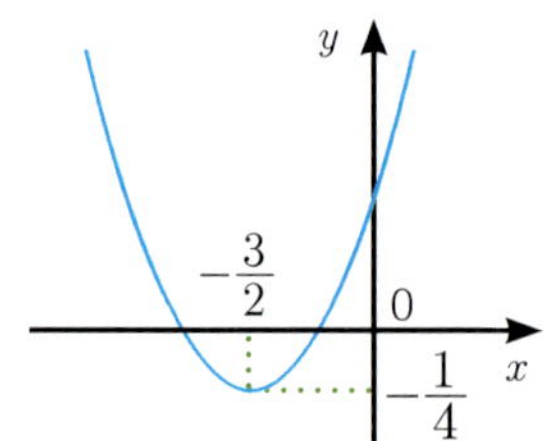



답 : 풀이참조

$4 \leq x \leq 7$ 일 때, 이차함수 $y = -x^2 + 6x - 7$ 의 최댓값과 최솟값을 구하여라.

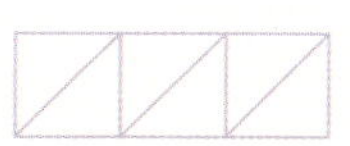

축의 방정식을 이용하면,

$$x = -\frac{b}{2a} = -\frac{6}{2 \cdot (-1)}$$

$$\therefore \ x = 3$$

최고차 항이 음수이므로 함수의 그림은 대략 오른쪽과 같다.

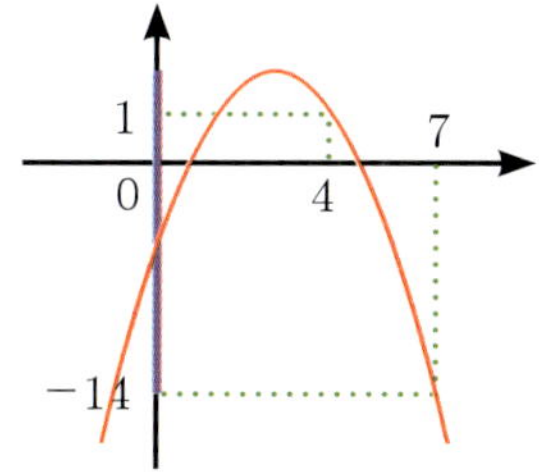

따라서 $4 \leq x \leq 7$ 일 때는 감소하는 구간이다. 그림에서 보듯 $f(4)$ 가 최댓값, $f(7)$ 이 최솟값을 갖는다.

$$f(4) = -4^2 + 6 \cdot 4 - 7$$
$$= -16 + 24 - 7$$
$$= 1 \ (최댓값)$$

$$f(7) = -7^2 + 6 \cdot 7 - 7$$
$$= -49 + 42 - 7$$
$$= -14 \ (최솟값)$$

● 답 : 풀이참조

함수의 생명은 그림이다. 그림을 잘 그리지 못한다면 어렵게 계산을 하고도 문제를 틀릴 수 있다. 함수가 머릿속에서 잘 그려진다면 문제 푸는 시간을 줄일 수 있다. 그림 그리는 연습을 많이 하자!!!

$0 \leq x \leq 2$ 일 때, 이차함수

$$y = (x^2 + 2x - 1)^2 - 2(x^2 + 2x - 1) + 3$$ 의

최댓값과 최솟값을 구하여라.

이차함수 안에 이차함수가 있다. 전개를 해서 4차함수를 만드는 것이 아니라 치환을 해서 이차함수를 두 번 풀어야 한다. 문자를 다른 문자로 치환하면 치환한 문자에 대해서 범위를 구해줘야 한다.

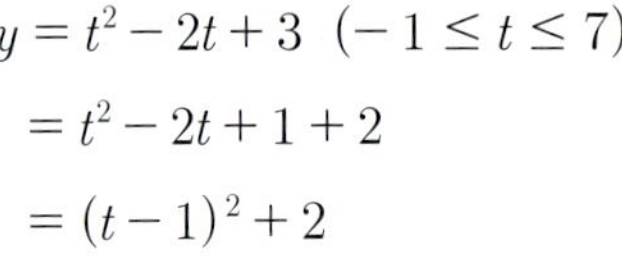

$$x^2 + 2x - 1 = t \quad (0 \leq x \leq 2)$$

$$t = x^2 + 2x - 1$$
$$= x^2 + 2x + 1 - 2$$
$$= (x + 1)^2 - 2$$
$$\Rightarrow \quad -1 \leq t \leq 7$$

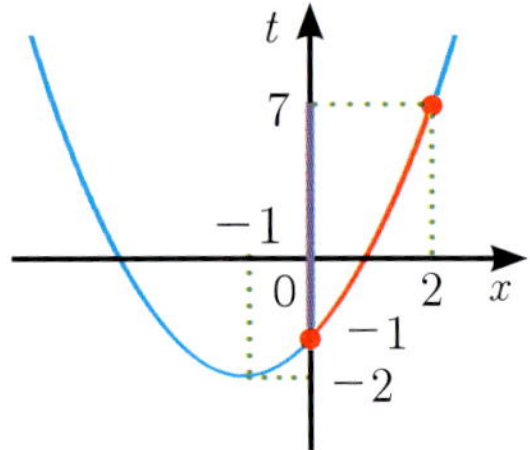

$$y = t^2 - 2t + 3 \quad (-1 \leq t \leq 7)$$
$$= t^2 - 2t + 1 + 2$$
$$= (t - 1)^2 + 2$$

$$f(1) = 2 \quad (\text{최솟값})$$
$$f(7) = 38 \quad (\text{최댓값})$$

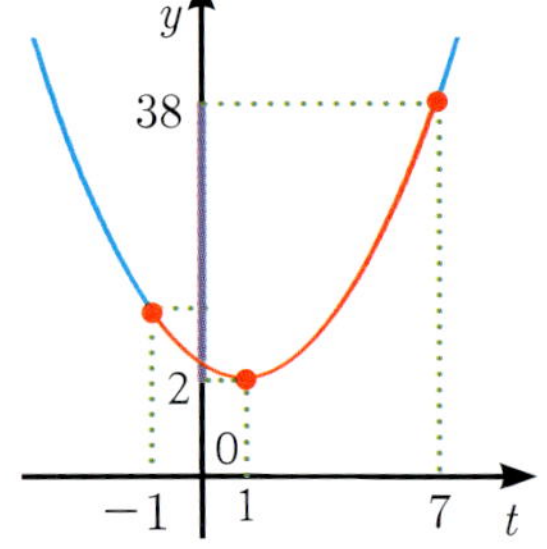

● 답 : 최솟값 2, 최댓값 38

그림과 같이 세로가 $4m$, 가로가 $12m$ 인 직각삼각형 모양의 마당에 직사각형 모양의 화단을 만들려고 한다. 만들 수 있는 화단의 최대 넓이를 구하여라.

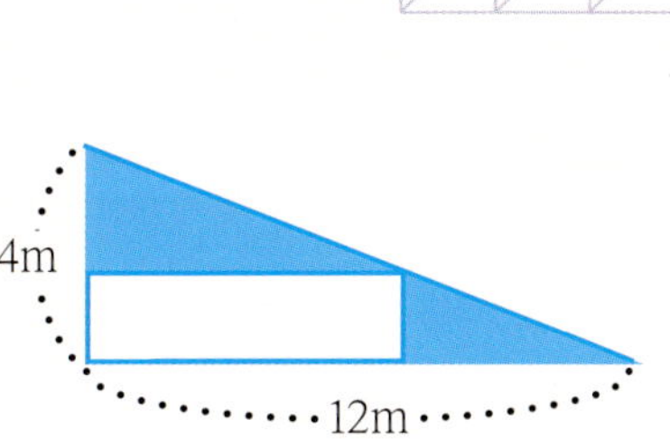


그림에서 닮은 삼각형을 세 개를 찾을 수 있다. 닮음을 이용하여 문제를 풀어보자

우선 화단의 세로와 가로를 $x, y$ 라고 놓고 비례식을 써 보자.

$$\overline{AD} : \overline{AB} = \overline{DE} : \overline{BC}$$
$$\overline{AD} = 4 - x$$
$$4 - x : 4 = y : 12$$
$$4y = 12(4 - x)$$
$$y = 12 - 3x$$

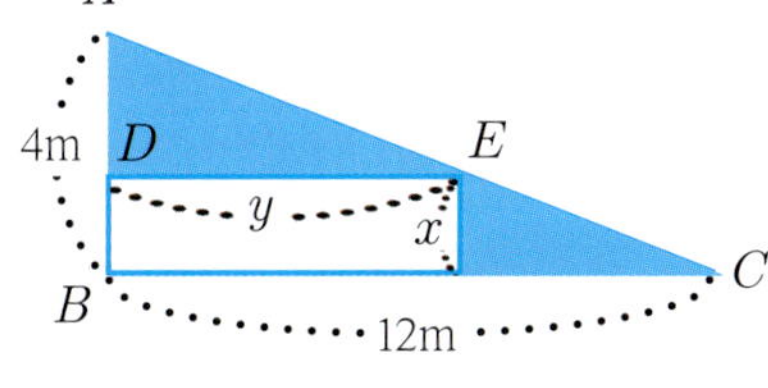


화단의 넓이는 $xy$이다.
$$xy = x(12 - 3x)$$
$$= -3x^2 + 12x$$
$$= -3(x^2 - 4x)$$
$$= -3(x^2 - 4x + 4 - 4)$$
$$= -3(x - 2)^2 + 12 \quad (0 < x < 4)$$
$$\therefore \ x = 2 \text{일 때, 최댓값 } \mathbf{12} \text{이다.}$$

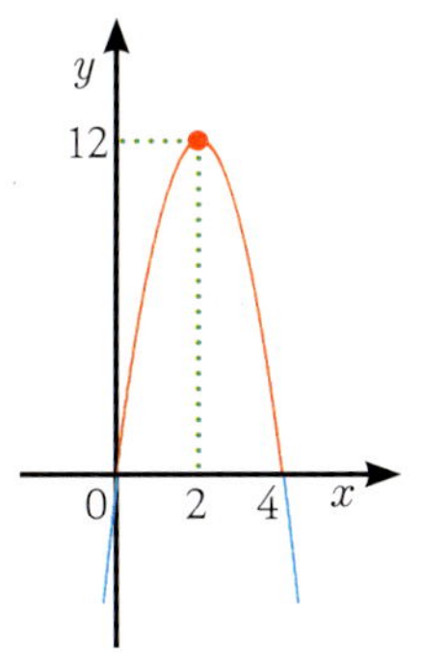


답 : 5

도형의 최대, 최솟값 문제는 그 넓이의 값 보다도 $x$ 값이나 자취 $p$ 값의 위치에 따라 결정이 된다고 보면 된다. 직각삼각형 문제에서는 중간값 즉, $x = 2, y = 6$ 일 때, 직사각형의 넓이가 최대가 된다는 것을 기억하자.

### 절댓값을 포함하는 그래프

$y = f(x)$의 그래프는 절댓값에 의해서 네가지 형태로 표현될 수 있다.

$$y = |f(x)| \quad , \quad y = f(|x|)$$
$$|y| = f(x) \quad , \quad |y| = f(|x|)$$

각각의 경우를 일차함수와 이차함수를 예로 그려 보겠다.

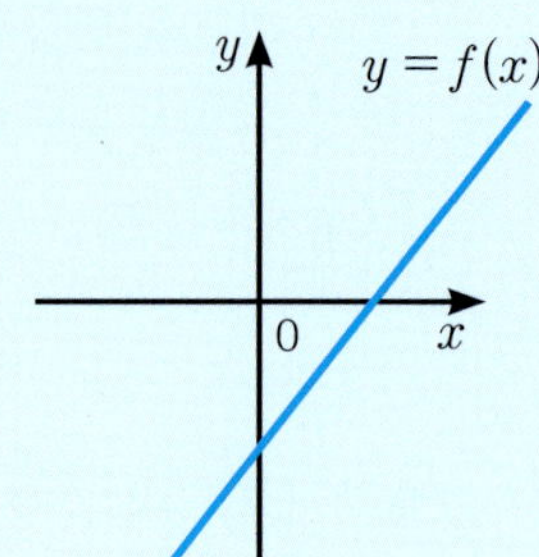

1) $y = |f(x)|$는 함수 전체에 절댓값이 붙었으므로 $y$는 항상 '0'보다 크거나 같다. 따라서 $y$가 음수인 부분, 즉 $y < 0$인 부분을 접어서 위로 올리면 된다. $x$절편인 점이 기준이다.

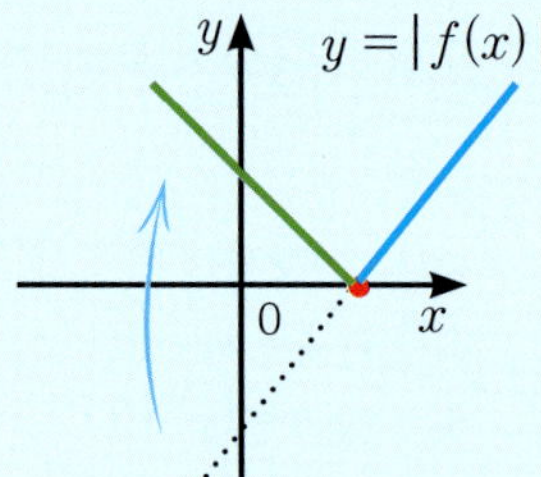

2) $y = f(|x|)$는 $x$에 절댓값이 붙었으므로 $x$가 음수인 부분, 즉 $x < 0$인 부분을 접어서 위로 올리면 된다. $y$절편인 점이 기준이다.

이것은 $y = f(x)$에서 $x \geq 0$은 부분을 $y$축에 대해 대칭이동한 형태이다. 함수가 $x, -x$에 대하여 값이 같으면 $y$축에 대칭인 모양이 된다.

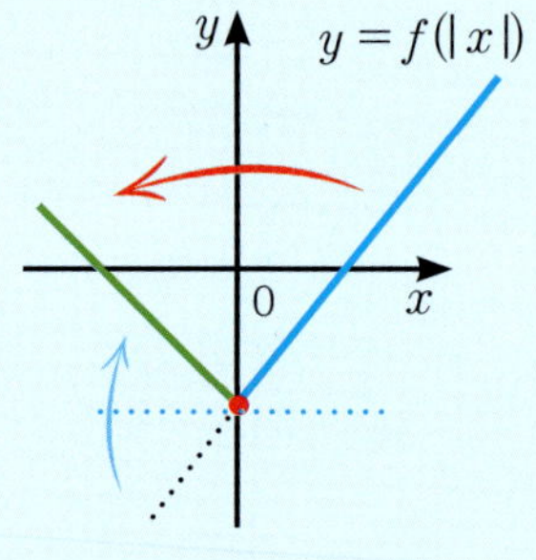

3) $|y| = f(x)$는 $y$에 절댓값이 붙었으므로 $y$가 음수인 부분, 즉 $y < 0$인 부분을 접어서 올리면 된다. $x$절편인 점이 기준이다.

이것은 $y = f(x)$에서 $y \geq 0$은 부분을 $x$축에 대해 대칭이동한 형태이다. 함수가 $y, -y$에 대하여 값이 같으면 $x$축에 대칭인 모양이 된다.

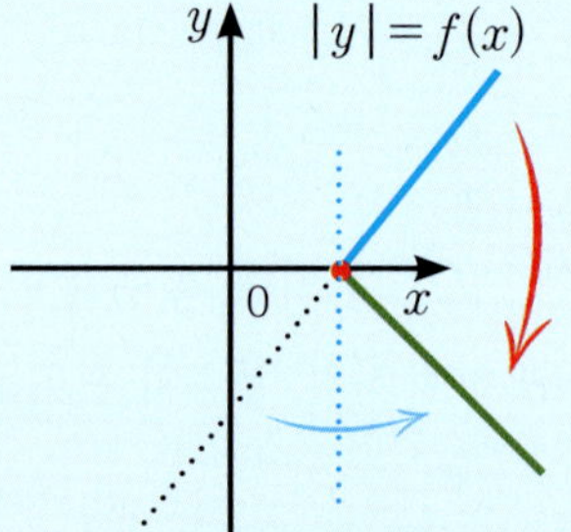

4) $|y| = f(|x|)$는 $x$와 $y$에 절댓값이 있다. 2)번과 3)번을 합친 형태라고 보면 된다.

$x \geq 0$고 $y \geq 0$인 부분, 즉 제1사분면에 있는 그림을 $x$축, $y$축 그리고 원점에 대하여 대칭이동하면 된다.

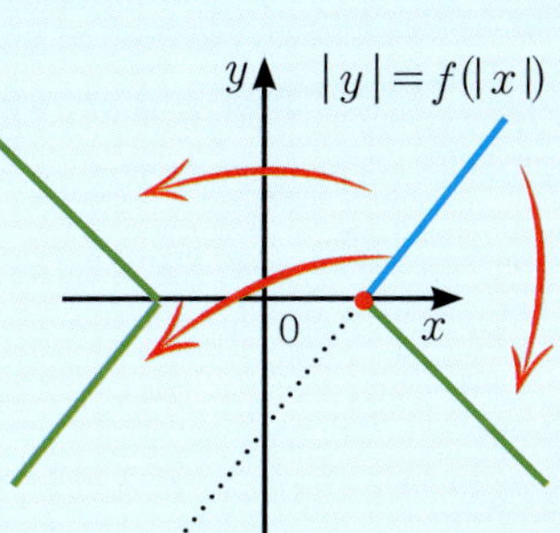

이 내용을 다시 이차함수로 그려 보겠다. 축에 대한 대칭으로 이해하면 쉽게 그릴 수 있다.

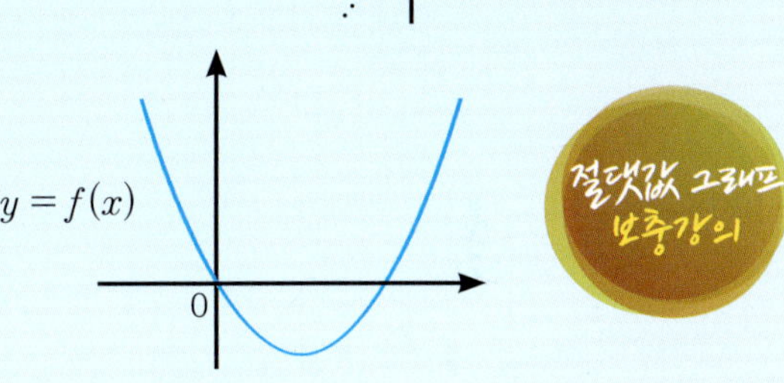


1) $y = |f(x)|$

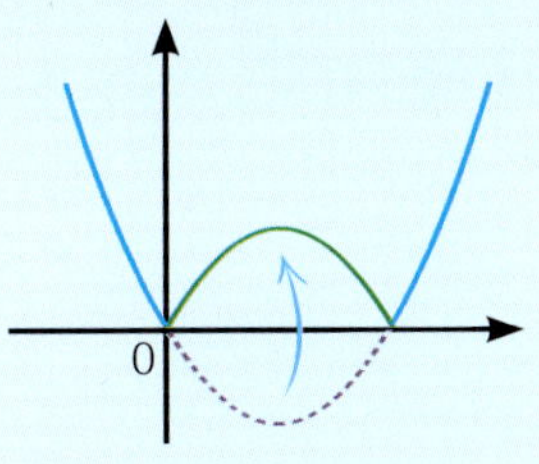

2) $y = f(|x|)$

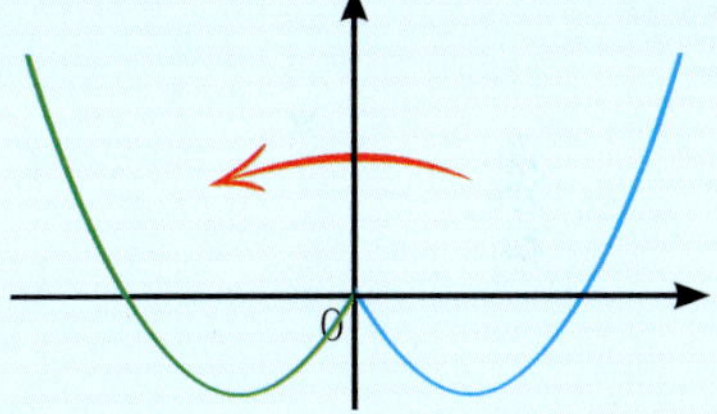

3) $|y| = f(x)$

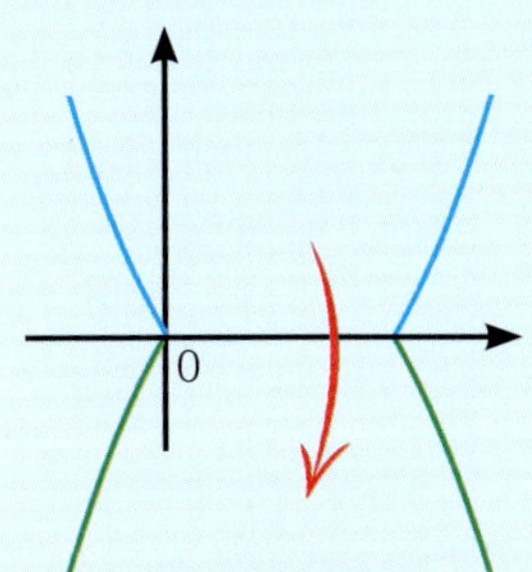

4) $|y| = f(|x|)$

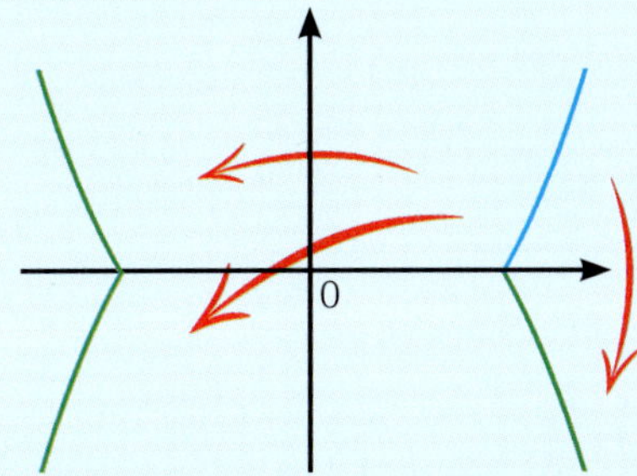



6 이차방정식과 이차함수

CHECK
267

이차함수 $y = x^2 - 2ax + a^2 + 3a + 1$ 의
그래프의 꼭짓점이 제2사분면에 있을 때,
상수 $a$ 의 값의 범위를 구하여라.

CHECK
268

이차함수 $y = 2x^2 - 4mx + m^2 + m - 2$ 의
그래프의 꼭짓점이 $y = -x - 1$ 위에 있을 때,
상수 $m$ 의 값을 구하여라.

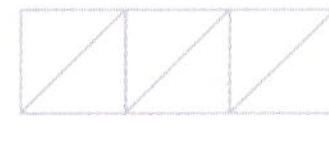

**CHECK 269**

이차함수 $y = ax^2 + bx + c$ 의 그래프가 아래와 같을 때, 이차함수 $y = cx^2 + bx + a$ 의 꼭짓점은 몇 사분면에 있는지 구하여라.

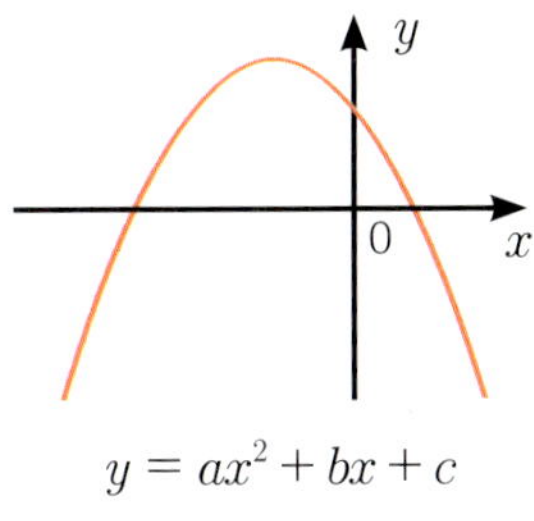

$$y = ax^2 + bx + c$$

**CHECK 270**

이차함수 $y = -x^2$ 의 그래프를 $x$ 축으로 1만큼, $y$ 축으로 $a$ 만큼 이동하면 $(2, 3)$ 을 지난다. 이때, 축의 방정식은 $x = k$ 라 할 때, $a + k$ 의 값을 구하여라.

**CHECK 271**

이차함수 $y = f(x)$의 그래프가

$(-2, 0), (1, 0)$을 지나고 $y$절편이 $4$일 때, 이 이차함수는

$(2, k)$를 지난다. $k$값을 구하여라.

**CHECK 272**

이차함수 $y = -x^2 + 4x - 3$의 그래프가

$x$축과 만나는 점을 $A, B$라 하고 꼭짓점을 $C$라 할 때,

$\triangle ABC$의 넓이를 구하여라.

**CHECK 273**

이차함수 $y = x^2 + ax + 3$ 의 그래프가
직선 $y = 2x + a$ 와 접할 때, 양수 $a$ 의 값을 구하여라.

**CHECK 274**

이차함수 $y = x^2 - x + 3$ 의 그래프와
직선 $y = ax + b$ 의 한 교점의 좌표가 $\sqrt{2} - 1$ 일 때,
유리수 $a, b$ 에 대하여 $a + b$ 의 값을 구하여라.

 **CHECK 275**
이차방정식 $y = x^2 + 2ax + 3$ 의
두 근이 모두 $-1$과 $3$ 사이에 있을 때, 실수 $a$ 의 값의 범위를 구하여라.

 **CHECK 276**
이차방정식 $2x^2 + ax + 1 = 0$ 의 한 근이
$-1$보다 작고 다른 한 근은 $2$보다 클 때, $x$ 값의 범위는
$x < p, \ x > q$ 이다. $p + q$ 의 값을 구하여라.

**CHECK 277**

이차함수 $y = ax^2 + bx - 1$ 는
$x = -1$ 에서 최댓값 2를 갖는다. 상수 $a, b$ 에 대하여
$ab$ 의 값을 구하여라.

**CHECK 278**

$-1 \leq x \leq 2$ 에서 이차함수
$y = -x^2 + 6x + k$ 의 최솟값이 $-5$일 때, 최댓값을 구하여라.

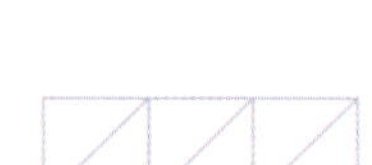

**CHECK 279**

이차함수 $y = x^2 + mx + n$ 의 그래프가
점 $(1, 0)$을 지나고 $x$축에 접할 때, 상수 $m, n$에 대하여
$n - m$의 값을 구하여라.

**CHECK 280**

이차함수 $y = x^2 + 2(a + 1)x + b^2$ 과
직선 $y = 2x + c^2$ 가 접할 때, 상수 $a, b, c$ 의 자취는
어떤 도형인지 구하여라.

**CHECK 281**

이차함수 $y = x^2 - 2x + p$ 와

직선 $y = x - 3$ 의 한 교점의 $x$ 의 값이 다른 교점의 $x$ 의 값의

두 배일 때, $p$ 의 값과 두 교점의 $x$ 의 값의 곱을 구하여라.

**CHECK 282**

서로 다른 두 근을 가지는

이차함수 $y = x^2 + 2ax - a$ 의 한 근이 1과 2 사이에 있을 때,

축의 방정식의 범위를 구하여라.

9 이차방정식과 이차함수

227

**CHECK 283** 실수 $x, y$ 에 대하여 $x - y = 2$ 일 때,
$x^2 + 2y^2 - x$ 의 최솟값을 구하여라.

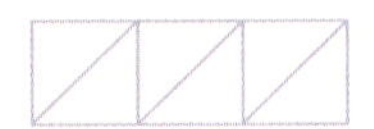

**CHECK 284** 실수 $x, y$ 에 대하여
$x^2 + 4y^2 + 4x - 4y + 9$ 의 최솟값은 $x = \alpha$, $y = \beta$ 일 때,
$\gamma$ 의 값을 갖는다. $\alpha + 2\beta + 3\gamma$ 값을 구하여라.

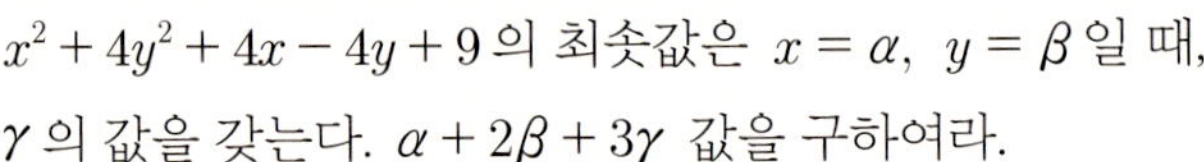

**CHECK 285**

이차함수 $y = ax^2 + bx + c$ 의
그래프의 꼭짓점은 $(1, -3)$ 이고 $(2, -1)$ 을 지날 때,
이차함수에 의해서 잘린 $x$ 축의 길이를 구하여라.

**CHECK 286**

그림과 같이 이차항의 계수가
각각 $1, -2$ 이고 각각의 꼭짓점의 좌표를 $a, b$ 라고 할 때,
두 함수의 교점의 $x$ 좌표를 $a, b$ 를 이용해서 나타내어라.

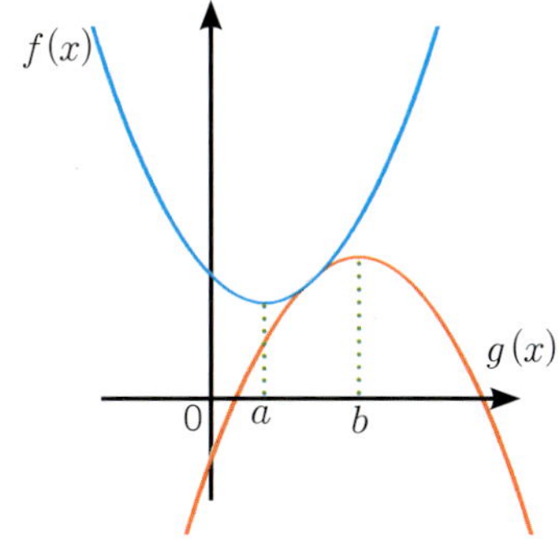

READING MATHEMATICS

c²＝a²＋b²
x＝(−b±√(b²−4ac))/2a
α  O  β
PHYSICS
POP 수학
π＝3.14159…

# 7. 여러가지 방정식

$x$에 대한 방정식 $f(x)=0$은 다항식 $f(x)$의 최고차에 따라
삼차방정식, 사차방정식 … 등등으로 불린다.
삼차 이상의 방정식을 **고차방정식**이라고 한다.
고차방정식 $f(x)=0$은 $f(x)$를 인수분해 한 후, 다음 성질을
이용한다.

① $ABC=0 \iff A=0$ 또는 $B=0$ 또는 $C=0$

② $ABCD=0 \iff A=0$ 또는 $B=0$ 또는 $C=0$ 또는 $D=0$

$x$에 대한 다항식 $f(x)$와 함수 $f(x)$와 방정식 $f(x)$는 다 같은 $f(x)$에서 시작한다.

| | 다항식 | 함수 | 방정식 |
|---|---|---|---|
| 일차식 | $ax+b$ | $y=ax+b$ | $ax+b=0$ |
| 이차식 | $ax^2+bx+c$ | $y=ax^2+bx+c$ | $ax^2+bx+c=0$ |
| 삼차식 | $\vdots$ | $\vdots$ | $\vdots$ |

$$(a \neq 0)$$

함수는 $x$가 어떤 값을 갖을 때 $y$의 값을 묻는 문제이므로 $x$에 어떤 값을 대입해서 $y$의 값을 구한다. 완전제곱을 해서 꼭짓점에서 최대나 최솟값을 구한다.

반면에 방정식은 $f(x)$를 인수분해 해서 $f(x)=0$이 되는 $x$의 값을 구하면 된다. 인수분해는 [p84]에서 배운 인수분해 공식을 이용하므로 다시 한번 인수분해 공식을 점검하기 바란다.

계수가 실수인 고차방정식은 복소수 범위에서 차수만큼 근을 갖는다. 즉 $x^{100}$인 백차방정식은 복소수의 범위에서 근을 100개를 갖는다. 그러면 실근

은 몇 개를 가질까? 홀수 차수의 방정식은 값의 부호에 상관없이 실근을 1개 갖고, 짝수 차수의 방정식은 값의 부호에 따라 다르다. 아래의 예를 보자.

$$x^3 = 1$$
$$x^3 - 1 = 0$$
$$(x-1)(x^2 + x + 1) = 0$$
$$x = 1 \ \ \text{또는} \ \ x = \frac{-1 \pm \sqrt{3}\,i}{2} \quad \text{(실근은 1 개)}$$

$$x^3 = -1$$
$$x^3 + 1 = 0$$
$$(x+1)(x^2 - x + 1) = 0$$
$$x = -1 \ \ \text{또는} \ \ x = \frac{1 \pm \sqrt{3}\,i}{2} \quad \text{(실근은 1 개)}$$

$$x^2 = 2$$
$$x = \pm\sqrt{2} \quad \text{(양일 때, 실근은 2 개)}$$

$$x^2 = 0$$
$$x = 0 \quad \text{('0'일 때, 실근은 1 개)}$$

$$x^2 = -2 \quad \text{(음일 때, 실근은 0 개)}$$

고차방정식의 해는 특별한 언급이 없으면 복소수 범위까지 구하면 된다.

**CHECK 287** 다음 방정식을 풀어라.

1) $x^3 + 8 = 0$  　　　2) $x^3 - x^2 - 3x = 0$

1) $x^3 + 8 = 0$
$$(x+2)(x^2 - 2x + 4) = 0$$
$$x = -2 \ \ \text{또는} \ \ x = 1 \pm \sqrt{3}\,i$$

2) $x^3 - x^2 - 3x = 0$

  $x(x^2 - x - 3) = 0$

  $x = 0$  또는  $x = \dfrac{1 \pm \sqrt{13}}{2}$

다음 방정식을 풀어라.

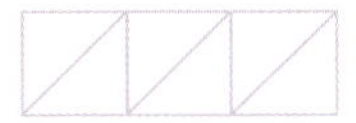

1) $2x^3 - x^2 - 7x + 6 = 0$　　2) $x^4 - 2x^3 + 3x^2 + 2x - 4 = 0$

조립제법을 이용하여 인수분해할 수 있는 이차식까지 구한다.

1) $2x^3 - x^2 - 7x + 6 = 0$

$$
\begin{array}{r|rrrr}
1 & 2 & -1 & -7 & 6 \\
  &   & 2  & 1  & -6 \\
\hline
  & 2 & 1  & -6 & \underline{\,0} \\
\end{array}
$$

  $(x-1)(2x^2 + x - 6) = 0$

  $(x-1)(x+2)(2x-3) = 0$

  $\boldsymbol{x = 1}$ 또는 $\boldsymbol{x = -2}$ 또는 $\boldsymbol{x = \dfrac{3}{2}}$

2) $x^4 - 2x^3 + 3x^2 + 2x - 4 = 0$

$$
\begin{array}{r|rrrrr}
1 & 1 & -2 & 3 & 2 & -4 \\
  &   & 1  & -1 & 2 & 4 \\
\hline
-1 & 1 & -1 & 2 & 4 & \underline{\,0} \\
   &   & -1 & 2 & -4 & \\
\hline
   & 1 & -2 & 4 & \underline{\,0} & \\
\end{array}
$$

  $(x-1)(x+1)(x^2 - 2x + 4) = 0$

  $\boldsymbol{x = 1}$ 또는 $\boldsymbol{x = -1}$ 또는 $\boldsymbol{x = 1 \pm \sqrt{3}\,i}$

답 : 풀이참조

● **공통부분이 있는 고차방정식**

공통부분이 있는 방정식은 공통부분을 치환하여 푼 후, 다시 치환한 변수를 원래의 값으로 환원한 다음에 최종적으로 $x$ 의 값을 구해야 한다. 함수에서는 치환하고 다시 되돌리지는 않았다. 왜냐하면 공통부분을 다른 문자로 치환해도 함수에서 구하는 $y$ 의 값은 변하지 않기 때문이다. 하지만 방정식에서는 $x$ 의 값을 구해야 하기 때문에 치환한 문자에 대해서 방정식을 푼 다음 다시 환원해서 $x$ 의 값을 구해야 한다.

$(x^2 + 2x)^2 - 3 = 2(x^2 + 2x)$ 를 풀어보자

$x^2 + 2x$ 가 반복적으로 나타나고 있다. $x^2 + 2x = X$ 라고 치환하면.

$X^2 - 3 = 2X$

$X^2 - 2X - 3 = 0$

$(X - 3)(X + 1) = 0$

$X = 3$ 또는 $X = -1$  다시 $X = x^2 + 2x$ 로 환원한다.

$x^2 + 2x = 3$ 또는 $x^2 + 2x = -1$

1) $x^2 + 2x = 3$

  $x^2 + 2x - 3 = 0$

  $(x + 3)(x - 1) = 0$

  $x = -3$ 또는 $x = 1$

2) $x^2 + 2x + 1 = 0$

  $(x + 1)^2 = 0$

  $x = -1$ (중근)

1), 2)에서 $x = -3$ 또는 $x = 1$ 또는 $x = -1$ (중근)

**CHECK 289** 다음 방정식을 풀어라.

$$(x^2 + 2x + 2)(x^2 + 2x - 1) = 10$$

방정식에 $x^2 + 2x$ 가 반복적으로 나타나고 있다. $x^2 + 2x$ 를 치환해서 방정식을 풀고 다시 치환한 부분을 다시 환원시켜서 $x$ 의 값을 구하면 된다. $x^2 + 2x = X$ 로 치환해 보자.

$$(x^2 + 2x + 2)(x^2 + 2x - 1) = 10$$
$$(X + 2)(X - 1) - 10 = 0$$
$$X^2 + X - 2 - 10 = 0$$
$$X^2 + X - 12 = 0$$
$$(X - 3)(X + 4) = 0$$
$$(x^2 + 2x - 3)(x^2 + 2x + 4) = 0$$
$$(x + 3)(x - 1)(x^2 + 2x + 4) = 0$$
$$\boldsymbol{x = -3 \ \text{또는} \ x = 1 \ \text{또는} \ x = -1 \pm \sqrt{3}\,i}$$

### ● 공통부분을 찾아야 하는 경우

공통부분이 보이지 않는 경우에는 공통부분이 나타나게 짝을 바꾸어 전개를 하면된다. 이때 상수를 살펴보면 짝을 쉽게 찾을 수 있다.

$$x(x - 2)(x + 1)(x + 3) + 8 = 0$$
$$x(x + 1)(x - 2)(x + 3) + 8 = 0$$
$$(x^2 + x)(x^2 + x - 6) + 8 = 0$$
$$X(X - 6) + 8 = 0$$
$$X^2 - 6X + 8 = 0$$
$$(X - 2)(X - 4) = 0$$

$$(x^2 + x - 2)(x^2 + x - 4) = 0$$
$$(x + 2)(x - 1)(x^2 + x - 4) = 0$$
$$x = -2 \ \text{또는} \ x = 1 \ \text{또는} \ x = \frac{-1 \pm \sqrt{17}}{2}$$

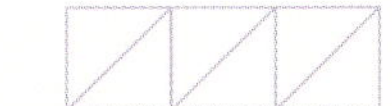

**CHECK 290** 다음 방정식을 풀어라.

1) $(x + 1)(x + 2)(x - 2)(x - 3) + 3 = 0$

2) $(x^2 + 2x + 1)(x^2 + 2x - 2) - 4 = 0$

1) $\quad (x + 1)(x + 2)(x - 2)(x - 3) + 3 = 0$
$$(x + 1)(x - 2)(x + 2)(x - 3) + 3 = 0$$
$$(x^2 - x - 2)(x^2 - x - 6) + 3 = 0$$
$$(X - 2)(X - 6) + 3 = 0$$
$$X^2 - 8X + 12 + 3 = 0$$
$$X^2 - 8X + 15 = 0$$
$$(X - 3)(X - 5) = 0$$
$$(x^2 - x - 3)(x^2 - x - 5) = 0$$
$$x = 1 \pm \sqrt{13} \ \text{또는} \ x = 1 \pm \sqrt{21}$$



2) $\quad (x^2 + 2x + 1)(x^2 + 2x - 2) - 4 = 0$
$$(X + 1)(X - 2) - 4 = 0$$
$$X^2 - X - 6 = 0$$
$$(X - 3)(X + 2) = 0$$
$$(x^2 + 2x - 3)(x^2 + 2x + 2) = 0$$
$$(x + 3)(x - 1)(x^2 + 2x + 2) = 0$$
$$x = -3 \ \text{또는} \ x = 1 \ \text{또는} \ x = -1 \pm \sqrt{1}\, i$$

답 : 풀이참조

복이차방정식의 해법은 인수분해에서 배운 복이차형태의 인수분해를 이용하면된다. 복이차 형태의 인수분해가 잘 안 되는 학생은 다시 [p91]으로 가서 인수분해를 한 번 더 연습하기 바란다.

$$x^4 + 2x^2 + 9 = 0$$
$$x^4 + 6x^2 + 9 - 4x^2 = 0$$
$$(x^2 + 3)^2 - (2x)^2 = 0$$
$$(x^2 + 3 - 2x)(x^2 + 3 + 2x) = 0$$
$$(x^2 - 2x + 3)(x^2 + 2x + 3) = 0$$
$$x = 1 \pm \sqrt{2}\,i \;\; \text{또는} \; -1 \pm \sqrt{2}\,i$$

$A^2 - B^2$ 의 형태를 만들기 위해 $x^2$ 의 계수를 조정한다.

**CHECK 291** 다음 방정식을 풀어라.

1) $x^4 - 7x^2 + 1 = 0$

2) $x^4 + 5x^2 + 9 = 0$

1) $x^4 - 7x^2 + 1 = 0$
$$x^4 + 2x^2 + 1 - 9x^2 = 0$$
$$(x^2 + 1)^2 - (3x)^3 = 0$$
$$(x^2 + 1 - 3x)(x^2 + 1 + 3x) = 0$$
$$(x^2 - 3x + 1)(x^2 + 3x + 1) = 0$$
$$x = \frac{3 \pm \sqrt{5}}{2} \;\; \text{또는} \;\; x = \frac{-3 \pm \sqrt{5}}{2}$$

2) $x^4 + 5x^2 + 9 = 0$
$$x^4 + 6x^2 + 9 - x^2 = 0$$
$$(x^2 + 3)^2 - x^2 = 0$$
$$(x^2 + 3 - x)(x^2 + 3 + x) = 0$$

$$(x^2 - x + 3)(x^2 + x + 3) = 0$$

$$x = \frac{1 \pm \sqrt{11}\,i}{2} \quad \text{또는} \quad x = \frac{-1 \pm \sqrt{11}\,i}{2}$$

답 : 풀이참조

### ● 상반방정식

$x$ 에 대한 오름차순 또는 내림차순으로 정리하였을 때, 가운데 항을 중심으로 계수가 서로 대칭을 이루는 방정식을 상반방정식이라고 한다. 이미 [p97]에서 공부를 하였다.

$$x^4 + 2x^3 - x^2 + 2x + 1 = 0 \qquad \text{가운데 항인 } x^2 \text{으로 양변을 나눈다.}$$

$$x^2 + 2x - 1 + \frac{2}{x} + \frac{1}{x^2} = 0$$

$$x^2 + \frac{1}{x^2} + 2\left(x + \frac{1}{x}\right) - 1 = 0 \qquad x + \frac{1}{x} = X \text{ 로 치환한다.}$$

$$X^2 - 2 + 2X - 1 = 0$$

$$X^2 + 2X - 3 = 0$$

$$(X + 3)(X - 1) = 0$$

$$X = -3 \quad \text{또는} \quad X = 1$$

1) $X = -3$ 일 때, $\qquad X = x + \dfrac{1}{x}$ 로 환원한다.

$$x + \frac{1}{x} = -3 \qquad \text{양변에 } x \text{를 곱한다.}$$

$$x^2 + 3x + 1 = 0$$

$$x = \frac{-3 \pm \sqrt{5}}{2}$$

2) $X = 1$ 일 때, $\qquad X = x + \dfrac{1}{x}$ 로 환원한다.

$$x + \frac{1}{x} = 1 \qquad \text{양변에 } x \text{를 곱한다.}$$

$$x^2 - x + 1 = 0$$

$$x = \frac{1 \pm \sqrt{3}\,i}{2}$$

1), 2)에서 $x = \dfrac{-3 \pm \sqrt{5}}{2} \quad$ 또는 $\quad x = \dfrac{1 \pm \sqrt{3}\,i}{2}$

상반방정식의 최고차항이 홀수 차수이고 항의 개수가 짝수 개이면, $f(x) = (x+1)g(x) = 0$ 의 형태로 바꾸면 된다. 이런 경우 항상 $(x+1)$을 인수로 가지고 있고 $g(x)$도 상반방정식 형태가 되므로 $g(x)$를 상반방정식으로 풀면 된다.

CHECK 292 다음 방정식을 풀어라.

1) $2x^4 + x^3 - 2x^2 + x + 2 = 0$

2) $x^5 + 3x^4 - 4x^3 - 4x^2 + 3x + 1 = 0$

1) $2x^4 + x^3 - 2x^2 + x + 2 = 0$

$$2x^2 + x - 2 + \frac{1}{x} + \frac{2}{x^2} = 0$$

$$2\left(x^2 + \frac{1}{x^2}\right) + x + \frac{1}{x} - 2 = 0$$

$$2(X^2 - 2) + X - 2 = 0$$

$$2X^2 - 4 + X - 2 = 0$$

$$2X^2 + X - 6 = 0$$

$$(2X - 3)(X + 2) = 0$$

$$X = \frac{3}{2} \ \text{또는} \ X = -2$$

① $X = \frac{3}{2}$ 일 때,

$$x + \frac{1}{x} = \frac{3}{2}$$

$$2x^2 + 2 = 3x$$

$$2x^2 - 3x + 2 = 0$$

$$x = \frac{3 \pm \sqrt{7}\,i}{4}$$

② $X = -2$ 일 때,

$$x + \frac{1}{x} = -2$$

$$x^2 + 1 = -2x$$
$$x^2 + 2x + 1 = 0$$
$$(x+1)^2 = 0$$
$$x = -1 \,(\text{중근})$$

①, ②에서 $x = \dfrac{3 \pm \sqrt{7}\,i}{4}$ 또는 $x = -1 \,(\text{중근})$

2) $x^5 + 3x^4 - 4x^3 - 4x^2 + 3x + 1 = 0$

$$(x+1)(x^4 + 2x^3 - 6x^2 + 2x + 1) = 0 \qquad \text{조립제법을 이용한다}$$
$$(x+1)\left(x^2 + 2x - 6 + \frac{2}{x} + \frac{1}{x^2}\right) = 0$$
$$(x+1)\left\{x^2 + \frac{1}{x^2} + 2\left(x + \frac{1}{x}\right) - 6\right\} = 0$$
$$(x+1)\{X^2 - 2 + 2X - 6\} = 0$$
$$(x+1)\{X^2 + 2X - 8\} = 0$$
$$(x+1)(X+4)(X-2) = 0$$
$$x = -1 \ \text{또는} \ X = -4 \ \text{또는} \ X = 2$$

① $X = -4$ 일 때,
$$x + \frac{1}{x} = -4$$
$$x^2 + 1 = -4x$$
$$x^2 + 4x - 1 = 0$$
$$x = -2 \pm \sqrt{5}$$

② $X = 2$ 일 때,
$$x + \frac{1}{x} = 2$$
$$x^2 + 1 = 2x$$
$$x^2 - 2x + 1 = 0$$
$$(x-1)^2 = 0$$
$$x = 1 \ (\text{중근})$$

①, ②에서 $x = -1$ 또는 $x = -2 \pm \sqrt{5}$ 또는 $x = 1 \,(\text{중근})$

● 답 : 풀이참조

기본형을 $ax^3 + bx^2 + cx + d = 0$ 으로 놓는다. $(a \neq 0)$

### 삼차방정식의 근과 계수의 관계

삼차방정식의 세 근을 $\alpha, \beta, \gamma$ 라 하면,

$$\alpha + \beta + \gamma = -\frac{b}{a} \quad , \quad \alpha\beta + \beta\gamma + \gamma\alpha = \frac{c}{a} \quad , \quad \alpha\beta\gamma = -\frac{d}{a}$$

세 수 $\alpha, \beta, \gamma$ 를 근으로 갖고 세 근을 $x^3$ 의 계수가 1인 삼차방정식은

$$(x - \alpha)(x - \beta)(x - \gamma) = 0$$
$$\Rightarrow x^3 - (\alpha + \beta + \gamma)x^2 + (\alpha\beta + \beta\gamma + \gamma\alpha)x - \alpha\beta\gamma = 0$$

삼차방정식은 근을 3개 갖는다. 그림을 이해하면 쉽게 이해할 수 있는데 그부분은 뒤에 있는 함수 단원에서 더 자세히 배우게 된다.

방정식의 근을 구하기 위해서는 인수분해를 하면 된다. 먼저 조립제법을 이용해여 하나의 해를 구하면 나머지 이차식은 인수분해 공식으로 쉽게 인수분해가 된다.

이차방정식에서도 근과 계수와의 관계가 있었다.

이차방정식 $ax^2 + bx + c = 0$ 의 두 근을 $\alpha, \beta$ 라 하면,

$$\alpha + \beta = -\frac{b}{a} \quad , \quad \alpha\beta = \frac{c}{a}$$

이차방정식과 삼차방정식의 근과 계수와의 관계를 살펴보면 유사한 점이 있다. 모든 근의 합은 최고차항과 그 다음 차수항의 계수비, 부호는 항상 "-" 이고, 모든 근의 곱은 최고차항의 계수와 상수항의 비, 값의 부호는 $(-1)^n$ 이다.

**CHECK 293**   $x^{100} + 2x^{98} + 3x^{96} + \cdots + 50x^2 + 51 = 0$ 의 근을 $a_1, a_2, \cdots, a_{100}$ 이라고 할 때, 모든 근의 합 $a_1 + a_2 + \cdots + a_{100}$ 과 모든 근의 곱 $a_1 \times a_2 \times \cdots \times a_{100}$ 을 구하여라.

모든 근의 합은 최고차항과 그 다음 차수의 계수를 보면 된다. $x^{100}$ 의 계수는 '1'이고 $x^{99}$ 의 계수는 '0'이므로 모든 근의 합은 $\dfrac{0}{1} = \mathbf{0}$ 이다.

모든 근의 곱은 최고차항 계수와 상수로 알수 있다. $x^{100}$ 의 계수는 '1'이고 상수는 '51'이다. 그리고 최고차 항이 짝수이므로 부호는 양수가 된다. 따라서 모든 근의 곱은 $\dfrac{51}{1} = \mathbf{51}$

● **답** : 모든 근의 합 : 0 , 모든 근의 곱 : 51

[p20]에서 연습한 곱셈 공식과 삼차방정식의 근과 계수와의 관계 [p242]를 이용하여 푸는 문제들이 있다.

삼차방정식 $3x^3 - 2x^2 - x + 4 = 0$ 의 세 근을 $\alpha, \beta, \gamma$ 라 할 때, 다음 식의 값을 구하여라.

1) $\alpha + \beta + \gamma$       2) $\alpha\beta + \beta\gamma + \gamma\alpha$

3) $\alpha\beta\gamma$      4) $\dfrac{1}{\alpha\beta} + \dfrac{1}{\beta\gamma} + \dfrac{1}{\gamma\alpha}$

삼차방정식의 근과 계수와의 관계에서

1) $\alpha + \beta + \gamma = \dfrac{2}{3}$ ,   2) $\alpha\beta + \beta\gamma + \gamma\alpha = -\dfrac{1}{3}$ ,   3) $\alpha\beta\gamma = -\dfrac{4}{3}$

4) $\dfrac{1}{\alpha\beta} + \dfrac{1}{\beta\gamma} + \dfrac{1}{\gamma\alpha}$

$= \dfrac{\gamma}{\alpha\beta\gamma} + \dfrac{\alpha}{\alpha\beta\gamma} + \dfrac{\beta}{\alpha\beta\gamma}$

$= \dfrac{\alpha + \beta + \gamma}{\alpha\beta\gamma} = -\dfrac{1}{2}$

삼차방정식 $x^3 - 2x^2 + 3x - 4 = 0$ 의

세 근을 $\alpha, \beta, \gamma$ 라 할 때, 다음 식의 값을 구하여라.

1) $\alpha^2 + \beta^2 + \gamma^2$　　　　　2) $\alpha^3 + \beta^3 + \gamma^3$

3) $(\alpha + 1)(\beta + 1)(\gamma + 1)$　　4) $\dfrac{1}{\alpha} + \dfrac{1}{\beta} + \dfrac{1}{\gamma}$

삼차방정식의 근과 계수와의 관계에서

$$\alpha + \beta + \gamma = 2, \quad \alpha\beta + \beta\gamma + \gamma\alpha = 3, \quad \alpha\beta\gamma = 4$$

1) $\alpha^2 + \beta^2 + \gamma^2$

$= (\alpha + \beta + \gamma)^2 - 2(\alpha\beta + \beta\gamma + \gamma\alpha)$

$= 2^2 - 2 \cdot 3 = -2$

2) $\alpha^3 + \beta^3 + \gamma^3$

$= (\alpha + \beta + \gamma)(\alpha^2 + \beta^2 + \gamma^2 - \alpha\beta - \beta\gamma - \gamma\alpha) + 3\alpha\beta\gamma$

$= 2(-2 - 3) + 3 \cdot 4$

$= -10 + 12 = 2$

3) $(\alpha + 1)(\beta + 1)(\gamma + 1)$

$= \alpha\beta\gamma + (\alpha\beta + \beta\gamma + \gamma\alpha) + (\alpha + \beta + \gamma) + 1$

$= 4 + 3 + 2 + 1 = 10$

4) $\dfrac{1}{\alpha} + \dfrac{1}{\beta} + \dfrac{1}{\gamma}$

$= \dfrac{\beta\gamma}{\alpha\beta\gamma} + \dfrac{\alpha\gamma}{\alpha\beta\gamma} + \dfrac{\alpha\beta}{\alpha\beta\gamma}$

$= \dfrac{\alpha\beta + \beta\gamma + \gamma\alpha}{\alpha\beta\gamma} = \dfrac{3}{4}$

답 : 풀이참조

3) 번을 곱셈공식을 이용하여 다르게 풀 수도 있다.

3) $(\alpha + 1)(\beta + 1)(\gamma + 1)$

$= (1 + \alpha)(1 + \beta)(1 + \gamma)$　　　1을 $x$ 로 생각하고 공식에 대입한다.

$= 1^3 + (\alpha + \beta + \gamma) \cdot 1^2 + (\alpha\beta + \beta\gamma + \gamma\alpha) \cdot 1 + \alpha\beta\gamma$

$= 1 + 2 + 3 + 4 = 10$

### ● 세 수를 근으로 갖는 삼차방정식

세 수 $\alpha, \beta, \gamma$를 근으로 갖고 세 근을 $x^3$의 계수가 1인 삼차방정식은
$(x-\alpha)(x-\beta)(x-\gamma)=0$으로 표현 할 수 있다.
이것을 전개하면
$\Rightarrow x^3-(\alpha+\beta+\gamma)x^2+(\alpha\beta+\beta\gamma+\gamma\alpha)x-\alpha\beta\gamma=0$이다.
근과 계수와의 관계를 잘 적용하면 전개하지 않아도 삼차방정식을 쉽게
구할 수 있다.

**CHECK 295**

세 수 $-2, 1, 3$을 근으로 갖고
$x^3$의 계수가 1인 삼차방정식을 구하여라.

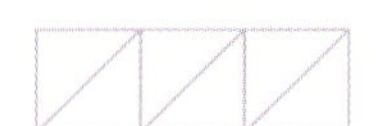

두 가지 방법으로 풀어 보자. 세 수 $-2, 1, 3$을 근으로 갖으므로,

1) 근으로 풀 때,

$$(x+2)(x-1)(x-3)=0$$
$$(x^2+x-2)(x-3)=0$$
$$x^3-2x^2-5x+6=0$$

2) 근과 계수와의 관계로 풀 때,

$$\alpha+\beta+\gamma=2,\ \alpha\beta+\beta\gamma+\gamma\alpha=-5,\ \alpha\beta\gamma=-6$$
$$x^3-2x^2-5x+6=0$$

● 답 : $x^3-2x^2-5x+6=0$

식이 복잡해지면 2)번 방법이 더 효율적이다. $\alpha+\beta+\gamma$, $\alpha\beta\gamma$의 부호가
반대로 들어가는 것에 주의하자.

삼차방정식 $x^3 + 2x^2 - 3x - 5 = 0$ 의

세 근을 $\alpha, \beta, \gamma$ 라 할 때, $\alpha + 1, \beta + 1, \gamma + 1$ 을 세 근으로 갖고,

$x^3$ 의 계수가 1인 삼차방정식은 $x^3 + ax^2 + bx + c = 0$ 이다.

$a - b + c$ 를 구하여라.

$x^3 + 2x^2 - 3x - 5 = 0$ 에서

$\alpha + \beta + \gamma = -2$ , $\alpha\beta + \beta\gamma + \gamma\alpha = -3$ , $\alpha\beta\gamma = 5$ 이다

$\alpha + 1, \beta + 1, \gamma + 1$ 을 세 근으로 갖는 삼차식의 근과 계수와의 관계를 이용하여 정리해보자.

$$(\alpha + 1) + (\beta + 1) + (\gamma + 1)$$
$$= \alpha + \beta + \gamma + 3$$
$$= -2 + 3 = 1$$

$$(\alpha + 1) \cdot (\beta + 1) + (\beta + 1) \cdot (\gamma + 1) + (\gamma + 1) \cdot (\alpha + 1)$$
$$= (\alpha\beta + \alpha + \beta + 1) + (\beta\gamma + \beta + \gamma + 1) + (\gamma\alpha + \gamma + \alpha + 1)$$
$$= 2(\alpha + \beta + \gamma) + \alpha\beta + \beta\gamma + \gamma\alpha + 3$$
$$= 2(-2) - 3 + 3 = -4$$

$$(\alpha + 1) \cdot (\beta + 1) \cdot (\gamma + 1)$$
$$= \alpha\beta\gamma + (\alpha\beta + \beta\gamma + \gamma\alpha) + (\alpha + \beta + \gamma) + 1$$
$$= 5 - 3 - 2 + 1 = 1$$

$$x^3 - x^2 - 4x - 1 = 0$$
$$a = -1, \ b = -4, \ c = -1$$
$$\therefore \ a - b + c = -1 - (-4) - 1 = \mathbf{2}$$

답 : 2

## ● 켤레근의 성질

### 켤레근의 성질에 의해서

1) $f(x) = 0$의 계수가 유리수인 방정식일 때, $a + b\sqrt{m}$ 이 근이면
$a - b\sqrt{m}$ 도 근이다. (단, $a, b$ 는 유리수, $\sqrt{m}$ 은 무리수)

2) $f(x) = 0$의 계수가 실수인 방정식일 때, $a + bi$ 가 근이면
$a - bi$ 도 근이다. (단, $a, b$ 는 실수, $i = \sqrt{-1}$ )

켤레근의 성질에 의해서 켤레근은 항상 쌍으로 갖는다는 것을 명심하자. 그러나 계수가 유리수나 실수라는 표현이 없으면 나머지 한 근을 켤레근으로 놓으면 안된다. 특히 서술형 문제에서 유리수나 실수라는 표현이 없으면 한 근이 $a + b\sqrt{m}$ 나 $a + bi$ 로 주어졌을 때, 나머지 한 근은 켤레근이 아니므로 $\alpha$ 로 놓고 풀어야 한다.

**CHECK 297** 삼차방정식 $x^3 - 2x^2 + ax + b = 0$ 의
한 근이 $2 - i$ 일 때, 실수 $a, b$ 에 대하여 $ab$ 의 값을 구하여라.
(단, $i = \sqrt{-1}$ )

삼차방정식의 계수가 실수이므로 켤레근의 성질에 의해 나머지 두 근은 $2 + i, \alpha$ 로 놓는다. 근과 계수와의 관계를 적용하여 $a, b$ 의 값을 구해보자.

$$\alpha + \beta + \gamma \implies (2 - i) + (2 + i) + \alpha = 2 \qquad \implies \text{세 근은 } 2 - i, 2 + i, -2$$
$$4 + \alpha = 2,$$
$$\alpha = -2$$
$$\alpha\beta + \beta\gamma + \gamma\alpha \implies (2 - i) \cdot (2 + i) + (2 + i) \cdot (-2) + (-2) \cdot (2 - i) = a$$
$$(4 + 1) + (-4 - 2i) + (-4 + 2i) = a$$
$$-3 = a$$
$$\alpha\beta\gamma \implies (2 - i) \cdot (2 + i) \cdot (-2) = -b$$
$$(4 + 1) \cdot (-2) = -b$$
$$-10 = -b$$
$$a = -3, \ b = 10 \quad \therefore \ ab = -30$$

● 답 : $-30$

방정식 $x^3 = 1$ 의 한 허근을 $\omega$ (omega, 오메가)라고 하면,

$\omega^3 = 1$

$\omega^3 - 1 = 0$

$(\omega - 1)(\omega^2 + \omega + 1) = 0$

$\omega^2 + \omega + 1 = 0$ 에서 허근 $\omega$ 와 $\overline{\omega}$ 는 근과 계수와의 관계를 적용하면,

$\omega + \overline{\omega} = -1$

$\omega\overline{\omega} = 1$

$\omega^2 = \overline{\omega} = \dfrac{1}{\omega}$ 가 성립한다.

반대로 $x^3 = -1$ 인 경우는,

$\omega^3 = -1$

$\omega^2 - \omega + 1 = 0$

$\omega + \overline{\omega} = 1$

$\omega\overline{\omega} = 1$

$\omega^2 = -\overline{\omega} = -\dfrac{1}{\omega}$ 가 성립한다.

허근 $\omega$ 의 성질은 위의 내용만 기억하면 쉽게 풀 수 있다. 하지만 문제에서 $\omega$ 문자가 없어도 위의 내용이 생각나야 한다. 문제에 $\omega$ 가 보이면 위의 내용이 생각나지만 $x^3 = 1$ 나 $a^3 = 1$ 만 있으면 다른 문제인 줄 알고 쉽게 문제에 접근하지 못하는 경우가 있다.

두 값들이 비슷하므로 꼼꼼하게 외워두자.

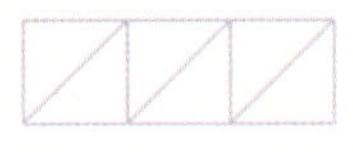

방정식 $x^3 = 1$ 의 한 허근을 $\omega$ 라 할 때,
  $\omega^5 + \omega^4 + \omega^3 + \omega^2 + \omega + 2$ 의 값을 구하여라.

$$\omega^5 + \omega^4 + \omega^3 + \omega^2 + \omega + 2$$
$$= \omega^3(\omega^2 + \omega + 1) + (-1) + 2 \qquad (\omega^2 + \omega + 1 = 0, \ \omega^2 + \omega = -1)$$
$$= 0 + 1 = \mathbf{1}$$

두 개 이상의 방정식에서 공통의 근을 구하는 것을 연립방정식이라고 한다. 일차식으로 된 **연립일차방정식**과 이차식으로 된 **연립이차방정식**의 다양한 형태를 살펴보자.

1) 두 일차식   ⇒  가감법, 대입법, 등치법을 이용

2) 합과 곱의 식   ⇒  합의 식을 변형하여 곱식에 대입

3) 일차식과 이차식   ⇒  일차식을 변형하여 이차식에 대입

4) 두 이차식

① 인수분해를 하여 일차식을 찾는다.

② 인수분해가 안되면 최고차항을 소거한다.

③ 상수항을 소거한다.

⇒  3)번을 적용하여 푼다.

## 연립일차방정식

### ■ 미지수가 2개인 경우

연립방정식은 두 식을 연립하여 미지수를 소거해 남은 미지수의 값을 구하는 방식이다. 두 식을 더하거나 빼는 가감법과 한 식을 변형하여 다른 식에 대입하는 대입법과 두 식을 한 문자로 정리한 후 두 값이 같다고 놓고푸는 등치법이 있다.

$$2x - y = 1 \ \cdots\cdots \ ①$$
$$x + y = 5 \ \cdots\cdots \ ②$$

1) 가감법

① + ② 를 하면,   $3x = 6$

$x = 2$   ⇒   ②에 대입하면   $y = 3$

2) 대입법

①번 식을 변형한다

$y = 2x - 1 \implies$ ②번 식에 대입

$x + (2x - 1) = 5$

$3x = 6$

$x = 2 \implies$ ②번 식에 대입

$y = 3$

3) 등치법

① $\implies y = 2x - 1$

② $\implies y = -x + 5$

$2x - 1 = -x + 5$

$3x = 6$

$x = 2 \implies$ ②번 식에 대입

$y = 3$

### ■ 미지수가 3개인 경우

미지수가 3개 있을 때는 하나의 미지수를 소거해서 식을 간소화 한 후 연립을 한 번 더 하면 된다. 소거할 미지수는 각 미지수의 계수를 보고 가장 간단히 계산할 수 있는 미지수를 골라 소거한다.

다음 연립방정식을 풀어라

$2x + y - z = 1 \quad \cdots\cdots \quad ①$

$x - 2y + 3z = 6 \quad \cdots\cdots \quad ②$

$3x + y - 2z = -1 \cdots\cdots \quad ③$

각 미지수의 계수를 살펴보니 $y$ 가 가장 간단하다.

$y$ 를 소거해 보자.

①$\times 2 + ②$를 하면, $5x + z = 8 \quad \cdots\cdots \quad ④$

②＋③×2를 하면, $7x - z = 4$   ……   ⑤

④, ⑤ 두 식을 연립한다.

④＋⑤를 하면,

$12x = 12,\ x = 1$   $\Rightarrow$   ④에 대입

$z = 3$   $\Rightarrow$   $x, z$를 ①에 대입

$y = 2$

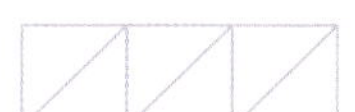

● 답 : $x = 1,\ y = 2,\ z = 3$

■ $A = B = C = D$인 경우

$A = B = C = D$와 같은 식은  $A, B, C, D$ 중 가장 간단한 식을 이용하여 세 방정식을 만든다.

$A = D,\ B = D,\ C = D$

**CHECK 300** 다음 연립방정식을 풀어라

$$\frac{3x - 2y}{2} = \frac{x - 2z}{4} = \frac{-3y + z}{-3} = 2$$

가장 간단한 식 "2"를 이용하여 다음과 같이 세 식을 만들어 보자.

$$\frac{3x - 2y}{2} = 2 ,\quad \frac{x - 2z}{4} = 2 ,\quad \frac{-3y + z}{-3} = 2$$

$3x - 2y = 4$   ……   ①

$x - 2z = 8$   ……   ②

$-3y + z = -6$   ……   ③

②번 식을 변형하여 ①번 식에 대입한다.

$x = 2z + 8$

$3(2z + 8) - 2y = 4$

$6z + 24 - 2y = 4$

$6z - 2y = -20$

$3z - y = -10$   ……   ④

④번 식을 변형하여 ③번 식에 대입한다.

$$y = 3z + 10$$
$$-3y + z = -6$$
$$-3(3z + 10) + z = -6$$
$$-9z - 30 + z = -6$$
$$-8z = 24$$
$$z = -3 \implies ④에 대입$$
$$3z - y = -10$$
$$3(-3) - y = -10$$
$$-y = -1, \ y = 1$$
$$z = -3 \implies ②에 대입$$
$$x - 2(-3) = 8$$
$$x = 2$$

$$\boldsymbol{x = 2, \ y = 1, \ z = -3}$$

### ▣ 일정한 패턴이 있는 경우

연립을 해야 하는데 미지수의 계수가 일정한 규칙을 갖고 있는 경우가 있다. 가장 흔한 예로 세 식을 모두 더 했을 때 같은 패턴이 있어 연산이 쉽게 되는 경우가 있다.

다음 연립방정식을 풀어라

$$x + y = 3 \quad \cdots\cdots \quad ①$$
$$y + z = 5 \quad \cdots\cdots \quad ②$$
$$z + x = 4 \quad \cdots\cdots \quad ③$$

세 식을 더 해 보자.

$$2(x + y + z) = 12$$
$$x + y + z = 6$$

이 식에 ①, ②, ③번 식을 대입해 보자.

$x + y + z = 6 \quad (x + y = 3)$

$3 + z = 6$

$z = 3$

$x + y + z = 6 \quad (y + z = 5)$

$x + 5 = 6$

$x = 1$

$x + y + z = 6 \quad (z + x = 4)$

$y + 4 = 6$

$y = 2$

$$x = 1, \; y = 2, \; z = 3$$

### ◾ 해가 없는 경우와 해가 무수히 많은 경우

연립을 했을 때 해가 없는 경우는,

$0 \cdot x + 0 \cdot y = c$ 와 같은 식이 나올때이다. $(c \neq 0)$

$x, y$ 에 어떤 값을 넣어도 '0'이 아닌 상수 $c$ 의 값은 나올 수 없다. 그러므로 식을 만족하는 해는 없다.

연립을 했을 때 해가 무수히 많은 경우는,

$0 \cdot x + 0 \cdot y = 0$ 와 같은 식이 나올때이다.

$x, y$ 에 어떤 값을 넣어도 '0'이 나온다. 그러므로 식을 만족하는 해는 무수히 많다.

다음 연립방정식을 풀어라

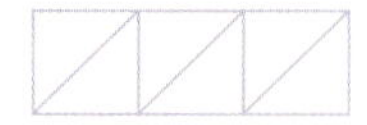

$$3x + 3y + z = 1 \ \cdots\cdots \ ①$$
$$x - y + z = -2 \ \cdots\cdots \ ②$$
$$x + 5y - z = 3 \ \cdots\cdots \ ③$$

① − ② 를 하면, $2x + 4y = 3 \ \cdots\cdots \ ④$

② + ③ 를 하면, $2x + 4y = 1 \ \cdots\cdots \ ⑤$

④ − ⑤ 를 하면, $0 \cdot x + 0 \cdot y = 2$

따라서 **해는 없다.**

답 : 해는 없다.

## 연립이차방정식

### ◼ 합과 곱의 식인 경우

합과 곱의 식은 합의 식을 변형하여 곱의 식에 대입한다. 방정식을 만족하는 해는 두 쌍이 나온다.

다음 연립방정식을 풀어라

$$x + 2y = 5 \ \cdots\cdots \ ①$$
$$xy = 2 \ \cdots\cdots \ ②$$

①번 식을 변형하여 ②번 식에 대입한다.

$$x = -2y + 5$$
$$(-2y + 5)y = 2$$
$$-2y^2 + 5y = 2$$
$$2y^2 - 5y + 2 = 0$$

$$(2y - 1)(y - 2) = 0$$

$y = \dfrac{1}{2}$  또는  $y = 2$  $\Rightarrow$  ①식에 넣으면,

$x = 4$  또는  $x = 1$이 된다.

답: $\begin{cases} x = 4 \\ y = \dfrac{1}{2} \end{cases}$ 또는 $\begin{cases} x = 1 \\ y = 2 \end{cases}$

### ▣ 일차식과 이차식인 경우

일차식과 이차식인 경우는 위의 문제에서 합의 식을 변형하여 곱의 식에 넣어 연립한 것처럼 일차식을 변형하여 이차식에 넣으면 된다. 어느 문자로 정리할지는 식을 잘 살펴보고 연산이 쉬운 쪽으로 하면 된다.

 다음 연립방정식을 풀어라

$$x - y = -1 \quad \cdots\cdots \quad ①$$
$$2xy - y^2 = 3 \quad \cdots\cdots \quad ②$$

①번 식을 변형하여 ②번 식에 넣는다. $x$보다는 $y$로 정리해서 $x$에 대입하는 것이 쉬울 것 같다.

$$x - y = -1 \;\Rightarrow\; x = y - 1 \;\Rightarrow\; ②식에 넣으면,$$
$$2(y - 1)y - y^2 = 3$$
$$2y^2 - 2y - y^2 = 3$$
$$y^2 - 2y - 3 = 0$$
$$(y - 3)(y + 1) = 0$$
$$y = 3 \;\text{또는}\; y = -1 \;\Rightarrow\; ①번 식에 넣으면,$$
$$x = 2 \;\text{또는}\; x = -2$$

답: $\begin{cases} x = 2 \\ y = 3 \end{cases}$ 또는 $\begin{cases} x = -2 \\ y = -1 \end{cases}$

### ■ 두 이차식인 경우

#### 1) 이차식을 인수분해 한다.

이차식이 두 개 있는 연립방정식을 살펴보자. 두 이차식 중 한 식이 인수분해가 된다면 인수분해를 해서 일차식 두 개를 찾아 낸다. 그리고 각각의 일차식을 변형하여 이차식에 대입해 연립한다. 각각의 경우에 두 쌍의 해가 나오므로 모두 네 쌍의 해가 나오게 된다.

다음 연립방정식을 풀어라

$$2x^2 + xy - y^2 = 0 \quad \cdots\cdots \quad ①$$

$$x^2 + 2y^2 = 18 \quad \cdots\cdots \quad ②$$

먼저 인수분해가 되는 식을 찾아보자. ①번 식이 인수분해가 되므로 인수분해해서 두 이차식을 구해보자.

$$2x^2 + xy - y^2 = 0$$

$$(2x - y)(x + y) = 0$$

$$y = 2x \ \text{또는} \ y = -x \ \Rightarrow \ ②식에 넣으면,$$

1) $y = 2x$

$$x^2 + 2(2x)^2 = 18$$

$$x^2 + 8x^2 = 18$$

$$9x^2 = 18, \ x^2 = 2$$

$$\boldsymbol{x = \pm\sqrt{2}}$$

$\Rightarrow \ y = 2x$에 넣으면, $\boldsymbol{y = \pm 2\sqrt{2}}$

2) $y = -x$

$$x^2 + 2(-x)^2 = 18$$

$$x^2 + 2x^2 = 18$$

$$3x^2 = 18, \ x^2 = 6$$

$$\boldsymbol{x = \pm\sqrt{6}}$$

$\Rightarrow \ y = -x$ 에 넣으면, $\boldsymbol{y = \mp\sqrt{6}}$

답:
$$\begin{cases} x = \sqrt{2} \\ y = \sqrt{2} \end{cases} \text{또는} \begin{cases} x = -2\sqrt{2} \\ y = -2\sqrt{2} \end{cases}$$

$$\begin{cases} x = \sqrt{6} \\ y = -\sqrt{6} \end{cases} \text{또는} \begin{cases} x = -\sqrt{6} \\ y = \sqrt{6} \end{cases}$$

### 2) 최고차항을 소거한다.

이차식이 인수분해가 되지 않을 때는 최고차항을 소거한다. 이때는 이차항이 모두 지워지고 일차식이 되어야 한다. 이 일차식을 변형하여 이차식에 대입하여 연립을 한다.

다음 연립방정식을 풀어라

$$2x^2 - x + 3y = 3 \quad \cdots\cdots \quad ①$$
$$-x^2 + x - y = -1 \quad \cdots\cdots \quad ②$$

이차식이 인수분해가 되지 않으므로 최고차항을 소거해보겠다.

① + ② × 2 를 해서 $x^2$ 항을 소거해 보자.

$$+\begin{vmatrix} 2x^2 - x + 3y = 3 \\ -2x^2 + 2x - 2y = -2 \end{vmatrix}$$

$x + y = 1$

$y = -x + 1 \implies$ ①식에 넣으면,

$2x^2 - x + 3(-x + 1) = 3$

$2x^2 - x - 3x + 3 = 3$

$2x^2 - 4x = 0$

$x(x - 2) = 0$

$\boldsymbol{x = 0}$ 또는 $\boldsymbol{x = 2} \implies y = -x + 1$에 넣으면,

$\boldsymbol{y = 1}$ 또는 $\boldsymbol{y = -1}$

답: $\begin{cases} x = 0 \\ y = 1 \end{cases}$ 또는 $\begin{cases} x = 2 \\ y = -1 \end{cases}$

### 3) 상수항을 소거한다.

최고차항이 모두 소거되지 않을 때는 상수항을 소거하면 된다. 상수항을 소거하면 일차식이 나온다. 각각의 일차식을 변형하여 이차식에 대입하여 연립을 한다.

다음 연립방정식을 풀어라

$$x^2 - xy = -1 \quad \cdots\cdots \quad ①$$
$$xy - y^2 = -2 \quad \cdots\cdots \quad ②$$

$x^2, y^2$ 항이 소거되지 않으므로 상수항을 소거해 보자. $① \times 2 - ②$ 를 해서 연립한다.

$$-\,\begin{vmatrix} 2x^2 - 2xy = -2 \\ \phantom{2}xy - y^2 = -2 \end{vmatrix}$$
$$2x^2 - 3xy + y^2 = 0$$
$$(2x - y)(x - y) = 0$$
$$y = 2x \quad y = x \quad \Rightarrow \quad ①식에 넣으면,$$

1) $y = 2x$

$$x^2 - 2x^2 = -1$$
$$-x^2 = -1$$
$$\boldsymbol{x = \pm 1} \quad \Rightarrow \quad y = 2x에 넣으면,$$
$$\boldsymbol{y = \pm 2}$$

2) $y = x$

$$x^2 - x^2 = -1$$
$$0 \cdot x^2 = -1$$
$$\boldsymbol{x}의 \ 해는 \ 없다.$$

답: $\begin{cases} x = 1 \\ y = 1 \end{cases}$ 또는 $\begin{cases} x = -2 \\ y = -2 \end{cases}$

## ● ▶ $\boldsymbol{x + y,\ xy}$ 꼴의 방정식

근과 계수와의 관계에서 배웠던 두 근의 합과 곱의 형태로 바꿀 수 있는 방정식이 있다. 앞에서 배웠던 합과 곱의 연립방정식으로 풀면 된다. 그 전에 $x + y, xy$ 형태의 식을 찾기 위해서는 $x + y = p, xy = q$ 로 놓고 연립방정식을 $p, q$ 에 대한 연립방정식으로 변형해야 한다.

**CHECK 308**  다음 연립방정식을 풀어라

$$x^2 + 2xy + y^2 - x^2y - xy^2 = 3 \quad \cdots\cdots \quad ①$$
$$2x^2y + 2xy^2 - 2x^2y^2 = 4 \quad\quad \cdots\cdots \quad ②$$



연립방정식을 $x+y$, $xy$ 형태로 바꿔본다.

$$x^2 + 2xy + y^2 - x^2y - xy^2 = 3$$
$$\Rightarrow (x+y)^2 - xy(x+y) = 3 \quad \cdots\cdots \quad ③$$
$$2x^2y + 2xy^2 - 2x^2y^2 = 4$$
$$\Rightarrow 2xy(x+y) - 2(xy)^2 = 4 \quad \cdots\cdots \quad ④$$

$x + y = p$ , $xy = q$로 치환한다

$$p^2 - pq = 3 \quad\quad \cdots\cdots \quad ⑤$$
$$2pq - 2q^2 = 4 \quad \cdots\cdots \quad ⑥$$

⑤, ⑥번 식은 이차연립방정식 풀이 중 상수항을 소거하는 방법으로 연립을 한다. ① × 4 − ② × 3 을 해 보자.

$$
\begin{array}{r}
\phantom{-}\left| \; 4p^2 - 4pq = 12 \right. \\
- \left| \; 6pq - 6q^2 = 12 \right. \\
\hline
4p^2 - 10pq + 6p^2 = 0 \\
2p^2 - 5pq + 3p^2 = 0 \\
(2p - 3q)(p - q) = 0 \\
2p = 3q \;\; 또는 \;\; p = q
\end{array}
$$

⑥번 식에 대입해 보자.

$$2pq - 2q^2 = 4$$

1) $2p = 3q$

$$3q \cdot q - 2q^2 = 4$$
$$q^2 = 4 , \quad \boldsymbol{q = \pm 2} \;\; \Rightarrow \;\; \boldsymbol{p = \pm 3}$$

① $p = 3$, $q = 2$일 때,

$x + y = 3 \quad \Rightarrow \quad y = -x + 3$

$xy = 2$

$x(-x + 3) = 2$

$-x^2 + 3x = 2$

$x^2 - 3x + 2 = 0$

$(x - 2)(x - 1) = 0$

$\boldsymbol{x = 2}$ 또는 $\boldsymbol{x = 1}$

$\Rightarrow \boldsymbol{y = 1}$ 또는 $\boldsymbol{x = 2}$

② $p = -3$, $q = -2$일 때,

$x + y = -3 \quad \Rightarrow \quad y = -x - 3$

$xy = -2$

$x(-x - 3) = -2$

$-x^2 - 3x = -2$

$x^2 + 3x - 2 = 0$

$x = \dfrac{-3 \pm \sqrt{17}}{2}$

$\Rightarrow y = \dfrac{-3 \mp \sqrt{17}}{2}$

2) $p = q$

$2q \cdot q - 2q^2 = 4$

$0 \cdot q^2 = 4$

해는 없다.

$$\text{답: } \begin{cases} x = 2 \\ y = 1 \end{cases} \text{또는} \begin{cases} x = 1 \\ y = 2 \end{cases}$$

$$\text{또는} \begin{cases} x = \dfrac{-3 \pm \sqrt{17}}{2} \\ y = \dfrac{-3 \mp \sqrt{17}}{2} \end{cases}$$

### ● 공통근을 구하는 연립방정식

두 개 이상의 연립 방정식에서 공통근을 갖는다는 표현이 나오면, $x = \alpha$ 라고 놓고 이차연립방정식이므로 앞에서 배운 이차연립방정식의 풀이대로 풀면 된다. 하지만 각 연립방정식이 공통근을 갖고 있으므로 두 식을 더하거나 빼도 공통근은 그대로 남아 있는 성질을 이용하면 연립이 쉽다. 이것은 약수와 배수에서도 배웠는데 두 식을 빼거나 더해도 최대공약수가 보이는 것과 똑같다.

$$A = Ga \,,\; B = Gb$$
$$A + B = G(a + b)$$
$$A - B = G(a - b)$$

$$\begin{array}{c|cc} G & A & B \\ \hline & a & b \end{array}$$

$$f(x) = (x - \alpha)(x + \beta)$$
$$g(x) = (x - \alpha)(x + \gamma)$$
$$f(x) + g(x) = \boldsymbol{(x - \alpha)}(2x + \beta + \gamma)$$
$$f(x) - g(x) = \boldsymbol{(x - \alpha)}(\beta - \gamma)$$

두 방정식 $x^2 - (2a + 1)x + 2 = 0$, $x^2 + x - 2a = 0$ 이 오직 하나의 공통근을 갖도록 하는 실수 $a$ 의 값과 공통근을 구하여라.

두 방정식의 공통근을 $\alpha$ 라 하고 식에 대입해 보자.

$$\alpha^2 - (2a + 1)\alpha + 2 = 0 \quad \cdots\cdots \; ①$$
$$\alpha^2 + \alpha - 2a = 0 \quad\qquad \cdots\cdots \; ②$$
$$① - ② \;\Rightarrow\; -(2a + 1)\alpha - \alpha + 2 + 2a = 0$$
$$-(2a + 2)\alpha + 2 + 2a = 0$$
$$-2(a + 1)\alpha + 2(a + 1) = 0$$

$$(a+1)(\alpha-1)=0$$

$$a=-1 \ \text{또는} \ \alpha=1$$

1) $a=-1$일 때,

① ②식에 대입하면 두 식은 똑같이 $\alpha^2+\alpha+2=0$ 가 되어 문제의 뜻에 맞지 않는다.

2) $\alpha=1$일 때,

② $\Rightarrow$ $1^2+1-2a=0$

$$2a=2$$

$$a=1$$

① $\Rightarrow$ $\alpha^2-3\alpha+2=0$

$$(\alpha-2)(\alpha-1)=0$$

$$\alpha=2 \ \text{또는} \ \alpha=1$$

② $\Rightarrow$ $\alpha^2+\alpha-2=0$

$$(\alpha+2)(\alpha-1)=0$$

$$\alpha=-2 \ \text{또는} \ \alpha=1$$

따라서 공통근은 1이다.

답 : $a=1,\ \alpha=1$

## ● 부정방정식

방정식의 개수가 미지수의 개수보다 적으면 해가 무수히 많이 나와서 근을 확정할 수 없게 되는데 이것을 부정방정식이라고 한다.

예를 들어, $x+y=2$ 를 만족하는 해를 찾아보면 너무나 많다.

$$(1,1),(-1,3),\left(\frac{1}{2},\frac{3}{2}\right),(1+\sqrt{2},1-\sqrt{2}),(2+i,-i)\cdots$$

그래서 부정방정식 문제는 근의 범위를 제한하는 표현들이 문제에 나온다. $x,y$ 가 자연수, 정수, 유리수라는 표현들이다. 부정방정식은 아주 중요한 부분이다. 부정방정식이라는 것을 모르면 방정식이 풀리지 않아 당황하게 된다. 문제를 읽을 때, 자연수나 정수라는 표현이 나오면 그냥 읽고 넘기지 말자. 이 문제는 미지수가 꼭 자연수나 정수이어야만 풀린다는 뜻이다.

$x, y$ 가 정수일 때, 방정식 $xy - x + y - 3 = 0$ 을 만족하는 $x, y$ 의 순서쌍 $(x, y)$ 를 모두 구하여라.

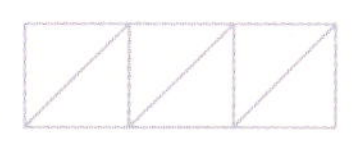



공통인 $x$ 를 묶어내고, $y - 1$ 로 묶기 위해 $-3$ 을 $-1 - 2$ 로 불리 한다.

$$xy - x + y - 3 = 0$$
$$x(y - 1) + y - 1 - 2 = 0$$
$$(x + 1)(y - 1) = 2$$

이제 $(x + 1)(y - 1) = 2$ 가 되는 경우를 찾아 보자.

| $x + 1$ | $y - 1$ |
|---|---|
| 1 | 2 |
| 2 | 1 |
| -1 | -2 |
| -2 | -1 |

| $x$ | $y$ |
|---|---|
| 0 | 3 |
| 1 | 2 |
| -2 | -1 |
| -3 | 0 |

따라서 순서쌍은 $(0, 3)$ , $(1, 2)$ , $(-2, -1)$ , $(-3, 0)$ 이다.

답 : $(0, 3), (1, 2), (-2, -1), (-3, 0)$

방정식 $x^2 - 3xy + 2y^2 - 3 = 0$ 을 만족하는 자연수 $x, y$ 의 순서쌍 $(x, y)$ 를 모두 구하여라.

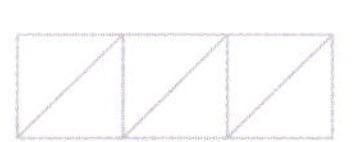

주어진 식을 인수로 묶어보자. 이때 상수는 고려하지 말자. 인수를 묶어도 부정방정식은 '0'으로 안 떨어진다.

$$x^2 - 3xy + 2y^2 - 3 = 0$$
$$(x - 2y)(x - y) = 3$$

두 인수의 곱이 3이 되는 경우는,

| $x - 2y$ | $x - y$ |
| --- | --- |
| 1 | 3 |
| 3 | 1 |
| -1 | -3 |
| -3 | -1 |

1) $x - 2y = 1$ , $x - y = 3$일 때,
   $x = 5$ , $y = 2$

2) $x - 2y = 3$ , $x - y = 1$일 때,
   $x = -1$ , $y = -2$

3) $x - 2y = -1$ , $x - y = -3$일 때,
   $x = -5$ , $y = -2$

4) $x - 2y = -3$ , $x - y = -1$일 때,
   $x = 1$ , $y = 2$

$x, y$ 가 자연수인 순서쌍은  $(5, 2)$ , $(1, 2)$ 이다.

● 답 : $(5, 2), (1, 2)$

## ● 실수 조건의 부정방정식

$x, y$ 가 실수인 조건에서의 부정방정식은 다음과 같이 풀 수 있다.

1) $X^2 + Y^2 = 0$ $\Rightarrow$ $X = 0$ 그리고 $Y = 0$

2) $x, y$ 가 실수이므로 실근을 갖는다. 한 문자에 관하여
   내림차순으로 정리한 후 $D \geq 0$ 를 이용한다.

참고로 수학에서 실수라는 표현은 두 가지로 해석 할 수 있다.

1) (실수)$^2 \geq 0$

2) 실수 $\Rightarrow$ 실근 $\Rightarrow$ $D \geq 0$

 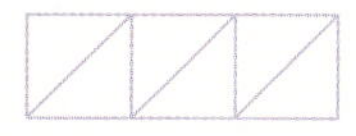

**CHECK 312**  방정식 $x^2 + y^2 - 4x + 2y + 5 = 0$ 을
만족하는 실수 $x, y$ 에 대하여 $xy$ 의 값을 구하여라.

$$x^2 + y^2 - 4x + 2y + 5 = 0$$
$$x^2 - 4x + 4 + y^2 + 2y + 1 = 0$$
$$(x - 2)^2 + (y + 1)^2 = 0$$
$$x = 2 \ \text{그리고} \ y = -1$$
$$xy = 2 \cdot (-1) = \mathbf{-2}$$

● 답 : $-2$

 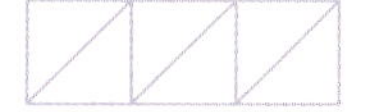

**CHECK 313**  방정식 $2x^2 + y^2 - 2x - 2xy + 1 = 0$ 을
만족하는 실수 $x, y$ 에 대하여 $x + y$ 의 값을 구하여라.

$2x^2 + y^2 - 2x - 2xy + 1 = 0$ 을 $x$ 에 대하여 내림차순으로 정리하고
$D \geq 0$ 를 적용해 보자.

$$2x^2 + y^2 - 2x - 2xy + 1 = 0 \ \cdots\cdots \ ①$$
$$2x^2 - 2(1 + y)x + y^2 + 1 = 0$$
$$\frac{D}{4} = \{-(1 + y)\}^2 - 2(y^2 + 1) \geq 0$$

| | |
|---|---|
| $y^2 + 2y + 1 - 2y^2 - 2 \geq 0$ | $2x^2 + 1^2 - 2x - 2x \cdot 1 + 1 = 0$ |
| $-y^2 + 2y - 1 \geq 0$ | $2x^2 - 4x + 2 = 0$ |
| $y^2 - 2y + 1 \leq 0$ | $x^2 - 2x + 1 = 0$ |
| $(y - 1)^2 \leq 0$ | $(x - 1)^2 = 0$ |
| $y = 1 \ \Rightarrow \ ①$ | $x = 1$ |

$$\therefore \ \boldsymbol{x + y = 2}$$

● 답 : $2$

 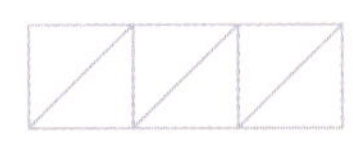

방정식 $x^2 + 5y^2 + 2xy + 4y + 1 = 0$ 을
만족하는 실수 $x, y$ 에 대하여 $xy$ 의 값을 구하여라.

이 문제를 첫번째 방법인 $(실수)^2 \geq 0$ 를 이용해 풀어 보자. 완전제곱 형태를 찾으려하니 잘 보이지 않는다. 해결의 실마리를 주는 것은 $2xy, 4y$ 이다. 완전제곱식을 전개했을 때 $2xy$ 나 $4y$ 가 나오려면 어떤 형태의 완전제곱식이어야 하는지 생각해보면 된다. 예를들어 $2xy$ 가 나올 수 있는 완전제곱식은 $(x+y)^2$, $(xy+1)^2$ 등이 있다.

$5y^2$ 을 $y^2 + 4y^2$ 으로 바꿔보자.

$$x^2 + 5y^2 + 2xy + 4y + 1 = 0$$
$$x^2 + 2xy + y^2 + 4y^2 + 4y + 1 = 0$$
$$(x+y)^2 + (2y+1)^2 = 0$$
$$x = -y \ \ 그리고 \ \ y = -\frac{1}{2} \ \ \Rightarrow \ \ x = \frac{1}{2}$$
$$xy = -\frac{1}{4}$$

답 : $-\dfrac{1}{4}$

$5y^2$ 을 $y^2 + 4y^2$ 으로 바꾸면 완전제곱이 되는 경우도 있다는 것을 알아두기 바란다.

물론 두번째 방법인 실수 $\Rightarrow$ 실근 $\Rightarrow$ $D \geq 0$ 으로 풀어도 쉽게 풀린다.

## ● 해가 정수인 부정방정식

해가 정수인 부정방정식은 근과 계수와의 관계를 이용하여 $\alpha + \beta,\ \alpha\beta$ 를 구하고 미지수를 소거하여 $\alpha,\ \beta$ 에 관한 부정방정식으로 풀면 된다.

**CHECK 315**

$x$ 에 대한 이차방정식

$x^2 - (m-1)x + m + 1 = 0$ 의 두 근 $\alpha,\ \beta$ 가 정수일 때,

상수 $m$ 의 값을 구하여라.

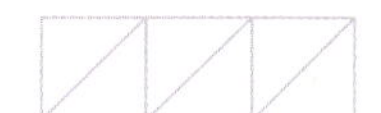

근과 계수의 관계를 이용하여 $\alpha,\ \beta$ 를 표현해 보자.

$$x^2 - (m-1)x + m + 1 = 0$$
$$\alpha + \beta = m - 1 \quad \cdots\cdots \quad ①$$
$$\alpha\beta = m + 1 \quad \cdots\cdots \quad ②$$
$$① - ② \ \Rightarrow \ \alpha + \beta - \alpha\beta = -2$$
$$\alpha - \alpha\beta + \beta = -2$$
$$-\alpha(\beta - 1) + \beta - 1 + 1 = -2$$
$$(\beta - 1)(1 - \alpha) = -3$$
$$(\alpha - 1)(\beta - 1) = 3$$

| $\alpha - 1$ | $\beta - 1$ |
|---|---|
| 1 | 3 |
| 3 | 1 |
| -1 | -3 |
| -3 | -1 |

| $\alpha$ | $\beta$ |
|---|---|
| 2 | 4 |
| 4 | 2 |
| 0 | -2 |
| -2 | 0 |

①번 식에서 $m = \alpha + \beta + 1$ 이므로 $m = 7,\ -1$ 이다.

● 답 : $7,\ -1$

 **CHECK 316**

$x$ 에 대한 삼차방정식 $x^3 + ax^2 + x - 2b = 0$ 의 두 근이 1, 2일 때, 상수 $a + b$ 의 값을 구하여라.

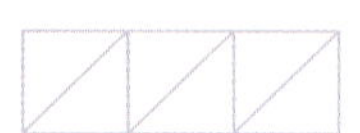

 **CHECK 317**

다음 방정식을 풀어라

$$x^4 + x^3 - 7x^2 - x + 6 = 0$$

**CHECK 318**

다음 방정식을 풀어라

1) $(x^2 - x) - 2x^2 + 2x - 24 = 0$
2) $x(x-1)(x+1)(x+2) - 3 = 0$
3) $x^4 - 6x^2 + 1 = 0$
4) $x^4 - 3x^3 - 2x^2 - 3x + 1 = 0$

7 여러 가지 방정식

**CHECK 319**

$x$ 에 대한 삼차방정식 $x^3 + 3x^2 + 2x - 5 = 0$ 의 세 근을 $\alpha, \beta, \gamma$ 라 할 때, $\alpha - 1, \beta - 1, \gamma - 1$ 을 세 근으로 갖고, $x^3$ 의 계수가 1인 삼차방정식은 $x^3 + ax^2 + bx + c = 0$ 이다. $abc$ 를 구하여라.

**CHECK 320**

$x$ 에 대한 삼차방정식 $x^3 - x^2 + ax - b = 0$ 의 한 근이 $\sqrt{2} + 1$ 일 때, 실수 $a, b$ 에 대하여 $a + b$ 의 값을 구하여라. (단, $i = \sqrt{-1}$ )

**CHECK 321**

$x$ 에 대한 삼차방정식 $x^3 - 5x^2 + 5x + k = 0$ 의 한 근이 $2 - \sqrt{3}$ 일 때, 유리수 $k$ 의 값을 구하여라.

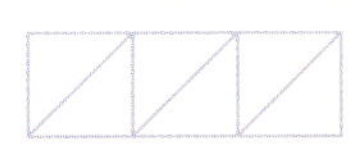

**CHECK 322**

$x^3 = 1$ 일 때,

$$\dfrac{\omega}{1+\omega} + \dfrac{\omega^2}{1+\omega^2}$$ 의 값을 구하여라.

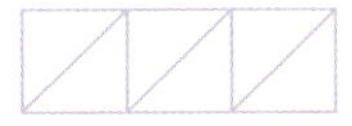

**CHECK 323**  다음 방정식을 풀어라

$$1)\begin{cases} 2x - y = 5 \\ 2y - z = -5 \\ 2z - x = 4 \end{cases} \qquad 2)\begin{cases} x + 2y - z = 6 \\ 2x - y - 3z = 1 \\ x - y + 2z = 3 \end{cases}$$

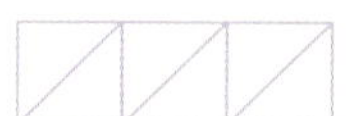

**CHECK 324**  다음 방정식을 풀어라

$$1)\begin{cases} a + 2b = 3 \\ ab = -2 \end{cases} \qquad 2)\begin{cases} x - y = 3 \\ x^2 - 2xy - y = 7 \end{cases}$$

**CHECK 325**

다음 방정식을 풀어라

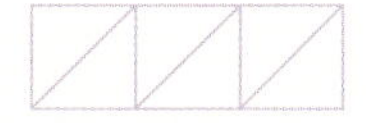

1) $\begin{cases} x^2 - y^2 = 0 \\ 2x^2 - xy + 3y^2 - 4 = 0 \end{cases}$
2) $\begin{cases} x^2 - 3x + 2y = 8 \\ 2x^2 + x - 3y = -5 \end{cases}$

3) $\begin{cases} a^2 - ab + b^2 = 7 \\ 4a^2 - 9ab + b^2 = -14 \end{cases}$

**CHECK 326** 다음 연립방정식을 만족시키는 $a, b$에 대하여 $a - b$의 최댓값을 구하여라 

$$a + b - ab = 1 \,,\, a^2 + ab + b^2 = 13$$

**CHECK 327** 다음 연립방정식을 만족시키는 실수 $x, y$에 대하여 $y - x$를 구하여라. 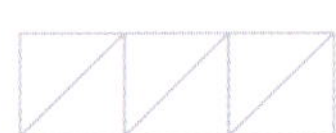

$$x^2 + 17y^2 - 8xy + 4y + 4 = 0$$

 **CHECK 328**  $a, b$에 대한 방정식 $ab - 4a - 3b + 5 = 0$을 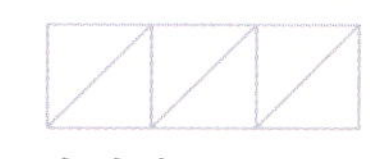
만족시키는 자연수 $a, b$에 대하여 $a + b$의 값을 구하여라.

 **CHECK 329**  $x$에 대한 이차방정식 $x^2 + (a - 2)x + a + 3 = 0$의
모든 해가 정수일 때, 자연수 $a$의 합을 구하여라.

CHECK 330

$x$에 대한 삼차방정식 $x^3 + ax^2 + 11x + b = 0$의 세 근의 비가 $1 : 2 : 3$일 때, 양수 $a, b$에 대하여 $a + b$ 값을 구하여라.

CHECK 331

$x$에 대한 삼차방정식 $x^3 - 2x^2 - x - k = 0$에서 $(\alpha + \beta)(\beta + \gamma)(\gamma + \alpha) = \alpha\beta\gamma$를 만족하는 $k$의 값을 구하여라.

**CHECK 332**

$x$ 에 대한 삼차방정식 $x^3 + x^2 - 2x - 3 = 0$ 의 세 근을 $\alpha, \beta, \gamma$ 라 할 때, $\alpha^2, \beta^2, \gamma^2$ 을 세 근으로 하고 최고차항의 계수가 1인 삼차방정식을 구하여라.

**CHECK 333**

500원, 800원, 1000원짜리 볼펜을 40개 샀더니 27,000원 들었고 800원, 1000원 짜리 볼펜의 개수의 합과 500원짜리 볼펜의 개수가 같을 때, 구입한 볼펜 각각의 개수를 구하여라.

**CHECK 334**

다음 연립방정식을 풀어라.

$$\begin{cases} y = |x - 1| \\ x - 2y + 2 = 0 \end{cases}$$

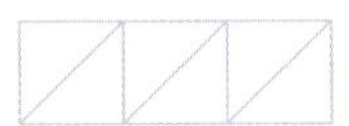

**CHECK 335**

다음 연립방정식을 풀어라.

$$\begin{cases} \dfrac{x+2}{2} = \dfrac{2-4y}{3} = \dfrac{4z+3}{5} \quad \cdots\cdots \ ① \\ x + 2y + 3z = 9 \qquad\qquad\qquad \cdots\cdots \ ② \end{cases}$$

# READING MATHEMATICS

**CHECK 336**

$x$ 에 대한 삼차방정식 $x^3 - 11x^2 + ax - a = 0$ 의 세 근이 모두 자연수일 때, $a$ 의 값을 구하여라.

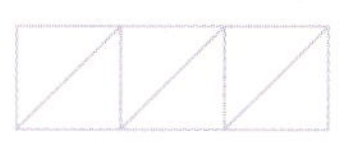

**CHECK 337**

방정식 $x^3 = 1$ 의 한 허근을 $\omega$ 라 할 때, 자연수 $n$ 에 대하여 $f(n) = \dfrac{\omega^n}{\omega + 1}$ 이라 정의하자. $f(1) + f(2) + \cdots + f(9)$ 의 값을 구하여라.

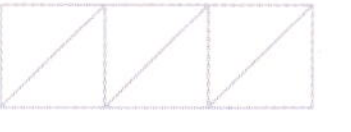

서로 다른 세 수 $a, b, c$ 가

$$\frac{a^3 + 2a^2}{a-1} = \frac{b^3 + 2b^2}{b-1} = \frac{c^3 + 2c^2}{c-1}$$ 를 만족할 때,

$a+b+c$ 의 값을 구하여라.

다음 연립방정식을 풀어라.

$$\begin{cases} 2y = x + \dfrac{1}{x} & \cdots\cdots \quad ① \\[2mm] 2x = y + \dfrac{1}{y} & \cdots\cdots \quad ② \end{cases}$$

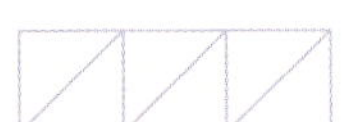

**CHECK 340**

사차방정식 $x^4 - 3x^3 - 14x^2 + 6x + 4 = 0$ 의
해를 구하여라.

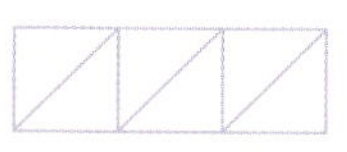

**CHECK 341**

실수 $x, y$ 가 $x^2 + y^2 = 1$ 을 만족할 때,
$(x + y)^2 + (2x - y)^2$ 의 최댓값과 최솟값의 곱을 구하여라.

# READING MATHEMATICS

# 8. 여러가지 부등식

부등호 $(>, \geq, <, \leq)$를 포함하는 식을 **부등식**이라고 한다.
부등식이 참이 되게하는 미지수의 값 또는 범위를 **부등식의 해**라
고 하고, 부등식의 해를 구하는 것을 **부등식을 푼다**고 한다.

**부등식의 성질**

실수 $a, b, c, m$ 에 대하여 다음 성질이 성립한다.

1) $a > b$ 이고 $b > c$ 이면 $\quad a > c$

2) $a > b$ 이면 $\quad a + m > b + m \,, a - m > b - m$

3) $a > b$ 이고 $m > 0$ 이면 $\quad am > bm \,, \dfrac{a}{m} > \dfrac{b}{m}$

4) $a > b$ 이고 $m < 0$ 이면 $\quad am < bm \,, \dfrac{a}{m} < \dfrac{b}{m}$

5) $a, b$ 가 같은 부호이면 $\quad ab > 0 \,, \dfrac{a}{b} > 0$

6) $a, b$ 가 다른 부호이면 $\quad ab < 0 \,, \dfrac{a}{b} < 0$

부등호 $(>, \geq, <, \leq)$를 사용하여 대소 관계를 나타내는 식을 **부등식**이라
고 한다. 허수에 대해서는 대소 관계를 생각할 수 없으므로 부등식은 실수의
범위에서만 다룬다.

4)번에서 음수로 곱하거나 나누면 등호의 방향이 바뀐다는 것을 주의하자.

부등식 부분을 공부하다보면 증명하는 내용이 많이 나오는데 증명부분
은 결과를 꼭 기억하도록 하자. 부등식 결과를 가지고 다른 문제에서 인용하
므로 많이 알수록 문제를 쉽게 풀 수 있다.

$$a > 0, b > 0 \text{일 때}, \ a^2 > b^2 \text{이면} \quad a > b$$
$$a < 0, b < 0 \text{일 때}, \ a^2 > b^2 \text{이면} \quad a < b$$

부등식의 범위를 계산하는 방법을 알아보자.

실수 $x, y$에 대하여 $0 < a < x < b$, $0 < c < y < d$일 때,

1) 덧셈

$$\begin{array}{c} a < x < b \\ +)\ c < y < d \\ \hline a+c < x+y < b+d \end{array}$$

작은 것 끼리 더했을 때 가장 작고
큰 것 끼리 더했을 때 가장 크다.

2) 뺄셈

$$\begin{array}{c} a < x < b \\ -)\ c < y < d \\ \hline a-d < x-y < b-c \end{array}$$

작은 것에서 큰 것을 뺄 때 가장 작고
큰 것에서 작은 것을 뺄 때 가장 크다.

3) 곱셈

$$\begin{array}{c} a < x < b \\ \times)\ c < y < d \\ \hline a \times c < x \times y < b \times d \end{array}$$

작은 것 끼리 곱했을 때 가장 작고
큰 것 끼리 곱했을 때 가장 크다.

4) 나눗셈

$$\begin{array}{c} a < x < b \\ \div)\ c < y < d \\ \hline \dfrac{a}{d} < \dfrac{x}{y} < \dfrac{b}{c} \end{array}$$

큰 것으로 작은 것을 나눌 때 가장 작고
작은 것으로 큰 것을 나눌 때 가장 크다.

1) 덧셈과 2) 뺄셈에서는 $a, b$가 음수이어도 성립하고 3) 곱셈과 4) 나눗셈은 양수일 때만 성립한다.

$x$에 대한 일차식으로 되어있는 부등식을 일차부등식이라 한다. 일차부등식도 일차방정식처럼 계수의 값을 나누어 생각해야 한다.

> **부등식 $ax > b$의 풀이**
>
> ① $a > 0$일 때,  $x > \dfrac{b}{a}$      ② $a < 0$일 때,  $x < \dfrac{b}{a}$
>
> ③ $a = 0$일 때, $\begin{cases} b \geq 0 \text{ 이면 } \Rightarrow \text{해는 없다.} \\ b < 0 \text{ 이면 } \Rightarrow \text{해는 모든 실수이다.} \end{cases}$

**CHECK 342** 다음 부등식을 풀어라.

1) $ax + 1 \leq a^2 + x$      2) $(a-b)x + a - b > 0$

부등식을 풀기 위해 $x$항은 좌변으로 나머지 항은 우변으로 이항한다.

1) $ax + 1 \leq a^2 + x$

$ax - x \leq a^2 - 1$

$(a-1)x \leq (a-1)(a+1)$

① $a - 1 > 0$, 즉 $a > 1$일 때,  $x \leq a + 1$

② $a - 1 < 0$, 즉 $a < 1$일 때,  $x \geq a + 1$

③ $a - 1 = 0$, 즉 $a = 1$일 때,  $0 \cdot x \leq 0 \cdot (a+1)$  $\Rightarrow$ 모든 실수.

2) $(a-b)x + a - b > 0$

$(a-b)x > -a + b$

① $a - b > 0$, 즉 $a > b$일 때,  $x > -1$

② $a - b < 0$, 즉 $a < b$일 때,  $x < -1$

③ $a - b = 0$, 즉 $a = b$일 때,  $0 \cdot x > 0$  $\Rightarrow$ 해가 없다.

 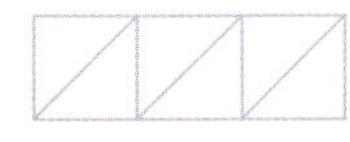

**CHECK 343**  $x$ 에 대한 부등식 $(a-b)x+a+b>0$ 의 해가

$x<-2$ 일 때, $x$ 에 대한 부등식 $(a-2b)x+a+2b<0$ 을 풀어라

먼저 조건이 되는 부등식을 풀어 보자.

$(a-b)x+a+b>0$

$(a-b)x>-(a+b)$

해인 $x<-2$ 와 부등호의 방향이 다르므로 $a-b<0$ 이다.

$$x<-\frac{a+b}{a-b}$$

$$-\frac{a+b}{a-b}=-2$$

$$\frac{a+b}{a-b}=2$$

$$a+b=2a-2b$$

$$a=3b \quad \Rightarrow \quad a-b<0$$

$$3b-b<0$$

$$2b<0$$

$$\therefore \ b<0$$

$$(a-2b)x+a+2b<0 \quad \Leftarrow \quad a=3b$$

$$bx+5b<0$$

$$bx<-5b$$

$$\mathbf{x>-5} \quad (\because \ b<0)$$

답 : $x>-5$

### 절댓값이 포함된 부등식

$a>0,\ b>0$ 일 때, 다음과 같다.

① $|x|<a \iff -a<x<a$

② $|x|>a \iff x<-a$ 또는 $x>a$

③ $a<|x|<b \iff a<x<b$ 또는 $-b<x<-a$ (단, $b>a$)

**CHECK 344** 다음 부등식을 풀어라.

1) $|2x+3| \leq 5$     2) $2 < |x-1| < 3$

3) $|x-1| + |x+2| < 5$


1) $|2x+3| \leq 5$

$-5 \leq 2x+3 \leq 5$

$-8 \leq 2x \leq 2$

$\mathbf{-4 \leq x \leq 1}$


2) $2 < |x-1| < 3$

1) $2 < x-1 < 3$

$3 < x < 4$

2) $-3 < x-1 < -2$

$-2 < x < -1$

$\mathbf{3 < x < 4}$ 또는 $\mathbf{-2 < x < -1}$


3) $|x-1| + |x+2| < 5$

① $x < -2$일 때,

$-x+1-x-2 < 5$

$-2x < 6, \ x > -3$

$\therefore \ -3 < x < -2$

② $-2 \leq x < 1$일 때,

$-x+1+x+2 < 5$

$3 < 5$ (참)    $\therefore -2 \leq x < 1$

③ $x \geq 1$일 때,

$x-1+x+2 < 5$

$2x < 4, \ x < 2$

$\therefore \ 1 \leq x < 2$

① + ② + ③에서 $\mathbf{-3 < x < 2}$

 답 : $-3 < x < 2$

3)-②에서 부등식이 거짓이 나오면 "해는 없다"가 된다.

■ $|a|$와 $\sqrt{a^2}$ 의 풀이는 같다.

$$|a| = \begin{cases} a \geq 0 일 때, \ a & (그대로 나온다) \\ a < 0 일 때, \ -a & ("-" 달고 나온다) \end{cases}$$

$$\sqrt{a^2} = \begin{cases} a \geq 0 일 때, \ a & (그대로 나온다) \\ a < 0 일 때, \ -a & ("-" 달고 나온다) \end{cases}$$

다음 부등식을 풀어라.

$$2|x+1| + \sqrt{(x-3)^2} \leq 7$$

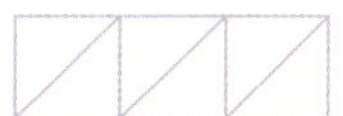



$|a|$와 $\sqrt{a^2}$ 의 풀이가 같으므로 $\sqrt{(x-3)^2}$ 을 $|x-3|$로 빠꿔서 푼다.

$2|x+1| + |x-3| \leq 7$

1) $x < -1$

$\quad -2(x+1) - (x-3) \leq 7$

$\quad -2x - 2 - x + 3 \leq 7$

$\quad -3x \leq 6$

$\quad x \geq -2$

$\quad \therefore \ \boldsymbol{-2 \leq x < -1}$

2) $-1 \leq x < 3$

$\quad 2(x+1) - (x-3) \leq 7$

$\quad 2x + 2 - x + 3 \leq 7$

$\quad x \leq 2$

$\quad \therefore \ \boldsymbol{-1 \leq x \leq 2}$

3) $x \geq 3$

$\quad 2(x+1) + (x-3) \leq 7$

$\quad 2x + 2 + x - 3 \leq 7$

$\quad 3x - 1 \leq 7$

$\quad x \leq \dfrac{8}{3}$

$\quad \therefore \ 해가 없다$

● 답 : $-2 \leq x \leq 2$

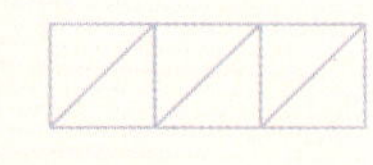

$x$에 대한 부등식 $|x+a|-b \leq 0$의 해가

$-1 \leq x \leq 3$일 때, 상수 $a, b$에 대하여 $ab$를 구하여라.

$$|x+a| \leq b$$
$$-b \leq x+a \leq b$$
$$-a-b \leq x \leq -a+b$$

부등식의 해가 $-1 \leq x \leq 3$이므로

$$-a-b=-1, \ -a+b=3$$

두 식을 연립하면 $a=-1, \ b=2$

따라서 $ab=-2$

답 : $-2$

## 이차부등식

미지수 $x$에 대한 이차식으로 되어있는 부등식을 이차부등식이라고 한다. 이차식을 인수분해 한 후 부등식의 성질을 이용하면 된다.

$$(x-\alpha)(x-\beta) < 0 \ \Rightarrow \ \alpha < x < \beta \ (\alpha < \beta)$$
$$(x-\alpha)(x-\beta) > 0 \ \Rightarrow \ x < \alpha \ \text{또는} \ x > \beta \ (\alpha < \beta)$$

$x$에 대한 이차부등식 $x^2-3x-4 \leq 0$을 풀어보자.

먼저 인수분해를 한다.

$$x^2-3x-4 \leq 0$$
$$(x+1)(x-4) \leq 0$$
$$-1 \leq x \leq 4$$

이차부등식의 해는 이차함수의 그래프로 이해하면 쉽다.

$$ax^2 + bx + c > 0 \quad (a > 0)$$
$$a(x - \alpha)(x - \beta) > 0$$
$$x < \alpha \ \text{또는} \ x > \beta \quad (\alpha < \beta)$$

$$ax^2 + bx + c < 0 \quad (a > 0)$$
$$a(x - \alpha)(x - \beta) < 0$$
$$\alpha < x < \beta \quad (\alpha < \beta)$$

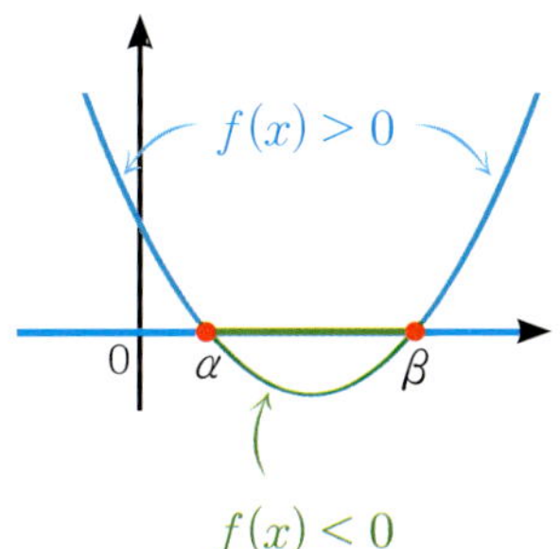


$ax^2 + bx + c > 0$ 라는 것은 함수 $y = ax^2 + bx + c$ 가 함수 $y = 0$, 즉 $x$ 축 보다 위에 있는 부분(파란색 부분)이고

$ax^2 + bx + c < 0$ 라는 것은 함수 $y = ax^2 + bx + c$ 가 함수 $y = 0$, 즉 $x$ 축 보다 아래에 있는 부분(녹색 부분)이다.

다음 이차부등식을 풀어라.

$$x^2 - 2x - 3 \geq 0$$

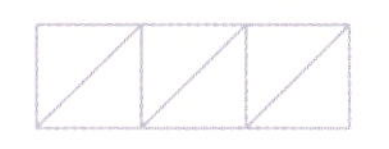

$$x^2 - 2x - 3 \geq 0$$
$$(x - 3)(x + 1) \geq 0$$
$$x \leq -1 \ \text{또는} \ x \geq 3$$

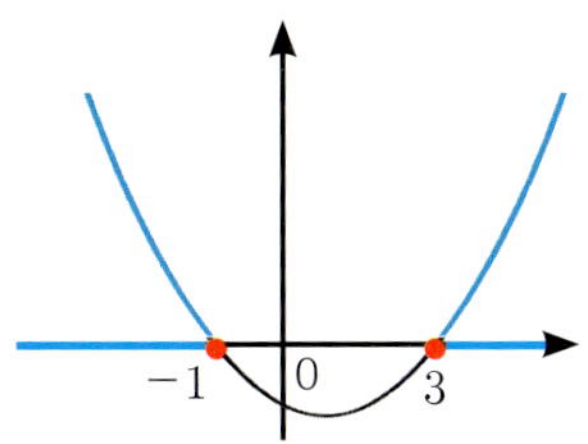


● 답: $x \leq -1$ 또는 $x \geq 3$

두 이차함수 $f(x)$, $g(x)$의 그래프가
그림과 같을 때,
다음 부등식의 해를 구하여라.

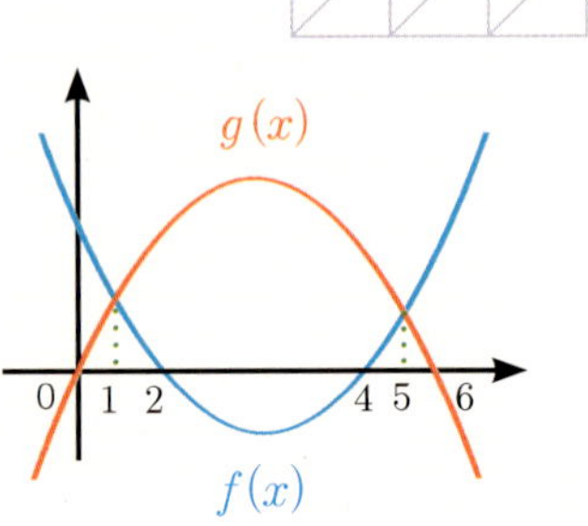



1) $f(x) > g(x)$
2) $f(x)g(x) > 0$
3) $f(x) - g(x) \leq 0$

1) $f(x) > g(x)$

$x = 1$일 때와 $x = 5$일 때, $f(x) = g(x)$이다.

따라서 $f(x) > g(x)$인 구간은 $x < 1$일 때와 $x > 5$일 때이다.

2) $f(x)g(x) > 0$

$f(x) > 0, g(x) > 0$이거나 $f(x) < 0, g(x) < 0$일 때이다.

그림에서 보면 $f(x) < 0, g(x) < 0$일 때는 만족하는 구간이 없다.

$f(x) > 0, g(x) > 0$인 구간은 $0 < x < 2$일 때와 $4 < x < 6$이다.

3) $f(x) - g(x) \leq 0$

$f(x) \leq g(x)$일 때이다. 1)번 문제의 반대인 경우이다.

따라서 $1 \leq x \leq 5$이다.

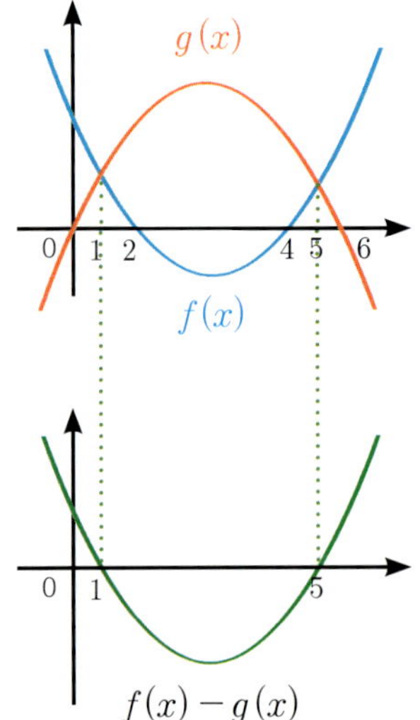



$f(x) - g(x)$를 왼쪽과 같이
그릴 수도 있다.

## 1) 판별식 $D > 0$일 때,

이차함수의 그래프가 $x$축과 서로 다른 두 점에서 만나는 경우이다.

이차함수 $y = ax^2 + bx + c \ (a > 0)$의 그래프가 $x$축과 만나는 서로 다른 두 점의 $x$좌표를 $\alpha, \beta \, (\alpha < \beta)$라고 하면,

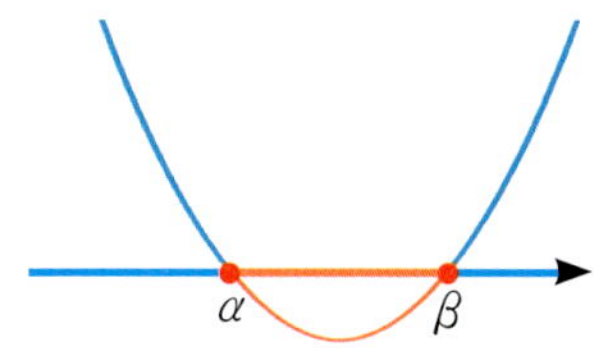

① $ax^2 + bx + c > 0$의 해는 $x < \alpha,$ 또는 $x > \beta$

② $ax^2 + bx + c \geq 0$의 해는 $x \leq \alpha$ 또는 $x \geq \beta$

③ $ax^2 + bx + c < 0$의 해는 $\alpha < x < \beta$

④ $ax^2 + bx + c \leq 0$의 해는 $\alpha \leq x \leq \beta$

**CHECK 349** 다음 이차부등식의 해를 구하여라.

1) $x^2 - 5x + 6 > 0$    2) $x^2 - x - 6 \leq 0$

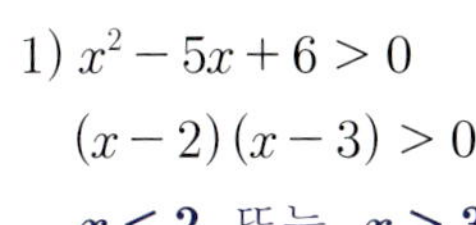

1) $x^2 - 5x + 6 > 0$

   $(x - 2)(x - 3) > 0$

   $x < 2$ 또는 $x > 3$

2) $x^2 - x - 6 \leq 0$

   $(x - 3)(x + 2) \leq 0$

   $-2 \leq x \leq 3$

● 답 : 풀이참조

### 2) 판별식 $D = 0$일 때,

이차함수의 그래프가 $x$축과 한 점에서 만나는 경우이다.

이차함수 $y = ax^2 + bx + c \ (a > 0)$의 그래프가 $x$축과 만나는 한 점의
$x$좌표를 $\alpha$라고 하면,

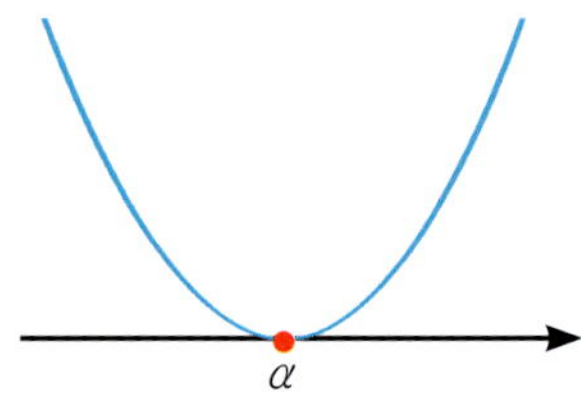


① $ax^2 + bx + c > 0$의 해는 $x \neq \alpha$인 모든 실수이다.

② $ax^2 + bx + c \geq 0$의 해는 모든 실수이다.

③ $ax^2 + bx + c < 0$의 해는 없다.

④ $ax^2 + bx + c \leq 0$의 해는 $x = \alpha$

**CHECK 350** 다음 이차부등식의 해를 구하여라.

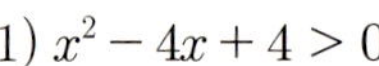

1) $x^2 - 4x + 4 > 0$　　2) $x^2 + 2x + 1 \leq 0$

1) $x^2 - 4x + 4 > 0$

　$(x - 2)^2 > 0$

　$x \neq 2$ 인 모든 실수

2) $x^2 + 2x + 1 \leq 0$

　$(x + 1)^2 \leq 0$

　$x = -1$

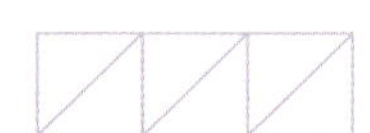
답 : 풀이참조

### 3) 판별식 $D < 0$ 일 때.

이차함수의 그래프가 $x$ 축과 만나지 않는 경우이다.

이차함수 $y = ax^2 + bx + c \ (a > 0)$의 그래프가 $x$ 축과 만나지 않는다면,

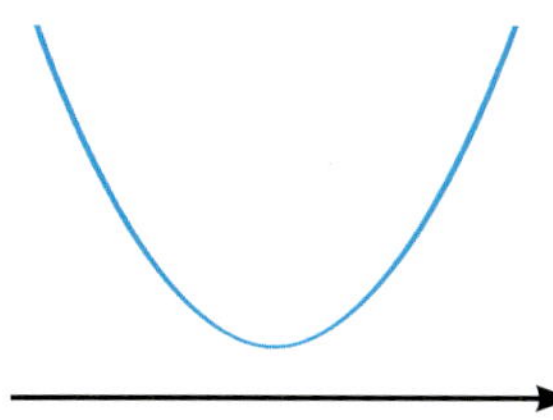

① $ax^2 + bx + c > 0$ 의 해는 **모든 실수**이다.

② $ax^2 + bx + c \geq 0$ 의 해는 **모든 실수**이다.

③ $ax^2 + bx + c < 0$ 의 **해는 없다.**

④ $ax^2 + bx + c \leq 0$ 의 **해는 없다.**

**CHECK 351** 다음 이차부등식의 해를 구하여라.

    1) $x^2 - 4x + 5 \leq 0$     2) $x^2 + x + 1 > 0$

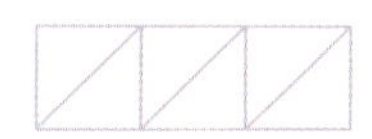

1) $x^2 - 4x + 5 \leq 0$

   $x^2 - 4x + 4 + 1 \leq 0$

   $(x - 2)^2 + 1 \leq 0$

   따라서 **해는 없다.**

2) $x^2 + x + 1 > 0$

   $x^2 + x + \left(\dfrac{1}{2}\right)^2 - \left(\dfrac{1}{2}\right)^2 + 1 > 0$

   $\left(x + \dfrac{1}{2}\right)^2 + \dfrac{3}{4} > 0$

   따라서 **해는 모든 실수**

답 : 풀이참조

**CHECK 352** 다음 이차부등식의 해를 구하여라.

1) $x^2 + 3x + 4 > 0$   2) $3x^2 + 2x - 8 \geq x^2 - 4x$

3) $x^2 - \dfrac{3}{2}x - 1 < 0$   4) $3x^2 + 12x + 15 < 0$

1) $x^2 + 3x + 4 > 0$

$D = 3^2 - 4 \cdot 1 \cdot 4 < 0$

따라서 **해는 모든 실수**

2) $3x^2 + 2x - 8 \geq x^2 - 4x$

$2x^2 + 6x - 8 \geq 0$

$2(x^2 + 3x - 4) \geq 0$

$(x + 4)(x - 1) \geq 0$

$\boldsymbol{x \leq -4}$ 또는 $\boldsymbol{x \geq 1}$

3) $x^2 - \dfrac{3}{2}x - 1 < 0$

$2x^2 - 3x - 2 < 0$

$(2x + 1)(x - 2) < 0$

$\boldsymbol{-\dfrac{1}{2} < x < 2}$

4) $3x^2 + 12x + 15 < 0$

$3(x^2 + 4x) + 15 < 0$

$3(x^2 + 4x + 4 - 4) + 15 < 0$

$3(x + 2)^2 - 12 + 15 < 0$

$3(x + 2)^2 + 3 < 0$

$(x + 2)^2 + 1 < 0$

따라서 **해는 없다.**

답 : 풀이참조

절댓값을 포함한 부등식은 절댓값에 따라 범위를 나누고 각 범위 안에서 해를 구한다. 범위를 벗어난 값은 해로 인정하지 않는다.

**CHECK 353** 다음 이차부등식을 풀어라.

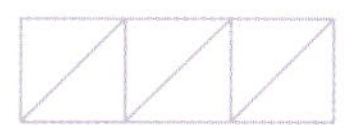

$$x^2 \leq x + 2|x - 1|$$

1) $x \geq 1$

$$x^2 \leq x + 2(x - 1)$$
$$x^2 - 3x + 2 \leq 0$$
$$(x - 2)(x - 1) \leq 0$$
$$1 \leq x \leq 2$$

2) $x < 1$

$$x^2 \leq x - 2(x - 1)$$
$$x^2 + x - 2 \leq 0$$
$$(x + 2)(x - 1) \leq 0$$
$$-2 \leq x < 1$$

$$\therefore \; -2 \leq x \leq 2$$

답 : $-2 \leq x \leq 2$

2)번에서 $x$의 해가 $-2 \leq x \leq 1$이 나왔지만 $x$의 범위가 $x < 1$이므로 1은 해가 될 수 없다는 것을 주의하기 바란다.

## 미정계수를 포함한 부등식

부등식에 미정계수가 있어도 풀이는 똑같다. 인수분해를 한 후 미지수의
구간을 나누어 해를 생각해 보면 된다.

**CHECK 354** 다음 이차부등식을 풀어라.

$$x^2 - ax - 2x + 2a \geq 0$$

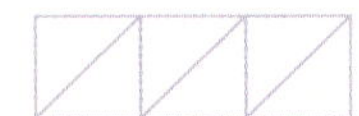

$x^2 - (a + 2)x + 2a > 0$

$(x - a)(x - 2) > 0$

1) $a > 2$일 때,

   $x < 2$ 또는 $x > a$

2) $a = 2$일 때,

   $(x - 2)^2 > 0$

   $x \neq 2$인 모든 실수

3) $a < 2$일 때,

   $x < a$ 또는 $x > 2$

따라서 부등식의 해는

$$\begin{cases} a > 2\text{일 때,} \\ \qquad x < 2 \text{ 또는 } x > a \\ a = 2\text{일 때,} \\ \qquad x \neq 2\text{인 모든 실수} \\ a < 2\text{일 때,} \\ \qquad x < a \text{ 또는 } x > 2 \end{cases}$$

답 : 풀이참조

**CHECK 355**   $x$에 대한 이차방정식

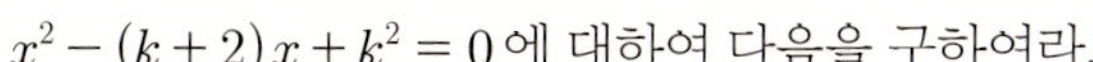

$x^2 - (k+2)x + k^2 = 0$에 대하여 다음을 구하여라.

1) 서로 다른 두 실근을 갖도록 하는 정수 $k$의 개수

2) 중근을 갖을 때 $k$의 값의 합

서로 다른 두 실근을 가지므로 판별식 $D > 0$이다.

$x^2 - (k+2)x + k^2 = 0$

1) $D = (k+2)^2 - 4 \cdot 1 \cdot k^2 > 0$

$\quad k^2 + 4k + 4 - 4k^2 > 0$

$\quad -3k^2 + 4k + 4 > 0$

$\quad 3k^2 - 4k - 4 < 0$

$\quad (3k+2)(k-2) < 0$

$\quad -\dfrac{2}{3} < k < 2$

$\therefore k = 0, 1$

**2개**

2) $D = (k+2)^2 - 4 \cdot 1 \cdot k^2 = 0$

$\quad k^2 + 4k + 4 - 4k^2 = 0$

$\quad -3k^2 + 4k + 4 = 0$

$\quad 3k^2 - 4k - 4 = 0$

$\quad (3k+2)(k-2) = 0$

$\quad k = -\dfrac{2}{3}$ 또는 $k = 2$

$\therefore -\dfrac{2}{3} + 2 = \dfrac{4}{3}$

답 : 풀이참조

① 모든 실수 $x$에 대하여 $ax^2 + bx + c > 0 \iff a > 0, D < 0$

② 모든 실수 $x$에 대하여 $ax^2 + bx + c \geq 0 \iff a > 0, D \leq 0$

③ 모든 실수 $x$에 대하여 $ax^2 + bx + c < 0 \iff a < 0, D < 0$

④ 모든 실수 $x$에 대하여 $ax^2 + bx + c \leq 0 \iff a < 0, D \leq 0$

모든 실수 $x$에 대하여 $ax^2 + bx + c > 0$가 성립하려면 어떤 조건을 만족해야 하는지 생각해 보자.

함수가 모든 실수에 대해서 양의 값을 갖으려면 일단 최고차 항의 부호가 양이어야 한다. 최고차 항의 부호가 음이면 그래프가 위로 볼록한 모양이어서 음의 값이 반드시 존재하게 된다.   $\Rightarrow$ $a > 0$

두번째로 생각할 것은 함수의 그래프가 $x$축 아래로 내려오면 음의 부분이 생기므로 안된다는 것이다. 함수의 그래프는 $x$축 위에 있어야 한다. 다시 말해서 $a > 0$이면서 $x$축과 만나지 않아야 하므로 $D < 0$이어야 한다.

그러므로 $f(x) = ax^2 + bx + c > 0$이려면 $a > 0$, $D < 0$ 두 조건을 만족해야 한다.

모든 실수 $x$에 대하여 $ax^2 + bx + c < 0$가 성립하려면 최고차 항의 부호가 음이면서 $(a < 0)$ $x$축과 만나지 않아야 하므로 $D < 0$ 이어야 한다

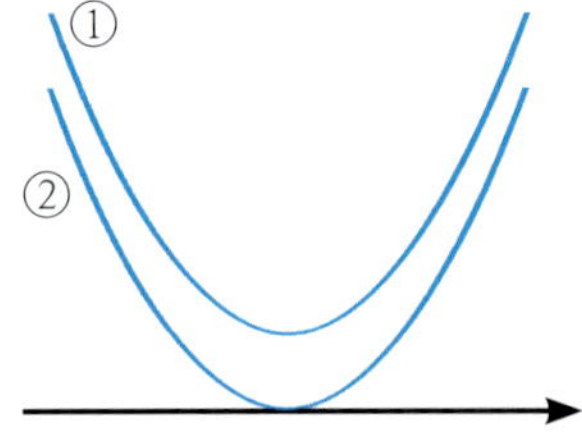

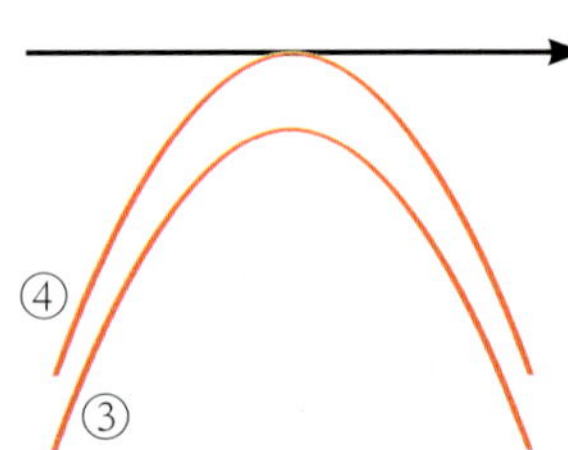

 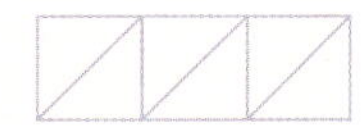

**CHECK 356** 모든 실수 $x$에 대하여 부등식

$ax^2 - ax + 1 > 0$가 성립하도록 실수 $a$의 값의 범위를 구하여라.

방정식이나 부등식 문제에서 최고차항에 미지수가 있으면, 이차식이라는 말이 있을 때와 없을 때를 구분해야 한다. $ax^2 + bx + c$이 이차식이라는 말이 있으면 $a \neq 0$라고 풀고 이차식이라는 말이 없으면 $a = 0$일 때와 $a \neq 0$로 나눠서 풀어야 한다.

1) $a = 0$일 때,

$0 \cdot x^2 - 0 \cdot x + 1 > 0$

$1 > 0$ (참)

$\therefore \ a = 0$

2) $a \neq 0$일 때,

$ax^2 - ax + 1 > 0$

$a > 0, D < 0$

$a^2 - 4 \cdot a \cdot 1 < 0$

$a^2 - 4a < 0$

$a(a - 4) < 0$

$\therefore \ 0 < a < 4$

따라서 해는 $0 \leq a < 4$

 답 : $0 \leq a < 4$

 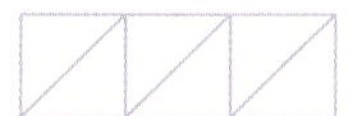

**CHECK 357**

이차함수 $y = x^2 + x - 1$ 의 그래프가 직선 $y = ax - 2$ 보다 항상 위쪽에 있을 때, 실수 $a$ 의 값의 범위를 구하여라.

$x^2 + x - 1 > ax - 2$

$x^2 + (1 - a)x + 1 > 0$

$D = (1 - a)^2 - 4 \cdot 1 \cdot 1 < 0$

$a^2 - 2a + 1 - 4 < 0$

$a^2 - 2a - 3 < 0$

$(a - 3)(a + 1) < 0$

$\mathbf{-1 < a < 3}$

● 답 : $-1 < a < 3$

 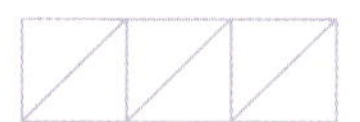

**CHECK 358**

$-1 \leq x \leq 2$ 에서 부등식

$x^2 - 2x + m^2 + m - 1 > 0$ 이 항상 성립하도록 하는 실수 $m$ 의 값의 범위를 구하여라.

이차식의 축의 방정식 $\left(x = -\dfrac{b}{2a}\right)$ 이 $x = 1$ 인 것을 알 수 있다. 그림으로 확인해 보면 주어진 범위에서 갖는 최솟값이 0보다 크면 문제를 만족한다.

즉 $f(1) > 0$ 이면 된다.

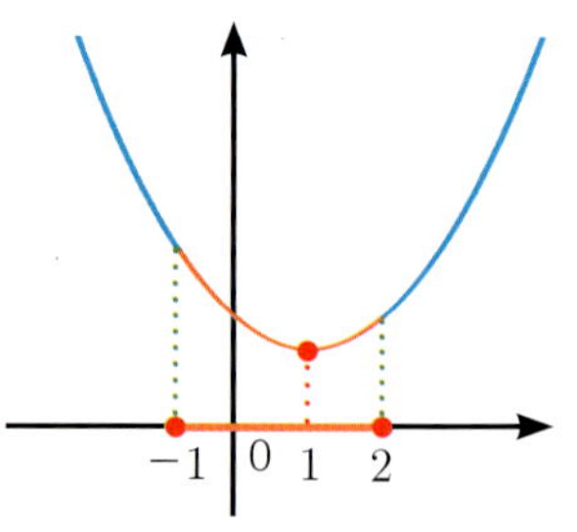

$f(1) = 1^2 - 2 \cdot 1 + m^2 + m - 1 > 0$

$m^2 + m - 2 > 0$

$(m + 2)(m - 1) > 0$

$\mathbf{m < -2 \ \text{또는} \ m > 1}$

● 답 : $m < -2$ 또는 $m > 1$

$x$에 대한 이차부등식의 해가 주어졌을 때,

> ① 해가 $x < \alpha$ 또는 $x > \beta$ 이고, $x^2$의 계수가 $a$인 이차부등식
> $$a(x-\alpha)(x-\beta) > 0 \implies a\{x^2-(\alpha+\beta)x+\alpha\beta\} > 0$$
> ② 해가 $\alpha < x < \beta$ 이고, $x^2$의 계수가 $a$인 이차부등식
> $$a(x-\alpha)(x-\beta) < 0 \implies a\{x^2-(\alpha+\beta)x+\alpha\beta\} < 0$$

최고차항의 계수인 $a$는 근에는 영향을 주지 않는다. $a$로 알 수 있는 것은 그래프의 형태, 위로 볼록이냐 아니면 아래로 볼록이냐 하는 것과 그래프의 폭을 알 수 있다.

**CHECK 359**

이차부등식 $ax^2 + bx + c < 0$의 해가
$-2 < x < 3$일 때, 이차부등식 $bx^2 + ax - c < 0$의 해를 구하여라.

부등식의 해를 이용하여 이차부등식을 만들어 보자.

$a(x+2)(x-3) < 0$

$a(x^2-x-6) < 0$

$ax^2 - ax - 6a < 0$

$\therefore\ a > 0,\ b = -a,\ c = -6a$

$bx^2 + ax - c < 0$

$-ax^2 + ax - (-6a) < 0$

$-ax^2 + ax + 6a < 0$

$ax^2 - ax - 6a > 0$

$a(x^2-x-6) > 0$

$a(x-3)(x+2) > 0$

$x < -2$ 또는 $x > 3$

● 답 : $x < -2$ 또는 $x > 3$

연립부등식에서 가장 높은 차수가 이차인 경우를
**연립이차부등식**이라고 한다.

**이차연립부등식의 풀이**

1) 각 연립부등식을 푼다.
2) 각각의 해를 수직선에 나타내고 공통부분을 구한다.

**CHECK 360**  다음 부등식을 풀어라.

$$\begin{cases} x^2 - 2x - 3 < 0 & \cdots\cdots \ \text{①} \\ x^2 - 2x + 1 \ge + 4x - 7 & \cdots\cdots \ \text{②} \end{cases}$$

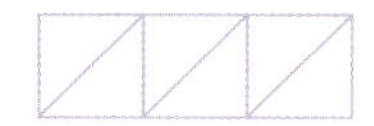

$$\begin{cases} x^2 - 2x - 3 < 0 & \cdots\cdots \ \text{①} \\ x^2 - 2x + 1 \ge + 4x - 7 & \cdots\cdots \ \text{②} \end{cases}$$

① $\Rightarrow$ $x^2 - 2x - 3 < 0$

$\quad\quad (x-3)(x+1) < 0$

$\quad\quad -1 < x < 3$

② $\Rightarrow$ $x^2 - 6x + 8 \ge 0$

$\quad\quad (x-2)(x-4) \ge 0$

$\quad\quad x \le 2$ 또는 $x \ge 4$

각각의 부등식의 해를 수직선에 그려서 공통인 부분을 구한다.

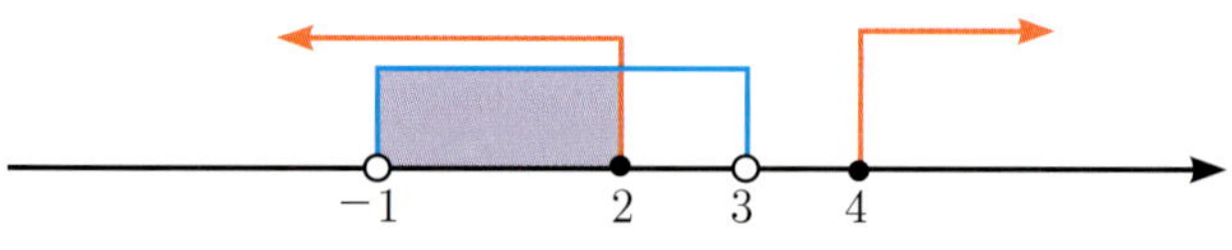

따라서 해는 $-1 < x \le 2$ 이다.

답 : $-1 < x \le 2$

연립부등식 $\begin{cases} x^2 + (2-m)x - 2m \leq 0 \\ x^2 - 5x + 4 > 0 \end{cases}$ 의 해가

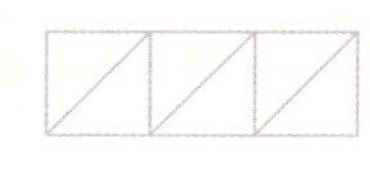

$-2 \leq x < 1$ 가 되도록 하는 실수 $m$ 의 값의 범위를 구하여라.

$$\begin{cases} x^2 + (2-m)x - 2m \leq 0 & \cdots\cdots \;\; ① \\ x^2 - 5x + 4 > 0 & \cdots\cdots \;\; ② \end{cases}$$

$① \;\Rightarrow\; x^2 + (2-m)x - 2m \leq 0$
$\qquad (x+2)(x-m) \leq 0$
$\qquad -2 \leq x \leq m$

$② \;\Rightarrow\; x^2 - 5x + 4 > 0$
$\qquad (x-1)(x-4) > 0$
$\qquad x < 1 \;\; 또는 \;\; x > 4$

두 부등식이 공통해를 만족하려면 아래 그림과 같이 $m$ 은 1과 4사이에 있어야 한다.

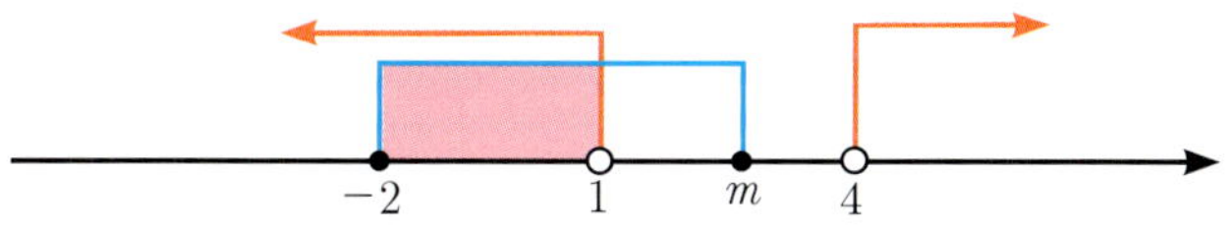

따라서 $1 \leq m \leq 4$ 이다.

$m$ 이 1이나 4값을 갖어도 ②번 부등식의 해가 $x < 1$ 이어서 공통근에 영향을 주지 않는다. 부등식은 해를 만족하는 최대의 범위을 구해야 한다.

**CHECK 362**

연립부등식 $2x - 2 \leq 3(x + 1) + x - 1 < 2x + 5$

을 만족시키는 정수 $x$ 의 값 중 최댓값과 최솟값의 차이를 구하여라.

**CHECK 363**

이차함수 $f(x) = x^2 + 3x - 11$ 가

일차함수 $g(x) = -2x + 3$ 보다 큰 범위를 구하여라.

**CHECK 364**

모든 실수 $x$ 에 대하여 $y = 2x^2 + kx - 1$ 이
$y = x^2 + x - k$ 보다 항상 위쪽에 있을 때, 실수 $k$ 의 값의
범위를 구하여라.

**CHECK 365**

다음 연립부등식을 만족하는
자연수가 2개일 때, $a$ 의 값의 범위를 구하여라.

$$\begin{cases} x^2 - 5x + 4 > 0 & \cdots\cdots \ \text{①} \\ x^2 + (1-a)x - a \le 0 & \cdots\cdots \ \text{②} \end{cases}$$

**CHECK 366** 부등식 $2|x+1|-|x-3| < 4$ 을 만족하는 정수 $x$ 의 개수를 구하여라.

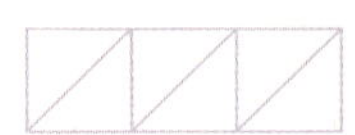

**CHECK 367** 두 이차함수 $f(x) = 3x^2 - 4x + 6$ 와 $g(x) = 2x^2 + 3x - 4$ 에 대하여 $f(x) \leq g(x)$ 를 만족하는 $x$ 의 범위가 $\alpha \leq x \leq \beta$ 일 때, $\alpha + \beta$ 의 값을 구하여라.

**CHECK 368** 이차부등식 $x^2 - 3kx + 6k \leq 0$ 의 해가 $x = 4$ 일 때, 상수 $3k$ 의 값을 구하여라.

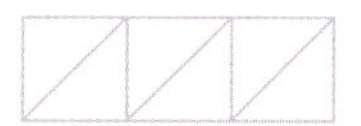

**CHECK 369** 두 이차방정식 $x^2 - kx - x + 1 = 0$ 와 $x^2 + 2kx + 3k + 4 = 0$ 이 모두 허근을 갖도록 하는 실수 $k$ 의 값의 범위를 구하여라.

**CHECK 370**

부등식 $[x]^2 - [x] - 2 < 0$ 을 만족시키는 실수 $x$ 의 값의 범위를 구하여라. (단, $[x]$ 는 $x$ 보다 크지 않은 최대의 정수)

**CHECK 371**

부등식 $(k+1)x^2 - 2(k+1)x - 3 < 0$ 을 만족시키는 정수 $k$ 의 값의 합을 구하여라.

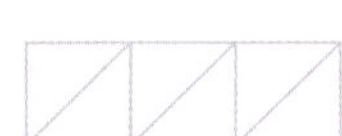

**CHECK 372**

$0 \le x \le 3$에서 부등식 $x^2 + a^2 x - 15 \le 0$이
항상 성립하도록 하는 실수 $x$의 범위가 $\alpha \le x \le \beta$일 때,
$\alpha\beta$의 값을 구하여라.

**CHECK 373**

부등식 $x^2 - 3x + 2 \le 0$의 해가
부등식 $x^2 + ax \ge a^2 - 1$의 해에 포함될 때, 실수 $a$의 최댓값과
최솟값의 합을 구하여라.

**CHECK 374** 다음 연립부등식의 해가 존재하도록 하는 양의 정수 $m$ 의 개수는?

$$\begin{cases} x^2 + 3x - 10 \leq 0 & \cdots\cdots \ ① \\ x^2 - 3mx - 4m^2 > 0 & \cdots\cdots \ ② \end{cases}$$

**CHECK 375** 다음 연립부등식의 해가 $-1 \leq x < 2$ 일 때, 상수 $a, b$ 에 대하여 $2a + b$ 의 값을 구하여라.

$$\begin{cases} x^2 - ax + b + 1 \leq 0 & \cdots\cdots \ ① \\ x^2 - 3ax - 2b > 0 & \cdots\cdots \ ② \end{cases}$$

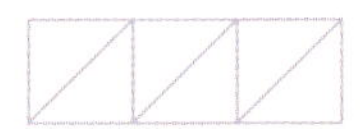

**CHECK 376**

함수 $f(x) = 2x^2 + 5x + 6$,

$g(x) = (a+1)x + 2b$ 가 모든 실수 $x$ 에 대하여

$-x - 2 \leq g(x) \leq f(x)$ 를 만족하는 정수 $b$ 의 개수를 구하여라.

**CHECK 377**

이차부등식 $x^2 - 3ax - 3a - 1 < 0$ 의

해 중에서 가장 큰 정수가 6일 때, 실수 $a$ 값의 범위를 구하여라.

**CHECK 378** 두 이차방정식 $x^2 - kx + \dfrac{3k}{4} + 1 = 0$ 과

$x^2 + 2kx + 6k - 5 = 0$ 중에서 적어도 하나가 실근을 갖도록 하는

실수 $k$ 의 값의 범위가 $x \leq \alpha$ 또는 $x \geq \beta$ 일 때, $\alpha + \beta$ 의 값을

구하여라.

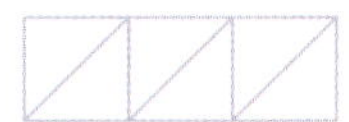
**CHECK 379** 함수 $|x| + |y| = 2$ 의 그래프가

함수 $x^2 - 2y + 1 = 0$ 의 그래프보다 항상 위쪽에 있는 실수 $x$ 의

범위를 구하여라.

**CHECK 380**

$1 < a < 3$인 모든 실수 $a$에 대하여

부등식 $2x - 3 < a(x + 1)$가 성립하는 정수 $x$의 개수를 구하여라.

**CHECK 381**

$x$에 대한 이차부등식

$(a - 2b)x^2 + (b - 2c)x + (c - 2a) < 0$의 해가 $-1 < x < 3$일 때,

$x$에 대한 이차부등식 $cx^2 + bx + a \geq 0$의 해는 $x \leq \alpha$ 또는 $x \geq \beta$

이다. $\alpha\beta$의 값을 구하여라.

8 여러 가지 부등식

315

# III

## 도형의 방정식

# READING MATHEMATICS

# 9. 평면좌표

## 두 점 사이의 거리

**수직선 위의 두 점 사이의 거리**

수직선 위의 두 점 $A(x_1)$, $B(x_2)$ 사이의 거리는

$$\overline{AB} = |x_2 - x_1|$$

**좌표평면 위의 두 점 사이의 거리**

1) 수직선 위의 두 점 $A(x_1, y_1)$, $B(x_2, y_2)$ 사이의 거리는

$$\overline{AB} = \sqrt{(x_2 - x_1)^2 - (y_2 - y_1)^2}$$

2) 수직선 위의 원점 $O$와 점 $A(x_1, y_1)$ 사이의 거리는

$$\overline{OA} = \sqrt{x_1^2 + y_1^2}$$

'거리'는 '차이'와 같이 항상 양수 값이다. 수직선에서는 큰 값에서 작은 값을 빼면 되는데, 어느 값이 큰 지 모를 때는 절댓값을 붙여 표현한다. 좌표평면에서의 두 점 사이의 거리는 피타고라스의 정리를 이용해서 구한다.

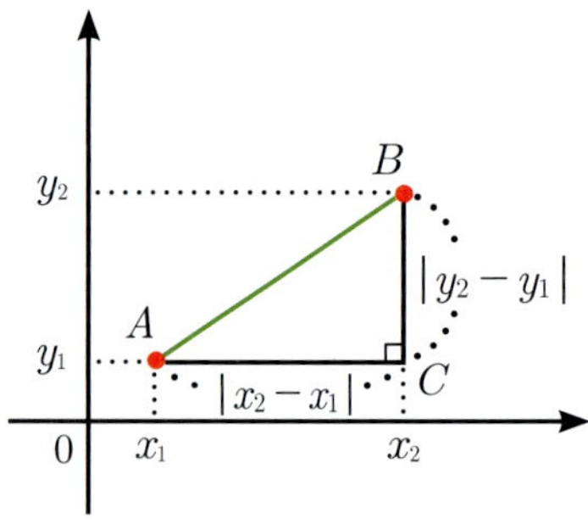

$$\overline{AB}^2 = \overline{AC}^2 + \overline{BC}^2$$
$$= |x_2 - x_1|^2 + |y_2 - y_1|^2$$
$$= (x_2 - x_1)^2 + (y_2 - y_1)^2$$
$$\overline{AB} = \sqrt{(x_2 - x_1)^2 + (y_2 - y_1)^2}$$

 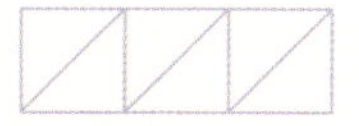



**CHECK 382**  다음 두 점 사이의 거리를 구하여라.

1) 수직선 위의 세 점 $A(2)$, $B(-4)$, $C(x)$ 에 대하여 $\overline{AB} = 2\overline{AC}$ 가 성립할 때, $x$ 의 값을 모두 구하여라.

2) 좌표평면 위의 두 점 $A(2,1)$, $B(5,a)$ 사이의 거리가 5일 때, $a$ 의 값을 모두 구하여라.

1) $\overline{AB} = 2 - (-4) = 6$

$\overline{AC} = |x - 2|$

$\overline{AB} = 2\overline{AC}$

$6 = 2|x - 2|$

$|x - 2| = 3$

$x - 2 = \pm 3$

$x = 2 \pm 3 \ \Rightarrow \ \mathbf{5, -1}$

2) $\overline{AB} = \sqrt{(5-2)^2 + (a-1)^2} = 5$

$\sqrt{9 + (a-1)^2} = 5$     양변을 제곱한다

$9 + (a-1)^2 = 25$

$(a-1)^2 = 16$

$a - 1 = \pm 4$

$a = 1 \pm 4 \ \Rightarrow \ \mathbf{5, -3}$

● 답 : 1) $5, -1$　2) $5, -3$

그림으로 확인해 보자.

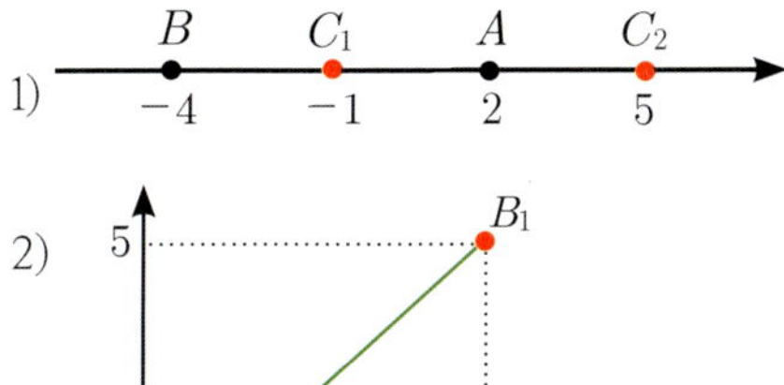

**CHECK 383**  좌표평면 위의 두 점 $A(4, 2)$, $B(1, 5)$에서
같은 거리에 있는 $x$축 위의 점 $P$의 좌표를 구하여라.

점 $P$가 $x$축 위에 있으므로 점 $P$의 좌표를 $(a, 0)$라고 놓는다.

$\overline{AP} = \overline{BP}$ 에서 양변에 루트가 있으므로 길이를 구할때는 양변을 제곱한 $\overline{AP}^2 = \overline{BP}^2$ 으로 계산한다.

$$\overline{AP}^2 = \overline{BP}^2$$
$$(a-4)^2 + (0-2)^2 = (a-1)^2 + (0-5)^2$$
$$a^2 - 8a + 16 + 4 = a^2 - 2a + 1 + 25$$
$$-6a = 6$$
$$a = -1$$
$$\therefore \ \boldsymbol{P(-1, 0)}$$

답 : $P(-1, 0)$

**CHECK 384**  두 점 $A(1, 4)$, $B(3, 2)$에서 같은 거리에 있는
직선 $y = 2x - 1$ 위의 점 $P(a, b)$에 대하여 $ab$를 구하여라.

점 $P$는 직선 위의 점이므로 $P$의 좌표를 직선 위에 대입한다.
$$b = 2a - 1 \quad \cdots\cdots \ ①$$

점 $P$가 두 점 $A, B$와 거리가 같으므로
$$\overline{AP}^2 = \overline{BP}^2$$
$$(a-1)^2 + (b-4)^2 = (a-3)^2 + (b-2)^2$$
$$a^2 - 2a + 1 + b^2 - 8a + 16 = a^2 - 6a + 9 + b^2 - 4b + 4$$
$$4a - 4b = -4$$
$$a - b = -1 \quad \cdots\cdots \ ②$$

①, ②를 연립하면 $a = 2, b = 3$  따라서 $ab = \boldsymbol{6}$

답 : 6

**CHECK 385**  두 점 $A(1, 1)$, $B(4, 3)$와
$x$축 위의 점 $P$에 대하여 $\overline{AP} + \overline{BP}$ 의 최솟값을 구하여라.

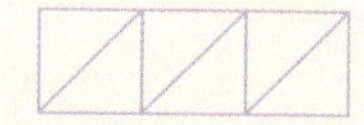

$\overline{AP} + \overline{BP}$ 의 최솟값은 점 $B$를 $x$축에 대칭 이동한 $B'$와 점 $A$의 직선 거리이다. 그림을 보면,

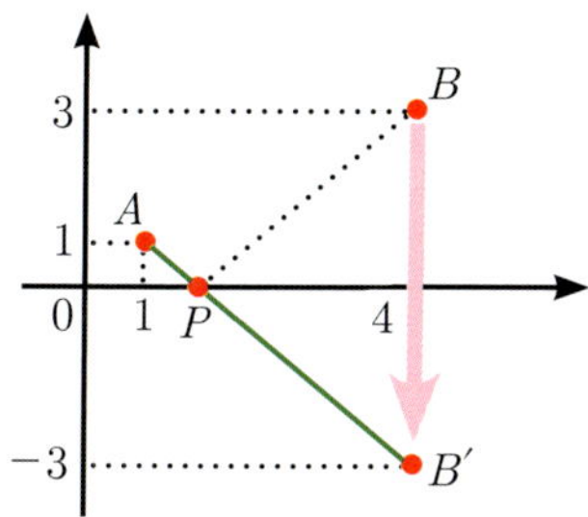

$B'$는 점 $B$를 $x$축에 대하여 대칭 이동하였으므로 $\overline{BP}$ 와 $\overline{B'P}$ 는 길이가 같다. 따라서 $\overline{AP} + \overline{BP} = \overline{AP} + \overline{B'P}$ 이다. $\overline{AP} + \overline{B'P}$ 가 최솟값이 되려면 직선이어야 한다. $\overline{AP} + \overline{BP}$ 의 최솟값은 $A(1, 1)$와 $B'(4, -3)$사이의 거리이다.

$$\sqrt{(4-1)^2 + (-3-1)^2}$$
$$= \sqrt{9 + 16}$$
$$= 5$$

답 : 5

이 문제는 2, 3학년때도 가끔 접하는 내용이므로 잘 기억해 두자.

 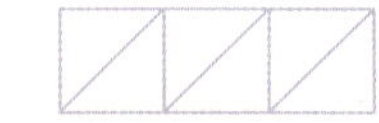

**CHECK 386** 두 점 $A(1, 5)$, $B(-3, 2)$와

$x$축 위의 점 $P$에 대하여 $\overline{AP}^2 + \overline{BP}^2$의 최솟값과 이때의
점 $P$의 값을 구하여라.

점 $P$의 좌표를 $(a, 0)$라고 놓으면,

$$\begin{aligned}
\overline{AP}^2 + \overline{BP}^2 &= (a-1)^2 + 5^2 + (a+3)^2 + 2^2 \\
&= a^2 - 2a + 1 + 25 + a^2 + 6a + 9 + 4 \\
&= 2a^2 + 4a + 39 \\
&= 2(a^2 + 2a) + 39 \\
&= 2(a^2 + 2a + 1 - 1) + 39 \\
&= 2(a+1)^2 + 37
\end{aligned}$$

따라서 최솟값은 $\mathbf{37}$, $\boldsymbol{P(-1, 0)}$

● **답 : 최솟값 $37$, $\boldsymbol{P(-1, 0)}$**

● **외심의 성질**

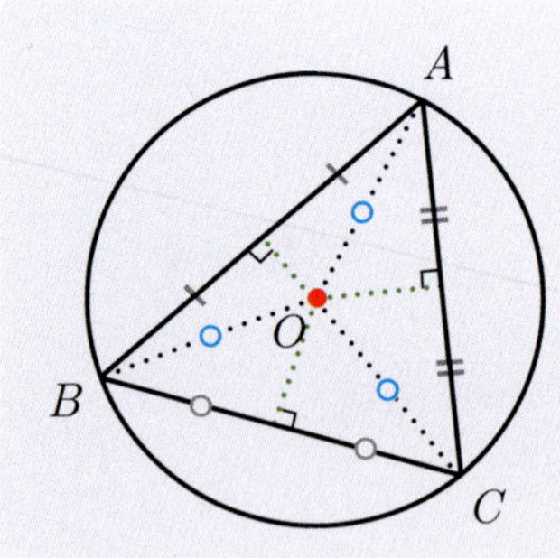


외심은 삼각형의 세 변의 수직-이등분선이 만나는 점이다. 삼각형의 각
꼭짓점에서 외심까지의 거리는 외접원의 반지름이어서 모두 같다.

**CHECK 387** 세 점 $A(1,1)$, $B(-6,2)$, $C(-3,3)$를 꼭짓점으로 하는 삼각형 $ABC$의 외심의 좌표를 구하여라.

삼각형 $ABC$의 외심의 좌표를 $P(a,b)$로 놓는다.

$\overline{AP} = \overline{BP} = \overline{CP}$ 는 외심의 반지름이어서 모두 같다.

$\overline{AP} = \overline{BP}$ 에서 $\overline{AP}^2 = \overline{BP}^2$ 이므로

$$(a-1)^2 + (b-1)^2 = (a+6)^2 + (b-2)^2$$
$$a^2 - 2a + 1 + b^2 - 2b + 1 = a^2 + 12a + 36 + b^2 - 4b + 4$$
$$-14a + 2b = 38$$
$$14a - 2b = -38$$
$$7a - b = -19 \quad \cdots\cdots \quad ①$$

$\overline{AP} = \overline{CP}$ 에서 $\overline{AP}^2 = \overline{CP}^2$ 이므로

$$(a-1)^2 + (b-1)^2 = (a+3)^2 + (b-3)^2$$
$$a^2 - 2a + 1 + b^2 - 2b + 1 = a^2 + 6a + 9 + b^2 - 6b + 9$$
$$-8a + 4b = 16$$
$$2a - b = -4 \quad \cdots\cdots \quad ②$$

①, ②를 연립하면, $a = -3$, $b = -2$ 이다.

따라서 외심의 좌표는 $P(-3, -2)$

답 : $P(-3, -2)$

### 직각삼각형과 외심

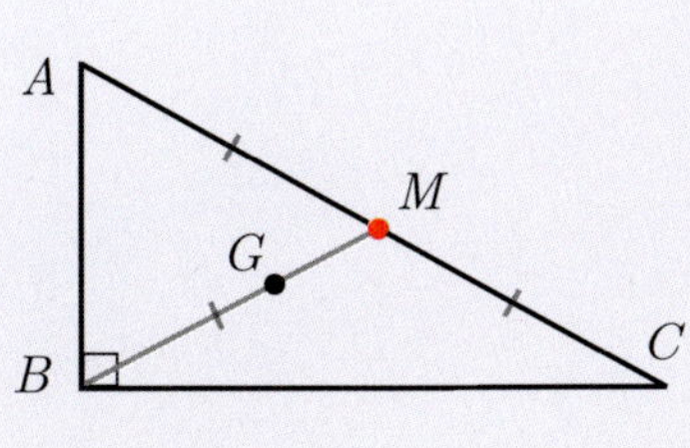

직각삼각형 $ABC$ 에서 $\angle B = 90°$ 이고 빗변 $\overline{AC}$ 의 중점을 $M$ 이라고 하면, $\overline{AC}$ 는 점 $A, B, C$ 를 지나는 원의 지름이고 점 $M$ 은 외심이 되어 $\overline{AM} = \overline{BM} = \overline{CM}$ 이다.

두 점 $A(1, 1)$, $B(5, 3)$와
$x$축 위의 점 $C(a, 0)$에 대하여 삼각형 $ABC$가 직각삼각형이
되게 하는 $a$값의 모든 합을 구하여라.

$$\overline{AB}^2 = (5-1)^2 + (3-1)^2$$
$$= 16 + 4 = 20$$
$$\overline{AC}^2 = (a-1)^2 + (1)^2$$
$$= a^2 - 2a + 1 + 1$$
$$= a^2 - 2a + 2$$
$$\overline{BC}^2 = (a-5)^2 + (3)^2$$
$$= a^2 - 10a + 25 + 9$$
$$= a^2 - 10a + 34$$

1) $\overline{AB}$가 빗변일 때, ($\angle C$가 직각일 때)

$$\overline{AC}^2 + \overline{BC}^2 = \overline{AB}^2$$
$$a^2 - 2a + 2 + a^2 - 10a + 34 = 20$$
$$2a^2 - 12a + 16 = 0$$
$$a^2 - 6a + 8 = 0$$
$$(a-4)(a-2) = 0$$
$$a = 4 \ \text{또는} \ a = 2$$

2) $\overline{AC}$가 빗변일 때, ($\angle B$가 직각일 때)

$$\overline{AB}^2 + \overline{BC}^2 = \overline{AC}^2$$
$$20 + a^2 - 10a + 34 = a^2 - 2a + 2$$
$$-8a = -52$$
$$2a = 13$$
$$a = \frac{13}{2}$$

3) $\overline{BC}$ 가 빗변일 때, ($\angle A$ 가 직각일 때)

$$\overline{AB}^2 + \overline{AC}^2 = \overline{BC}^2$$
$$20 + a^2 - 2a + 2 = a^2 - 10a + 34$$
$$8a = 12$$
$$2a = 3$$
$$a = \frac{3}{2}$$

따라서 $a = 2,\ 4,\ \dfrac{13}{2},\ \dfrac{3}{2}$ 이고 모든 합은 $2 + 4 + \dfrac{13}{2} + \dfrac{3}{2} = \mathbf{14}$

● 답 : 14



## ● 중선정리(Pappos의 정리)

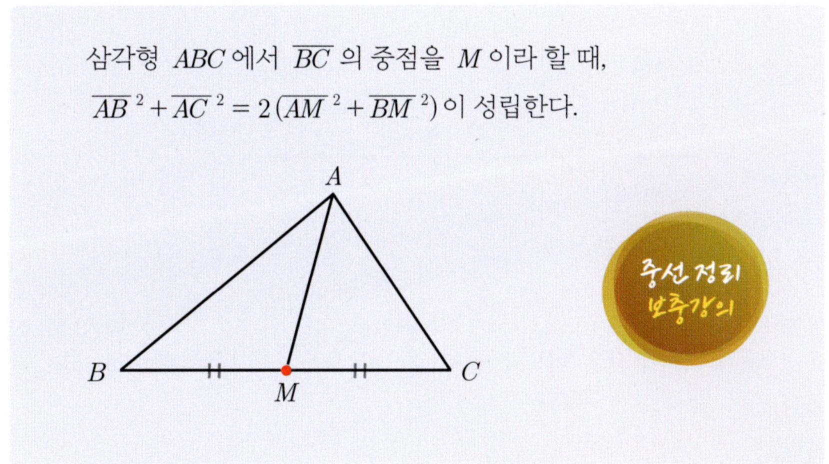


$M$ 이 $\overline{BC}$ 의 $2:1$ 내분점이면,

$$\overline{AB}^2 + 2\overline{AC}^2 = 3\overline{AM}^2 + 6\overline{CM}^2$$ 이 성립한다.

여기에는 일정한 규칙이 있는데 자세한 내용은 보충강의를 통해서 더 공부하도록 하자.

선분 $A(x_1)$, $B(x_2)$를 $m : n\,(m > 0,\, n > 0)$으로 내분하는 점을 **내분점**이라고 하고

$$\text{내분점 } P = \left( \frac{m \cdot x_2 + n \cdot x_1}{m + n} \right)$$

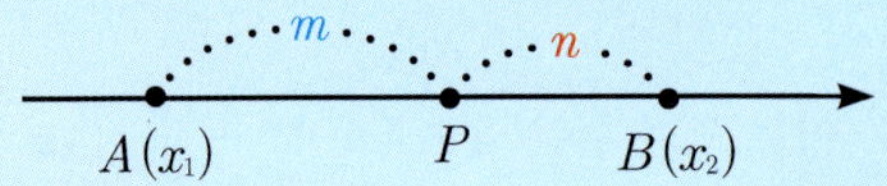

1 : 1로 내분하는 점, 즉 **중점**은

$$\text{중점 } M = \left( \frac{x_1 + x_2}{2} \right)$$

$m : n\,(m > 0,\, n > 0,\, m \neq n)$으로 외분하는 점을 **외분점**이라고 하고

$$\text{외분점 } Q = \left( \frac{m \cdot x_2 - n \cdot x_1}{m - n} \right)$$

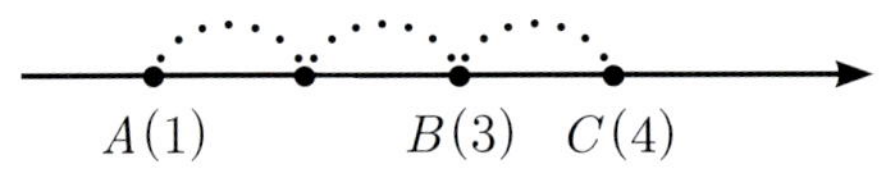

내분점과 외분점은 어느 점을 기준으로 보느냐에 따라 다르게 표현 될 수 있다.

점 $B$는 점 $A, C$의 2 : 1 내분점이고, 점 $C$는 점 $A, B$의 3 : 1 외분점이고, 점 $A$는 점 $C, B$의 3 : 2 외분점이다. 외분점은 '−'를 가지고 있어서 계산할 때 불편할 수 있다. 경우에 따라 외분점을 내분점으로 바꿔서 풀어도 상관없다.

두 점 사이의 길이는 좌표 평면에서도 똑같이 적용된다. $x$ 값과 똑같이 $y$ 값이 하나 더 추가 되었다.

선분 $A(x_1, y_1)$, $B(x_2, y_2)$를 $m : n \, (m > 0, \, n > 0)$으로 내분하는 점 $P$의 좌표

내분점 $P(x, y) = \left( \dfrac{m \cdot x_2 + n \cdot x_1}{m + n}, \dfrac{m \cdot y_2 + n \cdot y_1}{m + n} \right)$

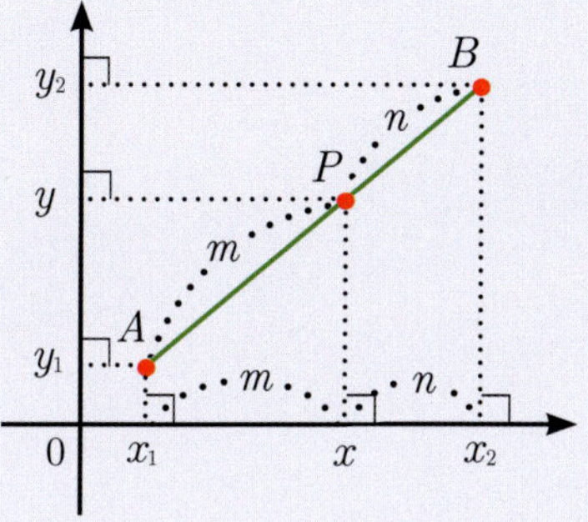



$1 : 1$로 내분하는 점, 즉 **중점**은

중점 $M(x, y) = \left( \dfrac{x_1 + x_2}{2}, \dfrac{y_1 + y_2}{2} \right)$

$m : n \, (m > 0, \, n > 0, \, m \neq n)$으로 외분하는 점을 **외분점**이라고 하고

외분점 $Q(x, y) = \left( \dfrac{m \cdot x_2 - n \cdot x_1}{m - n}, \dfrac{m \cdot y_2 - n \cdot y_1}{m - n} \right)$

■ 외분점, 내분점 쉽게 계산하는 방법

$$m \quad : \quad n$$

$$A(x_1, y_1) \qquad B(x_2, y_2)$$

$$\dfrac{m \cdot x_2 \quad \pm \quad n \cdot x_1}{m \quad \pm \quad n}$$

두 점 $A(2, 3)$, $B(6, -1)$에 대하여

선분 $AB$를 $3:1$로 내분하는 점을 $P$, 외분하는 점을 $Q$,

$\overline{PQ}$의 중점의 좌표가 $M(a, b)$일 때, $a+b$를 구하여라.

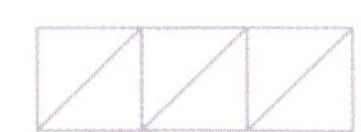

$$P = \left( \frac{3 \cdot 6 + 1 \cdot 2}{3+1}, \frac{3 \cdot (-1) + 1 \cdot 3}{3+1} \right)$$

$$= \left( \frac{20}{4}, 0 \right) = (5, 0)$$

$$Q = \left( \frac{3 \cdot 6 - 1 \cdot 2}{3-1}, \frac{3 \cdot (-1) - 1 \cdot 3}{3-1} \right)$$

$$= \left( \frac{16}{2}, \frac{-6}{2} \right) = (8, -3)$$

$$M = \left( \frac{5+8}{2}, \frac{0 + (-3)}{2} \right)$$

$$= \left( \frac{13}{2}, \frac{-3}{2} \right)$$

$$\therefore \ a+b = \frac{13}{2} + \frac{(-3)}{2} = \frac{10}{2} = \mathbf{5}$$

답 : 5



두 점 $A(1, -1)$, $B(3, 5)$에 대하여 선분 $AB$의

연장선 위에 $\overline{AB} = 2\overline{BC}$를 만족하는 점 $C$의 좌표를 구하여라.

$\overline{AB} = 2\overline{BC}$에서 $\overline{AB} : \overline{BC} = 2:1$이고 점 $C$는 $\overline{AB}$를 $3:1$로 외분한 점이다.

$$C = \left( \frac{3 \cdot 3 - 1 \cdot 1}{3-1}, \frac{3 \cdot 5 - 1 \cdot (-1)}{3-1} \right)$$

$$= \left( \frac{8}{2}, \frac{16}{2} \right) = \mathbf{(4, 8)}$$

답 : $C(4, 8)$

### ● 각을 이등분한 삼각형

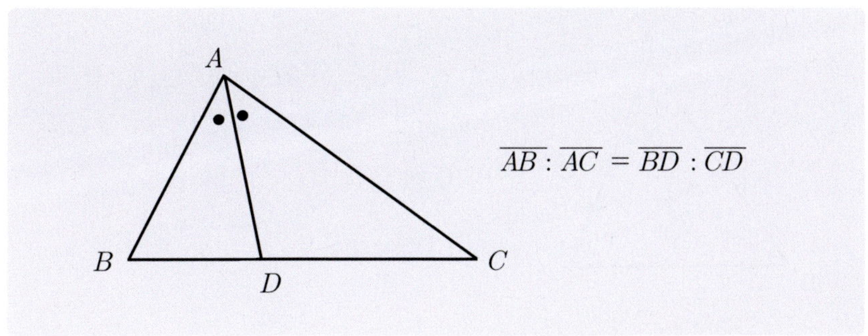

**CHECK 391**

세 점 $A(3, 6)$, $B(-3, -2)$, $C(7, 3)$ 를 꼭짓점으로 하는 $\triangle ABC$ 가 있다. $\angle A$ 의 이등분선이 변 $BC$ 와 만나는 점을 $D$ 라 할 때, 점 $D$ 의 좌표를 구하여라.

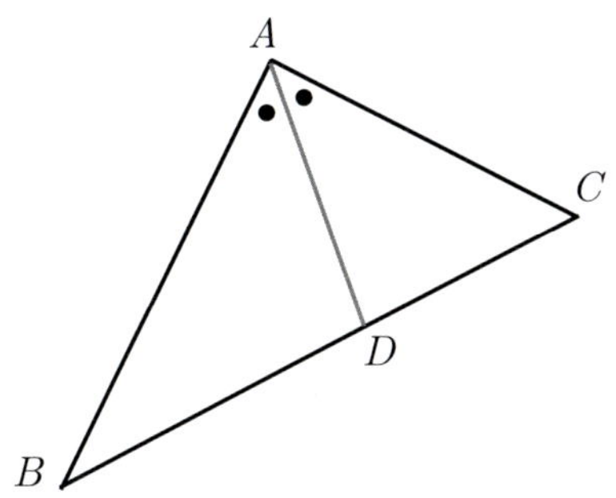


$$\overline{AB} = \sqrt{(-3-3)^2 + (-2-6)^2}$$
$$= \sqrt{36+64} = \sqrt{100} = 10$$
$$\overline{AC} = \sqrt{(7-3)^2 + (3-6)^2}$$
$$= \sqrt{16+9} = \sqrt{25} = 5$$
$$\overline{AB} : \overline{AC} = 10 : 5 = 2 : 1$$

중선의 정리에 의해서 실제 길이 값인 $\overline{AB} : \overline{AC} = 10 : 5 \ \Rightarrow \ 2 : 1$ 이고 $\overline{BD} : \overline{DC}$ 는 비율값인 $2 : 1$ 이 된다. 따라서 점 $D$ 는 변 $BC$ 를 $2 : 1$ 로 내분하는 점이다.

$$D = \left( \frac{2 \cdot 7 + 1 \cdot (-3)}{2+1}, \ \frac{2 \cdot 3 + 1 \cdot (-2)}{2+1} \right)$$
$$= \left( \frac{11}{3}, \frac{4}{3} \right)$$

● 답 : $\left( \dfrac{11}{3}, \dfrac{4}{3} \right)$

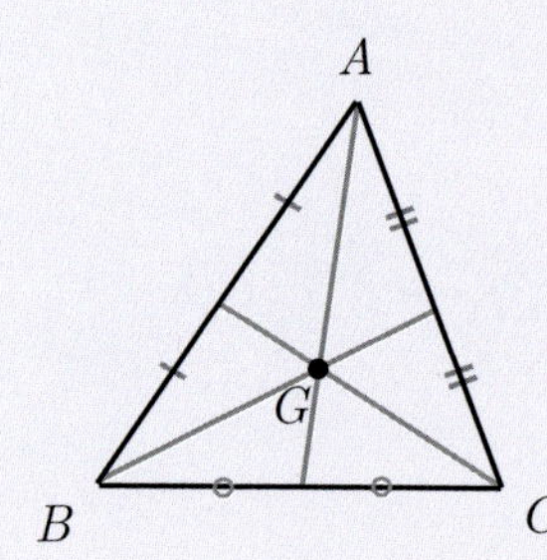

세 점 $A(x_1, y_1), B(x_2, y_2) C(x_3, y_3)$ 를 꼭짓점으로 하는 삼각형 $ABC$ 의 무게중심 $G$ 의 좌표는

$$G = \left( \frac{x_1 + x_2 + x_3}{3}, \frac{y_1 + y_2 + y_3}{3} \right)$$

무게중심은 각 꼭지점에서 마주보는 변에 중선을 그으면 세 중선이 한 점에서 만난다. 이 점을 무게중심이라고 한다.

각 변을 $m : n$ 으로 내분한 세 점을 $P, Q, R$ 이라고 하면, 삼각형 $PQR$ 의 무게중심은 삼각형 $ABC$ 의 무게중심과 같다.

정삼각형에서는 내심(I), 외심(O), 무게중심(G)이 모두 같은 점이다.

**CHECK 392** 다음을 구하려라.

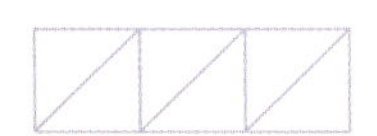

1) 세 점 $A(4, 5), B(-2, 1), C(1, -3)$ 를 꼭짓점으로 하는 삼각형 $ABC$ 의 무게중심의 좌표.

2) 세 점 $A(4, -2), B(a, 5), C(-2, b)$ 를 꼭짓점으로 하는 삼각형 $ABC$ 의 무게중심의 좌표가 $(1, 0)$ 일 때, $a + b$ 의 값.

1) $\left( \dfrac{4 + (-2) + 1}{3}, \dfrac{5 + 1 + (-3)}{3} \right)$

$= \left( \dfrac{3}{3}, \dfrac{3}{3} \right) = \boldsymbol{G(1, 1)}$

2) $\left( \dfrac{4 + a + (-2)}{3}, \dfrac{(-2) + 5 + b}{3} \right) = (1, 0)$

$\left( \dfrac{2 + a}{3}, \dfrac{3 + b}{3} \right) = (1, 0)$

$$\frac{2+a}{3} = 1$$

$$a = 1$$

$$\frac{3+b}{3} = 0$$

$$b = -3$$

$$\therefore \ a+b = 1+(-3) = -2$$

**CHECK 393** 삼각형 $ABC$ 세 변 $AB, BC, CA$ 의 중점의 좌표가 각각 $(-4, 4), (-1, -2), (5, 1)$ 일 때, 삼각형 $ABC$ 의 무게중심의 좌표를 구하여라.

삼각형 $ABC$ 의 무게중심은 각 변의 중심을 꼭짓점으로 하는 삼각형의 무게중심과 같다.

$$\left( \frac{(-4)+(-1)+5}{3}, \frac{4+(-2)+1}{3} \right)$$

$$= \left( \frac{0}{3}, \frac{3}{3} \right)$$

$$= G(0, 1)$$

각각의 중점을 이용하여 $A, B, C$ 세 꼭짓점을 구할 수도 있지만 연립하는 식이 복잡하므로 위의 방법을 이용하자.

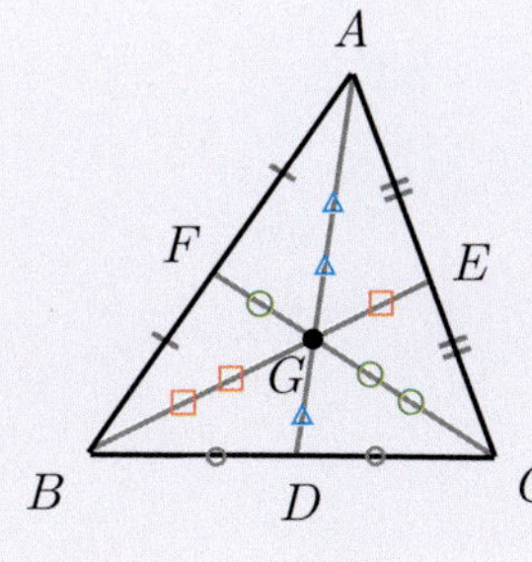

삼각형 $ABC$ 의 무게중심이 $G$ 일 때, 변 $AG : GD, BG : GE, CG : GF$ 의 길이의 비는 $2 : 1$ 이다.

삼각형 $AGE, CGE, CGD, BGD, BGF, AGF$ 는 합동은 아니지만 삼각형의 넓이는 모두 같다.

 **CHECK 394**

$A(3, -4)$, $B(-2, 11)$를 $2:3$으로 내분하는 점을 $P(a, b)$, $3:2$으로 외분하는 점을 $Q(c, d)$라고 할 때, $a+b+c+d$를 구하여라.

 **CHECK 395**

세 점 $A(2, 1)$, $B(5, 2)$, $C(1, 4)$를 꼭짓점으로 하는 $\triangle ABC$는 어떤 삼각형인지 구하여라.

**CHECK 396**

좌표평면 위의 두 점 $A(2, 4)$, $B(9, 3)$에서 $\overline{PA} = \overline{PB}$ 를 만족하는 $x$축 위의 점 $P$의 좌표를 구하여라.

**CHECK 397**

좌표평면 두 점 $A(-2, 5)$, $B(7, 2)$과 $x = 1$ 위를 움직이는 점 $P(a, b)$에 대하여 $\overline{AP}^2 + \overline{BP}^2$이 최솟값이 될 때, $2ab$ 값을 구하여라.

9 평면좌표

**CHECK 398**

세 점 $A(2, 1)$, $B(5, 2)$, $C(1, 2)$와
같은 거리에 있는 점을 $P(a, b)$라고 할 때, $ab$ 를 구하여라.

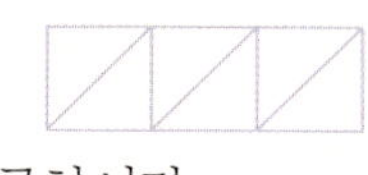

**CHECK 399**

평행사변형 $ABCD$ 에서 세 꼭짓점이
$A(-4, -2)$, $B(3, 6)$, $C(6, 2)$ 일 때, 나머지 꼭짓점 $D$ 의 좌표를
구하여라.

**CHECK 400**

점 $A(-1, 2)$, $B(a, 5)$를 $2:1$로 내분하는 점이 $(1, 4)$일 때, 점 $A, B$를 $3:a$로 외분하는 점을 구하여라.

**CHECK 401**

세 점 $A, B, C$에서 선분 $AB$를 $2:1$로 내분하는 점이 $(-2, 3)$, 선분 $BC$를 $2:1$로 내분하는 점이 $(3, 4)$, 선분 $CA$를 $2:1$로 내분하는 점이 $(5, 2)$일 때, 삼각형 $ABC$의 무게중심의 좌표는 $G(a, b)$이다. 이때 $a+b$를 구하여라.

**CHECK 402**

네 점 $A(-4, -2)$, $B(3, 6)$, $C(9, 2)$, $D(a, b)$에서
선분 $AB$, $CD$가 평행하고 길이가 같은 평행사변형일 때,
$a - b$의 값을 구하여라.

**CHECK 403**

세 점 $A(2, 6)$, $B(x_1, y_1)$, $C(x_2, y_2)$을 꼭짓점으로
하는 삼각형의 무게중심 $G(-1, 2)$일 때, $BC$의 중점은
$M(a, b)$이다. $2(a + b)$의 값을 구하여라.

**CHECK 404** 점 $A(5, 3)$과 직선 $x + y - 3 = 0$ 위를 움직이는 점 $P$에 대하여 선분 $AP$를 $2 : 1$로 외분하는 점의 자취방정식을 구하여라.

**CHECK 405** 세 점 $A(1, 0)$, $B(5, 2)$, $C(a, b)$을 꼭짓점으로 하는 삼각형이 $\angle C = R$인 직각삼각형일 때, 삼각형에 외접하는 원의 넓이를 구하여라.

# READING MATHEMATICS

# 10. 직선의 방정식

## 1) 좌표축에 평행인 방정식

점 $(a, b)$ 를 지나며,

① $y$ 축에 평행한 직선 ($x$ 축에 수직인 직선) $\Rightarrow$ $x = a$

② $x$ 축에 평행한 직선 ($y$ 축에 수직인 직선) $\Rightarrow$ $y = b$

## 2) 직선의 방정식의 표준형

$$y = ax + b$$

기울기 : $a$ , $y$ 절편 : $b$ , $x$ 절편 : $-\dfrac{b}{a}$

**직선의 방정식의 일반형**

$$ax + by + c = 0$$

기울기 : $-\dfrac{a}{b}$ , $y$ 절편 : $-\dfrac{c}{b}$ , $x$ 절편 : $-\dfrac{c}{a}$

## 3) 기울기와 한 점을 지나는 직선의 방정식

기울기가 $m$ 이고 점 $(x_1, y_1)$ 을 지나는 직선의 방정식

$$y = m(x - x_1) + y_1$$

## 4) 두 점을 지나는 직선의 방정식

서로 다른 두 점 $(x_1, y_1), (x_2, y_2)$ 을 지나는 직선의 방정식

$$y = \dfrac{y_2 - y_1}{x_2 - x_1}(x - x_1) + y_1$$

## 5) $x$ 절편과 $y$ 절편이 주어진 직선의 방정식

$x$ 절편이 $a$ 이고 $y$ 절편 $b$ 인 직선의 방정식

$$\dfrac{x}{a} + \dfrac{y}{b} = 1$$

## ● 좌표축에 평행인 방정식

$x$ 축에 평행한 직선 $y = b$ 는 상수함수이지만 $y$ 축에 평행한 직선 $x = a$ 는 함수가 아니다.

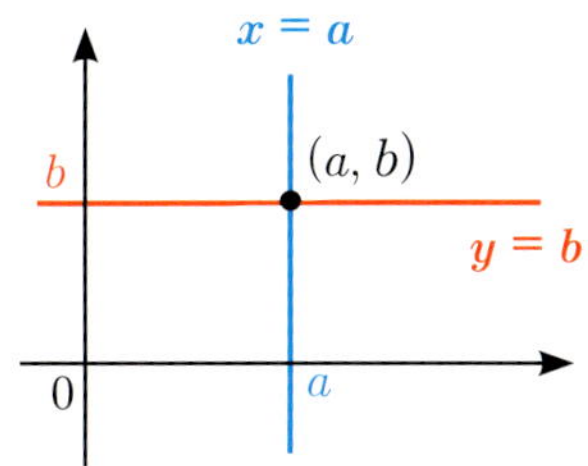


## ● 직선의 방정식의 표준형

직선의 기울기는 직선이 $x$ 축의 양의 부분과 이루는 각의 크기를 말하며 $\tan(\ )$ 함수와 관련이 있다.

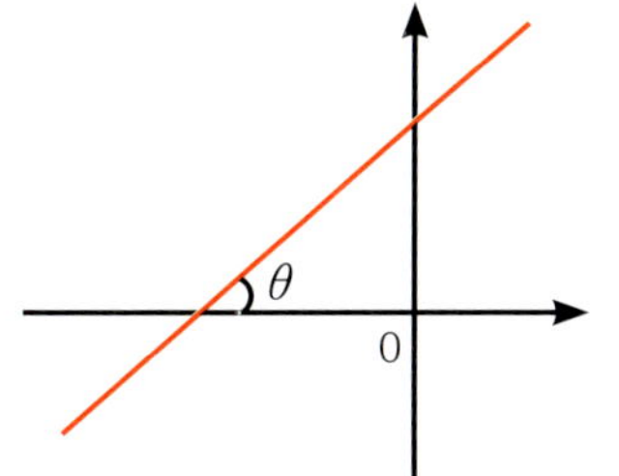


$x$ 에 '0' 값을 넣어 나온 $y$ 의 값이 $x$ 절편이고, $y$ 에 '0' 값을 넣어 나온 $x$ 의 값이 $x$ 절편이다.

**CHECK 406**   $x$ 축의 양의부분과 이루는 각의 크기가 $45°$ 이고 $y$ 절편이 2인 직선의 방정식을 구하여라.

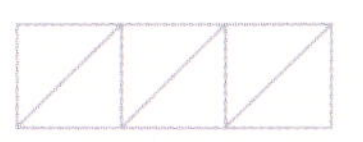

기울기가 $\tan 45° = 1$ 이고 $y$ 절편이 2이므로 $y = x + 2$ 이다.

● 답 : $y = x + 2$

● **기울기와 한 점을 지나는 직선의 방정식**

직선의 핵심은 기울기와 직선 위의 한 점이다. 한 점이 $x$ 절편이거나 $y$ 절편일 수도 있고 직선 위에 있는 한 점일 수도 있다.

CHECK
407

$x$ 축의 양의 부분과 이루는 각의 크기가 $60°$ 이고 $(\sqrt{3}, 2)$ 를 지나는 직선의 방정식을 구하여라.

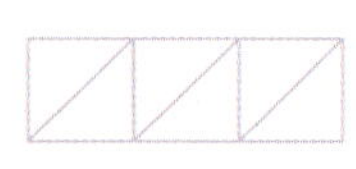

기울기가 $\tan 60° = \sqrt{3}$ 이므로 직선은 $y = \sqrt{3}\,x + b$ 이다.
직선이 $(\sqrt{3}, 2)$ 를 지나므로 식에 대입을하면

$2 = \sqrt{3} \cdot \sqrt{3} + b$
$b = -1$
$\therefore \ \boldsymbol{y = \sqrt{3}\,x - 1}$

● 답 : $y = \sqrt{3}\,x - 1$

● **두 점을 지나는 직선의 방정식**

두 점을 이용하여 기울기를 구할 수 있다. 기울기는 $x$ 의 증가한 값에 대한 $y$ 의 증가한 값의 비율이다.

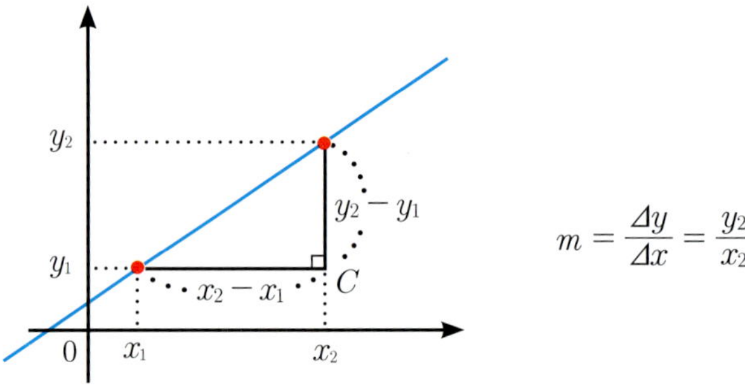

$$m = \frac{\Delta y}{\Delta x} = \frac{y_2 - y_1}{x_2 - x_1}$$

기울기를 구한 후, 두 점 중 한 점을 이용하여 직선을 구하면 된다.

 두 점 $(2, 3), (4, 7)$을 지나는 직선의 방정식을
구하여라.

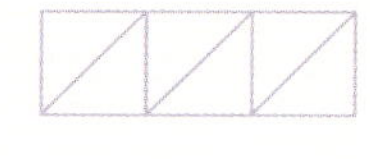

기울기 $m = \dfrac{7-3}{4-2} = \dfrac{4}{2} = 2$

직선의 방정식 $\begin{aligned} y &= 2(x-2) + 3 \\ &= 2x - 4 + 3 \\ &= 2x - 1 \end{aligned}$

답 : $y = 2x - 1$

$x_1 = x_2$가 같을 때, 직선의 방정식은 $x = x_1$이고

$y_1 = y_2$가 같을 때, 직선의 방정식은 $y = y_1$이다.

### $x$ 절편과 $y$ 절편이 주어진 직선의 방정식

$x$ 절편과 $y$ 절편이 주어지면 직선의 방정식을 쉽게 구할 수 있다.

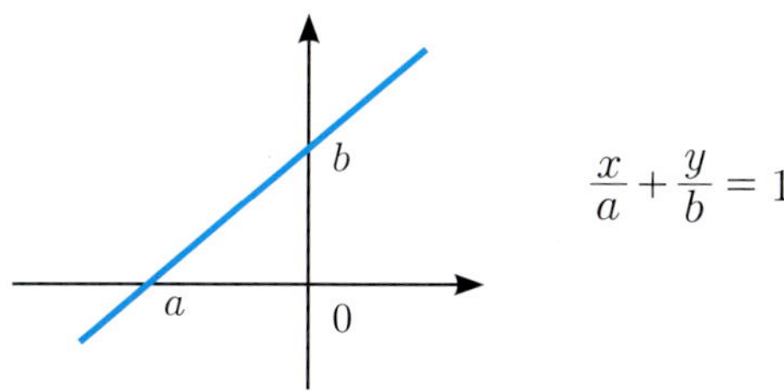

$$\frac{x}{a} + \frac{y}{b} = 1$$

상수가 꼭 1이어야 한다.

이때 $x$ 축과 $y$ 축, 직선으로 둘러 쌓인 삼각형의 넓이는,

$$S = -\frac{1}{2}ab = \frac{1}{2}|ab| \text{이다.}$$

문자로 표현될 때, 부호에 주의하자.

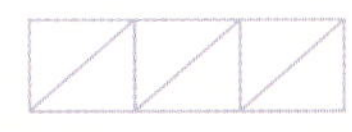

**CHECK 409** 일차방정식 $2x - 3y + 6 = 0$ 과 $x$ 축, $y$ 축으로 둘러 쌓인 삼각형의 넓이를 구하여라.

$$2x - 3y + 6 = 0$$
$$2x - 3y = -6$$
$$\frac{x}{-3} + \frac{y}{2} = 1$$

$x$ 절편은 $-3$, $y$ 절편은 $2$이다.

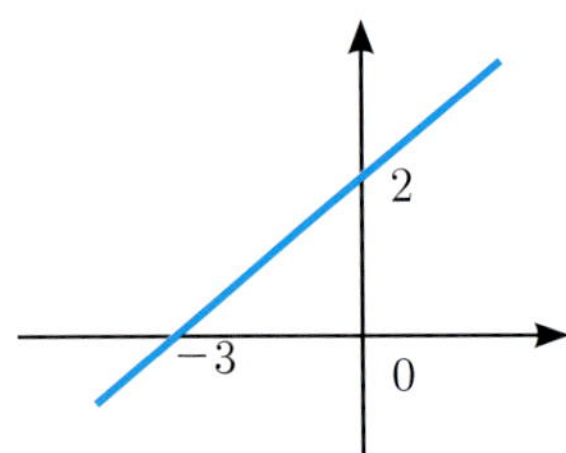

따라서 넓이 $S = \dfrac{1}{2}|(-3) \cdot 2| = \mathbf{3}$

답 : 3

## 세 점이 한 직선 위에 있을 때

세 점 $A(x_1, y_1)$, $B(x_2, y_2)$, $C(x_3, y_3)$ 가 일직선 위에 있으면 세 직선 $\overline{AB}$, $\overline{BC}$, $\overline{AC}$ 의 기울기는 같다.

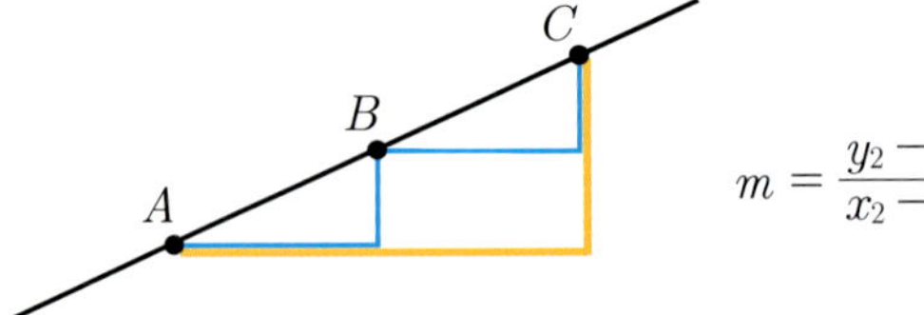

$$m = \frac{y_2 - y_1}{x_2 - x_1} = \frac{y_3 - y_2}{x_3 - x_2} = \frac{y_3 - y_1}{x_3 - x_1}$$

혹은 직선 $\overline{AB}$ 를 구하고 점 $C$ 를 직선에 대입해도 된다.

세 점 $(1, 2), (3, 4), (5, p)$ 가
한 직선 위에 있도록 하는 $p$ 의 값을 구하여라.

$$m = \frac{4-2}{3-1} = \frac{p-4}{5-3}$$
$$1 = \frac{p-4}{2}$$
$$p - 4 = 2$$
$$p = 6$$

답 : 6



직선 $ax + by + c = 0$ 이 그림과 같을 때,
직선 $cx + ay + b = 0$ 이 지나지 않는 사분면을 구하여라.

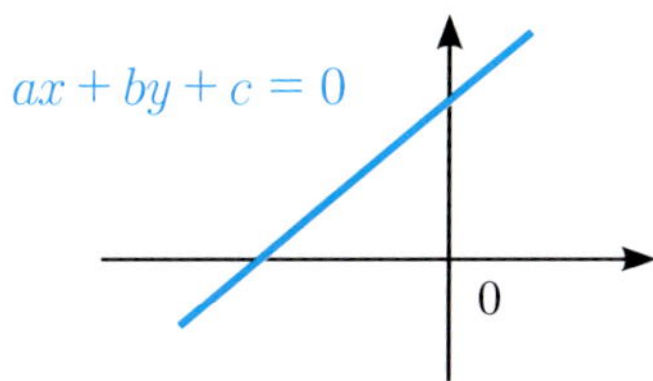


앞에서 공부한 [p189]를 참고하면, 직선 $ax + by + c = 0$ 에서

기울기 : $-\dfrac{a}{b}$ , $y$ 절편 : $-\dfrac{c}{b}$ , $x$ 절편 : $-\dfrac{c}{a}$ 이다.

$-\dfrac{a}{b} > 0$ , $\dfrac{a}{b} < 0$ / $-\dfrac{c}{b} > 0$ , $\dfrac{c}{b} < 0$ / $-\dfrac{c}{a} < 0$ , $\dfrac{c}{a} > 0$

$a, b$ 의 부호가 다르다 / $b, c$ 부호가 다르다 / $a, c$ 부호가 같다

$cx + ay + b = 0$ 에서

기울기 : $-\dfrac{c}{a}$ , $y$ 절편 : $-\dfrac{b}{a}$ , $x$ 절편 : $-\dfrac{b}{c}$ 이다.

$-\dfrac{c}{a} < 0$ / $-\dfrac{b}{a} > 0$ / $-\dfrac{c}{b} > 0$

따라서 제3사분면을 지나지 않는다.

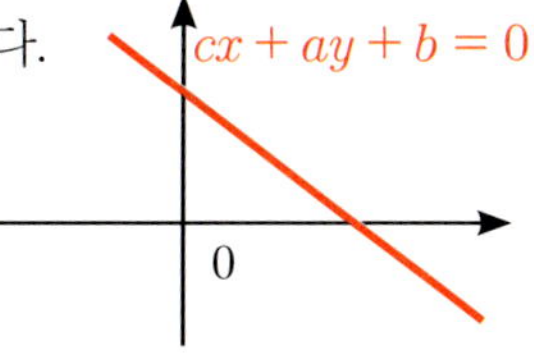


답 : 제3사분면

## ● 두 직선의 관계

평면 위에서 두 직선의 관계는 다음과 같다.

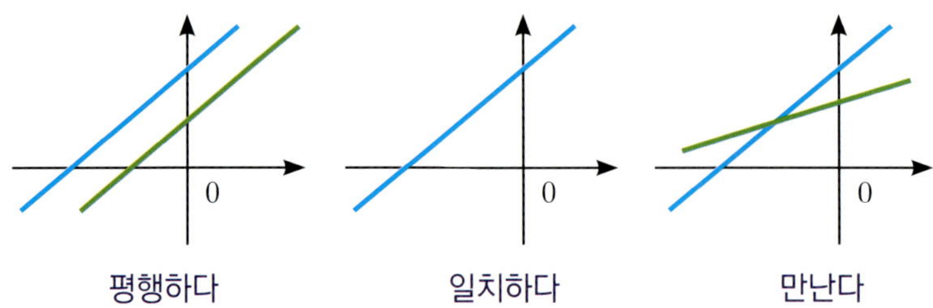

<table>
<tr><td align="center">평행하다</td><td align="center">일치하다</td><td align="center">만난다</td></tr>
</table>

두 직선이 표준형 $y = ax + b$ , $y = a'x + b'$ 일 때,

| 두 직선의 관계 | 조건 | 교점 | 연립방정식의 해 |
|---|---|---|---|
| 평행하다 | $a = a'$ , $b \neq b'$ | 없다 | 불능 |
| 일치하다 | $a = a'$ , $b = b'$ | 무수히 많다 | 부정 |
| 만난다 | $a \neq a'$ | 한 개 | 한 쌍 |
| 수직한다 | $aa' = -1$ | | |

두 직선이 일반형 $ax + by + c = 0$ , $a'x + b'y + c' = 0$ 일 때,

| 두 직선의 관계 | 조건 | 교점 | 연립방정식의 해 |
|---|---|---|---|
| 평행하다 | $\dfrac{a}{a'} = \dfrac{b}{b'} \neq \dfrac{c}{c'}$ | 없다 | 불능 |
| 일치하다 | $\dfrac{a}{a'} = \dfrac{b}{b'} = \dfrac{c}{c'}$ | 무수히 많다 | 부정 |
| 만난다 | $\dfrac{a}{a'} \neq \dfrac{b}{b'}$ | 한 개 | 한 쌍 |
| 수직한다 | $aa' + bb' = 0$ | | |

## ● 세 직선의 관계

 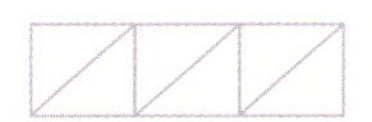

**CHECK 412** 다음 직선의 방정식을 구하여라.

1) 두 점 $(2, 1)$, $(3, 4)$을 지나는 직선에 평행하고 점 $(1, 4)$를 지난다.

2) 직선 $y = \dfrac{1}{2}x + 3$을 지나는 직선에 수직하고 점 $(1, 3)$를 지난다.

3) 직선 $3x + y + 1 = 0$에 평행하고 점 $(2, -3)$를 지난다.

4) 직선 $x + 2y + 3 = 0$에 수직하고 점 $(3, 1)$를 지난다.

5) $x$ 절편이 3, $y$ 절편이 $-2$인 직선.

1) 기울기 $m = \dfrac{4-1}{3-2} = 3$이고, 점 $(1, 4)$를 지나므로

$$y = 3(x-1) + 4$$
$$= 3x - 3 + 4$$
$$= \mathbf{3x + 1}$$

2) 기울기가 $-2$이고, 점 $(1, 3)$을 지나므로

$$y = -2(x-1) + 3$$
$$= -2x + 2 + 3$$
$$= \mathbf{-2x + 5}$$

3) 기울기가 $-3$이고, 점 $(2, -3)$을 지나므로

$$y = -3(x-2) - 3$$
$$= -3x + 6 - 3$$
$$= \mathbf{-3x + 3}$$

4) 기울기가 2이고, 점 $(3, 1)$을 지나므로

$$y = 2(x-3) + 1$$
$$= 2x - 6 + 1$$
$$= \mathbf{2x - 5}$$

5) $x$ 절편이 3, $y$ 절편이 $-2$이므로

$$\dfrac{x}{3} + \dfrac{y}{-2} = 1$$
$$\mathbf{2x - 3y = 6}$$

 답 : 풀이참조

 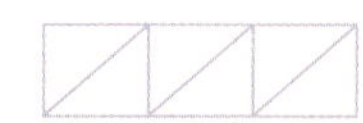



직선 $x+(a-2)y+1=0$ 이
직선 $ax+3y+3=0$ 과 평행하고 직선 $bx+y+2=0$ 과
수직일 때, $a+b$ 를 구하여라.

두 직선 $x+(a-2)y+1=0$, $ax+3y+3=0$ 이 평행하므로

$$\frac{a}{1}=\frac{3}{a-2}\neq\frac{3}{1}$$ 　　대각선으로 곱한다

$$\frac{a}{1}=\frac{3}{a-2}$$
$$a(a-2)=3$$
$$a^2-2a-3=0$$
$$(a-3)(a+1)=0$$
$$a=3 \ \text{또는} \ a=-1$$

$$\frac{3}{a-2}\neq\frac{3}{1}$$ 　　양변을 3으로 약분하고

　　대각선으로 곱한다

$$a-2\neq 1$$
$$a\neq 3$$
$$a=-1$$ 　　직선에 대입한다

두 직선 $x-3y+1=0$, $bx+y+2=0$ 과 수직하므로

$$aa'+bb'=0$$

$$1\cdot b-3\cdot 1=0$$
$$b=3$$
$$\therefore \ a+b=-1+3=\mathbf{2}$$

답 : 2

세 직선이 삼각형을 이루지 않도록 하는
실수 $a$의 값의 합을 구하여라.

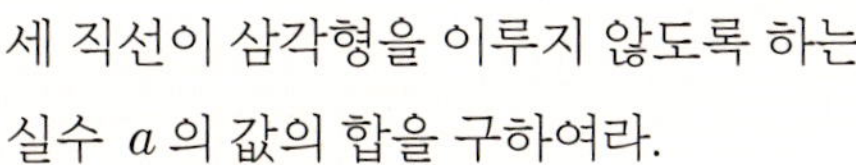

$$x - y + 2 = 0 \qquad \cdots\cdots \ ①$$
$$ax + 2y + 3 = 0 \qquad \cdots\cdots \ ②$$
$$x - 2y + 3 = 0 \qquad \cdots\cdots \ ③$$

세 직선이 삼각형을 이루지 않으려면,

1) ①, ②번 두 직선이 평행할 때,

$$\frac{a}{1} = \frac{2}{-1} \neq \frac{3}{2}$$
$$\frac{a}{1} = \frac{2}{-1}$$
$$a = -2$$

2) ②, ③번 두 직선이 평행할 때,

$$\frac{a}{1} = \frac{2}{-2} \neq \frac{3}{3}$$
$$\frac{a}{1} = \frac{2}{-2}$$
$$a = -1$$

3) 세 직선이 한 점에서 만날 때,

①, ③번 두 직선의 교점을 ②번 직선이 지날 때,

①, ③번을 연립하면 교점을 구하면 $(-1, 1)$이다.

$$(-1, 1) \implies ②$$
$$a \cdot (-1) + 2 \cdot 1 + 3 = 0$$
$$-a + 5 = 0$$
$$a = 5$$

따라서 $-2 + (-1) + 5 = \mathbf{2}$

 답 : **2**

두 직선 $ax + by + c = 0$, $a'x + b'y + c' = 0$이 한 점에서 만날 때,
$(ax + by + c) + k(a'x + b'y + c') = 0$의 그래프는
실수 $k$의 값에 관계없이 두 직선
$ax + by + c = 0$, $a'x + b'y + c' = 0$의 교점을 지나는 직선이다.

실수 $k$의 값에 관계없이 두 직선의 교점을 지나므로 그 점을 정점이라 하겠다. 두 직선의 교점을 지나는 직선은 무수히 많다.

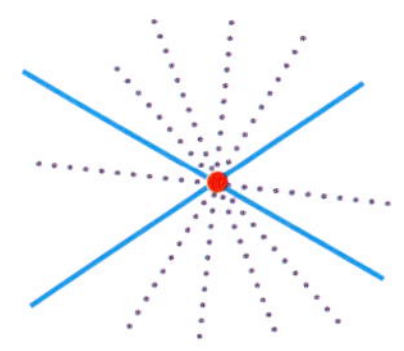

무수히 많은 직선 중에서 한 직선을 결정하려면 직선을 지나는 한 점이 필요하다. 그러면 두 점을 지나는 직선이 되므로 하나의 직선으로 나타낼 수 있다. 문제에서 주어진 한 점 $(x, y)$를 **교점을 지나는 직선**에 대입해서

$$(ax + by + c) + k(a'x + b'y + c') = 0$$

$k$의 값을 구한 후, $k$의 값을 다시 **교점을 지나는 직선**에 대입하면 두 직선의 교점을 지나는 직선을 구할 수 있다.

두 직선의 교점을 지나는 직선은 정점을 지나는 직선으로 응용되어 자주 시험에 나온다.

**CHECK 415**

두 직선 $2x - y - 2 = 0$, $3x + 2y + 1 = 0$ 의

교점을 지나면서 $(-1, 2)$ 를 지나는 직선의 방정식을 구하여라.

$$2x - y - 2 + k(3x + 2y + 1) = 0 \quad \cdots\cdots \quad ①$$
$$(-1, 2) \Rightarrow 2 \cdot (-1) - 2 - 2 + k(3 \cdot (-1) + 2 \cdot 2 + 1) = 0$$
$$2k = 6$$
$$k = 3 \quad \Rightarrow \quad ①$$
$$2x - y - 2 + 3(3x + 2y + 1) = 0$$
$$2x - y - 2 + 9x + 6y + 3 = 0$$
$$\mathbf{11x + 5y + 1 = 0}$$

 답 : $11x + 5y + 1 = 0$

 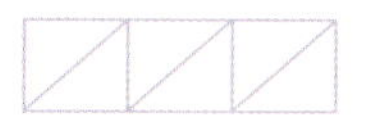

**CHECK 416**

직선 $(2 + k)x + (2k - 3)y - 4k - 1 = 0$ 은

실수 $k$ 의 값에 관계없이 항상 일정한 점 $(a, b)$ 를 지난다.

$a + b$ 의 값을 구하여라.

$k$ 에 관한 항등식으로 푼다.

$$(2 + k)x + (2k - 3)y - 4k - 1 = 0$$
$$2x + kx + 2ky - 3y - 4k - 1 = 0$$
$$(x + 2y - 4)k + 2x - 3y - 1 = 0$$
$$x + 2y - 4 = 0, \quad 2x - 3y - 1 = 0$$

두 식을 연립하면 $(2, 1)$ 이 나온다.

따라서 $a + b = 2 + 1 = \mathbf{3}$

답 : 3

직선 $y = mx + m + 2$ 이 두 점 $A(1, 6)$, $B(2, 5)$
사이를 지날 때, 실수 $m$ 의 범위를 구하여라.

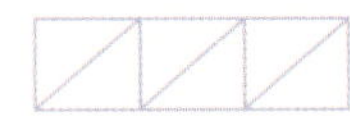

직선을 $m$ 으로 묶어내면 정점을 찾을 수 있다.

$$y = m(x + 1) + 2 \quad \Rightarrow \quad (-1, 2)$$

그림으로 그려보면,

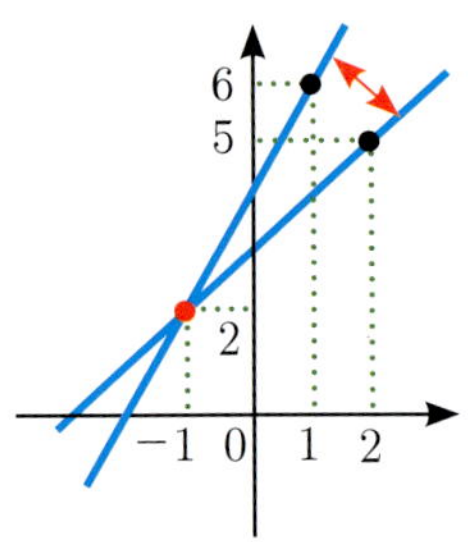

$(-1, 2)$를 지나는 직선이 점 $A(1, 6)$와 점 $B(2, 5)$를 지날 때의 기울기
를 구하면 된다. 두 점 사이를 지나므로 등호는 들어가지 않는다.

$$A(1, 6) \quad \Rightarrow \quad 6 = m(1 + 1) + 2$$
$$2m = 4$$
$$m = 2$$
$$B(2, 5) \quad \Rightarrow \quad 5 = m(2 + 1) + 2$$
$$3m = 3$$
$$m = 1$$
$$\therefore \ 1 < m < 2$$

점과 직선 사이의 거리는 수직인 거리, 즉 점에서 직선에 내린 수선의 발까지의 거리이다.

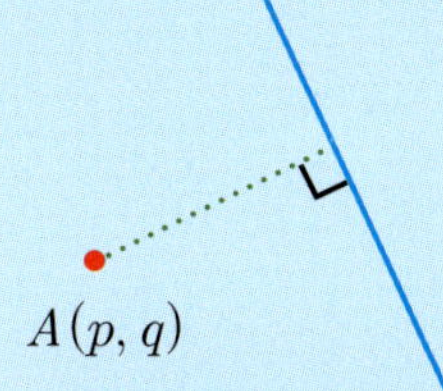

점 $A(p, q)$와 직선 $ax + by + c = 0$ 사이의 거리 $d$는

$$d = \frac{|ap + bq + c|}{\sqrt{a^2 + b^2}}$$

점 $P$가 원점인 경우는

$$d = \frac{|c|}{\sqrt{a^2 + b^2}}$$

직선 $3x + 4y + 3 = 0$과 $(3, 2)$ 사이의 거리를 구하여라.

공식에 그대로 적용해 본다.

$$d = \frac{|3 \cdot 3 + 4 \cdot 2 + 3|}{\sqrt{3^2 + 4^2}}$$

$$= \frac{20}{5} = 4$$

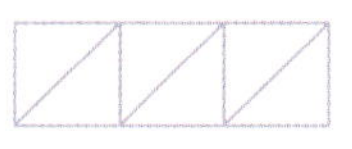

평행한 두 직선 사이의 거리를 구할 때는 먼저 한 직선 위에 있는 임의의 점을 구한다. $x$ 에 '0'이나 '1'을 넣으면 간단한 좌표를 구할 수 있다. 그런 다음, 점과 직선 사이의 거리 공식을 이용하면 된다.

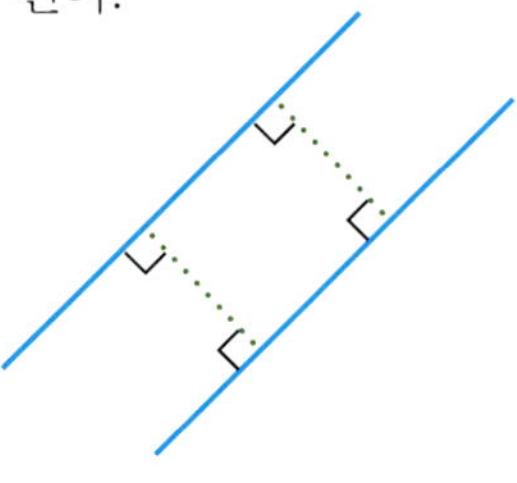

 두 직선 $2x - y + 2 = 0$, $2x - y - 3 = 0$ 사이의 거리를 구하여라. 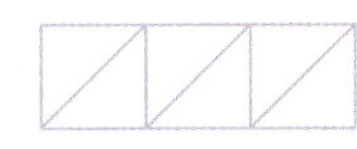

직선 $2x - y + 2 = 0$ 위의 한 점을 정해보자. $x$ 에 '0'을 넣어 한 점을 정한다. $\Rightarrow (0, 2)$

점 $(0, 2)$ 과 직선 $(2x - y - 3 = 0)$ 사이의 거리를 공식을 이용하여 구한다.

$$d = \frac{|2 \cdot 0 + (-1) \cdot 2 - 3|}{\sqrt{2^2 + (-1)^2}}$$

$$= \frac{5}{\sqrt{5}} = \sqrt{5}$$

답 : $\sqrt{5}$

평행한 두 직선 $ax + by + c = 0$, $a'x + b'y + c' = 0$ 사이의 거리를 공식으로 정리하면 다음과 같다.

$$d = \frac{|c - c'|}{\sqrt{a^2 + b^2}}$$

● **좌표평면 위의 삼각형의 넓이**

■ 삼각형의 넓이는 다음과 같이 구할 수 있다.

세 점 $A(x_1, y_1), B(x_2, y_2), C(x_3, y_3)$ 가 주어졌을 때,

$$S = \frac{1}{2} \begin{vmatrix} x_1 & x_2 & x_3 & x_1 \\ y_1 & y_2 & y_3 & y_1 \end{vmatrix}$$

$$= \frac{1}{2} \left| (x_1 y_2 + x_2 y_3 + x_3 y_1) - (x_2 y_1 + x_3 y_2 + x_1 y_3) \right|$$

원점과 두 점 $A(x_1, y_1), B(x_2, y_2)$ 가 주어졌을 때,

$$S = \frac{1}{2} \begin{vmatrix} x_1 & x_2 \\ y_1 & y_2 \end{vmatrix}$$

$$= \frac{1}{2} \left| x_1 y_2 - x_2 y_1 \right|$$

■ 직선의 방정식을 이용하는 방법(서술형)

세 점 $A(x_1, y_1), B(x_2, y_2), C(x_3, y_3)$ 이 주어졌을 때,

① 두 점 사이의 거리를 구한다. 삼각형의 **밑변**이 된다.  $\overline{AC}$

② 두 점을 이용하여 직선의 방정식을 구한다.  $\overleftrightarrow{AC}$

③ 다른 한 점과 직선을 이용하여 삼각형의 **높이**를 구한다.  $\overline{BH}$

④ 삼각형의 넓이를 계산한다.

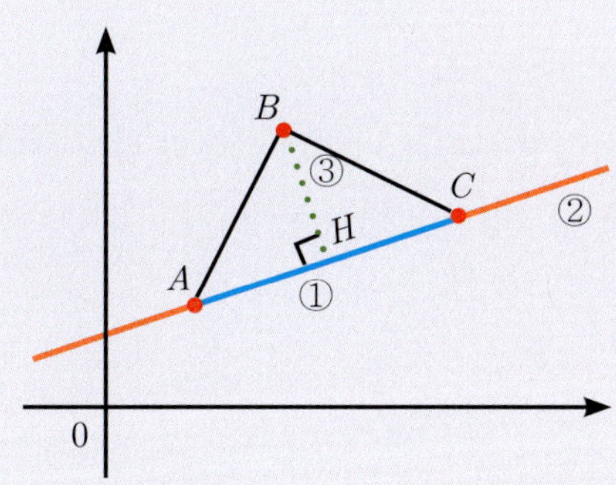

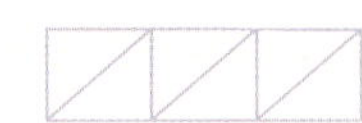

세 점 $A(1,1)$, $B(2,5)$, $C(4,3)$ 을
꼭짓점으로 하는 삼각형 $ABC$ 의 넓이를 구하여라.

앞에서 설명한 세 가지 방법으로 풀어보자.

**1)** 세 점 $A(1, 1)$, $B(2, 5)$, $C(4, 3)$ 으로 풀 때,

$$S = \frac{1}{2} \begin{vmatrix} 1 & 2 & 4 & 1 \\ 1 & 5 & 3 & 1 \end{vmatrix}$$

$$= \frac{1}{2} \left| (1 \cdot 5 + 2 \cdot 3 + 4 \cdot 1) - (2 \cdot 1 + 4 \cdot 5 + 1 \cdot 3) \right|$$

$$= \frac{1}{2} \left| 15 - 25 \right|$$

$$= 5$$

**2)** 점 $A$ 를 원점으로 이동시켜 원점과 두 점 $A'(1, 4)$, $B'(3, 2)$ 으로 풀 때,

점 $A$ 를 원점으로 $(-1, -1)$ 평행이동하면 $B(2, 5)$, $C(4, 3)$ 도
$B'(1, 4)$, $C'(3, 2)$ 로 평행이동 한다.

$$S = \frac{1}{2} \begin{vmatrix} 1 & 3 \\ 4 & 2 \end{vmatrix}$$

$$= \frac{1}{2} \left| 1 \cdot 2 - 3 \cdot 4 \right|$$

$$= \frac{1}{2} \left| -10 \right|$$

$$= 5$$

**3)** **직선의 방정식**으로 풀어보자. 서술형 문제로 나오면 다음과 같이 푼다.

① 선분 $AC$ 의 길이를 구한다. 삼각형의 밑변이 된다.

$$\overline{AC} = \sqrt{(4-1)^2 + (3-1)^2}$$

$$= \sqrt{9 + 4}$$

$$= \sqrt{13}$$

② 두 점 $A, C$ 를 지나는 직선의 방정식을 구한다.

$$y = \frac{3-1}{4-1}(x-1) + 1$$

$$= \frac{2}{3}(x-1) + 1$$

$$= \frac{2}{3}x + \frac{1}{3}$$

$$3y = 2x + 1$$

$$2x - 3y + 1 = 0$$

③ 점 $B(2, 5)$ 와 직선 $2x - 3y + 1 = 0$ 사이의 거리를 구한다. 삼각형의 높이가 된다.

$$d = \frac{|2 \cdot 2 + (-3) \cdot 5 + 1|}{\sqrt{2^2 + (-3)^2}}$$

$$= \frac{|-10|}{\sqrt{13}} = \frac{10}{\sqrt{13}}$$

삼각형의 넓이는,

$$S = \frac{1}{2}\sqrt{13} \cdot \frac{10}{\sqrt{13}}$$

$$= 5$$

답 : 5

그림으로 확인해 보자.

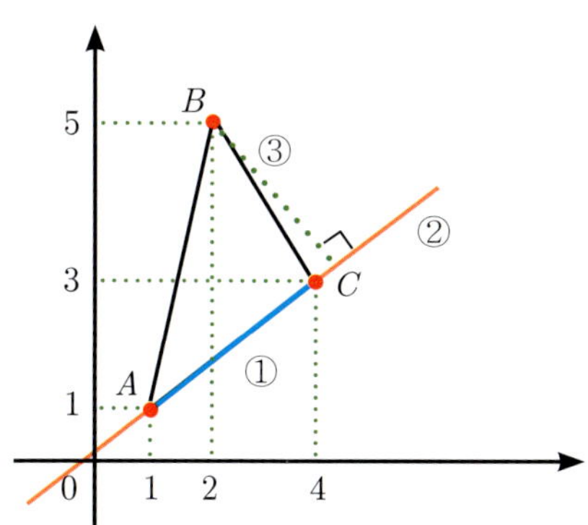

 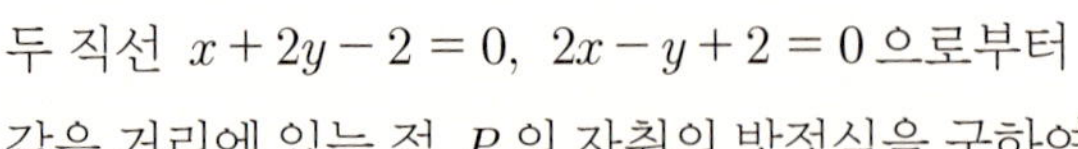 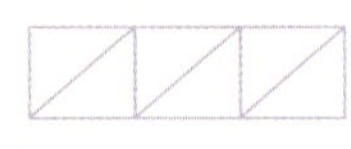

**CHECK 421** 두 직선 $x + 2y - 2 = 0$, $2x - y + 2 = 0$ 으로부터 같은 거리에 있는 점 $P$ 의 자취의 방정식을 구하여라.

$P$ 의 좌표를 $(x, y)$ 라고 놓는다. 점 $P$ 와 두 직선 사이의 거리를 구해서 같다고 놓는다.

$$x + 2y - 2 = 0 \,, \ P(x, y) \ \Rightarrow \ d_1 = \frac{|x + 2y - 2|}{\sqrt{1^2 + 2^2}} = \frac{|x + 2y - 2|}{\sqrt{5}}$$

$$2x - y + 2 = 0 \,, \ P(x, y) \ \Rightarrow \ d_2 = \frac{|2x + (-1) \cdot y + 2|}{\sqrt{2^2 + 1^2}} = \frac{|2x - y + 2|}{\sqrt{5}}$$

$$\frac{|x + 2y - 2|}{\sqrt{5}} = \frac{|2x - y + 2|}{\sqrt{5}}$$

$$|x + 2y - 2| = |2x - y + 2|$$

절댓값을 풀면,

$$x + 2y - 2 = \pm (2x - y + 2)$$

① $x + 2y - 2 = 2x - y + 2$

$$\boldsymbol{x - 3y + 4 = 0}$$

② $x + 2y - 2 = -(2x - y + 2)$

$$x + 2y - 2 = -2x + y - 2$$

$$\boldsymbol{3x + y = 0}$$

● 답 : $x - 3y + 4 = 0, \ 3x + y = 0$

두 직선으로부터 같은 거리에 있는 직선의 방정식과 두 직선을 이등분하는 직선의 방정식은 같은 직선의 방정식을 말한다.

 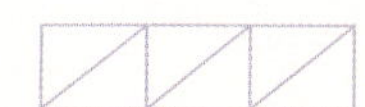

**CHECK 422**  그림과 같이 두 사각형의 넓이를 이등분하는
직선의 방정식을 구하여라.

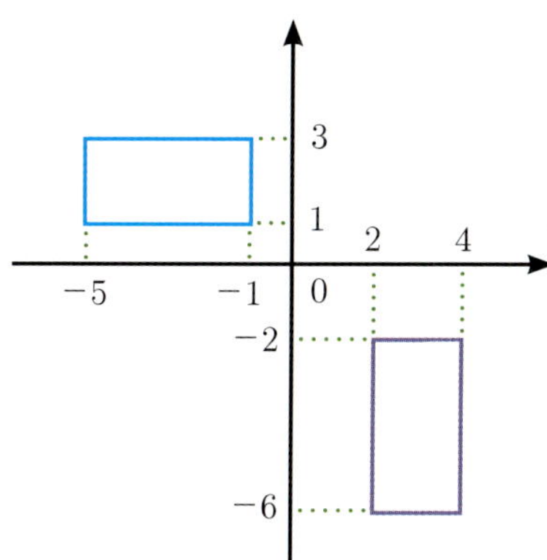

직선이 직사각형의 넓이를 이등분하려면 대각선의 교점을 지나면 된다.
문제에서처럼 직선의 방정식이 두 사각형의 넓이를 이등분하려면, 두 사각
형의 대각선의 교점을 지나면 된다. 먼저 두 사각형의 대각선의 교점(중점)
을 구해보자.

$$\left(\frac{(-5)+(-1)}{2},\ \frac{1+3}{2}\right)=\left(\frac{-6}{2},\ \frac{4}{2}\right)=(-3,\,2)$$

$$\left(\frac{2+4}{2},\ \frac{(-2)+(-6)}{2}\right)=\left(\frac{6}{2},\ \frac{-8}{2}\right)=(3,\,-4)$$

$(-3,\,2)\,,\,(3,\,-4)$ 두 점을 지나는 직선의 방정식을 구한다.

$$y=\frac{-4-2}{3-(-3)}(x-3)-4$$

$$=\frac{-6}{6}(x-3)-4$$

$$=-(x-3)-4$$

$$=-x+3-4$$

$$=-x-1$$

답 : $y=-x-1$

# START-UP

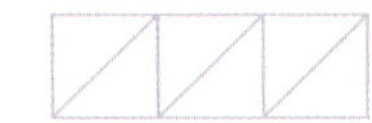

다음 직선의 방정식을 구하여라.

1) $A(-1, 2)$, $B(2, 5)$를 $2:1$로 내분하는 점을 지나고 기울기가 $2$인 직선.

2) $x$축의 양의부분과 이루는 각의 크기가 $60°$이고 $x$절편이 $3$인 직선.

3) $(3, 1)$을 지나고 $x$절편과 $y$절편이 부호는 다르고 절댓값은 같은 직선.

4) $x$절편이 $2$이고 $y$절편이 $3$인 직선

**CHECK 424** 세 점 $A(2, 3)$, $B(4, k)$, $C(k+2, 5)$가 일직선 위에 있도록 하는 모든 실수 $k$의 값의 합을 구하여라.

**CHECK 425**

이차함수 $y = ax^2 + bx + c$ 의 그래프가 아래와 같을 때, $cx + by + a = 0$ 의 그래프가 지나지 않는 사분면을 구하여라.

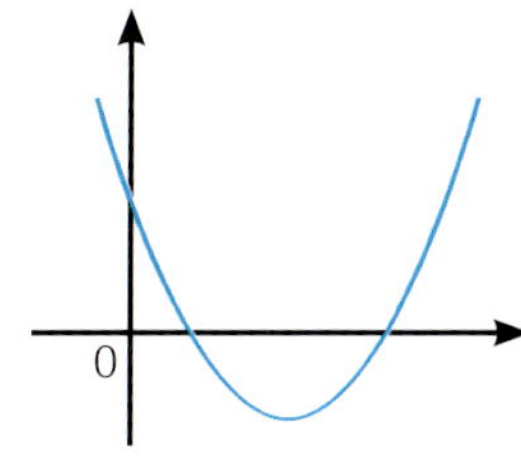

**CHECK 426**

아래의 서로 다른 세 직선이 한 점에서 만나도록 하는 모든 $a$ 의 값의 합을 구하여라.

$$x + 2y - 1 = 0, \ 2x + ay - 3 = 0, \ 2x + 3y + a = 0$$

 점 $A(1, 1)$에서 직선 $3x + 4y - 12 = 0$에 내린
수선의 발의 좌표를 구하여라

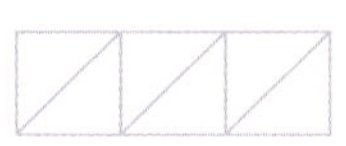

 삼각형의 세 꼭짓점
$A(0, 4)$, $B(-3, 0)$, $C(2, 0)$에서 각각의 대변에 내린 세 수선의
교점의 좌표를 구하여라.

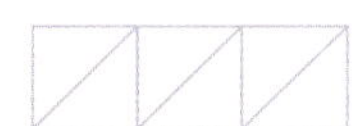

**CHECK 429**

아래 그림과 같이 직선 $y = mx + m + 1$ 이
정사각형과 만나도록 하는 실수 $m$ 의 범위를 구하여라.

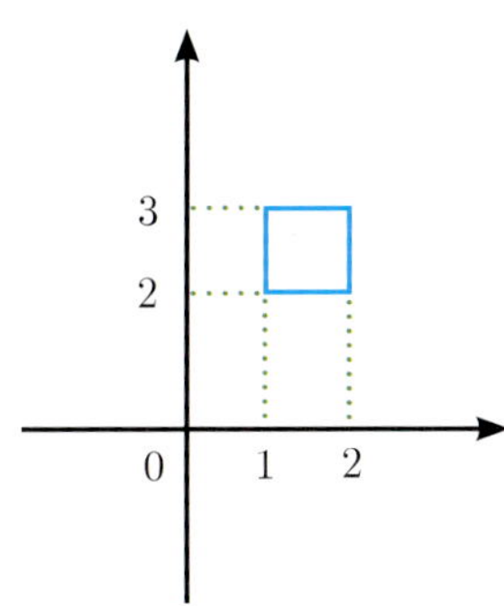

**CHECK 430**

직선 $x + 3y - 1 = 0$, $4x - y + 2 = 0$ 의
교점을 지나고 직선 $2x + 4y - 1 = 0$ 과 수직인 직선의 방정식을
구하여라.

**CHECK 431** 직선 $4x - 3y + 1 = 0$ 으로부터

거리가 1인 $x$ 축 위의 두 점 사이의 거리를 구하여라.

**CHECK 432** 두 직선 $x - ay - 1 = 0$ , $x - ay + a + 2 = 0$

사이의 거리가 2일 때, 모든 실수 $a$ 의 값의 합을 구하여라.

**CHECK 433**

세 직선 $x - y + 4 = 0$, $2x + y - 7 = 0$, $x + 2y - 2 = 0$ 으로 둘러싸인 삼각형의 넓이를 구하여라.

**CHECK 434**

세 점 $A(4, 7)$, $B(2, 1)$, $C(6, 3)$을 꼭짓점으로 하는 삼각형 $ABC$가 있다. 이때, 점 $A$와 삼각형 $ABC$의 내심을 지나는 직선의 방정식을 구하여라.

# Level Up



점 $P(a, b)$가 직선 $2x + 3y = 6$ 위를 움직일 때,

직선 $2ax + 3by = 12$는 일정한 점 $Q(p, q)$을 지난다.

이 때, $p + q$의 값을 구하여라.



세 점 $A(2k - 1, 3), B(2, k + 1), C(k - 2, k - 1)$이

일직선 위에 있을 때, 모든 상수 $k$의 값의 합을 구하여라.

**CHECK 437**

두 직선 $x - 2y + 3 = 0$, $3x + y + 2 = 0$의 교점을 지나고 점 $(2, 3)$에서 거리가 2인 직선의 방정식을 구하여라.

**CHECK 438**

평행한 두 직선 $x - 2y + 3 = 0$, $x - 2y - 2 = 0$과 각각의 직선의 $(1, 2)$, $(4, 1)$에서 수직인 두 직선으로 둘러쌓인 사각형의 넓이를 구하여라

# READING MATHEMATICS

# 10. 원의 방정식

1) 중심이 원점이고 반지름의 길이가 $r$ 인 원의 방정식

$$x^2 + y^2 = r^2$$

2) 중심이 점 $(a, b)$ 이고 반지름의 길이가 $r$ 인 원의 방정식

$$(x-a)^2 + (y-b)^2 = r^2$$

평면 위에서 한 정점과 일정한 거리에 있는 점의 자취를 원이라고 한다.

원의 중심 $C(a, b)$ 와 일정한 거리($r$)에 있는 $P(x, y)$ 의 자취의 방정식을 구해 보면,

$$\sqrt{(x-a)^2 + (y-b)^2} = r$$

양 변을 제곱하면,

$$(x-a)^2 + (y-b)^2 = r^2$$

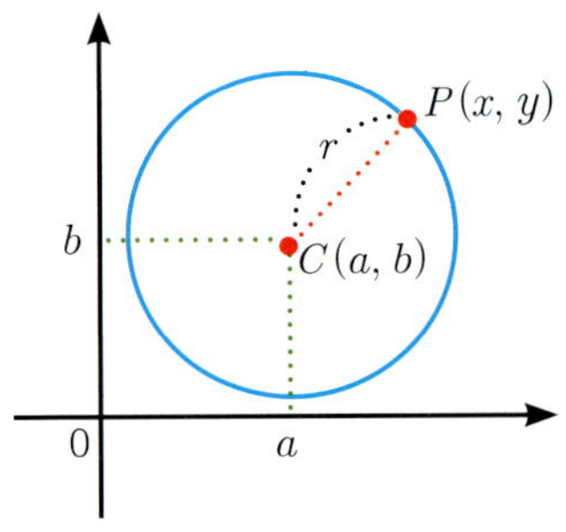


원의 방정식은 원의 중심이 되는 한 점과 반지름 $r$ 로 구성되어 있으므로 원과 관련된 문제가 나오면 원의 중심과 반지름만 잘 보면 답을 찾을 수 있다. 문제를 풀 때 보조선을 긋는다면, 접선을 긋거나 두 개 이상의 원이 있을 때는 원의 중심을 잇는 선을 그어보면 풀이에 쉽게 다가갈 수 있다.

 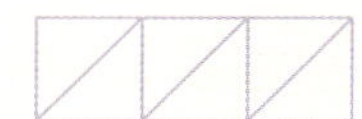

**CHECK 439** 원 $(x-2)^2 + (y+1)^2 = 1$ 과 중심이 같고 $(3, 1)$ 을 지나는 원의 방정식을 구하여라.

$$(x-2)^2 + (y+1)^2 = r^2$$
$$(3-2)^2 + (1+1)^2 = r^2$$
$$1 + 4 = r^2$$
$$r^2 = 5$$
$$\therefore \ (x-2)^2 + (y+1)^2 = 5$$

답 : $(x-2)^2 + (y+1)^2 = 5$

 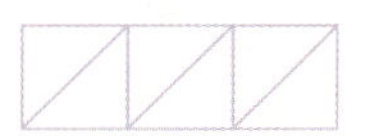

**CHECK 440** 두 점 $(6, 2)$, $(0, 4)$ 를 지름의 양 끝으로 하는 원의 방정식을 구하여라.

두 점이 지름의 양 끝이므로 두 점의 중점이 원의 중심이 되고 두점의 거리가 지름이 되므로 두 점 사이의 거리의 반이 반지름이 된다.

$$C = \left( \frac{6+0}{2}, \frac{2+4}{2} \right)$$
$$\quad = (3, 3)$$
$$r = \frac{1}{2}\sqrt{(0-6)^2 + (2-4)^2}$$
$$\quad = \frac{1}{2}\sqrt{36+4}$$
$$\quad = \frac{1}{2}\sqrt{40}$$
$$\quad = \frac{1}{2}\,2\sqrt{5} = \sqrt{5}$$
$$\therefore \ (x-3)^2 + (y-3)^2 = 5$$

답 : $(x-3)^2 + (y-3)^2 = 5$

$x, y$ 에 대한 이차방정식

$$x^2 + y^2 + Ax + By + C = 0 \, (A^2 + B^2 - 4C > 0) \text{에서}$$

중심의 좌표 : $\left(-\dfrac{A}{2}, -\dfrac{B}{2}\right)$

반지름의 길이 : $\dfrac{\sqrt{A^2 + B^2 - 4C}}{2}$ 이다.

주어진 이차방정식을 $x, y$ 에 대하여 완전제곱식의 형태로 바꾸면 원의 방정식의 표준형으로 나타낼 수 있고 원의 중심과 반지름을 쉽게 구할 수 있다.

$$x^2 + y^2 + Ax + By + C = 0$$

$$x^2 + Ax + \left(\frac{A}{2}\right)^2 - \left(\frac{A}{2}\right)^2 + y^2 + By + \left(\frac{B}{2}\right)^2 - \left(\frac{B}{2}\right)^2 + C = 0$$

$$\left(x + \frac{A}{2}\right)^2 + \left(y + \frac{B}{2}\right)^2 = \frac{A^2}{4} + \frac{B^2}{4} - C$$

$$\left(x + \frac{A}{2}\right)^2 + \left(y + \frac{B}{2}\right)^2 = \frac{A^2 + B^2 - 4C}{4}$$

$x^2 + y^2 - 4x + 6y + 9 = 0$ 의 원의 중심과 반지름을 구하여라.

$$x^2 + y^2 - 4x + 6y + 9 = 0$$

$$x^2 - 4x + y^2 + 6y + 9 = 0$$

$$x^2 - 4x + 4 - 4 + y^2 + 6y + 9 = 0$$

$$(x - 2)^2 + (y + 3)^2 = 4$$

원의 중심 : $(2, -3)$ , 반지름 : $2$

**CHECK 441**

$x, y$ 에 대한 이차방정식

$x^2 + y^2 + 2kx - 4ky + 6k^2 + k - 6 = 0$ 이 원이 되도록 하는 $k$ 의 값의 범위를 구하여라.

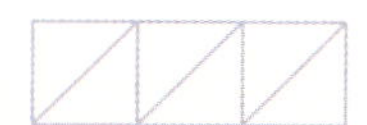

이차방정식을 $x, y$ 에 대하여 완전제곱식으로 나타내보자.

$$x^2 + y^2 + 2kx - 4ky + 6k^2 + k - 6 = 0 \qquad 6k^2 = k^2 + 4k^2 + k^2$$
$$x^2 + 2kx + k^2 + y^2 - 4ky + 4k^2 + k^2 + k - 6 = 0$$
$$(x + k)^2 + (y - 2k)^2 = -k^2 - k + 6$$

이 방정식이 원이 되기 위해서는 $r^2 > 0$ 이어야 한다.

$$-k^2 - k + 6 > 0$$
$$k^2 + k - 6 < 0$$
$$(k + 3)(k - 2) < 0$$
$$-3 < k < 2$$

답 : $-3 < k < 2$

**CHECK 442**

세 점 $(0, 2), (2, 1), (-1, 0)$ 을 지나는 원의 방정식을 구하여라.

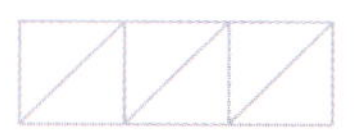

$x^2 + y^2 + Ax + By + C = 0$ 에 세 점을 대입한 후 각각의 식을 연립한다.

$$(0, 2) \ \Rightarrow \ 0^2 + 2^2 + A \cdot 0 + B \cdot 2 + C = 0$$
$$2B + C = -4 \ \cdots\cdots \ ①$$
$$(2, 1) \ \Rightarrow \ 2^2 + 1^2 + A \cdot 2 + B \cdot 1 + C = 0$$
$$2A + B + C = -5 \ \cdots\cdots \ ②$$

$$(-1, 0) \;\Rightarrow\; (-1)^2 + 0^2 + A \cdot (-1) + B \cdot 0 + C = 0$$
$$-A + C = -1$$
$$C = A - 1 \quad \cdots\cdots \;\text{③}$$

$$\text{③} \;\Rightarrow\; \text{①, ②}$$
$$\text{①} \;\Rightarrow\; 2B + (A-1) = -4$$
$$A + 2B = -3 \quad \cdots\cdots \;\text{④}$$
$$\text{②} \;\Rightarrow\; 2A + B + (A-1) = -5$$
$$3A + B = -4 \quad \cdots\cdots \;\text{⑤}$$

$$\text{④} - \text{⑤} \times 2 \;\Rightarrow\; -5A = 5$$
$$A = -1 \;\Rightarrow\; \text{④, ③}$$
$$B = -1, \, C = -2$$

$$\therefore \; x^2 + y^2 - x - y - 2 = 0$$

답 : $x^2 + y^2 - x - y - 2 = 0$

## 좌표축에 접하는 원의 방정식

### ■ $x$ 축에 접하는 원의 방정식

중심이 $(a, b)$ 이고 $x$ 축에 접하면 반지름의 길이는 $|b|$ 이다.

중심의 $y$ 좌표 값

$$(x - a)^2 + (y \pm b)^2 = b^2$$

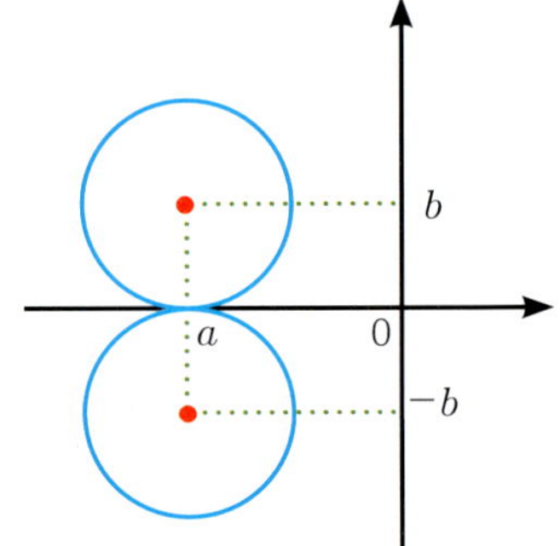


### ■ $y$ 축에 접하는 원의 방정식

중심이 $(a, b)$ 이고 $y$ 축에 접하면 반지름의 길이는 $|a|$ 이다.

중심의 $x$ 좌표 값

$$(x \pm a)^2 + (y - b)^2 = a^2$$

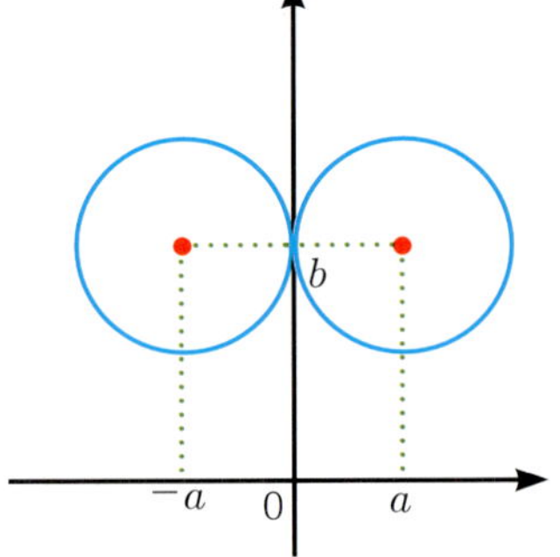

중심이 $(a, b)$이고 $x$축, $y$축에 동시에 접하면
반지름의 길이는 $|a| = |b| = r$이다.

$$(x \pm a)^2 + (y \pm a)^2 = a^2$$

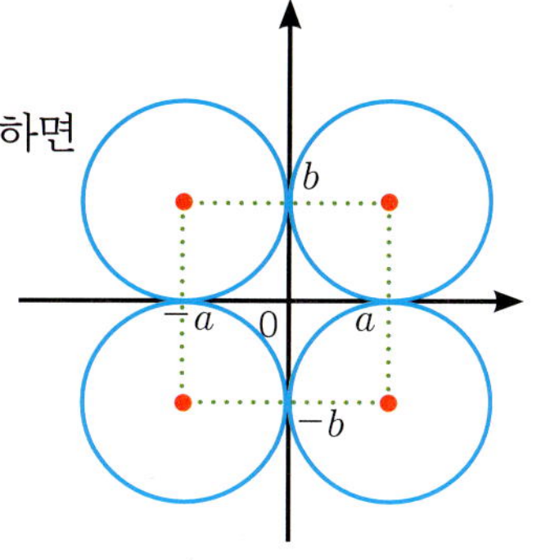

 **CHECK 443**  두 점 $(-1, 2), (0, 1)$을 지나고
$x$축에 접하는 원의 방정식을 구하여라.

$x$축에 접하는 원의 방정식을 $(x - a)^2 + (y - b)^2 = b^2$라고 놓고 두 점
을 대입하여 나오는 두 식을 연립하여 $a, b$의 값을 구해보자.

$$(-1, 2) \implies (-1-a)^2 + (2-b)^2 = b^2$$
$$a^2 + 2a + 1 + b^2 - 4b + 4 = b^2$$
$$a^2 + 2a - 4b + 5 = 0 \quad \cdots\cdots \ \text{①}$$
$$(0, 1) \implies (0-a)^2 + (1-b)^2 = b^2$$
$$a^2 + b^2 - 2b + 1 = b^2$$
$$a^2 - 2b + 1 = 0$$
$$2b = a^2 + 1 \quad \cdots\cdots \ \text{②}$$

$\text{②} \implies \text{①}$

$$a^2 + 2a - 2(a^2 + 1) + 5 = 0$$
$$-a^2 + 2a + 3 = 0$$
$$a^2 - 2a - 3 = 0$$
$$(a - 3)(a + 1) = 0$$
$$a = 3 \ \text{또는} \ a = -1 \implies \text{②}$$
$$(3, 5) \ \text{또는} \ (-1, 1)$$

$$\therefore \ \mathbf{(x - 3)^2 + (y - 5)^2 = 25} \ \text{또는} \ \mathbf{(x + 1)^2 + (y - 1)^2 = 1}$$

 답 : 풀이참조

**CHECK 444**

$x$, $y$ 축에 동시에 접하면서
점 $(2, 1)$을 지나는 두 원의 중심 사이의 길이를 구하여라.

$x$, $y$ 축에 동시에 접하는 원은 $(x - a)^2 + (y - a)^2 = a^2$ 이고
점 $(2, 1)$을 지나므로 식에 대입한다.

$$(2 - a)^2 + (1 - a)^2 = a^2$$
$$a^2 - 4a + 4 + a^2 - 2a + 1 = a^2$$
$$a^2 - 6a + 5 = 0$$
$$(a - 1)(a - 5) = 0$$
$$a = 1 \ \text{또는} \ a = 5$$

두 원의 중심은 $(1, 1), (5, 5)$ 이고 두 점 사이의 거리는
$$\sqrt{(5 - 1)^2 + (5 - 1)^2} = \sqrt{16 + 16} = \mathbf{4\sqrt{2}}$$

● 답 : $4\sqrt{2}$

● **원의 자취의 방정식**

자취의 방정식을 풀 때, 도형 위에 있는 점은 $(a, b)$로 놓고 도형 밖에 있는 점은 $(x, y)$로 놓는다. 보통 자취를 나타내는 점은 $(x, y)$로 놓고 푼다.

 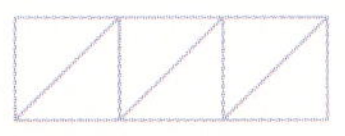

**CHECK 445**

두 점 $A(-1, 0), B(2, 0)$으로부터
거리의 비가 $2:1$인 점 $P$의 자취의 방정식을 구하여라.

$P(x, y)$ 라고 놓으면
$$\overline{AP} : \overline{BP} = 2 : 1$$
$$2\overline{BP} = \overline{AP}$$
$$4\overline{BP}^2 = \overline{AP}^2$$

$$4\{(x-2)^2 + y^2\} = (x+1)^2 + y^2$$
$$4(x^2 - 4x + 4 + y^2) = x^2 + 2x + 1 + y^2$$
$$4x^2 - 16x + 16 + 4y^2 = x^2 + 2x + 1 + y^2$$
$$3x^2 - 18x + 3y^2 + 15 = 0$$
$$\mathbf{x^2 - 6x + y^2 + 5 = 0}$$

답 : $x^2 - 6x + y^2 + 5 = 0$

## ● 아폴로니오스의 원

평면 위의 두 점 $A, B$에 대하여 거리의 비가 $m:n$인 자취는 두 점 $A, B$를 $m:n$으로 내분한 점 $P$와 $m:n$으로 외분한 점 $Q$를 지름의 양 끝으로 하는 원의 방정식이다.

앞의 문제를 아폴로니오스(Apollonios)의 원으로 풀어보자.

$$A(-1, 0), B(2, 0), P(2:1 \text{ 내분점}), Q(2:1 \text{ 외분점})$$
$$P = \left(\frac{2 \cdot 2 + 1 \cdot (-1)}{2+1}, \frac{2 \cdot 0 + 1 \cdot 0}{2+1}\right)$$
$$= \left(\frac{3}{3}, 0\right) = (1, 0)$$
$$Q = \left(\frac{2 \cdot 2 - 1 \cdot (-1)}{2-1}, \frac{2 \cdot 0 - 1 \cdot 0}{2-1}\right)$$
$$= (5, 0)$$

원의 중심이 되는 $P, Q$의 중점 $M$은,

$$M = \left(\frac{1+5}{2}, 0\right) = (3, 0)$$

원의 반지름은 $\frac{1}{2}\overline{PQ}$이다.

$$\overline{PQ} = \sqrt{(5-1)^2 + 0^2} = \sqrt{4^2} = 4$$
$$r = \frac{1}{2}\overline{PQ} = 2$$

따라서 원의 방정식은 $(x-3)^2 + y^2 = 4$ 이다

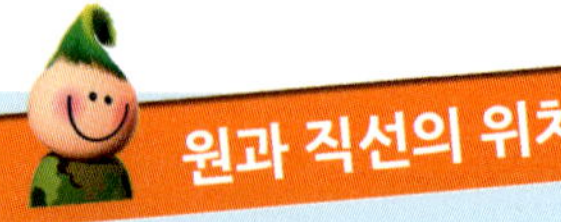


1) 판별식을 이용할 때,

원의 방정식과 직선의 방정식을 연립한 이차방정식의 판별식으로
원과 직선의 위치 관계를 알 수 있다.

① $D > 0 \iff$ 서로 다른 두 점에서 만난다.
= 서로 다른 두 실근

② $D = 0 \iff$ 한 점에서 만난다.
= 중근

③ $D < 0 \iff$ 만나지 않는다.
= 서로 다른 두 허근

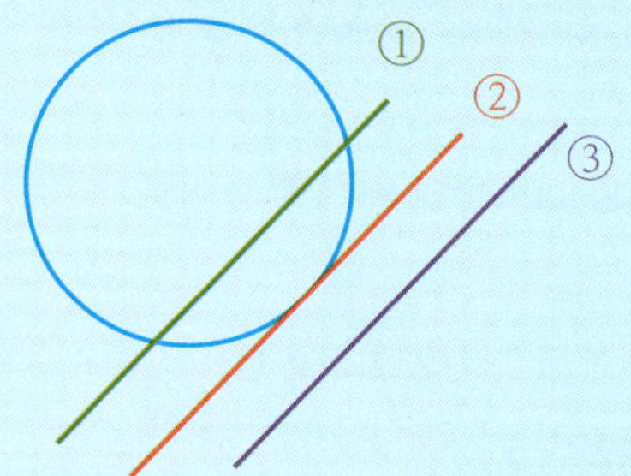


2) 원의 중심과 직선 사이의 거리를 이용할 때,

반지름의 길이 $r$ 과 원의 중심과 직선 사이의 거리 $d$ 로
원과 직선의 위치 관계를 알 수 있다.

① $d < r \iff$ 서로 다른 두 점에서 만난다.

② $d = r \iff$ 한 점에서 만난다.

③ $d > r \iff$ 만나지 않는다.

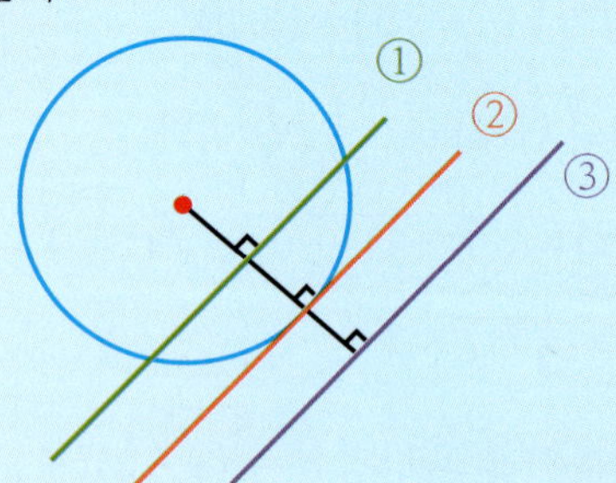

**CHECK 446**

원 $x^2 + y^2 = 1$ 과 직선 $y = 2x + k$ 의 위치 관계가 다음과 같을 때, 실수 $k$ 의 값 또는 범위를 구하여라.

1) 서로 다른 두 점에서 만난다.

2) 접한다.

3) 만나지 않는다.

판별식을 이용하는 방법으로 풀어보자.

직선 $y = 2x + k$ 를 원 $x^2 + y^2 = 1$ 에 대입하면,

$x^2 + (2x + k)^2 = 1$

$x^2 + 4x^2 + 4kx + k^2 - 1 = 0$

$5x^2 + 4kx + k^2 - 1 = 0$

1) $D > 0$

$$\frac{D}{4} = (2k)^2 - 5(k^2 - 1) > 0$$

$$4k^2 - 5k^2 + 5 > 0$$

$$-k^2 > -5$$

$$k^2 < 5$$

$$-\sqrt{5} < k < \sqrt{5}$$

2) $D = 0$

$$\frac{D}{4} = (2k)^2 - 5(k^2 - 1) = 0$$

$$k^2 = 5$$

$$k = \pm\sqrt{5}$$

3) $D < 0$

$$\frac{D}{4} = (2k)^2 - 5(k^2 - 1) < 0$$

$$-k^2 < -5$$

$$k^2 > 5$$

$$k < -\sqrt{5} \ \text{ 또는 } \ k > \sqrt{5}$$



답 : 풀이참조

원 $x^2 + y^2 - 4x + 2y + 4 = 0$ 과

직선 $2x + y + k = 0$ 이 두 점에서 만나도록 하는 실수 $k$ 의

범위를 구하여라.

$$x^2 - 4x + 4 - 4 + y^2 + 2y + 1 - 1 + 4 = 0$$
$$(x-2)^2 + (y+1)^2 = 1$$

원의 중심이 $(2, -1)$ 이고 $d < r$ 이어야 한다.

$$d = \frac{|2 \cdot 2 + 1 \cdot (-1) + k|}{\sqrt{2^2 + 1^2}} < 1$$

$$\frac{|3 + k|}{\sqrt{5}} < 1$$

$$|3 + k| < \sqrt{5}$$

$$-\sqrt{5} < 3 + k < \sqrt{5}$$

$$-3 - \sqrt{5} < k < -3 + \sqrt{5}$$

답 : $-3 - \sqrt{5} < k < -3 + \sqrt{5}$

판별식으로 풀 때는 식이 복잡하게 전개되는 경우가 많다. 원과 직선의
관계를 풀 때는 판별식보다 원의 중심과 직선 사이의 거리를 이용하는 것이
더 쉽다.

## 원 위의 점과 직선 사이의 거리의 최대, 최소

원 위의 점과 직선 사이의 거리의 최대, 최솟값은
원의 중심과 직선 사이의 거리에서
반지름을 빼면 최소,
반지름을 더하면 최대가 된다.

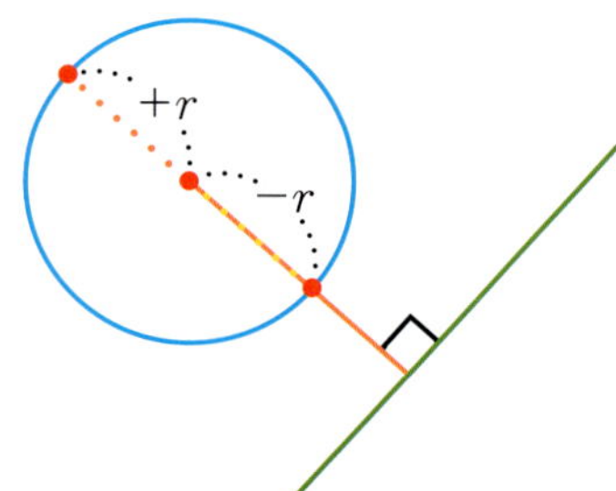

**CHECK 448**

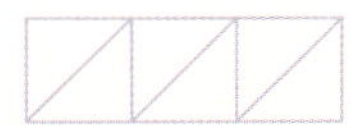

원 $x^2 + y^2 - 2x - 6y + 8 = 0$ 위의 점과
직선 $3x - 4y + 12 = 0$ 사이의 거리의 최댓값과 최솟값의 합을
구하여라.

$$x^2 + y^2 - 2x - 6y + 8 = 0$$
$$x^2 - 2x + y^2 - 6y + 8 = 0$$
$$x^2 - 2x + 1 - 1 + y^2 - 6y + 9 - 9 + 8 = 0$$
$$(x - 1)^2 + (y - 3)^2 = 2$$

원의 중심이 $(1, 3)$ 이고 원의 중심과 직선 사이의 거리를 구하면,

$$d = \frac{|3 \cdot 1 + (-4) \cdot 3 + 12|}{\sqrt{3^2 + (-4)^2}} = \frac{3}{5}$$

최댓값은 $\frac{3}{5} + \sqrt{2}$ , 최솟값은 $\frac{3}{5} - \sqrt{2}$

따라서 최댓값과 최솟값의 합은 $\frac{3}{5} + \sqrt{2} + \frac{3}{5} - \sqrt{2} = \frac{6}{5}$

답 : $\frac{6}{5}$

### 현의 길이

직선에 의해서 잘린 부분을 현이라고 한다. 원의 중심에서 현에 그은 수선은 현을 이등분한다. 길이가 같은 두 현은 원의 중심으로부터의 거리도 같다.

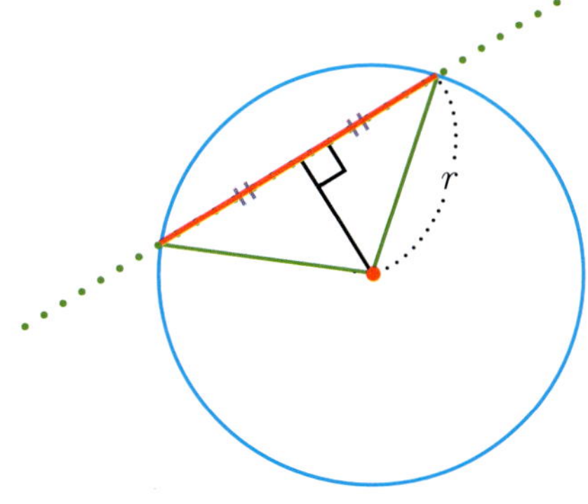

**CHECK 449**

원 $x^2 + y^2 = 9$ 과

직선 $x - y - 2 = 0$ 이 만나 생기는 현의 길이를 구하여라.

아래 그림처럼 먼저 원의 중심 $(0, 0)$과 직선 사이의 거리를 구한다.

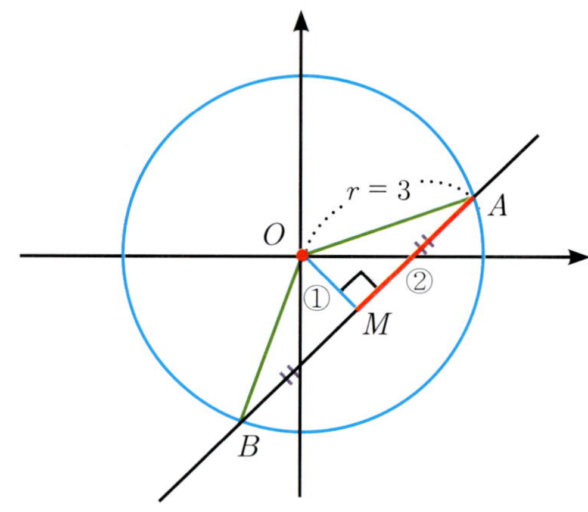


① $(0, 0)$ , $x - y - 2 = 0$

$$d = \frac{|1 \cdot 0 + (-1) \cdot 0 - 2|}{\sqrt{1^2 + (-1)^2}}$$

$$= \frac{2}{\sqrt{2}} = \sqrt{2}$$

② $\triangle OAM$에서

$$3^2 = \sqrt{2}^{\,2} + \overline{AM}^{\,2}$$

$$\overline{AM}^{\,2} = 7$$

$$\overline{AM} = \sqrt{7} \ (\overline{AM} > 0)$$

③ $\overline{AB} = 2\overline{AM} = \mathbf{2\sqrt{7}}$

답 : $2\sqrt{7}$

원의 중심이 $O$이고 반지름이 $r$인 원과 원의 중심이 $O'$이고 반지름이 $r'$인 두 원 사이의 관계를 알아보자.

두 원의 중심 사이의 거리를 $d$라 하고 $r > r'$라고 가정하자.

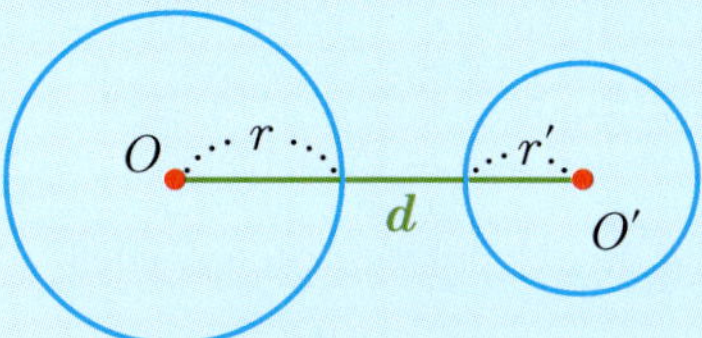

한 원이 다른 원의 외부에 있다.

$$d > r + r'$$

서로 다른 두 점에서 만난다.

$$r - r' < d < r + r'$$

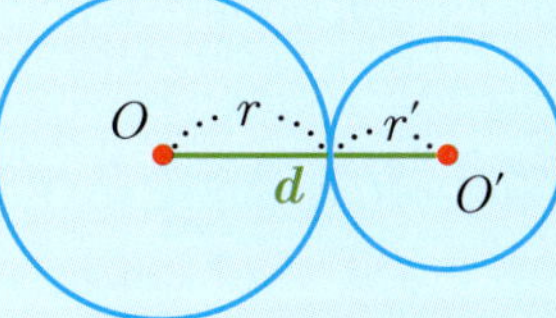

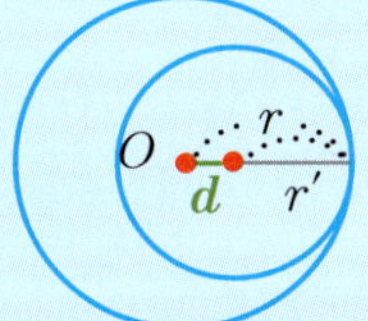

두 원이 외접한다.

$$d = r + r'$$

두 원이 내접한다.

$$d = r - r'$$

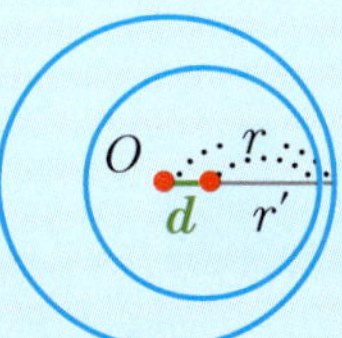

한 원이 다른 원의 내부에 있다.

$$d < r - r'$$

두 원의 중심이 같다.

$$d = 0$$

두 원이 한 점에서 만나거나 접한다고 할 경우는 외접할 때와 내접할 때, 두 가지 경우가 있다. 중심이 같고 반지름이 다른 두 개 이상의 원을 동심원이라 한다.

두 원 $(x-1)^2 + (y+2)^2 = 4$,

$(x-5)^2 + (y-1)^2 = r^2$ 의 위치 관계가 다음과 같을 때,

양수 $r$ 의 값 또는 범위를 구하여라.

1) 두 원이 접한다.

2) 두 원이 만나지 않는다.

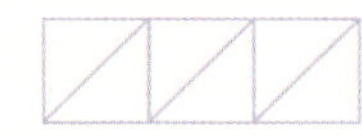

두 원의 중심의 좌표가 $(1, -2), (5, 1)$ 이고 반지름이 $2, r$ 이다.

두 원의 중심 사이의 거리 $d$ 는,

$$d = \sqrt{(5-1)^2 + \{1-(-2)\}^2}$$
$$= \sqrt{4^2 + 3^2}$$
$$= \sqrt{25} = 5$$

1) 두 원이 접할 때는 외접할 때와 내접할 때, 두 가지 경우가 있다.

① 두 원이 외접할 때,

$$r + 2 = 5$$
$$r = \mathbf{3}$$

② 두 원이 내접할 때,

$$|r - 2| = 5$$
$$r - 2 = \pm 5$$
$$r - 2 = 5, \ r = 7$$
$$r - 2 = -5, \ r = -3$$
$$\therefore \ r = \mathbf{7} \, (r > 0)$$

①, ②에서 $\boldsymbol{r = 3}$ 또는 $\boldsymbol{r = 7}$

2) 두 원이 만나지 않을 때는 한 원이 다른 원의 외부에 있을 때와 한 원이 다른 원의 내부에 있을 때, 두 가지 경우가 있다.

① 한 원이 다른 원의 외부에 있을 때,

$$r + 2 < 5$$
$$r < 3$$
$$\mathbf{0 < r < 3}$$

② 한 원이 다른 원의 내부에 있을 때,

$$|r - 2| > 5$$

ⅰ) $r - 2 < -5$

$$r < -3$$

ⅱ) $r - 2 > 5$

$$r > 7$$

∴ $\mathbf{r > 7}\,(r > 0)$

①, ②에서 $\mathbf{0 < r < 3}$ 또는 $\mathbf{r > 7}$

## 두 원의 교점을 지나는 원

두 원의 교점을 지나는 원은 무수히 많다.

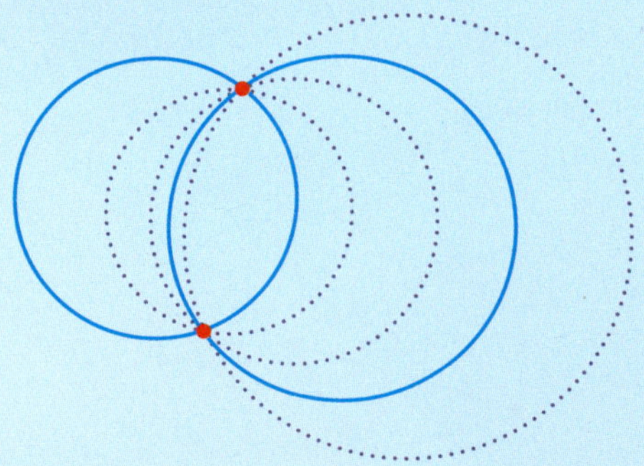

두 원의 교점을 지나는 원의 방정식은 다음과 같다.

$$x^2 + y^2 + ax + by + c + k(x^2 + y^2 + a'x + b'y + c') = 0$$

(단, $k \neq -1$인 실수)

**CHECK 451** 두 원 $x^2 + y^2 + 4x - 6y - 3 = 0$,

$x^2 + y^2 - 2x - 8 = 0$의 교점과 $(1, 2)$를 지나는

원의 방정식을 구하여라.

$$x^2 + y^2 + 4x - 6y - 3 + k(x^2 + y^2 - 2x - 6) = 0 \quad \cdots\cdots \quad ①$$

$$(1, 2) \implies 1^2 + 2^2 + 4 \cdot 1 - 6 \cdot 2 - 3 + k(1^2 + 2^2 - 2 \cdot 1 - 6) = 0$$

$$-6 + k(-3) = 0$$

$$-3k = 6$$

$$k = -2 \implies ①$$

$$x^2 + y^2 + 4x - 6y - 3 + (-2)(x^2 + y^2 - 2x - 6) = 0$$

$$x^2 + y^2 + 4x - 6y - 3 - 2x^2 - 2y^2 + 4x + 12 = 0$$

$$-x^2 - y^2 + 8x - 6y + 9 = 0$$

$$\mathbf{x^2 + y^2 - 8x + 6y - 9 = 0}$$

답 : $x^2 + y^2 - 8x + 6y - 9 = 0$

● **공통현의 방정식**

두 원의 교점을 지나는 원의 방정식에서 $k = -1$이면 $x^2, y^2$이 소거되어 일차식, 즉 공통현의 방정식이 된다.

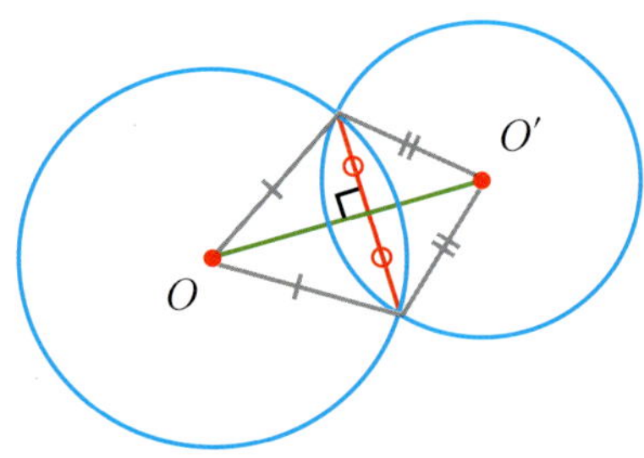


두 원의 중심을 이은 선분은 공통현을 수직이등분 한다. 두 원을 연립하 듯이 빼면 공통현의 방정식이 나온다.

두 원 $(x+2)^2+y^2=8$,

$(x-a)^2+(y+2)^2=4$ 의 교점을 지나는 직선이 점 $(2,1)$ 를

지날 때, 실수 $a$ 의 값을 구하여라.

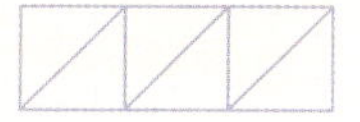

$$x^2+4x+4+y^2-8+k\,(x^2-2ax+a^2+y^2+4y+4-4)=0$$

$$k=-1 \;\Rightarrow\; x^2+4x+y^2-8+(-1)\,(x^2-2ax+a^2+y^2+4y)=0$$

$$x^2+4x+y^2-8-x^2+2ax-a^2-y^2-4y=0$$

$$(4+2a)\,x-4y-a^2-8=0$$

$$(2,1)\;\Rightarrow\;(4+2a)\cdot 2-4\cdot 1-a^2-8=0$$

$$8+4a-4-a^2-8=0$$

$$-a^2+4a-4=0$$

$$a^2-4a+4=0$$

$$(a-2)^2=0$$

$$a=2$$

답 : 2

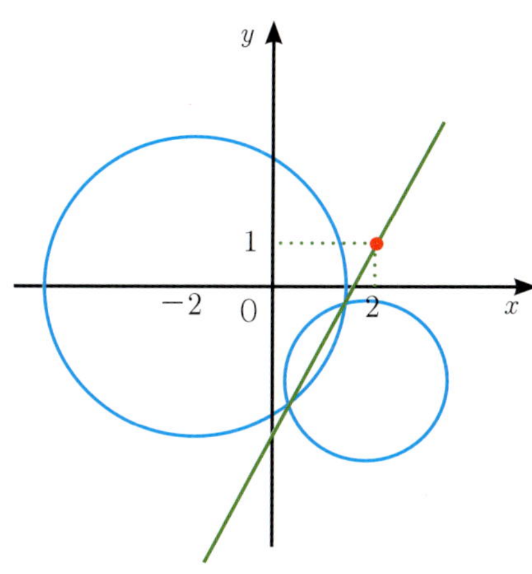

**1) 기울기가 주어질 때,**

원 $x^2 + y^2 = r^2 (r > 0)$에 접하고 기울기가 $m$인 직선의 방정식

$$y = mx \pm r\sqrt{1 + m^2}$$

**2) 원 위의 접점이 주어질 때,**

① 원 $x^2 + y^2 = r^2$ 위의 점 $(x_1, y_1)$에서의 접선의 방정식

$$x_1 x + y_1 y = r^2$$

② 원 $(x - a)^2 + (y - b)^2 = r^2$ 위의 점 $(x_1, y_1)$에서의 접선의 방정식

$$(x_1 - a)(x - a) + (y_1 - b)(y - b) = r^2$$

③ $x^2 + y^2 + Ax + By + C = 0$ 위의 점 $(x_1, y_1)$에서의 접선의 방정식

$$x_1 x + y_1 y + A \cdot \frac{x_1 + x}{2} + B \cdot \frac{y_1 + y}{2} + C = 0$$

**3) 원 밖의 점 $(a, b)$에서의 접선의 방정식**

① 접점을 $(x_1, y_1)$으로 놓고 원 위의 점에서 접선을 구한 후 원 밖의 점 $(a, b)$를 대입한다.

② 기울기를 $m$으로 놓고 원 밖의 점 $(a, b)$를 지나는 직선의 방정식을 구한 후, $d = r$을 이용한다.

③ 기울기를 $m$으로 놓고 원 밖의 점 $(a, b)$를 지나는 직선의 방정식을 구한 후, 원의 방정식과 연립하고 $D = 0$을 이용한다.



곡선 위에서의 접선의 방정식은,

$$x^2 \Rightarrow x_1 x, \quad y^2 \Rightarrow y_1 y, \quad x \Rightarrow \frac{x_1 + x}{2}, \quad y \Rightarrow \frac{y_1 + y}{2} \text{ 으로 바꾸면 된다.}$$

원 $x^2 + y^2 = 5$ 에 접하고
직선 $2x + y + 3 = 0$ 에 평행한 직선의 방정식을 구하여라. 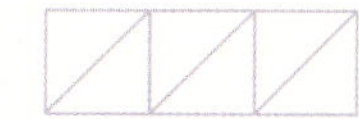

직선 $2x + y + 3 = 0$ 에 평행하므로 접선의 기울기는 $-2$ 이다. 공식에 적용해 보자.

$$y = -2x \pm \sqrt{5}\sqrt{1 + (-2)^2}$$
$$= -2x \pm 5$$

 답 : $y = -2x \pm 5$

 CHECK 454

다음 원 위의 점 $P$ 에서의 접선의 방정식을 구하여라. 

1) $x^2 + y^2 = 5$, $P(1, 2)$
2) $(x-1)^2 + (y+3)^2 = 8$, $P(3, -1)$
3) $x^2 + y^2 - 2x + 4y + 1 = 0$, $P(1, -4)$

1) $x^2 + y^2 = 5$, $P(1, 2)$
   $1 \cdot x + 2 \cdot y = 5$
   $x + 2y - 5 = 0$

2) $(x-1)^2 + (y+3)^2 = 8$, $P(3, -1)$
   $(3-1)(x-1) + (-1+3)(y+3) = 8$
   $2(x-1) + 2(y+3) = 8$
   $2x + 2y - 4 = 0$
   $x + y - 2 = 0$

3) $x^2 + y^2 - 2x + 4y + 1 = 0$, $P(1, -4)$
   $1 \cdot x + (-4) \cdot y - 4 \cdot \dfrac{1+x}{2} + 4 \cdot \dfrac{-4+y}{2} + 1 = 0$
   $x - 4y - 2 - 2x - 8 + 2y + 1 = 0$
   $-x - 2y - 9 = 0$
   $x + 2y + 9 = 0$

 답 : 풀이참조

 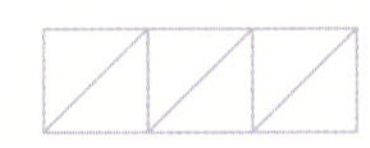

**CHECK 455** 점 $(0, 2)$에서 원 $x^2 + y^2 = 2$에 그은 접선의 방정식을 모두 구하여라.

**풀이 ①** : 접점의 좌표를 $(x_1, y_1)$로 놓으면,

$$x_1^2 + y_1^2 = 2 \quad \cdots\cdots \quad ①$$

$$x_1 x + y_1 y = 2 \quad \cdots\cdots \quad ② \qquad \text{접선의 방정식}$$

$$(0, 2) \implies ②$$

$$x_1 \cdot 0 + y_1 \cdot 2 = 2$$

$$2y_1 = 2$$

$$y_1 = 1 \implies ①$$

$$x_1^2 + 1^2 = 2$$

$$x_1^2 = 1$$

$$x_1 = \pm 1$$

$$(1, 1), (-1, 1) \implies ②$$

$$(1, 1) \implies 1 \cdot x + 1 \cdot y = 2$$

$$\boldsymbol{y = -x + 2}$$

$$(-1, 1) \implies (-1) \cdot x + 1 \cdot y = 2$$

$$\boldsymbol{y = x + 2}$$

**풀이 ②** : 기울기를 $m$ 이라고 하면 직선의 방정식은,

$$y = mx + 2 \quad \cdots\cdots \quad ①$$

$$mx - y + 2 = 0$$

원의 중심과 직선 사이의 거리 $d$ 가 반지름 $r$ 과 같으면 직선은 접선이 된다.

$$d = \frac{|2|}{\sqrt{m^2 + 1}} = \sqrt{2}$$

$$\sqrt{2}\sqrt{m^2 + 1} = |2| \qquad \text{양 변을 제곱한다.}$$

$$2(m^2 + 1) = 4$$

$$2m^2 + 2 = 4$$

$$2m^2 = 2$$

$$m^2 = 1$$

$$m = \pm 1 \quad \Rightarrow \quad ①$$

$$\boldsymbol{y = \pm x + 2}$$

**풀이** ③ : 기울기를 $m$ 이라고 하면 직선의 방정식은,

$$y = mx + 2 \quad \cdots\cdots \quad ①$$

원의 방정식과 연립을 한다.

$$x^2 + (mx + 2)^2 = 2$$

$$x^2 + m^2x^2 + 4mx + 4 - 2 = 0$$

$$(m^2 + 1)x^2 + 4mx + 2 = 0$$

접해야 하므로 판별식 $D = 0$ 이다.

$$\frac{D}{4} = (2m)^2 - (m^2 + 1) \cdot 2 = 0$$

$$4m^2 - 2m^2 - 2 = 0$$

$$2m^2 = 2$$

$$m^2 = 1$$

$$m = \pm 1 \quad \Rightarrow \quad ①$$

$$\boldsymbol{y = \pm x + 2}$$

● 답 : $\boldsymbol{y = \pm x + 2}$

보통은 ①, ②번 방식으로 푼다.

접선의 갯수를 살펴보면,

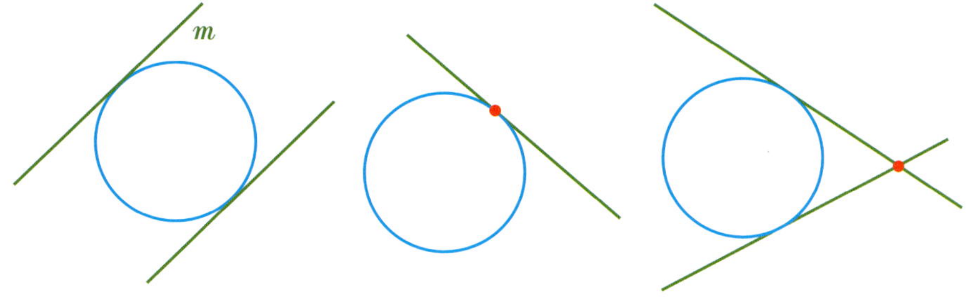


| 기울기가 주어질 때 | 원 위에서의 접선 | 원 밖에서의 그은 접선 |
| --- | --- | --- |
| 2 개 | 1 개 | 2 개 |

원 밖의 점 $A$ 에서 원에 접선을 그었을 때, 원 밖의 점 $A$ 와 접점 $P$ 의 길이 $\overline{AP}$ 를 **접선의 길이**라고 한다. 이때 원의 중심 $O$ 와 접점 $P$ 를 이은 직선 $OP$ 는 접점에서 직선 $AP$ 와 수직이다.

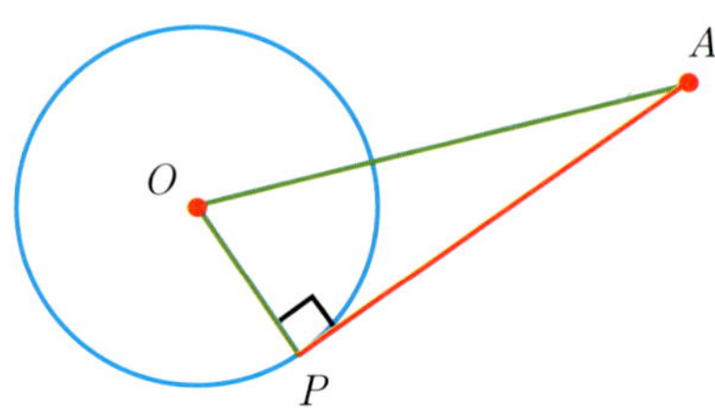

**CHECK 456** 점 $A(4, 1)$에서 원 $(x-1)^2 + (y-2)^2 = 4$에 그은 접선의 접점을 $P$ 라고 할 때, 선분 $AP$ 의 길이를 구하여라.

원의 중심 $O(1, 2)$과 점 $A(4, 1)$ 사이의 거리를 구한다.

$$\overline{OA} = \sqrt{(4-1)^2 + (1-2)^2}$$
$$= \sqrt{3^2 + (-1)^2}$$
$$= \sqrt{10}$$
$$\overline{AP}^2 = \overline{AO}^2 - \overline{OP}^2$$
$$= 10 - 4 = 6$$
$$\overline{AP} = \sqrt{6}$$

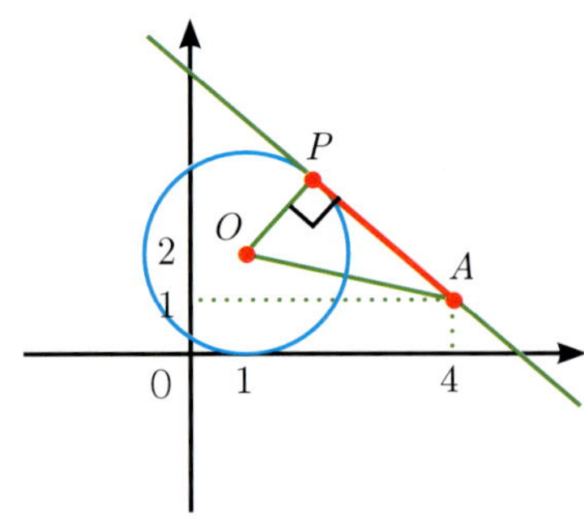

● 답 : $\sqrt{6}$

두 원에 접하는 직선을 공통접선이라고 한다. 원의 바깥쪽으로 접하는 접선을 **공통외접선**이라 하고 원의 안쪽으로 접하는 접선을 **공통내접선**이라고 한다.

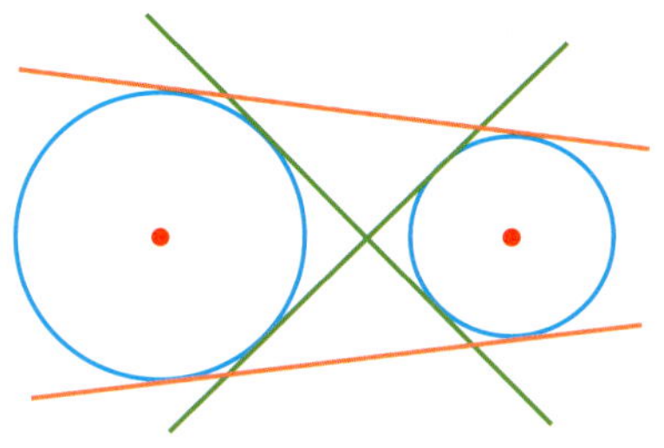

한 원이 다른 원의 외부에 있다.

공통외접선 : 2개

공통내접선 : 2개

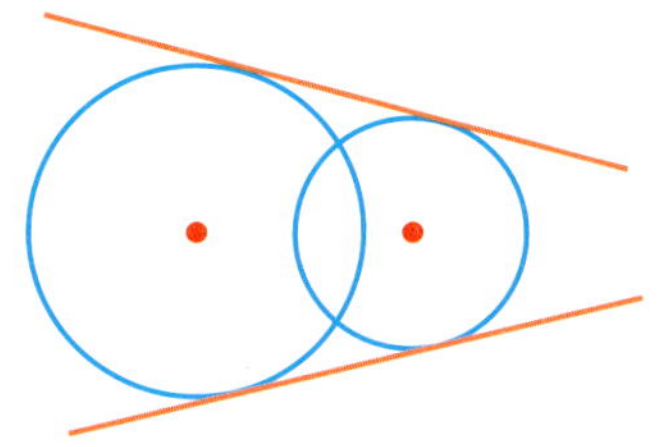

서로 다른 두 점에서 만난다.

공통외접선 : 2개

공통내접선 : 0개

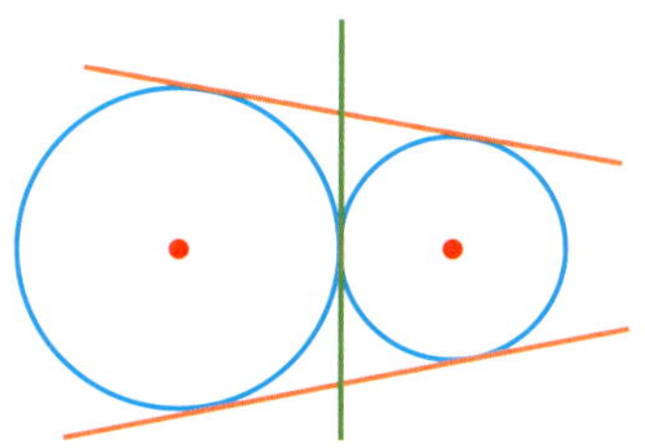

두 원이 외접한다.

공통외접선 : 2개

공통내접선 : 1개

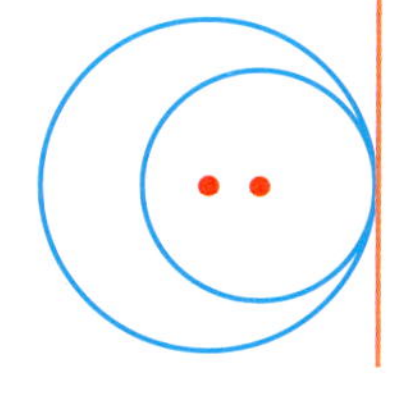

두 원이 내접한다.

공통외접선 : 1개

공통내접선 : 0개

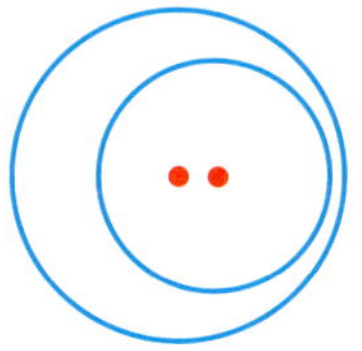

한 원이 다른 원의 내부에 있다.

공통접선 : 0개

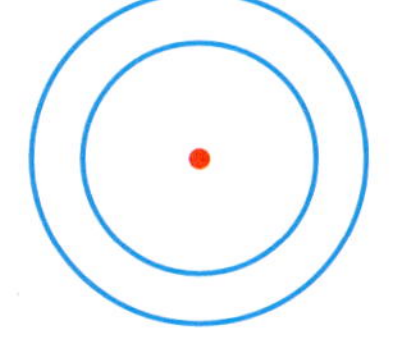

두 원의 중심이 같다.

공통접선 : 0개

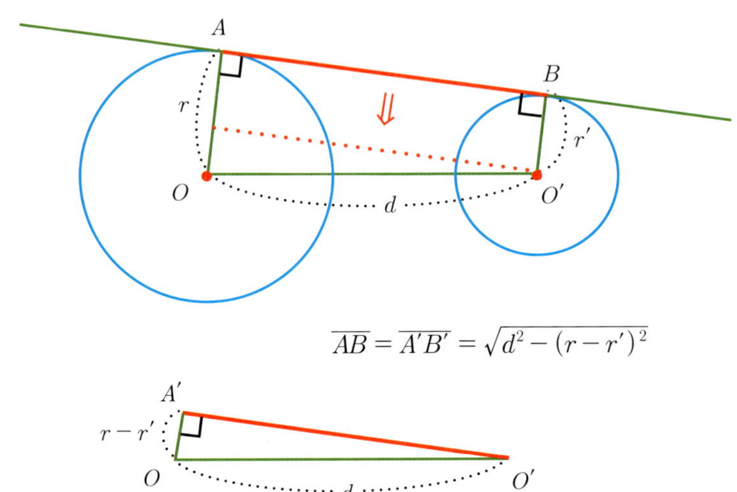

$$\overline{AB} = \overline{A'B'} = \sqrt{d^2 - (r - r')^2}$$



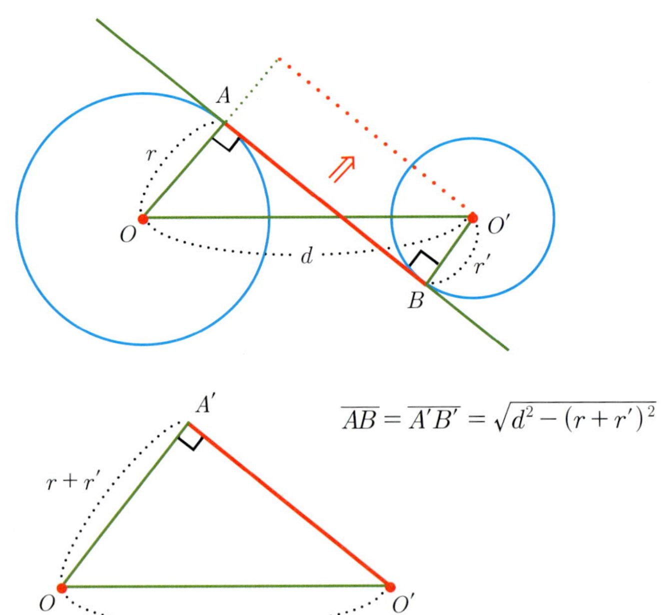

$$\overline{AB} = \overline{A'B'} = \sqrt{d^2 - (r + r')^2}$$

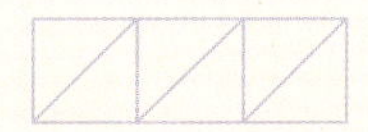

두 원 $x^2 + y^2 - 6x - 8y + 16 = 0$,

$x^2 + y^2 + 2x - 2y + 1 = 0$ 의 공통외접선과 공통내접선의

길이의 곱을 구하여라.

$x^2 + y^2 - 6x - 8y + 16 = 0$

$x^2 - 6x + 9 - 9 + y^2 - 8y + 16 = 0$

$(x - 3)^2 + (y - 4)^2 = 9$

원의 중심 : $(3, 4)$,  $r = 3$

$x^2 + y^2 + 2x - 2y + 1 = 0$

$x^2 + 2x + 1 - 1 + y^2 - 2y + 1 = 0$

$(x + 1)^2 + (y - 1)^2 = 1$

원의 중심 : $(-1, 1)$,  $r' = 1$

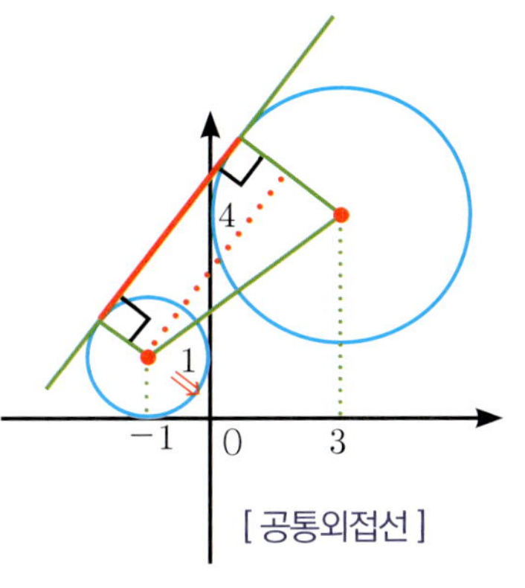

[ 공통외접선 ]

두 원의 중심 사이의 길이 $= \sqrt{\{3 - (-1)\}^2 + (4 - 1)^2}$

$\qquad\qquad\qquad\qquad = \sqrt{4^2 + 3^2}$

$\qquad\qquad\qquad\qquad = \sqrt{25} = 5$

공통외접선의 길이 $= \sqrt{5^2 - (3 - 1)^2}$

$\qquad\qquad\qquad = \sqrt{25 - 4} = \sqrt{21}$

공통내접선의 길이 $= \sqrt{5^2 - (3 + 1)^2}$

$\qquad\qquad\qquad = \sqrt{25 - 16}$

$\qquad\qquad\qquad = \sqrt{9} = 3$

따라서 공통외접선과 공통내접선의

길이의 곱은 $3\sqrt{21}$

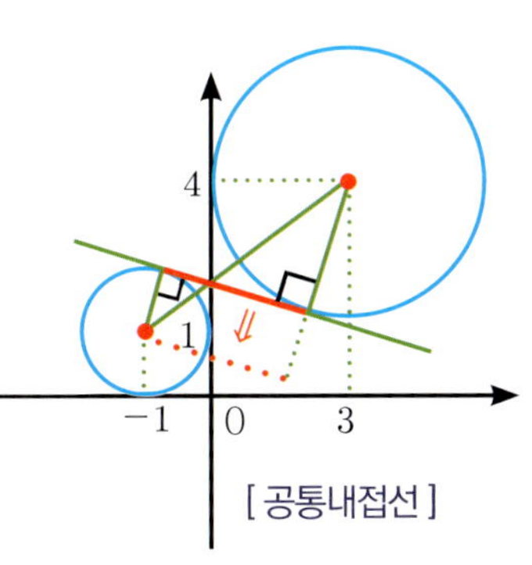

[ 공통내접선 ]

답 : $3\sqrt{21}$

두 원이 $y$ 축에 접하므로 공통 내접선의 길이는 $4 - 1 = 3$ 이다.

그림이 보이면 문제가 쉽게 풀린다.

**CHECK 458**

중심이 $y = x + 1$ 위에 있고
$A(1, 2), B(2, -1)$를 지나는 원의 방정식을 구하여라.

**CHECK 459**

두 점 $P(-2, -3), Q(6, 3)$을 지름의 양 끝으로 하는 원의 방정식을 $x^2 + y^2 + Ax + By + C = 0$ 이라 할 때, 상수 $A, B, C$에 대하여 $A + B + C$의 값을 구하여라.

**CHECK 460**

네 점 $P(0, 1), Q(2, 3), R(1, 0), S(-1, k)$가
한 원 위에 있도록 하는 모든 $k$ 값의 합을 구하여라.

**CHECK 461**

$x, y$ 에 대한 이차방정식

$x^2 + y^2 - 4x + 2ky + 2k + 3 \leq 0$ 이 나타내는 도형의 넓이가

$4\pi$ 보다 크지 않을 때, 정수 $k$ 의 최댓값을 구하여라.

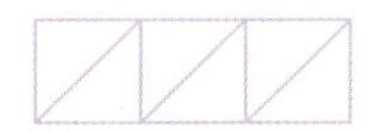

**CHECK 462**

중심이 직선 $y = x + 2$ 위에 있고
$x$ 축에 접하면서 점 $(-1, 2)$ 를 지나는 원의 방정식을 구하여라.

**CHECK 463**

원 $x^2 + y^2 - 2x + 4y + 1 = 0$ 과
직선 $2x + y + k = 0$ 이 만나도록 하는 실수 $k$ 의 값의 범위를
구하여라.

**CHECK 464**

원 $x^2 + y^2 - 4y = 0$ 과 직선 $x - y + 4 = 0$ 이 만나는 두 점을 $A$, $B$ 하고 원의 중심을 $C$ 라고 할 때, 삼각형 $ABC$ 의 넓이를 구하여라.

**CHECK 465**

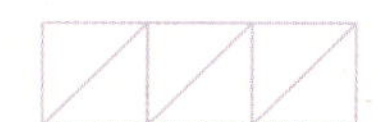

두 원 $(x-1)^2 + (y+2)^2 = 9$, $(x+3)^2 + (y+1)^2 = k^2$ 이 서로 다른 두 점에서 만날 조건은 $k > \alpha$ 이다. 이 때, $\alpha$ 의 값을 구하려라.

**CHECK 466**

두 원 $x^2 + y^2 + 4x - 4y - 4 = 0$ 과

$x^2 + y^2 + 4x + 2y - 6 = 0$ 의 교점과 점 $(1, 1)$ 을 지나는

원의 방정식을 구하여라.

**CHECK 467**

원 $x^2 + y^2 - 6x + 4y - 12 = 0$ 에 접하고

직선 $x + 2y + 3 = 0$ 에 수직인 직선의 방정식을 모두 구하여라.

**CHECK 468**

원 $x^2 + y^2 + 2x - 4y + 3 = 0$ 위의 점 $P$ 에서 직선 $y = x - 3$ 까지의 거리의 최댓값을 구하여라.

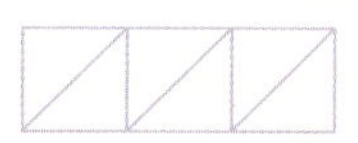

**CHECK 469**

점 $(0, -1)$ 에서 원 $x^2 + y^2 - 2x - 4y + 3 = 0$ 에 그은 두 접선의 기울기의 합을 구하여라.

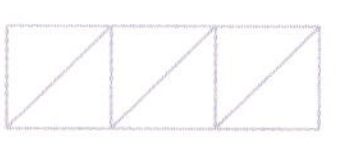

11 원의 방정식

**CHECK 470**

원 $x^2 + y^2 = 1$ 위의 점 $P$ 와

두 점 $A(2, 5), B(4, 3)$ 에 대하여 $\overline{AP}^2 + \overline{BP}^2$ 의 최솟값을 구하여라.

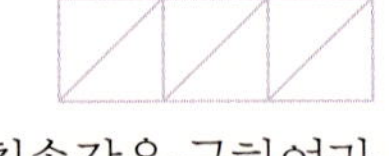

**CHECK 471**

두 원 $x^2 + y^2 - 4x - 4y - 8 = 0$ 과

$x^2 + y^2 + 4x + 2y - 4 = 0$ 의 중심을 $O, O'$ 라 하자. 두 원이 만나는

점을 $A, B$ 라고 할 때, 사각형 $OAO'B$ 의 넓이를 구하여라.

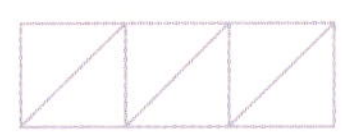

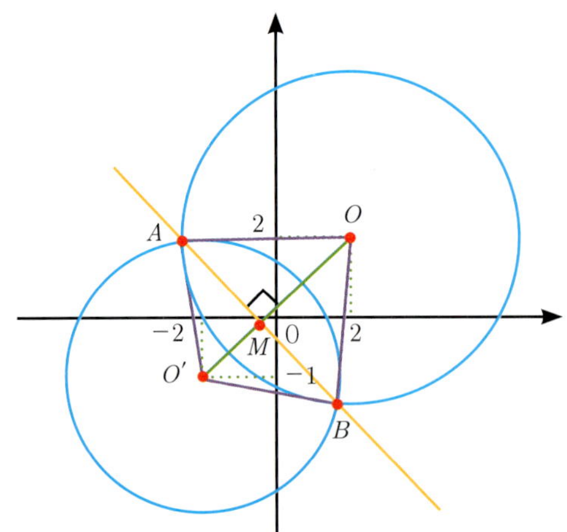

 **CHECK 472**

원 $x^2 + y^2 = 1$ 에 외접하고

직선 $3x - 4y - 11 = 0$ 에 외접하면서 중심이 $x$축 위에 있는

원의 방정식의 반지름의 합을 구하여라.

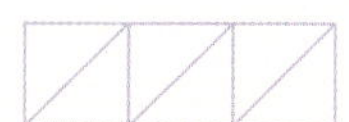

**CHECK 473**

원 $x^2 - 4x + y^2 = 0$ 의 중심 $O$ 와

원 위의 점 $P$ 와 점 $A(-2, 0)$ 가 있다. $\angle OAP$ 가 최대가 될 때,

$\triangle OAP$ 의 넓이를 구하여라.

11 원의 방정식

READING MATHEMATICS

# 12. 도형의 이동

도형을 일정한 방향으로 이동하는 것을 **평형이동**이라고 한다.

좌표평면 위의 점 $P(x, y)$를 $x$축 방향으로 $a$만큼, $y$축 방향으로 $b$만큼 평행이동한 점 $P'$의 좌표는 $P'(x+a, y+b)$

$$(x, y) \longrightarrow (x+a, y+b)$$

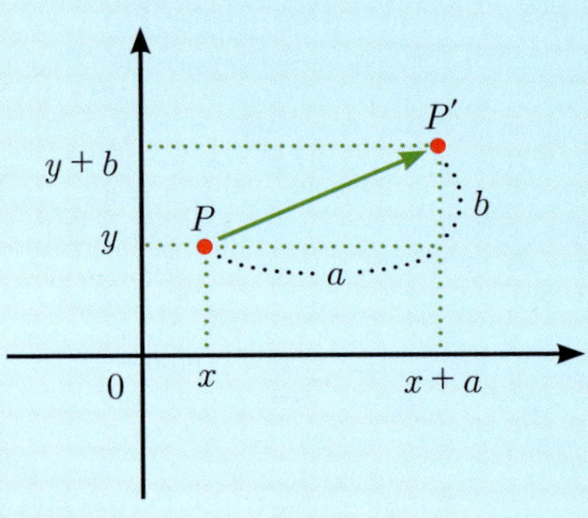

**CHECK 474** 평행이동 $P(x, y) \longrightarrow P'(x+1, y-3)$에 의하여 점 $(3, a)$가 점 $(b, 4)$로 옮겨질 때, $a+b$의 값을 구하여라.

옮겨지기 전의 점 $(3, a)$와 옮겨진 후의 점 $(b, 4)$를 평행이동에 대입해 보면,

$$3+1 = b$$
$$b = 4$$
$$a-3 = 4$$
$$a = 7$$
$$\therefore\ a+b = 7+4 = \mathbf{11}$$

답 : 11

점 $(1, 4)$가 점 $(3, 2)$로 옮기는 평행이동에서 점 $(1, 1)$로 옮겨지는 점의 좌표를 구하여라.

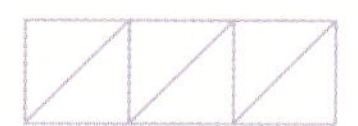



평행이동은 $P(x, y) \longrightarrow P'(x+2, y-2)$이다.

옮겨지는 점을 구하는 것이 아니라 옮겨지기전의 점을 구하는 문제이다.

$x + 2 = 1, \ x = -1$

$y - 2 = 1, \ y = 3$

$\therefore \ (-1, 3)$

답 : $(-1, 3)$

## 도형의 평행이동

$x, y$에 대한 식으로 나타내는 모든 좌표평면 위의 도형의 방정식은 $f(x, y) = 0$의 형태로 나타낼 수 있다.

좌표평면 위의 도형 $f(x, y) = 0$를 $x$축 방향으로 $a$만큼, $y$축 방향으로 $b$만큼 평행이동한 도형의 방정식은

$f(x - a, y - b) = 0$이다.

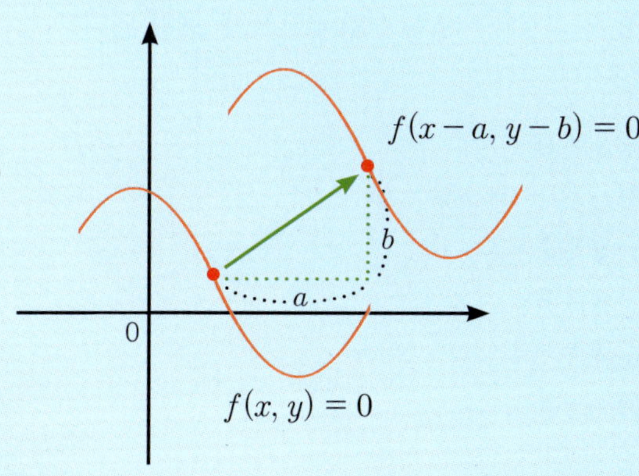

도형의 평행이동은 점의 평행이동과 다르게 부호가 반대로 들어가 있다.

$$f(x, y) = 0 \longrightarrow f(x - a, y - b) = 0$$

$P(x, y)$를 $x$축 방향으로 $a$만큼, $y$축 방향으로 $b$만큼 평행이동한 점을 $P'(x', y')$라고 하면,

$$x' = x + a, \ y' = y + b$$
$$x = x' - a, \ y = y' - b$$

이때 점 $P(x, y)$, 즉 $P(x' - a, y' - b)$는 도형 $f(x, y) = 0$ 위의 점이므로 $f(x' - a, y' - b) = 0$이다. 따라서 $P'(x', y')$는 $f(x - a, y - b) = 0$ 위의 점이 된다. 부호를 틀리지 않게 조심하기 바란다.

**CHECK 476** 점 $(2, 1)$를 점 $(4, -2)$로 옮기는 평행이동에서 직선 $2x - y + 3 = 0$이 직선 $2x + ay + b = 0$로 옮겨질 때, $a + b$의 값을 구하여라.

점 $(2, 1)$가 점 $(4, -2)$로 옮기는 평행이동은 $(x, y) \longrightarrow (x + 2, y - 3)$이다. 이 평행이동에 의해서 직선이 옮겨지므로 직선의 평행이동은

$$f(x, y) = 0 \longrightarrow f(x - 2, y + 3) = 0 \text{으로 보면 된다.}$$

$$2x - y + 3 = 0$$
$$2(x - 2) - (y + 3) + 3 = 0$$
$$2x - 4 - y - 3 + 3 = 0$$
$$2x - y - 4 = 0$$
$$a = -1, \ b = -4$$
$$\therefore \ a + b = -5$$

답 : $-5$

## ● 원과 포물선의 평행이동

원의 평행이동은 도형의 이동으로 볼 수도 있으나 점의 평행이동으로 보는 것이 더 편리하다. 원이 이동해도 반지름이 변하지 않는다. 원의 중심을 점의 평행이동 하였다고보면 옮겨진 도형의 방정식을 쉽게 구할 수 있다.

**CHECK 477** 점 $(1, 1)$를 점 $(3, 4)$로 옮기는 평행이동에서
원 $x^2 + y^2 + 2x + 8y + 8 = 0$이 옮겨지는 원의 방정식을 구하여라.

점 $(1, 1)$를 점 $(3, 4)$로 옮기는 평행이동은 $(x, y) \longrightarrow (x+2, y+3)$이다. 원의 방정식을 표준형으로 바꾸고 원의 중심을 평행이동하여 구한다.

$$x^2 + 2x + 1 - 1 + y^2 + 8y + 16 - 16 + 8 = 0$$
$$(x+1)^2 + (y+4)^2 = 9$$
$$(x, y) \longrightarrow (x+2, y+3) \text{이므로}$$
$$(-1, -4) \longrightarrow (1, -1)$$
$$(x-1)^2 + (y+1)^2 = 9$$

● 답 : $(x-1)^2 + (y+1)^2 = 9$

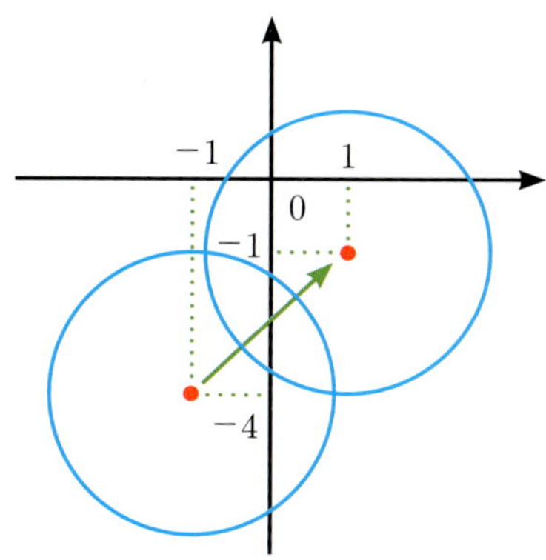

포물선의 경우에도 옮겨진 도형을 구하기 위해 도형의 평행이동보다는 점의 평행이동으로 보는 것이 더 간편하다. 포물선을 표준형으로 바꾸어서 꼭짓점을 구하고 그 꼭짓점을 점의 평행이동 시켜 구한다.

 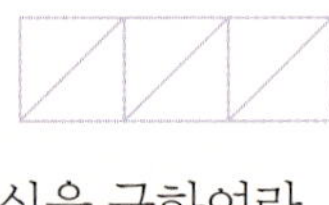

**CHECK 478**  점 $(-3, -4)$를 점 $(3, 0)$으로 옮기는 평행이동에서 포물선 $y = x^2 + 4x + 1$이 옮겨지는 포물선의 방정식을 구하여라.

점 $(-3, -4)$를 점 $(3, 0)$으로 옮기는 평행이동은
$(x, y) \longrightarrow (x+6, y+4)$이다. 포물선의 방정식을 표준형으로 바꾸고 꼭짓점을 구한 후, 점의 평행이동으로 옮겨진 포물선의 방정식을 구한다.

$$y = x^2 + 4x + 1$$
$$= x^2 + 4x + 4 - 4 + 1$$
$$= (x+2)^2 - 3$$
$$(x, y) \longrightarrow (x+6, y+4) \text{이므로}$$
$$(-2, -3) \longrightarrow (4, 1)$$
$$y = (x-4)^2 + 1$$

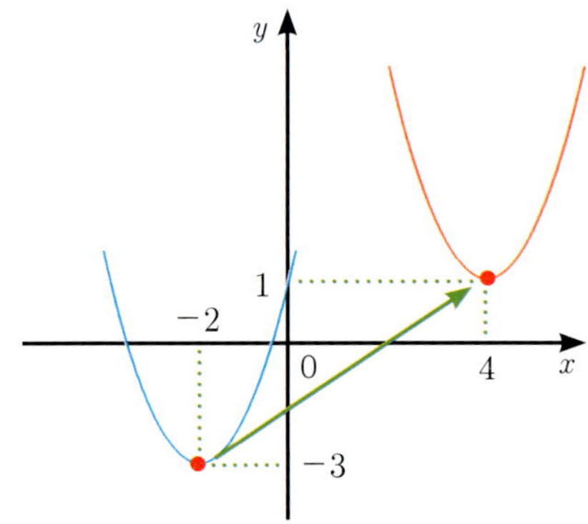

## 점의 대칭이동

주어진 점에 대하여 점이나 도형을 옮기는 것을 점에 대한 **대칭이동**이라고 한다.

1) $x$ 축에 대한 대칭이동

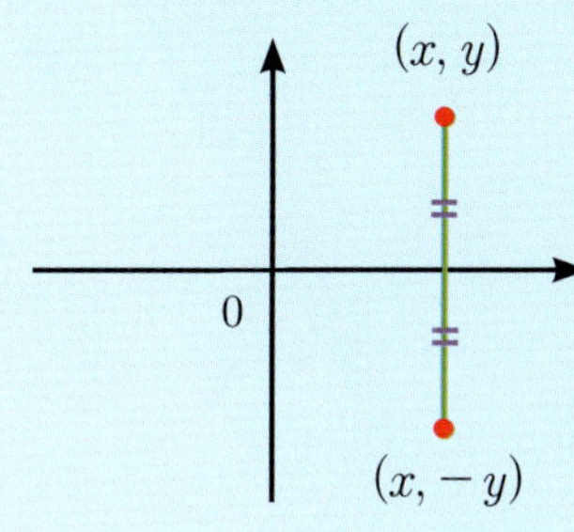

$$(x, y) \longrightarrow (x, -y)$$

**$y$** 좌표의 부호가 바뀐다.

2) $y$ 축에 대한 대칭이동

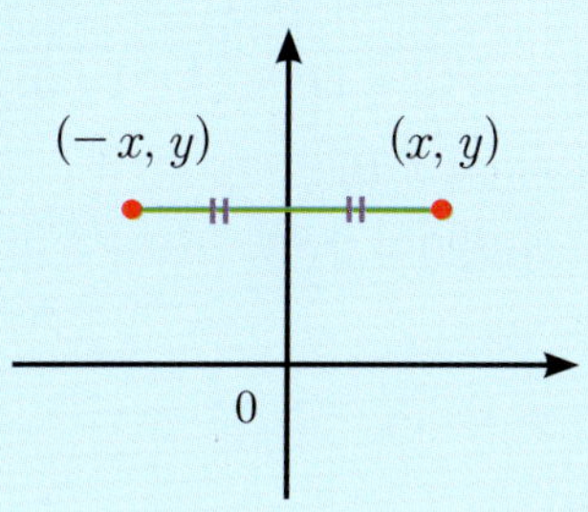

$$(x, y) \longrightarrow (-x, y)$$

**$x$** 좌표의 부호가 바뀐다.

3) 원점에 대한 대칭이동

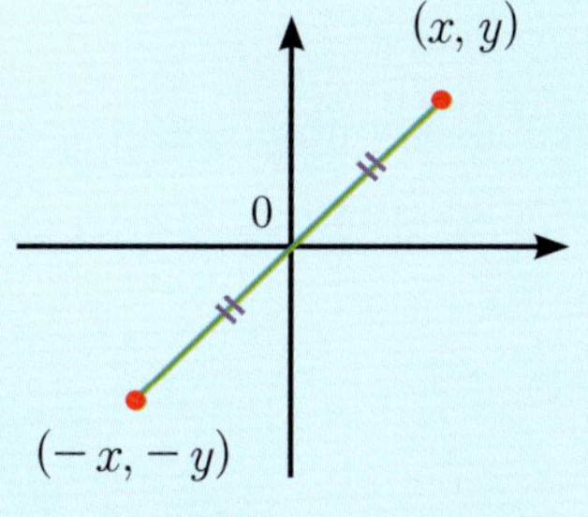

$$(x, y) \longrightarrow (-x, -y)$$

**$x, y$** 좌표의 부호가 바뀐다.

4) 직선 $y = x$ 에 대한 대칭이동

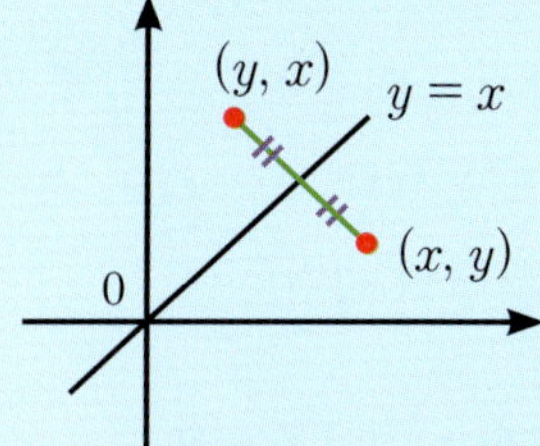

$$(x, y) \longrightarrow (y, x)$$

**$x, y$** 좌표가 서로 바뀐다.

$y = -x$ 에 대하여 대칭이동 하면,

$$(x, y) \longrightarrow (-y, -x)$$ **$x, y$** 좌표가 서로 바뀌고 부호도 바뀐다.

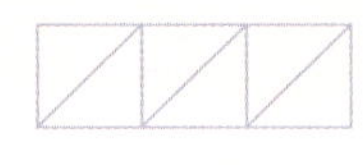

**CHECK 479**  점 $A(1, 3)$과 $y = x$에 대하여 대칭인 점을 $B$, $x$축에 대칭인 점을 $C$라고 할 때, 선분 $BC$의 길이를 구하여라.

$y = x$에 대하여 대칭인 점 $B(3, 1)$이고

$x$축에 대칭인 점 $C(1, -3)$이다.

$$선분\ BC = \sqrt{(3-1)^2 + \{1-(-3)\}^2}$$
$$= \sqrt{4 + 16}$$
$$= \sqrt{20} = \mathbf{2\sqrt{5}}$$

● 답 : $2\sqrt{5}$

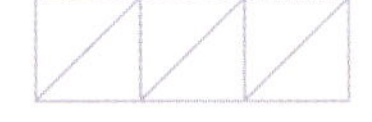

**CHECK 480**  원 $x^2 + y^2 - 6x - 2y + 6 = 0$를 원점에 대하여 대칭 이동했을 때, 중심의 좌표를 구하여라.

원의 방정식의 대칭이동은 앞에 평행이동에서 배운 것처럼 도형의 이동보다는 점의 이동으로 보는 것이 편리하다. 원의 중심을 구한 후 원점에 대하여 대칭이동 하면 된다.

$$x^2 + y^2 - 6x - 2y + 6 = 0$$
$$x^2 - 6x + 9 - 9 + y^2 - 2y + 1 - 1 + 6 = 0$$
$$(x-3)^2 + (y-1)^2 = 4$$

원점에 대칭하므로 $(x, y) \longrightarrow (-x, -y)$이다.

$$(3, 1) \longrightarrow (\mathbf{-3, -1})$$

● 답 : $(-3, -1)$

방정식은 $f(x, y) = 0$이 나타내는 도형의 $x$축, $y$축, 원점, 직선 $y = x$에 대한 대칭이동은 다음과 같다.

1) $x$축에 대한 대칭이동

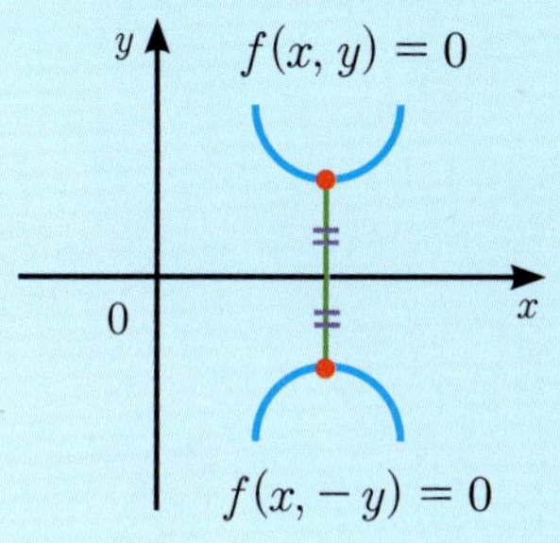


$$(x, y) \longrightarrow (x, -y)$$
$y$ 좌표의 부호가 바뀐다.

2) $y$축에 대한 대칭이동

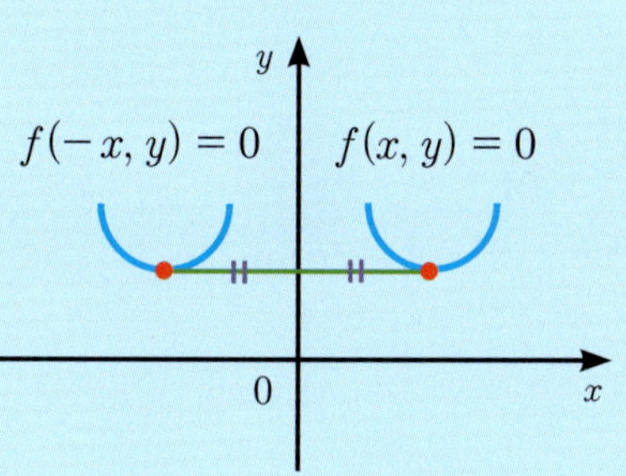


$$(x, y) \longrightarrow (-x, y)$$
$x$ 좌표의 부호가 바뀐다.

3) 원점에 대한 대칭이동

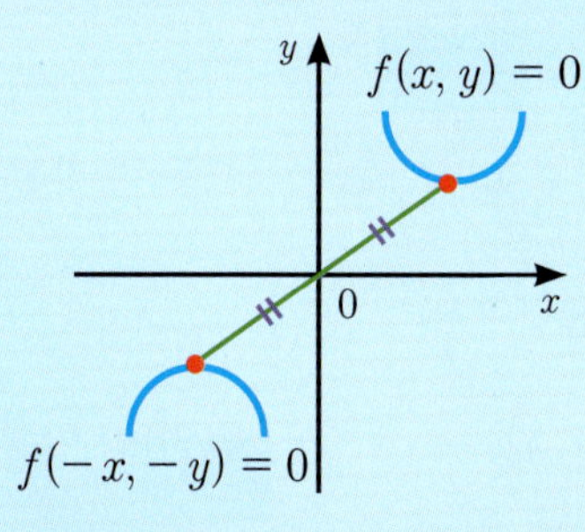


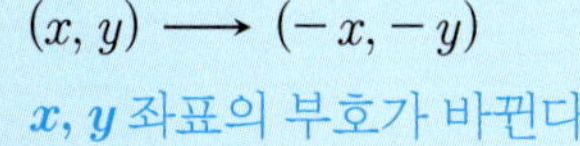

$$(x, y) \longrightarrow (-x, -y)$$
$x, y$ 좌표의 부호가 바뀐다.

4) 직선 $y = x$에 대한 대칭이동

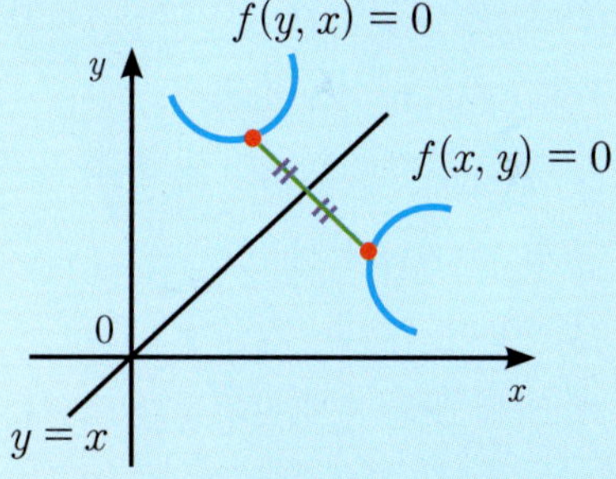


$$(x, y) \longrightarrow (y, x)$$
$x, y$ 좌표가 서로 바뀐다.

$y = -x$에 대하여 대칭이동 하면, $f(x, y) = 0 \longrightarrow f(-y, -x) = 0$
$x, y$ 좌표가 서로 바뀌고 부호도 바뀐다.

**CHECK 481**

직선 $y = 3x - 2$를 $x$ 축에 대하여

대칭이동한 직선이 점 $(2, k)$를 지날 때, $k$값을 구하여라.

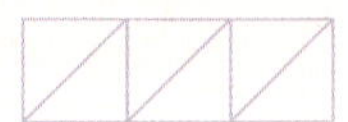

$x$ 축에 대하여 대칭이동한 **직선은** $y$ 대신에 $-y$를 대입하면 된다.

$$y = 3x - 2$$
$$-y = 3x - 2$$
$$y = -3x + 2$$
$$(2, k) \implies k = -3 \cdot 2 + 2$$
$$k = \mathbf{-4}$$

답 : $-4$

**CHECK 482**

직선 $y = ax - 1$를 $x$ 축의 방향으로 $-1$만큼,

$y$ 축의 방향으로 $-2$만큼 평행이동한 후, 원점에 대하여

대칭이동한 직선이 점 $(2, 5)$를 지날 때, $a$값을 구하여라.

$x$ 축의 방향으로 $-1$만큼, $y$ 축의 방향으로 $-2$만큼 평행이동 한 직선은

$$y + 2 = a(x + 1) - 1$$
$$y = ax + a - 3$$

원점에 대하여 대칭이동한 직선은 $(x, y) \longrightarrow (-x, -y)$이다.

$$-y = a(-x) + a - 3$$
$$-y = -ax + a - 3$$
$$y = ax - a + 3$$
$$(2, 5) \implies 5 = a \cdot 2 - a + 3$$
$$5 = a + 3$$
$$a = \mathbf{2}$$

답 : 2

평면 위의 점 또는 도형을 한 점에 대하여 대칭이동해 보자.

점 $P$를 점 $A$에 대하여 대칭이동한 점 $P'$가 있다면,

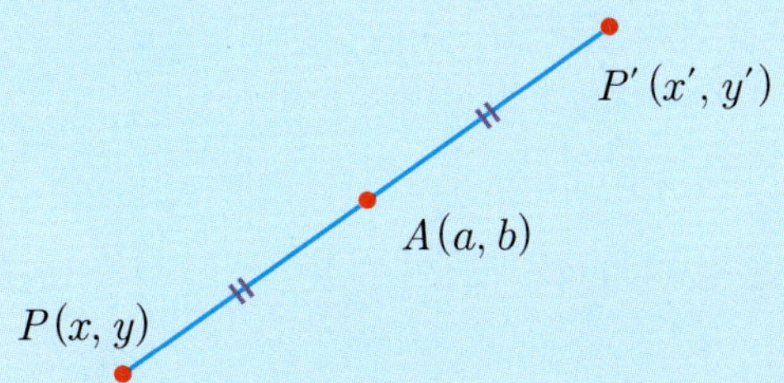


점 $A$는 점 $P$와 점 $P'$의 중점이다.

$$A(a, b) = \left( \frac{x+x'}{2}, \frac{y+y'}{2} \right)$$

$$a = \frac{x+x'}{2} \qquad\qquad b = \frac{y+y'}{2}$$

$$x' = 2a - x \qquad\qquad y' = 2b - y$$

$$x = 2a - x' \qquad\qquad y = 2b - y'$$

따라서 $f(x, y) = 0$을 점 $A(a, b)$에 대하여 대칭이동한
도형의 방정식은 $f(2a - x, 2b - y) = 0$이다.

---

점 $(x, y)$을 점 $(a, b)$에 대하여 대칭이동하면
$$(x, y) \longrightarrow (2a - x, 2b - y)$$
도형 $f(x, y) = 0$을 점 $(a, b)$에 대하여 대칭이동하면
$$f(x, y) = 0 \longrightarrow f(2a - x, 2b - y) = 0$$

 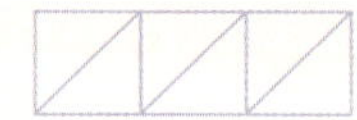

원 $x^2 + y^2 + 2x + 6y + 8 = 0$ 을
점 $(1, 1)$에 대하여 대칭이동한 도형의 방정식을 구하여라.

원의 방정식의 중심을 구하면,
$$x^2 + 2x + 1 - 1 + y^2 + 6y + 9 - 9 + 8 = 0$$
$$(x + 1)^2 + (y + 3)^2 = 2$$

점 $(-1, -3)$을 점 $(1, 1)$에 대하여 대칭이동한 점 $P(a, b)$는

$$(1, 1) = \left( \frac{-1 + a}{2}, \frac{-3 + b}{2} \right)$$

$$1 = \frac{-1 + a}{2} \qquad 1 = \frac{-3 + b}{2}$$
$$2 = -1 + a \qquad 2 = -3 + b$$
$$a = 3 \qquad b = 5$$
$$\therefore \ (x - 3)^2 + (y - 5)^2 = 2$$

답 : $(x - 3)^2 + (y - 5)^2 = 2$

위 문제를 다르게 풀어보자.

원을 점 $(1, 1)$에 대하여 대칭이동한 도형의 방정식은
$x$ 대신에 $2 \cdot 1 - x$, $y$ 대신에 $2 \cdot 1 - y$를 대입한다.

$$x^2 + 2x + 1 - 1 + y^2 + 6y + 9 - 9 + 8 = 0$$
$$(x + 1)^2 + (y + 3)^2 = 2$$
$$(2 - x + 1)^2 + (2 - y + 3)^2 = 2$$
$$(-x + 3)^2 + (-y + 5)^2 = 2$$
$$(x - 3)^2 + (y - 5)^2 = 2$$

답 : $(x - 3)^2 + (y - 5)^2 = 2$

평면 위의 점 또는 도형을 한 직선 $l$에 대하여 대칭이동해 보자.

점 $P$를 직선 $l$에 대하여 대칭이동한 점 $P'$가 있다면,

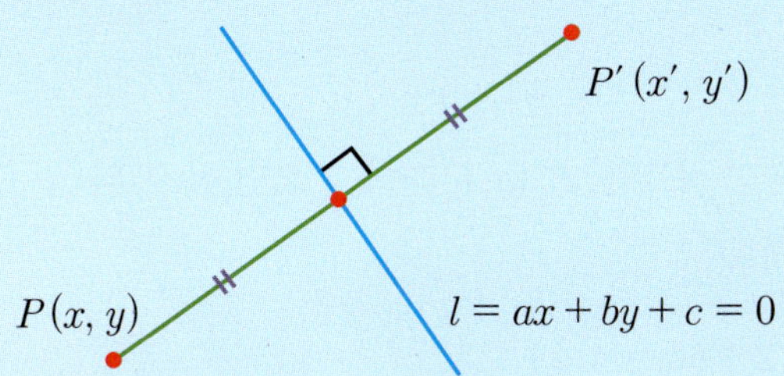


1) 점 $P$와 점 $P'$의 중점은 직선 $l$ 위에 있다.

$$\left( \frac{x + x'}{2}, \frac{y + y'}{2} \right)$$

$$a\left( \frac{x + x'}{2} \right) + b\left( \frac{y + y'}{2} \right) + c = 0$$

2) 직선 $l$과 직선 $PP'$는 서로 수직한다. (기울기의 곱이 −1이다.)

$$\left( \frac{y' - y}{x' - x} \right) \cdot \left( -\frac{a}{b} \right) = -1$$

기하학 파트는 당연 그림이 중요하다. 그림을 그릴때는 대충 그리지 말고 실제와 비슷하게 그리도록 하자. 손으로 자꾸 그리다 보면 나중에 머릿속에서 자동으로 그려진다.

다음을 구하여라.

1) 점 $P(1,2)$을 직선 $y = x - 3$에 대하여 대칭이동한 점의 좌표

2) 직선 $y = x + 1$를 직선 $y = 2x - 1$에 대하여 대칭이동한
　도형의 방정식

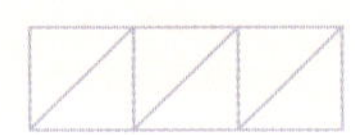

1) 대칭인 점의 좌표를 $P'(a, b)$라고 놓으면 점 $P$와 점 $P'$의 중점은 직선 $y = x - 3$에 있다.

$$\left(\frac{1+a}{2}, \frac{2+b}{2}\right)$$

$$\left(\frac{2+b}{2}\right) = \left(\frac{1+a}{2}\right) - 3$$

$$2 + b = 1 + a - 6$$

$$a - b = 7 \quad \cdots\cdots \quad ①$$

직선 $l$과 직선 $PP'$는 서로 수직하므로 두 기울기의 곱은 −1이다.

$$\left(\frac{b-2}{a-1}\right) \cdot 1 = -1$$

$$b - 2 = -a + 1$$

$$a + b = 3 \quad \cdots\cdots \quad ②$$

①, ②번 식을 연립하면,

$$a = 5, b = -2$$

$$\therefore \ (\mathbf{5, -2})$$

2) 직선 $y = x + 1$ 위에 임의의 점을 $P(x, y)$, 직선 $y = 2x - 1$에 대하여 대칭이동한 점을 $P'(x', y')$라고 하자. 점 $P$와 점 $P'$의 중점은 직선 $y = 2x - 1$ 위에 있다.

$$\left(\frac{x+x'}{2}, \frac{y+y'}{2}\right)$$

$$\frac{y+y'}{2} = 2\left(\frac{x+x'}{2}\right) - 1$$

$$y + y' = 2x + 2x' - 2$$
$$2x - y = -2x' + y' + 2 \quad \cdots\cdots \quad ①$$

직선 $y = 2x - 1$과 직선 $PP'$는 서로 수직하므로 두 기울기의 곱은 -1이다.

$$\left(\frac{y' - y}{x' - x}\right) \cdot 2 = -1$$
$$-x' + x = 2y' - 2y$$
$$x + 2y = x' + 2y' \quad \cdots\cdots \quad ②$$

①, ②번 식을 연립하면,

$$② \times 2 - ① \quad \Rightarrow \quad 5y = 4x' + 3y' - 2$$
$$y = \frac{4x' + 3y' - 2}{5}$$
$$① \times 2 + ② \quad \Rightarrow \quad 5x = -3x' + 4y' + 4$$
$$x = \frac{-3x' + 4y' + 4}{5}$$
$$P\left(\frac{-3x' + 4y' + 4}{5}, \frac{4x' + 3y' - 2}{5}\right)$$

점 $P$는 직선 $y = x + 1$ 위의 점이므로 직선에 점 $P$를 대입한다.

$$\frac{4x' + 3y' - 2}{5} = \frac{-3x' + 4y' + 4}{5} + 1$$
$$4x' + 3y' - 2 = -3x' + 4y' + 4 + 5$$
$$7x' - y' - 7 = 0$$
$$\therefore \ 7x - y - 7 = 0$$

답 : 풀이참조

# START-UP

 **CHECK 485**

평행이동 $(x, y) \longrightarrow (x+2, y+a)$ 에 의하여
점 $(1, 3)$ 이 직선 $y = 2x - 1$ 위의 점으로 옮겨질 때,
$a$ 의 값을 구하여라.

**CHECK 486**

직선 $x - 2y + 3 = 0$ 이 $x$ 축으로 3,
$y$ 축으로 $m$ 만큼 평행이동하면 점 $(2, 2)$ 를 지난다.
이 때, $m$ 의 값을 구하여라.

**CHECK 487**

점 $(1, 2)$를 점 $(5, 0)$으로 옮기는 평행이동에 의하여 직선 $x + by + c = 0$을 옮겼더니 처음 직선과 일치한다고 할 때, 상수 $b$의 값을 구하여라.

**CHECK 488**

포물선 $y = x^2 + 2$를 포물선 $y = x^2 + 4x + 7$로 옮기는 평행이동에 의하여 원 $x^2 + y^2 - 2x + 6y + 6 = 0$은 원 $x^2 + y^2 + Ax + By + C = 0$으로 옮겨진다. 이때, $A + B + C$의 값을 구하여라.

**CHECK 489**

직선 $2x - y - 4 = 0$ 을
$x$ 축에 대하여 대칭이동한 후, 다시 $y$ 축에 대하여 대칭이동하면
원 $x^2 + y^2 - 2x - 2y + C = 0$ 과 접한다고 할 때,
상수 $C$ 의 값을 구하여라.

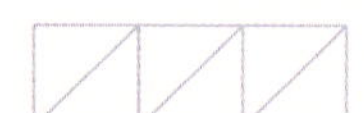

**CHECK 490**

두 점 $A(2, 5)$, $B(6, 1)$ 와 $x$ 축 위를 움직이는
점 $P$ 와 $y$ 축 위를 움직이는 점 $Q$ 에 대하여 $\overline{AP} + \overline{PQ} + \overline{QB}$ 의
최솟값을 구하여라.

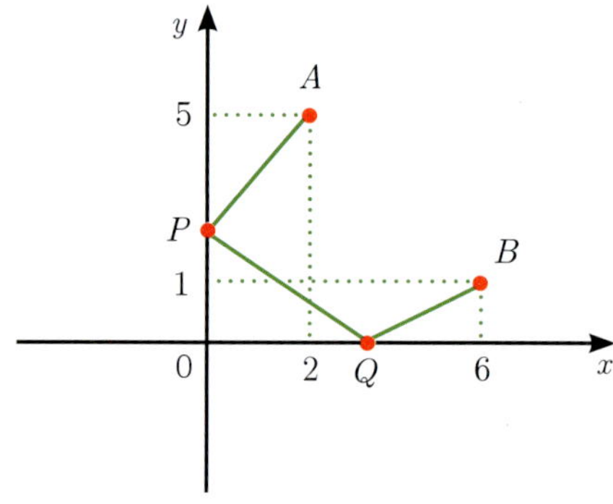

**CHECK 491**

직선 $x + 2y - 5 = 0$ 에 대하여

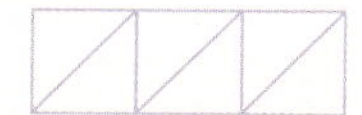

두 점 $A(3, a)$, $B(b, 4)$ 가 서로 대칭일 때, $a + b$ 의 값을 구하여라.

**CHECK 492**

점 $(a, b)$ 에 대하여 직선 $x - y + 3 = 0$ 과 대칭인

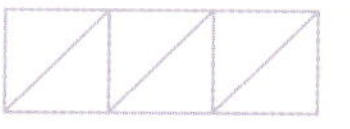

직선의 방정식이 $x - y + 9 = 0$ 일 때,

점 $(a, b)$ 의 자취의 방정식을 구하여라.

**CHECK 493**

실수 $a$에 대하여

$\sqrt{(a+4)^2+3^2}+\sqrt{(a-8)^2+2^2}$ 의 최솟값 $n$을 구하여라.

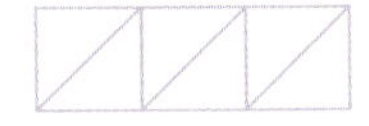

**CHECK 494**

직선 $2x-y+a=0$을 $y=-x$에 대하여

대칭이동한 후, $x$축으로 2만큼 평행이동한 직선이

원 $x^2+y^2+2x-4y-4=0$의 넓이를 이등분하였다.

이 때, $a$의 값을 구하여라.

**CHECK 495**

두 점 $A(1, 3)$, $B(4, 1)$를
직선 $x + y - 1 = 0$에 대하여 대칭이동한 점 $C, D$에 대하여
사각형 $ABCD$의 넓이를 구하여라.

**CHECK 496**

도형 $A$의 방정식이 $f(x, y) = 0$일 때,
도형 $B$의 방정식을 구하여라.

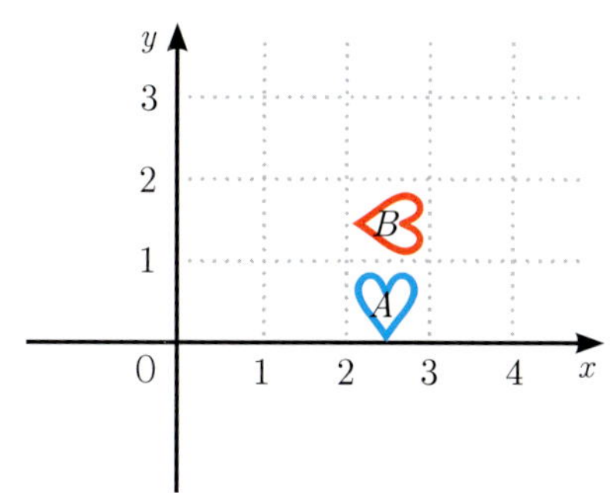

# READING MATHEMATICS

술술 읽는 해설

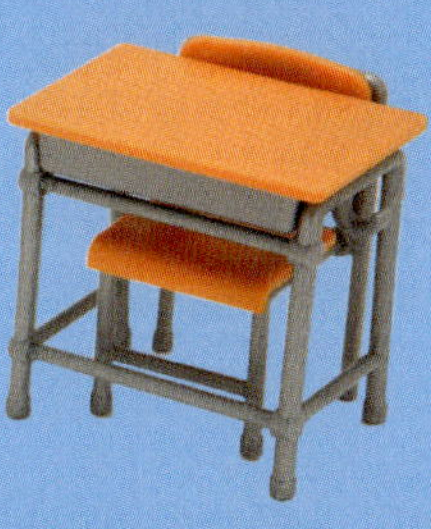

## 1. 다항식의 연산

### 10

먼저 식을 정리한 후, 값을 대입해 보자.

$$2g(x) + f(x) + 2(h(x) - f(x))$$
$$= 2g(x) + f(x) + 2h(x) - 2f(x)$$
$$= 2g(x) - f(x) + 2h(x)$$

$$2\{-2x^2 + x - 3\} + \{x^2 - 3x - 2\} + 2\{x^2 - x + 1\}$$
$$= -4x^2 + 2x - 6 + x^2 - 3x - 2 + 2x^2 - 2x + 2$$
$$= -x^2 - 3x - 6$$

### 11

합차 공식을 이용하여 식을 정리해 보자.

$$(a-1)(a+1)(a^2+1)(a^4+1)$$
$$= (a^2-1)(a^2+1)(a^4+1)$$
$$= (a^4-1)(a^4+1)$$
$$= (5-1)(5+1)$$
$$= 4 \cdot 6 = 24$$

### 12

$x$에 $1$을 대입하면 된다.
$$(x+1)(x^2+1)(x^3+1)(x^4+1)$$
$$= (1+1)(1^2+1)(1^3+1)(1^4+1)$$
$$= 2 \cdot 2 \cdot 2 \cdot 2 = 16$$

### 13

나머지정리 식에 맞춰 식을 써보면

$$f(x) = (2x^2 + 5x - 3)Q(x) + 4x - 5$$
$$= (2x-1)(x+3)Q(x) + 2(2x-1) - 3$$
$$= (2x-1)\{(x+3)Q(x) + 2\} - 3$$

몫 ／ 나머지

따라서 몫 $Q(x) = (x+3)Q(x) + 2$, 나머지 $= -3$

### 14

$$f(x) = a(x+1)^2 + b(x+1) + x \quad (x\text{에 }1\text{를 대입})$$
$$a(1+1)^2 + b(1+1) + 1 = 1$$
$$4a + 2b + 1 = 1$$
$$b = -2a \quad \cdots\cdots ①$$

$$g(x) = a(x+3)^2 + b(x+3) + x \quad (x\text{에 }1\text{를 대입})$$
$$a(1+3)^2 + b(1+3) + 1 = -15$$

$$16a + 4b + 1 = -15$$
$$4a + b = -4 \quad \cdots\cdots ②$$

①, ②식을 연립하면 $a = -2, b = 4$
$$h(x) = a(x+2)^3 + b(x+2)^2 + 3(x+2)$$
$$= -2(x+2)^3 + 4(x+2)^2 + 3(x+2)$$

$(x\text{에 }1\text{를 대입})$

$$= -2(1+2)^3 + 4(1+2)^2 + 3(1+2)$$
$$= -54 + 36 + 9 = -9$$

### 15

$$x^2 + y^2 + z^2 - xy - yz - zx$$
$$= \frac{1}{2}\{(x-y)^2 + (y-z)^2 + (z-x)^2\}$$
$x - y = 1 - \sqrt{2}, \ y - z = 1 + \sqrt{2}$ 에서 두 식을 더하면
$x - z = 2, \ \Rightarrow \ z - x = -2$ 위식에 대입하면

$$\frac{1}{2}\{(1-\sqrt{2})^2 + (1+\sqrt{2})^2 + (-2)^2\}$$
$$= \frac{1}{2}(1 - 2\sqrt{2} + 2 + 1 + 2\sqrt{2} + 2 + 4)$$
$$= \frac{1}{2} \cdot 10 = 5$$

### 16

$$(a-b)^2 + (b-c)^2 + (c-a)^2$$
$$= a^2 - 2ab + b^2 + b^2 - 2bc + c^2 + c^2 - 2ca + a^2$$
$$= 2(a^2 + b^2 + c^2 - ab - bc - ca) \quad \cdots\cdots ①$$

$$(a+b+c)^2 = a^2 + b^2 + c^2 + 2ab + 2bc + 2ca$$
$$4^2 = 6 + 2(ab + bc + ca)$$
$$2(ab + bc + ca) = 16 - 6$$
$$ab + bc + ca = 5$$
①번 식에 구한 값을 대입하면
$$2(a^2 + b^2 + c^2 - ab - bc - ca)$$
$$= 2(6 - 5) = 2$$

### 17

$$\begin{array}{r} A + 2B = 2x^2 - 2xy + y^2 \\ -\underline{\quad A - B = -4x^2 + xy + 4y^2\quad} \\ 3B = 6x^2 - 3xy - 3y^2 \end{array}$$

$$B = 2x^2 - xy - y^2$$
$$A = -2x^2 + 3y^2$$

$$2A + 3B = 2(-2x^2 + 3y^2) + 3(2x^2 - xy - y^2)$$
$$= -4x^2 + 6y^2 + 6x^2 - 3xy - 3y^2$$
$$= 2x^2 - 3xy + 3y^2$$

**18**

모든 항의 계수와 상수항의 합을 구하기 위해 $x$에 1을 대입한다.

$$(1+1)(1^2-3)(1^3+5)(1^4-7)(1^4+9)$$
$$= 2\cdot(-2)\cdot6\cdot(-6)\cdot10 = a$$

$$\frac{a}{12} = 2\cdot(-2)\cdot6\cdot(-6)\cdot10\times\frac{1}{12}$$
$$= 2\cdot6\cdot10 = \mathbf{120}$$

**19**

$$
\begin{array}{r}
3x^2 - 2x\ -5 \\
x^2+x+1\,{\overline{\smash{\big)}\,3x^4+x^3\ -4x^2-7x+5}} \\
\underline{3x^4+3x^3+3x^2}\phantom{-7x+5} \\
-2x^3-7x^2-7x\phantom{+5} \\
\underline{-2x^3-2x^2-2x}\phantom{+5} \\
-5x^2-5x+5 \\
\underline{-5x^2-5x-5} \\
10
\end{array}
$$

**20**

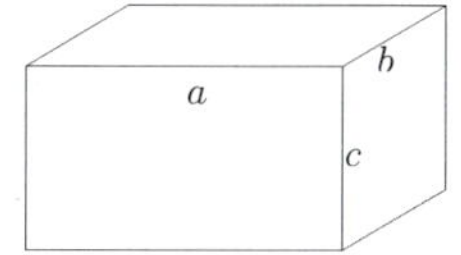

직사각형의 세변을 a, b, c 라고 놓으면

겉넓이 : $2(ab+bc+ca) = 16$
$$ab+bc+ca = 8$$

모서리의 합 : $4a+4b+4c = 20$
$$a+b+c = 5$$

대각선의 길이 :
$$\sqrt{a^2+b^2+c^2} = \sqrt{(a+b+c)^2 - 2(ab+bc+ca)}$$
$$= \sqrt{5^2 - 2\cdot8}$$
$$= \sqrt{9} = \mathbf{3}$$

**21**

$$f(x) = (3x-1)Q(x) + R$$
$$= \frac{1}{3}(3x-1)\,3\cdot Q(x) + R$$
$$= \left(x-\frac{1}{3}\right)3\cdot Q(x) + R$$

$\therefore$ 몫 : $\mathbf{3Q(x)}$, 나머지 : $\mathbf{R}$

**22**

먼저 $A, B$ 의 전개식에서 $x^5$ 과 $x^3$ 의 계수를 알아보자.

$$A = (1+3x+5x^2+7x^3+9x^4)(1+3x+5x^2+7x^3+9x^4)$$
$$\Rightarrow 3\cdot9 + 5\cdot7 + 7\cdot5 + 9\cdot3$$

$$B = (9+7x+5x^2+3x^3+x^4)(9+7x+5x^2+3x^3+x^4)$$
$$\Rightarrow 9\cdot3 + 7\cdot5 + 5\cdot7 + 3\cdot9$$

$A$ 의 $x^5$ 의 계수 $a$ 와 $B$ 의 $x^3$ 의 계수 $b$ 는 같으므로 $a-b = \mathbf{0}$ 이다.

**23**

$$(1+2x+3x^2+4x^3+\cdots+99x^{98})^3$$
$$= (1+2x+3x^2+4x^3+\cdots)\times(1+2x+3x^2+4x^3+\cdots)$$
$$\times(1+2x+3x^2+4x^3+\cdots)$$
$$= (1\cdot1\cdot4 + 1\cdot2\cdot3 + 1\cdot3\cdot2 + 1\cdot4\cdot1)$$
$$+ (2\cdot1\cdot3 + 2\cdot2\cdot2 + 2\cdot3\cdot1)$$
$$+ (3\cdot1\cdot2 + 3\cdot2\cdot1)$$
$$+ (4\cdot1\cdot1)$$
$$= \mathbf{56}$$

**24**

식을 정리해 보면.

$$\left(1-\frac{1}{2^2}\right)\left(1-\frac{1}{3^2}\right)\cdots\left(1-\frac{1}{9^2}\right) = \frac{a}{b}$$

$$\left\{\left(1-\frac{1}{2}\right)\left(1+\frac{1}{2}\right)\right\}\left\{\left(1-\frac{1}{3}\right)\left(1+\frac{1}{3}\right)\right\}\cdots\left\{\left(1-\frac{1}{9}\right)\left(1+\frac{1}{9}\right)\right\}$$

$$= \left(\frac{1}{2}\cdot\frac{3}{2}\right)\left(\frac{2}{3}\cdot\frac{4}{3}\right)\left(\frac{3}{4}\cdot\frac{5}{4}\right)\cdots\left(\frac{8}{9}\cdot\frac{10}{9}\right) = \frac{a}{b}$$

$$\frac{1}{2}\cdot\frac{10}{9} = \frac{a}{b}$$

$$\frac{5}{9} = \frac{a}{b}$$

$$\therefore a+b = 5+9 = \mathbf{14}$$

**25**

$$a^2+b^2+c^2 = (a+b+c)^2 - 2(ab+bc+ca)$$
$$= (\sqrt{6})^2 - 2\cdot2$$
$$= 2$$

$\therefore\ a^2+b^2+c^2 = ab+bc+ca$
$$a^2+b^2+c^2-ab-bc-ca = 0$$
$$\frac{1}{2}\{(a-b)^2+(b-c)^2+(c-a)^2\} = 0$$

$a = b = c$ 이므로

$a+b+c = \sqrt{6}$ 에서 $\quad a = b = c = \dfrac{\sqrt{6}}{3}$

$$a^3+b^3+c^3 = 3\left(\frac{\sqrt{6}}{3}\right)^3 = 3\cdot\frac{6\sqrt{6}}{27} = \mathbf{\frac{2\sqrt{6}}{3}}$$

---

### 26

$$a(x-1)^3+b(x-1)^2+c(x-1)+d$$
$$=(x-1)\{a(x-1)^2+b(x-1)+c\}+d$$
식을 $x-1$로 묶으면 몫($a(x-1)^2+b(x-1)+c$)과
나머지($d$)가 생긴다.

$$a(x-1)^2+b(x-1)+c$$
$$=(x-1)\{a(x-1)+b\}+c$$
몫 $a(x-1)^2+b(x-1)+c$ 를 $x-1$로 또 묶어내면
몫($a(x-1)+b$)과 나머지($c$)가 생긴다.
이것을 조립제법으로 풀어보면

```
1 | 1 -3   2   1
  |     1  -2   0
1 | 1 -2   0  |1|  ──→ d
  |     1  -1
1 | 1 -1 |-1|      ──→ c
  |     1
a ← 1  |0|         ──→ b
```

$$a+b+c+d=1+0-1+1=\mathbf{1}$$

---

### 27

$$a^3+b^3+c^3=3abc$$
$$a^3+b^3+c^3-3abc=0$$
$$(a+b+c)(a^2+b^2+c^2-ab-bc-ca)=0$$
$$(a+b+c)\frac{1}{2}\{(a-b)^2+(b-c)^2+(c-a)^2\}=0$$
$$a=b=c \quad (\because a+b+c\neq 0)$$

$$ax^2-bx+c=0$$
$$ax^2-ax+a=0$$
$$x^2-x+1=0 \qquad\qquad x\text{에 }\alpha\text{를 대입하자}$$
$$\alpha^2-\alpha+1=0$$

$$\alpha^3+1=(\alpha+1)(\alpha^2-\alpha+1)=\mathbf{0}$$

---

### 28

$$x^4+y^4+z^4$$
$$=(x^2)^2+(y^2)^2+(z^2)^2$$
$$=(x^2+y^2+z^2)^2-2(x^2y^2+y^2z^2+z^2x^2) \quad\cdots\cdots ①$$

$$x^2y^2+y^2z^2+z^2x^2$$
$$=(xy+yz+zx)^2-2(xy^2z+yz^2x+zx^2y)$$
$$=(xy+yz+zx)^2-2xyz(x+y+z) \quad\cdots\cdots ②$$

$$(x+y+z)^2=x^2+y^2+z^2+2(xy+yz+zx)$$
$$0=2+2(xy+yz+zx)$$
$$xy+yz+zx=-1 \qquad ②\text{번 식에 대입하면}$$

$$x^2y^2+y^2z^2+z^2x^2=(xy+yz+zx)^2-2xyz(x+y+z)$$
$$=(-1)^2-2\cdot xyz\cdot 0$$
$$=1 \qquad ①\text{번 식에 대입하면}$$

$$(x^2)^2+(y^2)^2+(z^2)^2$$
$$=(2)^2-2(1)=\mathbf{2}$$

---

### 29

$$5(4^2+1)(4^4+1)(4^8+1)$$
$$=(4+1)(4^2+1)(4^4+1)(4^8+1) \quad 5\text{를 }4+1\text{로 바꾼다}$$

(4−1)을 만들기 위해 3을 곱하고 나눈다음
3을 (4−1)로 바꿔준다

$$=\frac{1}{3}(4-1)(4+1)(4^2+1)(4^4+1)(4^8+1)$$
$$=\frac{1}{3}(4^2-1)(4^2+1)(4^4+1)(4^8+1)$$
$$=\frac{1}{3}(4^4-1)(4^4+1)(4^8+1)$$
$$=\frac{1}{3}(4^8-1)(4^8+1)$$
$$=\frac{1}{3}(4^{16}-1)=\frac{4^{16}-1}{3}=\frac{4^a-1}{b}$$
$$a=16, \ b=3$$
$$\therefore a+b=\mathbf{19}$$

---

### 30

일정한 값을 $k$로 놓는다
$$\frac{x^2+a+bx+2b-cx+c}{2x^2+ax-bx+b+2c-cx}=k$$
$$2kx^2+(a-b-c)kx+(b+2c)k=x^2+(b-c)x+a+2b+c$$
$$2k=1, \ (a-b-c)k=b-c, \ (b+2c)k=a+2b+c$$
$$k=\frac{1}{2}, \ (a-b-c)\cdot\frac{1}{2}=b-c$$
$$a-b-c=2b-2c$$
$$a-3b+c=0 \quad\cdots\cdots ①$$
$$(b+2c)\cdot\frac{1}{2}=a+2b+c$$
$$b+2c=2a+4b+2c$$
$$2a+3b=0 \quad\cdots\cdots ②$$

①, ②번 식을 연립하면

```
| a -3b  +c = 0
|2a +3b     = 0
  3a    +c = 0
```

$$c=-3a \qquad ①\text{번 식에 대입하면}$$
$$a-3b-3a=0, \ 3b=-2a$$
$$b=-\frac{2}{3}a$$

$$a = a, b = -\frac{2}{3}a, c = -3a$$

$$\frac{3ab}{c^2} = \frac{3a \cdot \left(-\frac{2}{3}a\right)}{(-3a)^2}$$

$$= \frac{-2a^2}{9a^2} = -\frac{2}{9}$$

### 31

$$f_n(x) = x^n + x^{-n} = x^n + \frac{1}{x^n}$$

$$f_1(x) = x + \frac{1}{x}, \ f_2(x) = x^2 + \frac{1}{x^2}, \ f_3(x) = x^3 + \frac{1}{x^3} \ \text{이다.}$$

$$x^2 - 3x + 1 = 0 \qquad \text{양변을 } x \text{로 나눈다}$$

$$x - 3 + \frac{1}{x} = 0$$

$$x + \frac{1}{x} = 3 \qquad (x^2 - 3x + 1 = 0 \ \Leftrightarrow \ x + \frac{1}{x} = 3)$$

$$x^2 + \frac{1}{x^2} = \left(x + \frac{1}{x}\right)^2 - 2 = 9 - 2 = 7$$

$$x^3 + \frac{1}{x^3} = \left(x + \frac{1}{x}\right)^3 - 3\left(x + \frac{1}{x}\right) = 3^3 - 9 = 18$$

$$\therefore f_1(x) + f_2(x) + f_3(x) = 3 + 7 + 18 = 28$$

## 2. 나머지정리

### 49

주어진 등식에서 $x$ 에 $1, -2, -3, 0$ 을 대입해 본다.

$x = 1$ 일 때,

$$1 + 3 - 5 + 2 = d \qquad a = 1$$

$$d = 1$$

$x = -2$ 일 때,

$$(-2)^3 + 3(-2)^2 - 5(-2) + 2 = -3c + 1$$

$$16 = -3c + 1$$

$$c = -5$$

$x = -3$ 일 때,

$$(-3)^3 + 3(-3)^2 - 5(-3) + 2 = 4b - 4c + d$$

$$-27 + 27 + 15 + 2 = 4b - 4(-5) + 1$$

$$17 = 4b + 21$$

$$4b = -4 \ , b = -1$$

$x = 0$ 일 때,

$$2 = -6a + 8$$

$$6a = 6, \ a = 1$$

$$\therefore a + b - c + d = 1 + (-1) - (-5) + 1 = 6$$

### 50

$x$ 에 1을 대입하면 된다.

$$(1 + 2 \cdot 1 - 1)^5 = a_0 + a_1 + a_2 + a_3 + \cdots + a_{10}$$

$$a_0 + a_1 + a_2 + a_3 + \cdots + a_{10} = 2^5 = 32$$

### 51

$$2x^3 + ax^2 - bx + c = (x^2 - x + 1)(2x + 1) + 3x$$

$$= 2x^3 + x^2 - 2x^2 - x + 2x + 1 + 3x$$

$$= 2x^3 - x^2 + 4x + 1$$

$$a = -1, \ b = -4, \ c = 1$$

$$a + b + c = -1 - 4 + 1$$

$$= -4$$

### 52

$$f(x) = (x^2 - 3x - 10)Q(x) + R(x)$$

$$= (x + 2)(x - 5)Q(x) + ax + b$$

$$f(-2) = -2a + b = 8$$

$$f(5) = 5a + b = 1 \qquad \text{두 식을 연립하면}$$

$$a = -1, \ b = 6$$

$$R(x) = -x + 6$$

$$R(4) = -4 + 6 = 2$$

### 53

$$f(x) = (x^2 + x - 2)Q_1(x) + x + 1$$

$$= (x + 2)(x - 1)Q_1(x) + x + 1 \ \cdots\cdots ①$$

$$= (x^2 + 4x + 3)Q_2(x) + x - 3$$

$$= (x + 3)(x + 1)Q_2(x) + x - 3 \ \cdots\cdots ②$$

$$= (x^2 + 2x - 3)Q_3(x) + R(x)$$

$$= (x + 3)(x - 1)Q_3(x) + ax + b \ \cdots\cdots ③$$

①번 식에서 $x$ 에 1을 넣을 때,

$$f(1) = 2$$

②번 식에서 $x$ 에 $-3$ 을 넣을 때,

$$f(-3) = -6$$

두 값을 ③번 식에 대입한다

$$f(1) = a + b = 2$$

$$f(-3) = -3a + b = -6$$

두 식을 연립하면,

$$a = 2, \ b = 0$$

$$\therefore \text{나머지 } R(x) = 2x$$

**54**

$$\begin{array}{r|rrrr} -1 & 1 & a & -b & 2 \\ & & -1 & -a+1 & a+b-1 \\ \hline -1 & 1 & a-1 & -a-b+1 & \lfloor a+b+1 \\ & & -1 & -a+2 & \\ \hline & 1 & a-2 & \lfloor -2a-b+3 & \end{array}$$

$$\begin{array}{ll} a+b-1=0 & \quad -2a-b+3=0 \\ a+b=1 & \quad 2a+b=3 \end{array}$$

두 식을 연립하면
$$a=2,\ b=-1$$
$$\therefore \frac{2a}{b}=\frac{2\cdot 2}{-1}=-\,\mathbf{4}$$

**55**

$$f(x)=(x+2)Q(x)+1$$
$$Q(x)=(x-1)P(x)-3$$
$$f(x)=(x+2)\{(x-1)P(x)-3\}+1$$
$$f(1)=(1+2)\{(1-1)P(1)-3\}+1$$
$$\quad =-\,\mathbf{8}$$

**56**

$(x-1)(x+2)$로 나누어 떨어지므로

$f(1)=f(-2)=0$ 이다.

$$f(1)=1+3+a-b=0$$
$$\quad a-b=-4$$
$$f(-2)=-8+12-2a-b=0$$
$$\quad 2a+b=4$$

두 식을 연립하면,
$$a=0,\ b=4$$
$$\therefore a+b=\mathbf{4}$$

**57**

$x^2-1$을 인수로 갖으므로 $f(1)=f(-1)=0$ 이다.

$$f(1)=1+a-b+2=0$$
$$\quad a-b=-3$$
$$f(-1)=-1+a+b+2=0$$
$$\quad a+b=-1$$

두 식을 연립하면
$$a=-2,\ b=1$$
$$\therefore ab=-\,\mathbf{2}$$

**58**

$$\begin{array}{r|rrrr} \tfrac{1}{2} & 2 & -1 & 4 & 2 \\ & & 1 & 0 & 2 \\ \hline & 2 & 0 & 4 & \lfloor 4 \end{array}$$

$$2x^3-x^2+4x+2=\left(x-\frac{1}{2}\right)(2x^2+4)+4$$
$$=2\left(x-\frac{1}{2}\right)\frac{1}{2}(2x^2+4)+4$$
$$=(2x-1)(x^2+2)+4$$

몫 : $\boldsymbol{x^2+2}$, 나머지 : $\mathbf{4}$

**59**

1) $x-2$가 인수 이므로 조립제법을 계속 적용

해 본다.

$$\begin{array}{r|rrrr} 2 & 1 & -2 & -1 & 4 \\ & & 2 & 0 & -2 \\ \hline 2 & 1 & 0 & -1 & \lfloor 2 \quad \longrightarrow \ d \\ & & 2 & 4 & \\ \hline 2 & 1 & 2 & \lfloor 3 \quad \longrightarrow \ c \\ & & 2 & \\ \hline a \leftarrow & 1 & \lfloor 4 \quad \longrightarrow \ b \end{array}$$

$$a=1,\ b=4,\ c=3,\ d=2$$

2) 다항식 A를 정리해서 $x$에 1.9를 대입한다.

$$A=(x-2)^3+4(x-2)^2+3(x-2)+2$$
$$A(1.9)=(1.9-2)^3+4(1.9-2)^2+3(1.9-2)+2$$
$$=(-0.1)^3+4(-0.1)^2+3(-0.1)+2$$
$$=-0.001+0.04-0.3+2=1.739$$
$$1000A(1.9)=\mathbf{1739}$$

**60**

등식의 조건을 만족하려면 $P(x)$는 일차식 이어야

한다.

$$P(x)=x+b$$
$$P(x^2+1)+x=xP(x)+a$$
$$x^2+1+b+x=x(x+b)+a$$
$$x^2+x+b+1=x^2+bx+a$$
$$b=1,\qquad b+1=a$$
$$\qquad a=\mathbf{2}$$

## 61

문제에 맞게 나머지정리 식을 써보고 $f(2x)$를 구해보자.

$$f(x) = (x^2 + 3x + 2)Q(x) + 2x + 6$$
$$= (x+1)(x+2)Q(x) + 2x + 6$$

$$f(2x) = (2x+1)(2x+2)Q(2x) + 2(2x) + 6$$
$$= 2(2x+1)(x+1)Q(2x) + 4x + 6$$
$$f(-1) = 0 - 4 + 6 = \mathbf{2}$$

## 62

$$f(x) = (x^2 + 2)Q_1(x) + x - 1$$
$$= (x-1)Q_2(x) + 3$$
$$= (x^2 + 2)(x-1)Q_3(x) + R(x)$$
$$= (x^2 + 2)(x-1)Q_3(x) + ax^2 + bx + c$$
$$\Rightarrow (x^2 + 2)\{(x-1)Q_3(x)\} + a(x^2 + 2) + x - 1$$

$$f(1) = 0 + 3a = 3$$
$$a = 1$$

$$R(x) = 1 \cdot (x^2 + 2) + x - 1 = x^2 + x + 1$$
$$R(-2) = \mathbf{3}$$

## 63

조립제법을 이용하여 $f(x)$를 $f(x-1)$의 형태로 바꿔보자.

```
1 | 1   0   0   0   3
  |     1   1   1   1
1 | 1   1   1   1  |4
  |     1   2   3
1 | 1   2   3  |4
  |     1   3
1 | 1   3  |6
  |     1
    1  |4
```

$$f(x) = 1 \cdot (x-1)^4 + 4 \cdot (x-1)^3 + 6 \cdot (x-1)^2 + 4 \cdot (x-1) + 4$$
$$= (x-1)^3\{(x-1)+4\} + 6 \cdot (x-1)^2 + 4 \cdot (x-1) + 4$$
$$= (x-1)^3\{(x-1)+4\} + 6x^2 - 8x + 6$$

$$R(x) = 6x^2 - 8x + 6$$
$$R(1) = 6 - 8 + 6 = \mathbf{4}$$

## 64

$f(x)$가 일차식이므로 $ax + b$로 놓고 식에 대입해 보자.

$$\{ax + b\}^2 = 2(ax^2 + b) + a(2x-1) + b$$
$$a^2 x^2 + 2abx + b^2 = 2ax^2 + 2b + 2ax - a + b$$
$$a^2 x^2 + 2abx + b^2 = 2ax^2 + 2ax - a + 3b$$

$$a^2 = 2a, \ 2ab = 2a, \ b^2 = -a + 3b$$
$$a^2 - 2a = 0 \qquad 2ab = 2a$$
$$a(a-2) = 0 \qquad b = 1$$
$$a = 2 \, (\because a \neq 0)$$
$$\therefore f(x) = \mathbf{2x + 1}$$

## 65

나누는 수 $2020$을 $x$로 놓고 식을 세워 보자.

$$2019^{11} = (2020 - 1)^{11} = (x-1)^{11}$$
$$(x-1)^{11} = x \cdot Q(x) + R$$
$$x = 0 을 \ 대입하면$$
$$-1 = R$$
$$2019^{11} = 2020 \cdot Q(2020) - 1$$

나머지는 음수가 될 수 없으므로 몫에서 1을 빌려 나머지를 양수로 만들어 준다.

$$2019^{11} = 2020Q(2020) - 1$$
$$= 2020\{Q(2020) - 1\} + 2020 - 1$$
$$= 2020\{Q(2020) - 1\} + 2019$$
나머지는 **2019**

## 66

$$x^{12} = (x-4)Q(x) + R_1$$
$x$에 $4$를 대입하면,
$$4^{12} = R_1$$
$$Q(x) = (x-2)Q_2(x) + R_2$$
$$x^{12} = (x-4)\{(x-2)Q_2(x) + R_2\} + 4^{12}$$
$x$에 $2$를 대입하면,
$$2^{12} = -2R_2 + 4^{12}$$
$$2R_2 = 4^{12} - 2^{12}$$
$$= 2^{24} - 2^{12}$$
$$= 2^{12}(2^{12} - 1)$$
$$R_2 = \mathbf{2^{11}(2^{12} - 1)}$$

## 67

$f(x)=ax+b$ 라고 놓고 조건에 맞추어 나머지정리 식을 써보자.

$f(x^2)=f(x)Q_1(x)+4a+b$

$ax^2+b=(ax+b)Q_1(x)+4a+b$

$x$ 에 $-\dfrac{b}{a}$ 를 대입하면,

$a\left(-\dfrac{b}{a}\right)^2+b=0+4a+b$

$\dfrac{b^2}{a}+b=4a+b$

$\dfrac{b^2}{a}=4a, \qquad b^2=4a^2$

$b=\pm 2a \quad \cdots\cdots ①$

$f(x^4)=f(x^2)Q_2(x)+8$

$ax^4+b=(ax^2+b)Q_2(x)+8$

$x^2$ 에 $-\dfrac{b}{a}$ 를 대입하면,

$a\left(-\dfrac{b}{a}\right)^2+b=0+8$

$\dfrac{b^2}{a}+b=8$

$b^2$ 에 $4a^2$ 를 대입하면,

$\dfrac{4a^2}{a}+b=8$

$4a+b=8 \quad \cdots\cdots ②$

①, ②번 식을 연립한다.

계수인 $a,b$ 가 정수이어야 하므로 $b=-2a$ 만 만족한다.

$a=4, \ b=-8$

$\therefore f(x)=4x-8$

$f(3)=12-8=\mathbf{4}$

## 68

조립제법에서 배웠듯이 인수가 될수 있는 것은 최고차 항의 계수와 상수항의 약수로 알 수 있다. $f(x)$ 의 인수가 될 수 있는 $\pm1, \pm2$ 를 넣어서 '0'이 되는 $k$ 의 값을 구해보자.

$f(1)=1-a+b-3+2$

$\quad\quad =-a+b=0$

$\quad a=b \quad (a>b$ 이므로 답이 될 수 없다.$)$

$f(-1)=1+a+b+3+2$

$\quad\quad =a+b+6\neq 0 \quad (a,b$ 는 자연수이다.$)$

$f(2)=16-8a+4b-6+2$

$\quad\quad =12-8a+4b=0$

$\quad\quad 2a-b=3 \quad \cdots\cdots ①$

$f(-2)=16+8a+4b+6+2$

$\quad\quad =8a+4b+24>0 \quad ($ 답이 될 수 없다.$)$

$\pm1, \pm2$ 에서 인수가 될 수 있는 것은 2뿐이다.

$a>b$ 이고 ①번 식을 만족하는 $a,b$ 는 $(2,1)$ 뿐이다.

$\therefore a=2, b=1, k=-2$

$\quad a+b-k=2+1-(-2)=\mathbf{5}$

## 69

문제에 따라 나머지정리 식을 써보고 구해야 하는 $(x+2)^2(x+1)$ 를 찾아보자.

$f(x)=(x+2)^3Q_1(x)+x^2+3x+1$

$\quad =(x+2)^2(x+2)Q_1(x)+(x+2)^2-x-3$

$\quad =(x+2)^2\{(x+2)Q_1(x)+1\}-x-3$

$f(x)=(x+1)^2Q_2(x)+x+2$

$\quad =(x+1)(x+1)Q_2(x)+(x+1)+1$

$\quad =(x+1)\{(x+1)Q_2(x)+1\}+1$

$f(-1)=1$

$f(x)=(x+2)^2(x+1)P(x)+ax^2+bx+c$

$f(x)=(x+2)^2(x+1)P(x)+a(x+2)^2-x-3$

$\quad =(x+2)^2\{(x+1)P(x)+a\}-x-3$

$f(-1)=1^2(0+a)+1-3=1$

$\quad\quad\quad\quad a-2=1$

$\quad\quad\quad\quad\quad a=3$

$\therefore R(x)=ax^2+bx+c=a(x+2)^2-x-3$

$\quad\quad\quad\quad =3(x+2)^2-x-3$

$\quad\quad\quad\quad =\mathbf{3x^2+11x+9}$

**70**

문제에 따라 나머지정리 식을 써보고 식을 간단히 할 수 있는 값을 $x$에 대입해 보자.

$$f(x) - 2x = (x-1)^2(ax+b)$$
$$f(x) = (x-1)^2(ax+b) + 2x \quad \cdots\cdots ①$$
$$f(1) = 0 \cdot (a \cdot 1 + b) + 2 = 2$$

$$f(x) + x = (x+1)^2(cx+d)$$
$$f(x) = (x+1)^2(cx+d) - x \quad \cdots\cdots ②$$
$$f(-1) = 0 \cdot (c \cdot (-1) + d) + 1 = 1$$

①번 식에서
$$f(-1) = (-2)^2(a \cdot (-1) + b) + 2 = 1$$
$$4(-a+b) = -1$$
$$-4a + 4b = -1 \cdots\cdots ③$$

②번 식에서
$$f(1) = 2^2(c+d) + 1 = 2$$
$$4(c+d) = 1$$
$$4c + 4d = 1 \quad \cdots\cdots ④$$

①, ②번 식에서
$$f(0) \implies b = d \quad \cdots\cdots ⑤$$
$$f(2) \implies 2a + b + 4 = 18c + 9d - 2 \quad \cdots\cdots ⑥$$

③, ④, ⑤를 한 문자로 정리해서 ⑥번 식에 대입해서 연립한다.

$$a = \frac{1}{12}, \ b = -\frac{1}{6}$$
$$f(x) = (x-1)^2\left(\frac{1}{12}x - \frac{1}{6}\right) + 2x$$
$$f(3) = (3-1)^2\left(\frac{1}{12} \cdot 3 - \frac{1}{6}\right) + 2 \cdot 3$$
$$= 4\left(\frac{1}{4} - \frac{1}{6}\right) + 6$$
$$= 4\left(\frac{1}{12}\right) + 6 = \frac{1}{3} + \frac{18}{3} = \frac{19}{3}$$

**71**

미지수 $a$가 있지만 나머지정리 식을 써보고 구할 수 있는 것들을 찾아보자. 미지수는 걱정하지 말자. 숫자로 풀듯이 풀다보면 미지수는 해결될 수도 있다.

$$f(a) = 1$$
$$f(a-1) = -1$$
$$f(x) = (x-a)(x-a+1)Q(x) + px + q$$
$$f(a) = 0 + ap + q = 1 \quad \cdots\cdots ①$$
$$f(a-1) = 0 + p(a-1) + q = -1$$
$$ap - p + q = -1 \quad \cdots\cdots ②$$

①, ②번 식을 연립하면
$$p = 2, \ q = 1 - 2a$$
$$R(x) = 2x + 1 - 2a$$
$$R(a-2) = 2(a-2) + 1 - 2a$$
$$= 2a - 4 + 1 - 2a$$
$$= -3$$

**72**

$x$에 적당한 값을 대입해서 식을 구하고 연립해보자.

$x$에 0을 대입하면
$$(-1)^3 + 2(-2)^2 + 3(-3) + 4$$
$$= (1)^3 + a(2)^2 + b(3) + c$$
$$4a + 3b + c = 1 \quad \cdots\cdots ①$$

$x$에 1을 대입하면
$$(0)^3 + 2(-1)^2 + 3(-2) + 4$$
$$= (2)^3 + a(3)^2 + b(4) + c$$
$$9a + 4b + c = -8 \quad \cdots\cdots ②$$

$x$에 $-1$을 대입하면
$$(-2)^3 + 2(-3)^2 + 3(-4) + 4$$
$$= (0)^3 + a(1)^2 + b(2) + c$$
$$a + 2b + c = 2 \quad \cdots\cdots ③$$

①, ②, ③번 식을 연립하면
$$a = -4, \ b = 11, \ c = -16$$
$$a - b - c = -4 - 11 + 16$$
$$= 1$$

**73**

$$x^{30} - 1 = (x-1)^2 Q(x) + ax + b$$
$x$에 1을 넣으면
$$0 = a + b$$
$$b = -a$$

$$(x-1)(x^{29} + x^{28} + \cdots + x + 1)$$
$$= (x-1)^2 Q(x) + a(x-1)$$
양변을 $x-1$로 나누면
$$(x^{29} + x^{28} + \cdots + x + 1) = (x-1)Q(x) + a$$
$x$에 1을 넣으면
$$30 = a$$
$$R(x) = 30x - 30$$
$$R(2) = 30 \cdot 2 - 30 = 30$$

### 74

$f(x+2) = f(x-2)$를 만족하므로 $x$에 1을 대입해 보면

$f(3) = f(-1) = 2$ 이다.

$f(x) = (x-3)(x+1)Q(x) + ax + b$

$f(3) = 0 + 3a + b = 2$ ······ ①

$f(-1) = 0 - a + b = 2$ ······ ②

①, ②번 식을 연립하면

$a = 0, \ b = 2$

$R(x) = \mathbf{2}$

### 75

$f(x)$를 $n$차라고 하고 좌, 우변의 차수를 비교해보면

$f(x)$가 2차식일 때 좌우변 차수가 같아진다.

$f(x) = ax^2 + bx + c$

$f(x) = x^2 f(x-1) - 2x^4 + 4x^3$

$f(0) = 0 - 0 + 0 = 0$

$\qquad c = 0$ ······ ①

$f(1) = 1 \cdot f(0) - 2 + 4 = 2$

$\qquad a + b = 2$ ······ ②

$f(2) = 4 \cdot f(1) - 32 + 32 = 8$

$\qquad 4a + 2b = 8$

$\qquad 2a + b = 4$ ······ ③

②, ③번 식을 연립하면

$a = 2, \ b = 0, \ c = 0$

$\therefore f(x) = 2x^2, \quad f(-1) = \mathbf{2}$

## 3. 인수분해

### 174

인수분해를 해서 계수를 비교해보자.

$(x-1)(x-3)(x+2)(x+4) + 21$

$= (x-1)(x+2)(x-3)(x+4) + 21$

$= (x^2 + x - 2)(x^2 + x - 12) + 21 \qquad x^2 + x = A \text{ 로 치환}$

$= (A-2)(A-12) + 21$

$= A^2 - 14A + 24 + 21$

$= A^2 - 14A + 45$

$= (A-9)(A-5) \qquad A = x^2 + x \text{로 환원}$

$= (x^2 + x - 9)(x^2 + x - 5)$

$\therefore a = 1, \ b = -9, \ c = 1$

$\therefore a + b + c = 1 - 9 + 1 = \mathbf{-7}$

### 175

인수분해 공식에서 살펴보자.

$a^3 + b^3 + c^3 - 3abc$

$= (a+b+c)(a^2 + b^2 + c^2 - ab - bc - ca)$

$= \dfrac{1}{2}(a+b+c)\{(a-b)^2 + (b-c)^2 + (c-a)^2\}$

$= \dfrac{1}{2}(a+b+c)\{(a-b)^2 + (b-c)^2 + (c-a)^2\}$

$\therefore \{(a-b)^2 + (b-c)^2 + (c-a)^2\} = 0$

$\quad a = b = c \qquad (\because a+b+c \neq 0)$

$\quad \dfrac{a}{b} + \dfrac{b}{c} + \dfrac{c}{a} = 1 + 1 + 1 = \mathbf{3}$

### 176

문제의 다항식이 두 일차식의 곱으로 인수분해가 되려면, 먼저 $x$의 내림차순으로 정리한 후, 판별식의 판별식이 '0'이 되면 된다.

$x^2 - 6y^2 - xy + ax - 7y + 3$

$= x^2 + (a-y)x - 6y^2 - 7y + 3$

$D = (a-y)^2 - 4 \cdot 1 \cdot (-6y^2 - 7y + 3)$

$\quad = a^2 - 2ay + y^2 + 24y^2 + 28y - 12$

$\quad = 25y^2 + (28 - 2a)y + a^2 - 12$

$\dfrac{D}{4} = (14 - a)^2 - 25 \cdot (a^2 - 12) = 0$

$\qquad 196 - 28a + a^2 - 25a^2 + 300 = 0$

$\qquad -24a^2 - 28a + 496 = 0$

$\qquad 6a^2 + 7a - 124 = 0$

$\qquad (a-4)(6a + 31) = 0$

$\qquad a = 4, \ -\dfrac{31}{6}$

$a$는 정수이므로 $\mathbf{4}$이다.

### 177

다항식을 조립제법을 이용하여 인수분해를 한다.

$2x^3 + 5x^2 - 4x - 3$

$= (x-1)(x+3)(2x+1)$

$x - 1 + x + 3 + 2x + 1 = \mathbf{4x+3}$

178

주어진 식을 인수분해를 이용해서 N 값을 구하는 것이 거듭제곱을 계산해서 구하는 방법보다 빠르고 정확하다. 15를 문자로 치환해서 인수분해 해보자.

$$N = 15^3 + 15^2 - 15 \times 2$$
$$= x^3 + x^2 - 2x$$
$$= x(x^2 + x - 2)$$
$$= x(x+2)(x-1)$$
$$= 15 \cdot 17 \cdot 14 \qquad \text{소인수분해를 한다}$$
$$= 3 \cdot 5 \cdot 17 \cdot 2 \cdot 7$$
$$= a \times b \times c \times d \times e$$
$$\therefore a+b+c+d+e = 2+3+5+7+17$$
$$= \mathbf{34}$$

179

인수분해 공식을 이용하여 식을 간단히 할 수 있다.

$$\frac{16^4 + 16^2 + 1}{16^2 + 17} = \frac{16^4 + 16^2 + 1}{16^2 + 16 + 1} \quad (16 = x \text{로 치환한다})$$
$$= \frac{x^4 + x^2 + 1}{x^2 + x + 1} = \frac{(x^2 - x + 1)(x^2 + x + 1)}{x^2 + x + 1}$$
$$= x^2 - x + 1$$
$$= 16^2 - 16 + 1$$
$$= (15+1)^2 - 15$$
$$= 15^2 + 30 + 1^2 - 15$$
$$= 15^2 + 16$$
$$\therefore a = \mathbf{16}$$

180

$3^{16} - 1$ 을 인수분해 하여 한 자리수인 인수를 찾아보자.

$$3^{16} - 1 = (3^8 + 1)(3^8 - 1)$$
$$= (3^8 + 1)(3^4 + 1)(3^4 - 1)$$
$$= (3^8 + 1)(3^4 + 1)(3^2 + 1)(3^2 - 1)$$
$$= (3^8 + 1)(3^4 + 1)(3^2 + 1)(3 + 1)(3 - 1)$$
$$\therefore \text{한 자릿수 인수는 } 8, 4, 2$$
$$8 + 4 + 2 = \mathbf{14}$$

181

$(x+1)(x+2)(x+3)(x+4) + k$ 을 인수분해 한 후, 완전제곱식이 되도록 계수를 맞추어 본다.

$$(x+1)(x+2)(x+3)(x+4) + k$$
$$= (x+1)(x+4)(x+2)(x+3) + k$$

$$= (x^2 + 5x + 4)(x^2 + 5x + 6) + k$$
$$= (A+4)(A+6) + k \qquad (x^2 + 5x = A \text{로 치환})$$
$$= A^2 + 10A + 24 + k$$

상수인 $24 + k$ 는 $A$ 의 계수인 10의 반의 제곱이 되어야 한다.

따라서 $24 + k = 5^2$
$$k = \mathbf{1}$$

182

여러 문자가 포함되어 있는 식이므로 한 문자에 대하여 내림차순으로 정리한 후 조립제법을 이용하여 인수분해를 해보자.

$$a^3 + b^3 + c^3 + ab(a+b) - bc(b+c) - ca(c+a) = 0$$
$$a^3 + b^3 + c^3 + a^2b + ab^2 - b^2c - bc^2 - c^2a - ca^2 = 0$$
$$a^3 + (b-c)a^2 + (b^2 - c^2)a + b^3 + c^3 - b^2c - bc^2 = 0$$

$a$ 가 없는 상수에 해당하는 $b^3 + c^3 - b^2c - bc^2$ 는 $(b+c)(b-c)^2$ 으로 인수분해가 된다.

앞에서 배운 것 처럼 조립제법을 할 때 인수는 최고차항과 상수의 약수로 결정이 된다. [p99]

따라서 인수는 $\pm(b+c), \pm(b-c)$ 중에 있다.

$$a^3 + (b-c)a^2 + (b^2 - c^2)a + (b+c)(b-c)^2$$

| $-(b-c)$ | 1 | $b-c$ | $(b+c)(b-c)$ | $(b+c)(b-c)^2$ |
|---|---|---|---|---|
| | | $-(b-c)$ | $0$ | $-(b+c)(b-c)^2$ |
| | 1 | $0$ | $(b+c)(b-c)$ | $0$ |

$$(a+b-c)(a^2 + b^2 - c^2) = 0$$

삼각형의 변의 성질에 의해 $a + b = c$ 가 될 수 없으므로 $a^2 + b^2 = c^2$ 이 된다.

따라서 삼각형은 $c$ 가 빗변인 직각삼각형이다.

## 183

$a+1=x,\ b+1=y,\ c+1=z$ 로 치환해 보자.

$$\frac{xy+yz+zx}{x^2+y^2+z^2}$$

$$=\frac{xy+yz+zx}{(x+y+z)^2-2(xy+yz+zx)}$$

$$=\frac{xy+yz+zx}{-2(xy+yz+zx)}=-\frac{1}{2}$$

$$(\because x+y+x=a+1+b+1+c+1=0)$$

## 184

$x$ 에 3을 대입한 후, $3^n$ 을 $t$ 로 치환 한 후, 인수분해를 해보자.

$$x^{3n}-7x^n-6$$
$$=3^{3n}-7\cdot 3^n-6 \quad (3^n=t\text{로 치환})$$
$$=t^3-7\cdot t-6$$
$$=(t+1)(t+2)(t-3)$$
$$t=3\ (\because\ t=3^n>0)$$
$$3^n=3 \quad \therefore\ n=\mathbf{1}$$

## 185

문제의 뜻에 맞게 식을 써보자.

$$x^2+x+13=k^2$$

좌변을 완전제곱꼴로 바꾸기 위해 양변에 4를 곱한다.

$$4x^2+4x+4\cdot 13=4k^2$$
$$4x^2+4x+1+51=(2k)^2$$
$$(2k)^2-(2x+1)^2=51$$
$$(2k+2x+1)(2k-2x-1)=51\cdot 1$$
$$\therefore 2k+2x+1=51$$
$$2k-2x-1=1$$
두 식을 연립하면
$$k=13,\ x=\mathbf{12}$$

### 4 복소수

## 197

좌변을 전개해서 정리한 후 계수를 비교해보자.

$$a(a-2bi)+bi(a-bi)-5+2i=0$$
$$a^2-2abi+abi-b^2i^2-5+2i=0$$
$$a^2+b^2-5-abi+2i=0$$
$$a^2+b^2-5=0,\qquad -ab+2=0$$
$$a^2+b^2=5,\qquad -ab=-2$$
$$ab=2$$

자연수인 $a, b$ 의 곱이 2이고 $a^2+b^2=5$ 인 경우는 1, 2뿐이다.

따라서 $a+b=\mathbf{3}$ 이다.

## 198

$x$ 의 값을 변형한 후 제곱하여 조건식에 대입해 본다.

$$x=1+2i$$
$$x-1=2i$$
$$(x-1)^2=(2i)^2$$
$$x^2-2x+1=4i^2$$
$$x^2-2x+5=0$$

$$x^3-2x^2+4x+2i$$
$$x^3-2x^2+5x+x+2i$$
$$=x(x^2-2x+5)-x+2i$$
$$=x\cdot 0-(1+2i)+2i$$
$$=\mathbf{-1}$$

## 199

$i^n=-i$ 가 되는 수는 $4k+3$ 인 값이다.

즉, 3, 7, 11, 15, 19이다.

따라서 합은 55이다.

## 200

복소수 $z$ 를 실수부분과 허수부분으로 나눈 후, $z^2$ 이 음의 실수가 되어야 하므로 $z$ 는 순허수이다.

$z$ 가 순허수가 되는 $a$ 의 값을 구해보자.

$$z=a(a-5+i)+6-2i$$
$$=a^2-5a+ai+6-2i$$
$$=a^2-5a+6+(a-2)i$$

$$a^2-5a+6=0$$
$$(a-2)(a-3)=0$$
$$a=2,\ a=3$$
$$a-2\neq 0,\ a\neq 2$$
$$\therefore\ a=\mathbf{3}$$

**201**

앞에서 배운 것 처럼 $\dfrac{1-i}{1+i} = -i$ 이다. [p133]

$$z = -i, \ z^2 = -1, \ z^3 = i, \ z^4 = 1$$
$$(z + z^2 + z^3 + z^4) + \cdots + z^{101}$$
$$= 25 \cdot 0 + z^{101}$$
$$= -i$$

**202**

좌변과 우변을 유리화 한 후, 실수 부분과 허수 부분을
비교해서 식을 세우고 연립해 보자.

$$\frac{x}{1+i} + \frac{y}{2-i} = \frac{4}{1-2i}$$
$$\frac{x(1-i)}{(1+i)(1-i)} + \frac{y(2+i)}{(2-i)(2+i)} = \frac{4(1+2i)}{(1-2i)(1+2i)}$$
$$\frac{x(1-i)}{2} + \frac{y(2+i)}{5} = \frac{4(1+2i)}{5}$$
$$5x(1-i) + 2y(2+i) = 8(1+2i)$$
$$5x + 4y - 5xi + 2yi = 8 + 16i$$
$$5x + 4y = 8, \ -5x + 2y = 16$$

두 식을 연립하면,

$$x = -\frac{8}{5}, \ y = 4$$
$$\therefore 5x + y = 5 \cdot \left(-\frac{8}{5}\right) + 4$$
$$= -8 + 4 = -4$$

**203**

복소수는 네 가지 형태가 반복된다는 것을 기억하고 계
산을 해서 반복되는 규칙을 찾아보자.

$$i + 2i^2 + 3i^3 + 4i^4 + \cdots + 10i^{10}$$
$$= (i - 2 - 3i + 4) + \cdots - 10$$
$$= 2(2 - 2i) + 9i - 10$$
$$= 5i - 6$$

**204**

$2\bar{\alpha} = \dfrac{1}{\alpha}, 2\bar{\beta} = \dfrac{1}{\beta}$ 이므로

$$\frac{1}{\alpha} + \frac{1}{\beta} = 2\bar{\alpha} + 2\bar{\beta} = 2(\bar{\alpha} + \bar{\beta}) = 2(\overline{\alpha + \beta})$$
$$= 2(2 + 3i) = 4 + 6i$$

**205**

우선 $z$ 의 값을 구하고 $\bar{z}$ 의 계수를 대입해 보자.

$$z = \frac{5 - \sqrt{-2}}{1 + \sqrt{-2}} = \frac{5 - \sqrt{2}\,i}{1 + \sqrt{2}\,i}$$
$$= \frac{(5 - \sqrt{2}\,i)(1 - \sqrt{2}\,i)}{(1 + \sqrt{2}\,i)(1 - \sqrt{2}\,i)}$$
$$= \frac{5 - 5\sqrt{2}\,i - \sqrt{2}\,i + 2i^2}{1 + 2}$$
$$= \frac{3 - 6\sqrt{2}\,i}{3} = 1 - 2\sqrt{2}\,i$$
$$\bar{z} = 1 + 2\sqrt{2}\,i$$
$$\therefore a^2 + b^2 = 1 + 8 = 9$$

**206**

문제의 식을 허수로 표현하여 계수를 비교해 보자.

$$\sqrt{-2}\sqrt{-8} + \sqrt{-9}\sqrt{9} + \frac{\sqrt{-12}}{\sqrt{-2}} + \frac{\sqrt{18}}{\sqrt{-3}}$$
$$= \sqrt{2}\,i \cdot 2\sqrt{2}\,i + 3i \cdot 3 + \frac{2\sqrt{3}\,i}{\sqrt{2}\,i} + \frac{3\sqrt{2}}{\sqrt{3}\,i}$$
$$= -4 + 9i + \sqrt{6} - \sqrt{6}\,i$$
$$= -4 + \sqrt{6} + (9 - \sqrt{6})i$$
$$a = -4 + \sqrt{6}$$
$$b = 9 - \sqrt{6}$$
$$\therefore a + b = (-4 + \sqrt{6}) + (9 - \sqrt{6}) = 5$$

**207**

음수의 제곱근 성질 [p139]을 이용하여 풀어보자.

$$x + 1 \geq 0, \quad x \geq -1$$
$$x - 3 < 0, \quad x < 3$$
$$-1 \leq x < 3$$

따라서 만족하는 자연수는 1, 2 이고
구하는 합은 **3** 이다.

**208**

음수의 제곱근 성질에서

$$a \leq 0, \ b < 0, \ c \geq 0 \text{이다.}$$
$$\sqrt{(a-c)^2} + \sqrt{b^2} - |c - b| \text{ 에서}$$
$$a - c < 0, \ c - b > 0 \text{이므로}$$
$$\sqrt{(a-c)^2} + \sqrt{b^2} - |c - b|$$
$$= -a + c - b - c + b$$
$$= -a$$

### 209

$z$를 $a+bi$로 놓고 식을 정리해 보자.

$$z - \frac{1}{z} = a + bi - \frac{1}{a+bi}$$

$$= a + bi - \frac{a-bi}{a^2+b^2}$$

허수 부분이 0이 되어야 하므로

$$bi - \frac{-bi}{a^2+b^2} = 0$$

$$\frac{b(a^2+b^2)+b}{a^2+b^2} = 0$$

$$b(a^2+b^2+1) = 0$$

$$b = 0 \ (\because a^2+b^2+1 \neq 0)$$

$z = a$ 가 된다. $z - \bar{z} = a - a = \mathbf{0}$

### 210

먼저 식을 정리해 보면,

$$\left(\frac{1+i}{1-i}\right)^{2n+1} - \left(\frac{1-i}{1+i}\right)^{2n-1}$$

$$= i^{2n+1} - (-i)^{2n-1}$$

$n=1$일 때, $\ i^3 - (-i) = -i + i = 0$

$n=2$일 때, $\ i^5 - (-i)^3 = i + i^3 = i - i = 0$

$n=3$일 때, $\ i^7 - (-i)^5 = i^3 + i^5 = -i + i = 0$

$\cdots$

$$\therefore \left(\frac{1+i}{1-i}\right)^{2n+1} - \left(\frac{1-i}{1+i}\right)^{2n-1} = \mathbf{0}$$

### 211

$z = \dfrac{1-i}{1+i} = -i$ 이다. 이 값을 식에 대입하여 정리해 보자.

$$z - 2z^2 + 3z^3 - 4z^4 + \cdots + 9z^9 - 10z^{10}$$

$$= -i - (2(-i)^2) + 3(-i)^3 - 4(-i)^4$$

$$\quad + \cdots + 9(-i)^9 - 10(-i)^{10}$$

$$= -i + 2 + 3i - 4 + \cdots - 9i + 10$$

$$= 2(-2+2i) - 9i + 10$$

$$= \mathbf{6 - 5i}$$

### 212

복소수 $z^2$이 음의 실수일 때는, 순허수 일 때이다. 복소수를 정리하여 순허수가 되는 조건을 구해보자.

$$z = (1+i)x + (1-i)y - 2 + i$$

$$= x + y - 2 + (x - y + 1)i$$

$$\therefore x + y - 2 = 0$$

구하는 넓이는 삼각형의 넓이이고

$\dfrac{1}{2} \cdot 2 \cdot 2 = \mathbf{2}$이다.

### 213

복소수에 1, 2, 3, 4를 넣어보면서 복소수 값의 규칙을 찾아보자.

$$z_1 = 1 - 2i$$

$$z_2 = 1 + 2i + 1 - i = 2 + i$$

$$z_3 = 2 + i + 1 - i = 3 - 2i$$

$$z_4 = 3 + 1 - i = 4 + i$$

$$z_5 = 4 + i + 1 - i = 5 - 2i$$

$\cdots$

$$z_{2000} = 2000 + i$$

$$\therefore a + b = 2000 + 1 = \mathbf{2001}$$

### 214

$x, y, z$ 의 부호에 따라 아래와 같이 두 가지 경우로 생각할 수 있다.

$$\sqrt{x}\sqrt{y}\sqrt{z} = \begin{cases} \sqrt{xyz} \\ -\sqrt{xyz} \end{cases}$$

$$\therefore \sqrt{x}\sqrt{y}\sqrt{z} = \sqrt{2}\,i, \ -\sqrt{2}\,i$$

모든 값의 합은 $\sqrt{2}\,i + (-\sqrt{2}\,i) = \mathbf{0}$

### 215

먼저 $f(n)$을 간단히 정리한 후, $f(n)$에 1, 2, 3, $\cdots$ 을 대입해 보고 $f(n)$ 값의 규칙을 찾아보자.

$$f(n) = \left(\frac{1-i}{1+i}\right)^n - \left(\frac{1+i}{1-i}\right)^n$$

$$= (-i)^n - (i)^n$$

$$f(1) = -i - i = -2i$$

$$f(2) = -1 - (-1) = 0$$

$$f(3) = i + i = 2i$$

$$f(4) = 1 - (1) = 0$$

$\cdots$

$$f(101) = -i - i = -2i$$

$$f(1) + f(2) + f(3) + f(4) + \cdots + f(101)$$

$$= \mathbf{-2i}$$

## 216

$2^8$ 의 양의 약수는 $2^0, 2^1, 2^2, 2^3, 2^4, 2^5, 2^6, 2^7, 2^8$ 이다.
이 값을 $x_n$ 에 하나씩 대입해서 계산해보자. $3^4$ 도
같은 방식으로 하면 된다.

$$x_c = i^1 + i^{2^1} + i^{2^2} + i^{2^3} + \cdots + i^{2^8}$$
$$= i^1 + i^2 + i^4 + \cdots + i^{256}$$
$$= i - 1 + 1 + 1 + 1 + 1 + 1 + 1 + 1$$
$$= i + 6$$

$$x_d = i^1 + i^{3^1} + i^{3^2} + i^{3^3} + i^{3^4}$$
$$= i^1 + i^3 + i^9 + i^{27} + i^{81}$$
$$= i - i + i - i + i = i$$

$$x_c + x_d = i + 6 + i = 6 + 2i$$
$$\therefore p + q = 6 + 2 = \mathbf{8}$$

### 5 이차방정식

## 235

한 근이 3라고 했으므로 $x$ 에 3를 대입해 보자.

$$x^2 - (a+2)x + 2a = 0$$
$$3^2 - (a+2) \cdot 3 + 2a = 0$$
$$9 - 3a - 6 + 2a = 0$$
$$-a = -3$$
$$a = 3$$
$$x^2 - ax + a - 1 = 0$$
$$x^2 - 3x + 3 - 1 = 0$$
$$x^2 - 3x + 2 = 0$$
$$(x-2)(x-1) = 0$$
$$x = 2 \ \text{또는} \ x = 1$$
$$\therefore 2 + 1 + 3 = \mathbf{6}$$

## 236

공통인 근 1를 두 식에 대입을 한 후 $a, b$ 값을 구하여
보자.

$$x^2 + 2x + a = 0$$
$$1^2 + 2 \cdot 1 + a = 0$$
$$a = -3$$

$$2x^2 - bx + a = 0$$
$$2 \cdot 1^2 - b \cdot 1 + (-3) = 0$$
$$b = -1$$

$$\therefore ab = (-3) \cdot (-1) = \mathbf{3}$$

## 237

두 근의 차가 4이므로 두 근을 $\alpha, \alpha + 4$ 라고 놓는다
근과 계수의 관계를 적용해 보자.

$$\alpha + \beta = \alpha + \alpha + 4 = 2k$$
$$2\alpha + 4 = 2k$$
$$\alpha + 2 = k$$
$$\alpha\beta = \alpha(\alpha+4) = k \qquad (\alpha = k - 2\text{를 대입})$$
$$(k-2)(k+2) = k$$
$$k^2 - 4 = k$$
$$k^2 - k - 4 = 0$$
$$\therefore k\text{의 두 근의 합은 } \mathbf{1}$$

## 238

두 근이 연속하는 홀수이므로 $\alpha, \alpha + 2$ 라고 놓는다
그리고 근과 계수의 관계를 적용해 보자.

$$\alpha + \beta = \alpha + \alpha + 2 = -4k$$
$$2\alpha + 2 = -4k$$
$$\alpha + 1 = -2k$$
$$\alpha\beta = \alpha(\alpha+2) = k - 1 \qquad (\alpha = -2k - 1\text{를 대입})$$
$$(-2k-1)(-2k-1+2) = k - 1$$
$$4k^2 - 1 = k - 1$$
$$4k^2 - k = 0$$
$$\therefore k\text{의 두 근의 곱은 } \mathbf{0}$$

## 239

이차방정식이 완전제곱식이 된다는 것은
판별식 $D = 0$ 을 만족한다는 것이다.

$$x^2 - (a+3)x + 2a + 3 = 0$$
$$D = (a+3)^2 - 4 \cdot 1 \cdot (2a+3)$$
$$= a^2 + 6a + 9 - 8a - 12$$
$$= a^2 - 2a - 3 = 0$$
$$(a-3)(a+1) = 0$$
$$a = \mathbf{3} \ \text{또는} \ a = \mathbf{-1}$$

### 240

한 근이 $2+i$ 이므로 켤레근의 성질에 의해

다른 한 근은 $2-i$ 이다.

$$\alpha + \beta = -\frac{b}{a} = 4$$
$$4a = -b$$
$$\alpha\beta = \frac{1}{a} = 5$$
$$a = \frac{1}{5}, \quad b = -\frac{4}{5}$$
$$\therefore 25ab = 25\left(\frac{1}{5}\right)\cdot\left(-\frac{4}{5}\right) = \mathbf{-4}$$

### 241

근과 계수의 관계를 적용해 보면,

$\alpha + \beta = -3,\ \alpha\beta = 1$ 이다. 이것을 가지고 문제에서

요구하는 이차식을 구해보자

$$\alpha^2 - 1 + \beta^2 - 1 = \alpha^2 + \beta^2 - 2$$
$$= (\alpha+\beta)^2 - 2\alpha\beta - 2$$
$$= (-3)^2 - 2\cdot 1 - 2$$
$$= 9 - 4 = 5$$
$$(\alpha^2 - 1)(\beta^2 - 1) = \alpha^2\beta^2 - \alpha^2 - \beta^2 + 1$$
$$= (\alpha\beta)^2 - \{(\alpha+\beta)^2 - 2\alpha\beta\} + 1$$
$$= 1^2 - \{(-3)^2 - 2\cdot 1\} + 1$$
$$= -5$$
$$\therefore \mathbf{x^2 - 5x - 5 = 0}$$

### 242

절대값에 의해 범위를 나누고 각 범위 안에서 만족하는

해를 구해보자.

1) $x < 0$
$$-x - x + 1 + x = 2$$
$$-x = 1$$
$$x = -1\ (\bigcirc)$$

1) $0 \le x < 1$
$$x - x + 1 + x = 2$$
$$x = 1\ (\times)$$

1) $x \ge 1$
$$x + x - 1 + x = 2$$
$$3x = 3$$
$$x = 1\ (\bigcirc)$$
$$\therefore -1 + 1 = \mathbf{0}$$

### 243

두 일차식의 곱으로 인수분해 된다는 말은 판별식의

판별식이 '0' 값을 갖는다는 것으로 해석하자.

$$x^2 + 2xy + 2y^2 + x + 3y + k$$
$$= x^2 + (2y+1)x + 2y^2 + 3y + k$$
$$\Rightarrow D = (2y+1)^2 - 4\cdot 1\cdot(2y^2 + 3y + k)$$
$$= 4y^2 + 4y + 1 - 8y^2 - 12y - 4k$$
$$= -4y^2 - 8y - 4k + 1$$
$$\Rightarrow \frac{D}{4} = (-4)^2 - (-4)(-4k+1) = 0$$
$$16 - 16k + 4 = 0$$
$$-16k + 20 = 0$$
$$16k = 20$$
$$k = \frac{5}{4}$$

### 244

$x, y$ 가 실수이므로 방정식은 실근을 갖는다.

$x$ 에 대하여 정리한 후, $D \ge 0$ 를 적용해 보자.

$$x^2 + 2xy + 3x + 2y^2 - y + k = 0$$
$$x^2 + (2y+3)x + 2y^2 - y + k = 0$$
$$D = (2y+3)^2 - 4\cdot 1(2y^2 - y + k) \ge 0$$
$$4y^2 + 12y + 9 - 8y^2 + 4y - 4k \ge 0$$
$$-4y^2 + 16y - 4k + 9 \ge 0$$
$$4y^2 - 16y + 4k - 9 \le 0$$
$$4(y^2 - 4y + 4 - 4) + 4k - 9 \le 0$$
$$4(y-2)^2 - 16 + 4k - 9 \le 0$$
$$4(y-2)^2 \ge 0,\ -16 + 4k - 9 \le 0$$
$$4k \le 25$$
$$k \le \frac{25}{4}$$
$$\therefore \mathbf{k = 6}$$

### 245

방정식을 인수분해 하자.

$$[x]^2 + [x] - 2 = 0$$
$$([x]+2)([x]-1) = 0$$
$$[x] = -2 \ \text{또는} \ [x] = 1$$

1) $[x] = -2$
$$-2 \le x < -1$$

1) $[x] = 1$
$$1 \le x < 2$$

$$\therefore \alpha\beta\gamma\delta = (-2)\cdot(-1)\cdot 1\cdot 2 = \mathbf{4}$$

## 246

두 근이 허근이므로 $\alpha = a + bi$, $\beta = a - bi$로 놓는다.

$\alpha^2 - 2\beta + 1 = 0$

$(a + bi)^2 - 2(a - bi) + 1 = 0$

$a^2 + 2abi - b^2 - 2a + 2bi + 1 = 0$

$a^2 - b^2 - 2a + 1 + 2b(a + 1)i = 0$

$2b(a + 1)i = 0$ 에서

  $b = 0$ 또는 $a = -1$    ($\alpha, \beta$가 허수이므로 $b \neq 0$)

  $\therefore\ a = -1$

$a^2 - b^2 - 2a + 1 = 0$ 에서

  $(-1)^2 - b^2 - 2(-1) + 1 = 0$

  $-b^2 = -4$

  $b = \pm 2$

$\alpha = -1 + 2i,\ \beta = -1 - 2i$

$\alpha + \beta = -2,\ \alpha\beta = 5$

따라서 구하는 이차방정식은

  $$x^2 + 2x + 5 = 0$$

## 247

두 근이 $\alpha, \beta$ 이므로 이차방정식을 다음과 같이 놓을 수 있다.

$f(x) = a(x - \alpha)(x - \beta)\ \ (a \neq 0)$

$f(2x - 1) = a(2x - 1 - \alpha)(2x - 1 - \beta)$

$\Rightarrow x = \dfrac{\alpha + 1}{2},\ x = \dfrac{\beta + 1}{2}$

두 근의 합 $= \dfrac{\alpha + 1}{2} + \dfrac{\beta + 1}{2}$

$\qquad\qquad = \dfrac{\alpha + \beta + 2}{2}$

$\qquad\qquad = \dfrac{4 + 2}{2} = 3$

## 248

근과 계수의 관계를 적용하고,

두 근인 $\alpha, \beta$ 를 이차방정식에 대입해 보자.

$x^2 - x - 1 = 0 \Rightarrow \alpha + \beta = 1,\ \alpha\beta = -1$

$\alpha^2 - \alpha - 1 = 0, \qquad \beta^2 - \beta - 1 = 0$

$\quad \alpha^2 - \alpha = 1, \qquad\quad \beta^2 - \beta = 1$

$\quad (\alpha^3 - \alpha^2 + \alpha - 1)(\beta^3 - \beta^2 + \beta - 1)$

$= \{\alpha(\alpha^2 - \alpha) + \alpha - 1\}\{\beta(\beta^2 - \beta) + \beta - 1\}$

$= (2\alpha - 1)(2\beta - 1)$

$= 4\alpha\beta - 2(\alpha + \beta) + 1$

$= -4 - 2 + 1 = -5$

## 249

$x$ 에 대한 이차방정식이므로 $k \neq 1$ 이고

두 실근을 갖으므로 $D \geq 0$ 이다.

$(1 - k)x^2 - 3x - 2 = 0$

$D = (-3)^2 - 4 \cdot (1 - k) \cdot (-2)$

$\quad = 9 + 8 - 8k \geq 0$

$\quad\ -8k \geq -17$

$\quad\ \ 8k \leq 17$

$\quad\ \ k \leq \dfrac{17}{8}$

$k$ 는 자연수이고 1이 아니므로 **2**뿐이다.

## 250

$kx^2 + 5x + 2 = 0$ 이 이차방정식이 아니고 방정식이라고 했으므로 $k = 0,\ k \neq 0$ 로 나누어 생각해야 한다.

$k = 0$ 일 때,

  $5x + 2 = 0$

  $\qquad x = -\dfrac{2}{5}$   (유리수를 근으로 갖는다)

$k \neq 0$ 일 때,

  $x = \dfrac{-5 \pm \sqrt{5^2 - 4 \cdot k \cdot 2}}{2k}$

  $\ \ = \dfrac{-5 \pm \sqrt{25 - 8k}}{2k}$

근이 유리수가 되려면 $25 - 8k$ 가 완전제곱수가 되어서 루트를 벗어나야 한다.

유리수를 갖는 값은

 $k = 2$ 일 때,

  $\sqrt{25 - 8 \cdot 2} = \sqrt{9} = 3$

 $k = 3$ 일 때,

  $\sqrt{25 - 8 \cdot 3} = \sqrt{1} = 1$ 이다.

 $k = 1$ 일 때,

  $\sqrt{25 - 8 \cdot 1} = \sqrt{17}$ 이어서 완전제곱수가 되지 못해 근이 무리수가 된다.

따라서 근이 유리수가 되는 $k$ 값은 $0, 2, 3$  모두 3개이다.

## 6. 이차방정식과 이차함수

### 267

이차식을 완전제곱해서 꼭짓점을 구하자. 꼭짓점이 제2
사분면에 있으려면 꼭짓점의 부호가 $(-, +)$ 이어야 한다.

$$y = x^2 - 2ax + a^2 + 3a + 1$$
$$= (x^2 - 2ax + a^2) + 3a + 1$$
$$= (x - a)^2 + 3a + 1$$
$$\Rightarrow (a, 3a + 1)$$
$$a < 0, \quad 3a + 1 > 0$$
$$a > -\frac{1}{3}$$
$$\therefore -\frac{1}{3} < a < 0$$

### 268

이차식을 완전제곱해서 꼭짓점을 구하자. 꼭짓점이
직선 위에 있으므로 꼭짓점을 직선에 대입 한다.

$$y = 2x^2 - 4mx + m^2 + m - 2$$
$$= 2(x^2 - 2mx) + m^2 + m - 2$$
$$= 2(x^2 - 2mx + m^2 - m^2) + m^2 + m - 2$$
$$= 2(x - m)^2 - 2m^2 + m^2 + m - 2$$
$$= 2(x - m)^2 - m^2 + m - 2$$
$$\Rightarrow (m, -m^2 + m - 2)$$

$$y = -x - 1$$
$$-m^2 + m - 2 = -m - 1$$
$$m^2 - m + 2 - m - 1 = 0$$
$$m^2 - 2m + 1 = 0$$
$$(m - 1)^2 = 0$$
$$\therefore m = 1$$

### 269

주어진 이차함수의 부호를 살펴보면,

그래프 모양으로 보아 $a < 0$ 이다.

$y$ 절편이 양수이므로 $c > 0$ 이다.

그래프의 축이 음수 쪽에 있으므로 $a, b$ 부호가 같다.

$$\therefore b < 0$$

$y = cx^2 + bx + a$ 에서는

$c > 0$, $b < 0$, $a < 0$ 이므로 그래프는 아래와 같다.

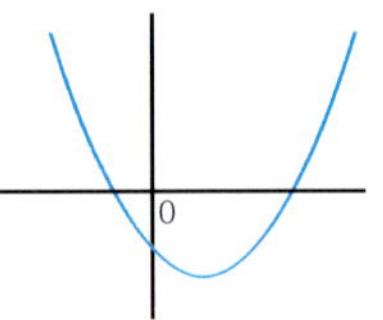

따라서 꼭짓점은 제4사분면에 있다.

### 270

$x$ 축으로 1만큼 이동하면,

$$y = -(x - 1)^2$$

$y$ 축으로 $a$ 만큼 이동하면

$$y = -(x - 1)^2 + a$$

$(2, 3)$ 을 지나므로,

$$3 = -(2 - 1)^2 + a$$
$$3 = -1 + a$$
$$a = 4$$

$x$ 축으로 1만큼 이동하면 축의 방정식은 $x = 1$ 이다

$$\therefore a + k = 4 + 1 = 5$$

### 271

이차함수가 $(-2, 0), (1, 0)$ 을 지나므로 다음과 같이
식을 쓸 수 있다.

$$y = a(x + 2)(x - 1)$$

$y$ 절편이 $4$ 라는 것은 $(0, 4)$ 를 지난다는 뜻이다.

이것을 위의 식에 대입해서 $a$ 을 구한다.

$$y = a(x + 2)(x - 1)$$
$$4 = a(2)(-1)$$
$$= -2a$$
$$\therefore a = -2$$
$$y = -2(x + 2)(x - 1) \quad (2, k)를 대입$$
$$k = -2(2 + 2)(2 - 1)$$
$$= -8$$

## 272

$x$ 절편과 꼭짓점을 구해보자.

$$y = -x^2 + 4x - 3$$
$$-x^2 + 4x - 3 = 0$$
$$x^2 - 4x + 3 = 0$$
$$(x-3)(x-1) = 0$$
$$A(1,0), \quad B(3,0)$$

$$y = -x^2 + 4x - 3$$
$$= -(x^2 - 4x) - 3$$
$$= -(x^2 - 4x + 4 - 4) - 3$$
$$= -(x-2)^2 + 1$$
$$C(2,1)$$

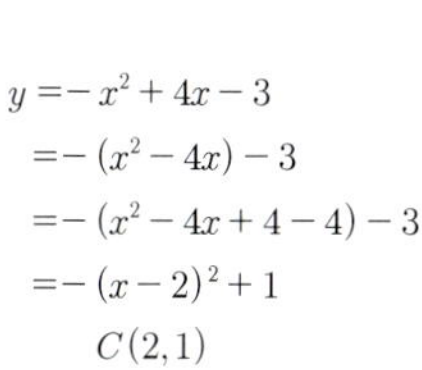
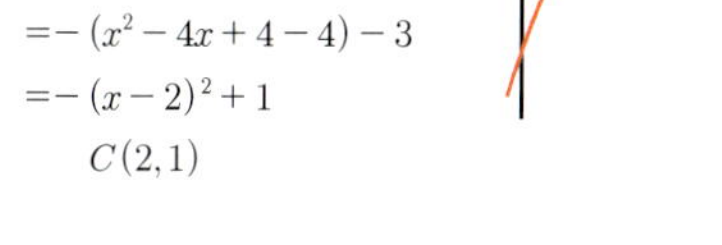

$$\triangle ABC = \frac{1}{2} \cdot 2 \cdot 1 = \mathbf{1}$$

## 273

주어진 이차함수와 직선을 같다고 놓고 새로운 이차식을 만든다. 이차함수와 직선이 만난다라고 했으므로 판별식 $D = 0$을 이용하자.

$$x^2 + ax + 3 = 2x + a$$
$$x^2 + (a-2)x + 3 - a = 0$$
$$D = (a-2)^2 - 4 \cdot 1 \cdot (3-a)$$
$$= a^2 - 4a + 4 - 12 + 4a = 0$$
$$a^2 - 8 = 0$$
$$a^2 = 8$$
$$a = \mathbf{2\sqrt{2}} \quad (\because a > 0)$$

## 274

한 교점의 좌표가 $\sqrt{2} - 1$이고 $a, b$가 유리수이므로 켤레근이 성립한다. 두 식을 연립하여 교점을 근으로 풀자. 두 근의 합과 두 근의 곱을 이용하면 문제를 쉽게 풀 수 있다.

$$\alpha + \beta = \sqrt{2} - 1 + (-\sqrt{2} - 1) = -2$$
$$\alpha\beta = (\sqrt{2} - 1)(-\sqrt{2} - 1) = -1$$
$$x^2 - x + 3 = ax + b$$
$$x^2 - (a+1)x + 3 - b = 0$$
$$\alpha + \beta = a + 1 = -2$$
$$a = -3$$
$$\alpha\beta = 3 - b = -1$$
$$b = 4$$
$$\therefore a + b = -3 + 4 = \mathbf{1}$$

## 275

문제를 만족하는 조건을 풀어 공통인 근을 구한다.

$$D \geq 0 \,/\, f(-1) > 0,\, f(3) > 0 \,/\, -1 < \text{축} < 3$$
$$\frac{D}{4} = a^2 - 1 \cdot 3 \geq 0$$
$$a \leq -\sqrt{3} \quad \text{또는} \quad a \geq \sqrt{3}$$

$$f(-1) = 1 - 2a + 3 > 0$$
$$-2a > -4$$
$$a < 2$$
$$f(3) = 9 + 6a + 3 > 0$$
$$6a > -12$$
$$a > -2$$

$$\text{축} = -\frac{2a}{2 \cdot 1} = -a$$
$$-1 < -a < 3$$
$$-3 < a < 1$$

따라서 공통근은 $\mathbf{-2 < x \leq -\sqrt{3}}$

## 276

그림을 그려보면 $f(-1) < 0,\, f(2) < 0$ 이다.

$$2x^2 + ax + 1 = 0$$
$$f(-1) = 2 - a + 1 < 0$$
$$-a < -3$$
$$a > 3$$
$$f(2) = 8 + 2a + 1 < 0$$
$$2a < -9$$
$$a < -\frac{9}{2}$$
$$\therefore a < -\frac{9}{2}, \quad a > 3$$
$$p + q = -\frac{9}{2} + 3 = \mathbf{-\frac{3}{2}}$$

## 277

최고차항의 계수는 $a$이고 $x = -1$에서 최댓값 2를 갖으므로 이것을 식으로 나타내보자. 꼭짓점에서 최댓값을 갖으므로 $a < 0$ 이다.

$$y = ax^2 + bx - 1$$

$$y = a(x+1)^2 + 2$$
$$= ax^2 + 2ax + a + 2$$

$2a = b$

$a + 2 = -1$

$a = -3$

$b = -6$

$\therefore ab = (-3)(-6) = \mathbf{18}$

### 278

이차함수 $y = -x^2 + 6x + k$ 의 축을 구해보면

$$x = -\frac{b}{2a} = -\frac{6}{2(-1)} = 3$$

최고차항이 음수이고 축이 $x = 3$ 이므로 꼭짓점은 범위에 들어가지 않고 이차함수는 구간에서 증가한다.

따라서 $f(-1)$ 일 때 최솟값, $f(2)$ 일 때 최댓값을 갖는다.

$$f(-1) = -(-1)^2 + 6(-1) + k = -5$$
$$-1 - 6 + k = -5$$
$$k = 2$$

$$f(2) = -(2)^2 + 6(2) + 2$$
$$= -4 + 12 + 2$$
$$= \mathbf{10}$$

### 279

이차함수에 점 $(1, 0)$ 을 대입하고, 판별식 $D = 0$ 을 이용하면 된다.

$y = x^2 + mx + n$

$1 = \sqrt{2}^2 + m + n$

$m + n + 1 = 0$ ...... ①

$D = m^2 - 4 \cdot 1 \cdot n = 0$

$m^2 - 4n = 0$ ...... ②

② $\Rightarrow n = \dfrac{m^2}{4}$ ...... ① 식에 대입

$m + n + 1 = 0$

$m + \dfrac{m^2}{4} + 1 = 0$

$m^2 + 4m + 4 = 0$

$(m + 2)^2 = 0$

$m = -2 \Rightarrow$ ①

$n = 1$

$\therefore n - m = 1 - (-2) = \mathbf{3}$

### 280

이차함수와 직선이 접하므로 판별식 $D = 0$ 을 이용하면 된다.

$x^2 + 2(a + 1)x + b^2 = 2x + c^2$

$x^2 + 2ax + b^2 - c^2 = 0$

$\dfrac{D}{4} = a^2 - 1 \cdot (b^2 - c^2) = 0$

$a^2 - b^2 + c^2 = 0$

$a^2 + c^2 = b^2$

따라서 $a, b, c$ 의 자취는

$b$ 를 빗변으로하는 직각삼각형이다.

### 281

한 교점의 $x$ 의 값이 다른 교점의 $x$ 의 값의 두 배라고 하였으므로 두 교점을 $\alpha, 2\alpha$ 라고 놓을 수 있다.

$x^2 - 2x + p = x - 3$

$x^2 - 3x + p + 3 = 0$

$\alpha + 2\alpha = 3$

$\alpha = 1$

$\alpha \cdot 2\alpha = p + 3$

$2 = p + 3$

$p = -1$

$\alpha \cdot 2\alpha \cdot p = 1 \cdot 2 \cdot (-1) = \mathbf{-2}$

### 282

이차함수의 한 근이 1과 2 사이에 있을 조건은

$f(1) \cdot f(2) < 0$ 이다.

축의 방정식은 $x = -\dfrac{b}{2a} = -\dfrac{2a}{2 \cdot 1} = -a$ 이다.

$y = x^2 + 2ax - a$

$f(1) \cdot f(2) = (1 + 2a - a)(4 + 4a - a) < 0$

$(a + 1)(3a + 4) < 0$

$-\dfrac{4}{3} < a < -1$

$x = -a$ (축의 방정식)

$\therefore \mathbf{1 < -a < \dfrac{4}{3}}$

### 283

일차식을 변형하여 이차식에 대입한 후 완전제곱식을 유도해보자.

$x - y = 2$

$y = x - 2$

$x^2 + 2y^2 - x$
$= x^2 + 2(x-2)^2 - x$
$= x^2 + 2x^2 - 8x + 8 - x$
$= 3x^2 - 9x + 8$
$= 3(x^2 - 3x) + 8$
$= 3\left\{x^2 - 3x + \left(\frac{3}{2}\right)^2 - \left(\frac{3}{2}\right)^2\right\} + 8$
$= 3\left(x - \frac{3}{2}\right)^2 - \frac{27}{4} + 8$
$= 3\left(x - \frac{3}{2}\right)^2 + \frac{5}{4}$

최솟값 $= \dfrac{5}{4}$

---

## 284

주어진 식을 $x, y$ 로 나누어 완전제곱을 해 보자.

$x^2 + 4y^2 + 4x - 4y + 9$
$= x^2 + 4x + 4y^2 - 4y + 9$
$= (x^2 + 4x) + (4y^2 - 4y) + 9$
$= (x^2 + 4x + 4 - 4) + (4y^2 - 4y + 1 - 1) + 9$
$= (x + 2)^2 - 4 + (2y - 1)^2 - 1 + 9$
$= (x + 2)^2 + (2y - 1)^2 + 4$

$x = -2, \ y = \dfrac{1}{2}$ 일 때, 최솟값이 4이다.

$\therefore \ \alpha + 2\beta + 3\gamma = -2 + 2 \cdot \dfrac{1}{2} + 3 \cdot 4$
$\qquad\qquad\qquad = 11$

---

## 285

이차함수에 의해서 잘린 $x$ 축의 길이는 두 근 사이의 거리를 뜻한다. 그러니까 이차함수를 구하고 두 $x$ 절편을 구해서 두 값 사이의 길이, 즉 $\beta - \alpha$ $(\alpha < \beta)$ 를 구하면 된다.

$y = a(x-1)^2 - 3$
$(2, -1) \ \Rightarrow \ -1 = a(2-1)^2 - 3$
$\qquad\qquad\qquad -1 = a - 3$
$\qquad\qquad\qquad\quad a = 2$

$x$ 절편을 구하기 위해 $y = 0$ 을 대입한다.

$0 = 2(x-1)^2 - 3$
$2(x-1)^2 = 3$
$(x-1)^2 = \dfrac{3}{2}$

---

$x - 1 = \pm\sqrt{\dfrac{3}{2}}$

$x = 1 \pm \sqrt{\dfrac{3}{2}} = 1 \pm \dfrac{\sqrt{6}}{2}$

$\therefore \ \beta - \alpha = \left(1 + \dfrac{\sqrt{6}}{2}\right) - \left(1 - \dfrac{\sqrt{6}}{2}\right)$
$\qquad\qquad = 1 + \dfrac{\sqrt{6}}{2} - 1 + \dfrac{\sqrt{6}}{2}$
$\qquad\qquad = \sqrt{6}$

---

## 286

문제에 맞게 두 함수 $f(x), g(x)$ 를 기술하고 두 함수가 접하므로 $D = 0$ 을 이용해보자.

$f(x) = (x - a)^2 + p$
$g(x) = -2(x - b)^2 + q$

$f(x) = g(x)$
$(x - a)^2 + p = -2(x - b)^2 + q$
$(x - a)^2 + p + 2(x - b)^2 - q = 0$
$x^2 - 2ax + a^2 + p + 2x^2 - 4bx + 2b^2 - q = 0$
$3x^2 - 2(a + 2b)x + a^2 + 2b^2 + p - q = 0$

$f(x), g(x)$ 접점은 $f(x) - g(x) = 0$ 에서 꼭짓점과 같다. 문제에서는 꼭짓점의 $x$ 좌표를 물었으므로 축의 방정식을 이용하는 것이 완전제곱해서 꼭짓점을 구하는 것보다 더 쉽다.

$x = -\dfrac{b}{2a} = -\dfrac{-2(a + 2b)}{2 \cdot 3}$
$\qquad = \dfrac{a + 2b}{3}$

---

## 7. 여러가지 방정식

## 316

삼차방정식에서 $x$ 에 근 1, 2를 대입하여 $a, b$ 에 대한 두 식을 만들어 연립한다.

$x = 1 \ \Rightarrow \ 1 + a + 1 - 2b = 0$
$\qquad\qquad a - 2b = -2 \ \cdots\cdots \ ①$
$x = 2 \ \Rightarrow \ 8 + 4a + 2 - 2b = 0$
$\qquad\qquad 4a - 2b = -10 \ \cdots\cdots \ ②$
$② - ① \ \Rightarrow \ 3a = -8$
$\qquad\qquad a = -\dfrac{8}{3} \ \Rightarrow \ ①$

$-\dfrac{8}{3} - 2b = -2$
$2b = -\dfrac{8}{3} + 2 = -\dfrac{2}{3}$
$b = -\dfrac{1}{3}$

$\therefore \ a + b = -\dfrac{8}{3} + \left(-\dfrac{1}{3}\right) = -3$

**317**

조립제법을 이용하여 방정식을 풀어보자.

$x^4 + x^3 - 7x^2 - x + 6 = 0$

$$\begin{array}{r|rrrr} 1 & 1 & 1 & -7 & -1 & 6 \\ & & 1 & 2 & -5 & -6 \\ \hline -1 & 1 & 2 & -5 & -6 & \lfloor 0 \\ & & -1 & -1 & 6 & \\ \hline & 1 & 1 & -6 & \lfloor 0 \end{array}$$

$(x-1)(x+1)(x^2+x-6) = 0$
$(x-1)(x+1)(x+3)(x-2) = 0$
$x = 1$ 또는 $x = -1$ 또는 $x = -3$ 또는 $x = 2$

**318**

1) $(x^2 - x)^2 - 2x^2 + 2x - 24 = 0 \qquad x^2 - x = X$ 치환
$X^2 - 2X - 24 = 0$
$(X-6)(X+4) = 0$
$X = 6$ 또는 $X = -4 \qquad X = x^2 - x$ 환원
① $x^2 - x = 6$
$x^2 - x - 6 = 0$
$(x-3)(x+2) = 0$
$x = 3$ 또는 $x = -2$
② $x^2 - x = -4$
$x^2 - x + 4 = 0$
$x = \dfrac{1 \pm \sqrt{15}\,i}{2}$

2) $x(x-1)(x+1)(x+2) - 3 = 0$
$x(x+1)(x-1)(x+2) - 3 = 0$
$(x^2 + x)(x^2 + x - 2) - 3 = 0 \qquad x^2 + x = X$ 치환
$X(X-2) - 3 = 0$
$X^2 - 2X - 3 = 0, \ (X-3)(X+1) = 0$
$X = 3$ 또는 $X = -1 \qquad X = x^2 + x$ 환원
① $x^2 + x - 3 = 0$
$x = \dfrac{-1 \pm \sqrt{1^2 - 4 \cdot 1 \cdot (-3)}}{2} = \dfrac{-1 \pm \sqrt{13}}{2}$
② $x^2 + x + 1 = 0$
$x = \dfrac{-1 \pm \sqrt{1^2 - 4 \cdot 1 \cdot 1}}{2} = \dfrac{-1 \pm \sqrt{3}\,i}{2}$

3) $x^4 - 6x^2 + 1 = 0$
$x^4 - 2x^2 + 1 - 4x^2 = 0$
$(x^2 - 1)^2 - (2x)^2 = 0$

$(x^2 - 1 - 2x)(x^2 - 1 + 2x) = 0$
$(x^2 - 2x - 1)(x^2 + 2x - 1) = 0$
$x = 1 \pm \sqrt{2}$ 또는 $x = -1 \pm \sqrt{2}$

4) $x^4 - 3x^3 - 2x^2 - 3x + 1 = 0$
$x^2 - 3x - 2 - \dfrac{3}{x} + \dfrac{1}{x^2} = 0$
$x^2 + \dfrac{1}{x^2} - 3\left(x + \dfrac{1}{x}\right) - 2 = 0 \qquad x + \dfrac{1}{x} = X$
$X^2 - 2 - 3X - 2 = 0 \qquad x^2 + \dfrac{1}{x^2} = \left(x + \dfrac{1}{x}\right)^2 - 2$
$X^2 - 3X - 4 = 0$
$(X-4)(X+1) = 0$
$X = 4$ 또는 $X = -1$

① $X = 4$
$x + \dfrac{1}{x} = 4$
$x^2 + 1 = 4x$
$x^2 - 4x + 1 = 0$
$x = 2 \pm \sqrt{3}$
② $X = -1$
$x + \dfrac{1}{x} = -1$
$x^2 + 1 = -x$
$x^2 + x + 1 = 0$
$x = \dfrac{-1 \pm \sqrt{3}\,i}{2}$

**319**

삼차방정식의 근과 계수와의 관계를 적용해 보자.
$\alpha + \beta + \gamma = -3, \ \alpha\beta + \beta\gamma + \gamma\alpha = 2, \ \alpha\beta\gamma = 5$

$(\alpha - 1) + (\beta - 1) + (\gamma - 1)$
$= \alpha + \beta + \gamma - 3$
$= -3 - 3 = -6$

$(\alpha - 1) \cdot (\beta - 1) + (\beta - 1) \cdot (\gamma - 1) + (\gamma - 1) \cdot (\alpha - 1)$
$= (\alpha\beta - \alpha - \beta + 1) + (\beta\gamma - \beta - \gamma + 1) + (\gamma\alpha - \gamma - \alpha + 1)$
$= -2(\alpha + \beta + \gamma) + \alpha\beta + \beta\gamma + \gamma\alpha + 3$
$= -2(-3) + 2 + 3 = 11$

$(\alpha - 1) \cdot (\beta - 1) \cdot (\gamma - 1)$
$= \alpha\beta\gamma - (\alpha\beta + \beta\gamma + \gamma\alpha) + (\alpha + \beta + \gamma) - 1$
$= 5 - 2 - 3 - 1 = -1$
$\therefore \ x^3 + 6x + 11x + 1 = 0$
$a = 6, b = 11, c = +1$
$abc = 66$

**320**

켤레근의 성질에 의해 한 근이 $\sqrt{2}+1$이므로 나머지 한 근은 $-\sqrt{2}+1$이다, 세 근을 $1+\sqrt{2}$ , $1-\sqrt{2}$ , $\alpha$으로 놓고 근과 계수와의 관계를 적용해 보자.

$$(1+\sqrt{2})+(1-\sqrt{2})+\alpha = 1$$
$$2+\alpha = 1$$
$$\alpha = -1$$

세 근은 $1+\sqrt{2}$ , $1-\sqrt{2}$ , $-1$이다.
$$a = \alpha\beta + \beta\gamma + \alpha\beta$$
$$= (1+\sqrt{2})(1-\sqrt{2}) + (1-\sqrt{2})(-1) + (-1)(1+\sqrt{2})$$
$$= 1 - 2 - 1 + \sqrt{2} - 1 - \sqrt{2}$$
$$= -3$$
$$b = \alpha\beta\gamma = (1+\sqrt{2})(1-\sqrt{2})(-1) = 1$$
$$\therefore \ a + b = -3 + 1 = \mathbf{-2}$$

**321**

$$x = 2 - \sqrt{3}$$
$$x - 2 = -\sqrt{3}$$
$$x^2 - 4x + 4 = 3$$
$$x^2 - 4x + 1 = 0 \quad \cdots\cdots \quad ①$$

$$x^3 - 5x^2 + 5x + k = 0$$
$$x(x^2 - 4x + 1) - x^2 + 4x + k = 0$$
$$x \cdot 0 - (-1) + k = 0 \qquad \text{①에서 } x^2 - 4x = -1$$
$$\mathbf{k = -1}$$

**322**

$$\omega^3 - 1 = 0 \qquad\qquad\qquad \text{[p248]}$$
$$(\omega - 1)(\omega^2 + \omega + 1) = 0$$
$$\frac{\omega}{1+\omega} + \frac{\omega^2}{1+\omega^2}$$
$$= \frac{\omega}{-\omega^2} + \frac{\omega^2}{-\omega}$$
$$= -\frac{1}{\omega} - \omega$$
$$= -\overline{\omega} - \omega = 1 \ (\because \ \omega + \overline{\omega} = -1)$$

**323**

1) $\begin{cases} 2x - y = 5 & \cdots\cdots ① \\ 2y - z = -5 & \cdots\cdots ② \\ 2z - x = 4 & \cdots\cdots ③ \end{cases}$

$\quad ① \ \Rightarrow \ y = 2x - 5 \ \Rightarrow \ ②$
$$2(2x - 5) - z = -5$$
$$4x - 10 - z = -5$$
$$4x - z = 5 \quad \cdots\cdots \quad ④$$

$③ + ④ \times 2 \ \Rightarrow \ 7x = 14$
$$x = 2 \ \Rightarrow \ ③$$
$$z = 3 \ \Rightarrow \ ②$$
$$y = -1$$
$$\boldsymbol{x = 2 , \ y = -1 , \ z = 3}$$

2) $\begin{cases} x + 2y - z = 6 & \cdots\cdots ① \\ 2x - y - 3z = 1 & \cdots\cdots ② \\ x - y + 2z = 3 & \cdots\cdots ③ \end{cases}$

$① + ② \times 2 \ \Rightarrow \ 5x - 7z = 8 \ \cdots\cdots ④$
$② - ③ \qquad \Rightarrow \ x - 5z = -2 \ \cdots\cdots ⑤$
$④ - ⑤ \times 5 \ \Rightarrow \ 18z = 18$
$$z = 1 \ \Rightarrow \ ⑤$$
$$x = 3 \ \Rightarrow \ ③$$
$$y = 2$$
$$\boldsymbol{x = 3 , \ y = 2 , \ z = 1}$$

**324**

1) $\begin{cases} a + 2b = 3 & \cdots\cdots ① \\ ab = -2 & \cdots\cdots ② \end{cases}$

$\quad ① \ \Rightarrow \ a = -2b + 3 \ \Rightarrow \ ②$
$$(-2b + 3)b = -2$$
$$-2b^2 + 3b = -2$$
$$2b^2 - 3b - 2 = 0$$
$$(2b + 1)(b - 2) = 0$$
$$b = -\frac{1}{2} \ \text{또는} \ b = 2 \ \Rightarrow \ ①$$
$$a = 4 \ \text{또는} \ a = -1$$

$\begin{cases} \boldsymbol{a = 4} \\ \boldsymbol{b = -\dfrac{1}{2}} \end{cases}$ 또는 $\begin{cases} \boldsymbol{a = -1} \\ \boldsymbol{b = 2} \end{cases}$

2) $\begin{cases} x - y = 3 & \cdots\cdots ① \\ x^2 - 2xy - y = 7 & \cdots\cdots ② \end{cases}$

$\quad ① \ \Rightarrow \ y = x - 3 \ \Rightarrow \ ②$
$$x^2 - 2x(x - 3) - (x - 3) = 7$$
$$x^2 - 2x^2 + 6x - x + 3 = 7$$
$$-x^2 + 5x - 4 = 0$$
$$x^2 - 5x + 4 = 0$$
$$(x - 1)(x - 4) = 0$$
$$x = 1 \ \text{또는} \ x = 4 \ \Rightarrow \ ①$$
$$y = -2 \ \text{또는} \ y = 1$$

$\begin{cases} \boldsymbol{x = 1} \\ \boldsymbol{y = -2} \end{cases}$ 또는 $\begin{cases} \boldsymbol{x = 4} \\ \boldsymbol{y = 1} \end{cases}$

**325**

1) $\begin{cases} x^2 - y^2 = 0 & \cdots\cdots ① \\ 2x^2 - xy + 3y^2 - 4 = 0 & \cdots\cdots ② \end{cases}$

$① \Rightarrow x = y , \ x = -y$

i) $y = x \Rightarrow ②$

$2x^2 - x^2 + 3x^2 - 4 = 0$

$4x^2 = 4$

$x^2 = 1$

$x = \pm 1 \Rightarrow y = \pm 1$

ii) $y = -x \Rightarrow ②$

$2x^2 + x^2 + 3x^2 - 4 = 0$

$6x^2 = 4$

$x = \pm\dfrac{\sqrt{6}}{3} \ \Rightarrow \ y = \mp\dfrac{\sqrt{6}}{3}$

$\begin{cases} \boldsymbol{x = 1} \\ \boldsymbol{y = 1} \end{cases}$ 또는 $\begin{cases} \boldsymbol{x = -1} \\ \boldsymbol{y = -1} \end{cases}$ 또는 $\begin{cases} \boldsymbol{x = \pm\dfrac{\sqrt{6}}{3}} \\ \boldsymbol{y = \mp\dfrac{\sqrt{6}}{3}} \end{cases}$

2) $\begin{cases} x^2 - 3x + 2y = 8 & \cdots\cdots ① \\ 2x^2 + x - 3y = -5 & \cdots\cdots ② \end{cases}$

$① \times 2 - ② \ \Rightarrow \ -7x + 7y = 21$

$\qquad\qquad\qquad x - y = -3$

$\qquad\qquad\qquad y = x + 3 \Rightarrow ①$

$x^2 - 3x + 2(x + 3) = 8$

$x^2 - x - 2 = 0$

$(x - 2)(x + 1) = 0$

$x = 2$ 또는 $x = -1$

$\Rightarrow \ y = 5$ 또는 $y = 2$

$\begin{cases} \boldsymbol{x = 2} \\ \boldsymbol{y = 5} \end{cases}$ 또는 $\begin{cases} \boldsymbol{x = -1} \\ \boldsymbol{y = 2} \end{cases}$

3) $\begin{cases} a^2 - ab + b^2 = 7 & \cdots\cdots ① \\ 4a^2 - 9ab + b^2 = -14 & \cdots\cdots ② \end{cases}$

$① \times 2 + ② \ \Rightarrow \ 6a^2 - 11ab + 3b^2 = 0$

$\qquad\qquad\qquad (3a - b)(2a - 3b) = 0$

$\qquad\qquad\qquad b = 3a$ 또는 $b = \dfrac{2}{3}a$

i) $b = 3a \Rightarrow ①$

$a^2 - a(3a) + (3a)^2 = 7$

$7a^2 = 7$

$a = \pm 1 , b = \pm 3$

ii) $b = \dfrac{2}{3}a \Rightarrow ①$

$a^2 - a\left(\dfrac{2}{3}a\right) + \left(\dfrac{2}{3}a\right)^2 = 7$

$9a^2 - 6a^2 + 4a^2 = 63$

$7a^2 = 63$

$a^2 = 9$

$a = \pm 3 , b = \pm 2$

$\begin{cases} \boldsymbol{a = \pm 1} \\ \boldsymbol{b = \pm 3} \end{cases}$ 또는 $\begin{cases} \boldsymbol{a = \pm 3} \\ \boldsymbol{b = \pm 2} \end{cases}$

**326**

$\begin{cases} a + b - ab = 1 \\ a^2 + ab + b^2 = 13 \end{cases}$

$a + b = m , \ ab = n$

$\Rightarrow \begin{cases} m - n = 1 & \cdots\cdots ① \\ m^2 - n = 13 & \cdots\cdots ② \end{cases}$

$① \Rightarrow n = m - 1 \Rightarrow ②$

$m^2 - (m - 1) = 13$

$m^2 - m - 12 = 0$

$(m + 3)(m - 4) = 0$

$m = -3$ 또는 $m = 4 \Rightarrow ①$

$n = -4$ 또는 $n = 3$

1) $m = -3, n = -4$일 때,

$t^2 + 3t - 4 = 0$

$\begin{cases} a = -4 \\ b = 1 \end{cases}$ 또는 $\begin{cases} a = 1 \\ b = -4 \end{cases}$

2) $m = 4, n = 3$일 때,

$t^2 - 4t + 3 = 0$

$\begin{cases} a = 1 \\ b = 3 \end{cases}$ 또는 $\begin{cases} a = 3 \\ b = 1 \end{cases}$

따라서 $a - b$의 최댓값은 $1 - (-4) = \boldsymbol{5}$

**327**

$x^2 + 17y^2 - 8xy + 4y + 4 = 0$

$x^2 - 8xy + 16y^2 + y^2 + 4y + 4 = 0$

$(x - 4y)^2 + (y + 2)^2 = 0$

$x = 4y$ 그리고 $y = -2$

$\qquad\qquad\qquad x = -8$

$y - x = (-2) - (-8) = \boldsymbol{6}$

**328**

$ab - 4a - 3b + 5 = 0$

$a(b-4) - 3(b-4+4) + 5 = 0$

$a(b-4) - 3(b-4) - 12 + 5 = 0$

$a(b-4) - 3(b-4) = 7$

$(a-3)(b-4) = 7$

| $a-3$ | $b-4$ | | $a$ | $b$ |
|---|---|---|---|---|
| 1 | 7 | $\Rightarrow$ | 4 | 11 |
| 7 | 1 | | 10 | 5 |

$\therefore a + b = \mathbf{15}$

**329**

모든 해가 정수라고 했으므로 근과 계수와의 관계를 이용하자. 계산을 쉽게 하기위해 $a \geq \beta$ 라고 놓고 풀자.

$\alpha + \beta = -a + 2 \quad \cdots\cdots \quad ①$

$\alpha\beta = a + 3 \quad \cdots\cdots \quad ②$

$① + ② \quad \Rightarrow \quad \alpha + \beta + \alpha\beta = 5$

$\qquad\qquad \alpha(\beta + 1) + \beta + 1 - 1 = 5$

$\qquad\qquad (\alpha + 1)(\beta + 1) = 6$

| $\alpha + 1$ | 6 | 3 | 2 | 1 | -6 | -3 | -2 | -1 |
|---|---|---|---|---|---|---|---|---|
| $\beta + 1$ | 1 | 2 | 3 | 6 | -1 | -2 | -3 | -6 |

만족하는 $(\alpha, \beta)$는 $(5,0), (2,1), (-2,-7), (-3,-4)$ 이다. ①에서 $a = 2 - (\alpha + \beta)$이고 $a$ 는 $-3, -1, 9, 11$이 다. $a$ 는 자연수이므로 $9 + 11 = \mathbf{20}$

**330**

세 근의 비가 $1 : 2 : 3$이므로 세 근을 $\alpha, 2\alpha, 3\alpha$로 놓고 근과 계수와의 관계를 적용해 보자.

$x^3 + ax^2 + 11x + b = 0$

$\alpha + 2\alpha + 3\alpha = 6\alpha = -a$

$\alpha \cdot 2\alpha + 2\alpha \cdot 3\alpha + 3\alpha \cdot \alpha = 11\alpha^2 = 11$

$\qquad\qquad\qquad\qquad \alpha = \pm 1$

$\alpha \cdot 2\alpha \cdot 3\alpha = 6\alpha^3 = -b$

$a, b$가 양수이므로 $\alpha = -1$이고 $a = 6, b = 6$이다.

따라서 $a + b = \mathbf{12}$

**331**

근과 계수와의 관계를 적용해 보자.

$\alpha + \beta + \gamma = 2$

$\alpha\beta + \beta\gamma + \gamma\alpha = -1$

$\alpha\beta\gamma = k$

$\alpha + \beta + \gamma = 2$를 변형하여 식에 대입해 보자.

$(\alpha + \beta)(\beta + \gamma)(\gamma + \alpha) = \alpha\beta\gamma$

$(2 - r)(2 - \alpha)(2 - \beta) = \alpha\beta\gamma$

$2^3 - (\alpha + \beta + \gamma)2^2 + (\alpha\beta + \beta\gamma + \gamma\alpha)2 - \alpha\beta\gamma = \alpha\beta\gamma$

$8 - 2 \cdot 4 + (-1)2 - k = k$

$2k = -2$

$k = \mathbf{-1}$

**332**

근과 계수와의 관계를 적용해 보자.

$x^3 + x^2 - 2x - 3 = 0$

$\alpha + \beta + \gamma = -1$

$\alpha\beta + \beta\gamma + \gamma\alpha = -2$

$\alpha\beta\gamma = 3$

최고차항의 계수가 1이고 $\alpha^2, \beta^2, \gamma^2$ 을 근과 계수와의 관계를 적용해 보자.

$\alpha^2 + \beta^2 + \gamma^2 = (\alpha + \beta + \gamma)^2 - 2(\alpha\beta + \beta\gamma + \gamma\alpha)$

$\qquad\qquad\quad = (-1)^2 - 2(-2)$

$\qquad\qquad\quad = 1 + 4 = 5$

$\alpha^2\beta^2 + \beta^2\gamma^2 + \gamma^2\alpha^2$

$= (\alpha\beta + \beta\gamma + \gamma\alpha)^2 - 2(\alpha\beta^2\gamma + \beta\gamma^2\alpha + \gamma\alpha^2\beta)$

$= (\alpha\beta + \beta\gamma + \gamma\alpha)^2 - 2\alpha\beta\gamma(\alpha + \beta + \gamma)$

$= (-2)^2 - 2 \cdot 3 \cdot (-1)$

$= 10$

$\alpha^2\beta^2\gamma^2 = 3^2 = 9$

따라서 구하는 삼차방정식은 $x^3 - 5x^2 + 10x - 9 = 0$

**333**

500원, 800원, 1000원짜리 볼펜 갯수를 $a, b, c$ 라고 하자. 800원, 1000원 짜리 볼펜의 갯수의 합과 500원짜리 볼펜의 갯수가 같으므로 $a = b + c$ 이다.

$\begin{cases} a = b + c & \cdots\cdots ① \\ 500a + 800b + 1000c = 27000 & \cdots\cdots ② \\ a + b + c = 40 & \cdots\cdots ③ \end{cases}$

$② \Rightarrow 5a + 8b + 10c = 270 \quad \cdots\cdots ④$

$① \Rightarrow ④ \quad 5(b + c) + 8b + 10c = 270$

$\qquad\qquad\quad 5b + 5c + 8b + 10c = 270$

$\qquad\qquad\quad 13b + 15c = 270 \quad \cdots\cdots ⑤$

$① \Rightarrow ③ \quad (b + c) + b + c = 40$

$\qquad\qquad\quad 2b + 2c = 40$

$\qquad\qquad\quad b + c = 20$

$\qquad\qquad\quad b = 20 - c \quad \Rightarrow ⑤$

$$13(20 - c) + 15c = 270$$
$$260 - 13c + 15c = 270$$
$$2c = 10$$
$$\mathbf{c = 5,\ b = 15,\ a = 20}$$

## 334

$$\begin{cases} y = |x - 1| & \cdots\cdots \ ① \\ x - 2y + 2 = 0 & \cdots\cdots \ ② \end{cases}$$

1) $x \geq 1$일 때, $\begin{cases} y = x - 1 \\ x - 2y + 2 = 0 \end{cases}$
$$x - 2(x - 1) + 2 = 0$$
$$-x + 4 = 0$$
$$x = 4 \quad \Rightarrow \quad y = 3$$

2) $x < 1$일 때, $\begin{cases} y = -x + 1 \\ x - 2y + 2 = 0 \end{cases}$
$$x - 2(-x + 1) + 2 = 0$$
$$3x + 0 = 0$$
$$x = 0 \quad \Rightarrow \quad y = 1$$

$$\begin{cases} x = 4 \\ y = 3 \end{cases} \text{또는} \begin{cases} x = 0 \\ y = 1 \end{cases}$$

## 335

첫번째 식은 일정한 값 $k$를 갖는다고 두고 식을 바꿔보자.

$$\frac{x + 2}{2} = \frac{2 - 4y}{3} = \frac{3z + 1}{5} = k$$
$$\frac{x + 2}{2} = k,\ \frac{2 - 4y}{3} = k,\ \frac{3z + 1}{5} = k$$
$$x = 2k - 2,\ y = \frac{2 - 3k}{4},\ z = \frac{5k - 1}{3} \quad \Rightarrow \quad ②$$

$$(2k - 2) + 2\left(\frac{2 - 3k}{4}\right) + 3\left(\frac{5k - 1}{3}\right) = 9$$
$$(2k - 2) + \left(\frac{2 - 3k}{2}\right) + 5k - 1 = 9$$
$$4k - 4 + 2 - 3k + 10k - 2 = 18$$
$$11k = 22$$
$$k = 2$$
$$\therefore\ \mathbf{x = 2,\ y = -1,\ z = 3}$$

## 336

방정식의 세 근을 $\alpha, \beta, \gamma$ 라고 하자. 계산의 편의를 위해 $\alpha \geq \beta \geq \gamma$ 라고 정의하고 방정식을 풀자.

$$\alpha + \beta + \gamma = 11 \qquad \cdots\cdots \ ①$$
$$\alpha\beta + \beta\gamma + \gamma\alpha = a \quad \cdots\cdots \ ②$$
$$\alpha\beta\gamma = a \qquad \cdots\cdots \ ③$$

②, ③번에서 $\alpha\beta + \beta\gamma + \gamma\alpha = \alpha\beta\gamma$
$$\alpha\beta + \gamma\alpha = \alpha\beta\gamma - \beta\gamma$$
$$\alpha(\beta + \gamma) = (\alpha - 1)\beta\gamma$$
①번에서 $\beta + \gamma = 11 - \alpha$
$$\alpha(11 - \alpha) = (\alpha - 1)\beta\gamma$$
$$\beta\gamma = \frac{\alpha(11 - \alpha)}{\alpha - 1}$$
$$= \frac{-\alpha^2 + 11\alpha}{\alpha - 1}$$
$$= -\alpha + 10 + \frac{10}{\alpha - 1}$$

$\beta\gamma$ 가 자연수이므로 $\alpha - 1$은 10의 약수 $1, 2, 5, 10$ 중 하나이다. 그러므로 $\alpha$ 는 $2, 3, 6, 11$ 중 하나가 된다. 이와 같은 방법으로 $\beta$ 와 $\gamma$ 도 $2, 3, 6, 11$ 중 하나가 된다. ①번을 만족하는 값은 $\alpha = 6, \beta = 3, \gamma = 2$ 이다. 따라서 $a$ 의 값은 ③번 이용하면,
$$a = \alpha\beta\gamma = 6 \cdot 3 \cdot 2 = \mathbf{36}$$

## 337

방정식 $x^3 = 1$의 한 허근을 $\omega$ 라 하면 $\omega^3 = 1,\ \omega^2 + \omega + 1 = 0$ 이다.

$$f(1) = \frac{\omega^1}{\omega + 1},\ f(2) = \frac{\omega^2}{\omega + 1},\ f(3) = \frac{\omega^3}{\omega + 1},\ \cdots$$
$$f(2) = \frac{\omega^2}{\omega + 1} = \frac{\omega^2}{-\omega^2} = -1$$
$$f(1) + f(3) = \frac{\omega}{\omega + 1} + \frac{\omega^3}{\omega + 1} = \frac{\omega + 1}{\omega + 1} = 1$$

세 값이 계속 반복되므로 합은 '0'이다.

## 338

$$\frac{a^3 + 2a^2}{a - 1} = \frac{b^3 + 2b^2}{b - 1} = \frac{c^3 + 2c^2}{c - 1} = k$$
$$\frac{a^3 + 2a^2}{a - 1} = k \quad \Rightarrow \quad a^3 + 2a^2 = ka - k$$
$$a^3 + 2a^2 - ka + k = 0$$
$$\frac{b^3 + 2b^2}{b - 1} = k \quad \Rightarrow \quad b^3 + 2b^2 = kb - k$$
$$b^3 + 2b^2 - kb + k = 0$$
$$\frac{c^3 + 2c^2}{c - 1} = k \quad \Rightarrow \quad c^3 + 2c^2 = kc - k$$
$$c^3 + 2c^2 - kc + k = 0$$

따라서 $x$ 에 대한 삼차방정식 $x^3 + 2x^2 - kx + k = 0$ 의 세근이 $a, b, c$ 이다. 근과 계수와의 관계에서 모든 근의 합은 $-2$ 이다.

## 339

$$① - ② \Rightarrow 2y - 2x = x - y + \frac{1}{x} - \frac{1}{y}$$

$$3(x - y) - \frac{x - y}{xy} = 0$$

$$(x - y)\left(3 - \frac{1}{xy}\right) = 0$$

$$x = y \ \text{또는} \ y = \frac{1}{3x}$$

1) $y = x$ 일 때, $\Rightarrow$ ①

$$2x = x + \frac{1}{x}$$

$$x = \frac{1}{x}$$

$$x^2 = 1$$

$$x = \pm 1 \ \Rightarrow \ y = \pm 1$$

2) $y = \frac{1}{3x}$ 일 때, $\Rightarrow$ ①

$$\frac{2}{3x} = x + \frac{1}{x}$$

$$\frac{2}{3x} = \frac{x^2 + 1}{x}$$

$$3x^3 + 3x = 2x$$

$$3x^3 + x = 0$$

$$x(3x^2 + 1) = 0$$

$x$ 는 '0'이 될 수 없고 $3x^2 + 1$ 도 '0'이 될 수 없으므로 만족하는 해는 없다.

따라서 답은 $\begin{cases} x = \pm 1 \\ y = \pm 1 \end{cases}$

## 340

양변을 $x^2$ 으로 나누어 보자.

$$x^4 - 3x^3 - 14x^2 + 6x + 4 = 0$$

$$x^2 - 3x - 14 + \frac{6}{x} + \frac{4}{x^2} = 0$$

$$x^2 + \frac{4}{x^2} - 4 - 3\left(x - \frac{2}{x}\right) - 10 = 0$$

$$\left(x - \frac{2}{x}\right)^2 - 3\left(x - \frac{2}{x}\right) - 10 = 0$$

$$X^2 - 3X - 10 = 0$$

$$(X - 5)(X + 2) = 0$$

$$\left(x - \frac{2}{x} - 5\right)\left(x - \frac{2}{x} + 2\right) = 0$$

$$(x^2 - 2 - 5x)(x^2 - 2 + 2x) = 0$$

$$(x^2 - 5x - 2)(x^2 + 2x - 2) = 0$$

$$x = \frac{5 \pm \sqrt{33}}{2} \ \text{또는} \ x = -1 \pm \sqrt{3}$$

## 341

$(x + y)^2 + (2x - y)^2$ 의 값을 $k$ 라고 놓고 $k$ 의 최댓값과 최소값을 구하면 된다.

$$\begin{cases} x^2 + y^2 = 1 & \cdots\cdots ① \\ (x + y)^2 + (2x - y)^2 = k & \cdots\cdots ② \end{cases}$$

연립을 하기 위해서 ①번 식에 $k$ 를 곱한다.

$$\begin{cases} x^2 + y^2 = 1 & \cdots\cdots ① \\ (x + y)^2 + (2x - y)^2 = k & \cdots\cdots ② \end{cases}$$

$② - ① \times k \Rightarrow$

$$x^2 + 2xy + y^2 - kx^2 + 4x^2 - 4xy + y^2 - ky^2 = 0$$

$$(5 - k)x^2 - 2xy + (2 - k)y^2 = 0$$

$x$ 가 실수이므로 $D \geq 0$

$$\frac{D}{4} = y^2 - (5 - k)(2 - k)y^2 \geq 0$$

$$y^2 - (k^2 - 7k + 10)y^2 \geq 0$$

$$y^2(-k^2 + 7k - 9) \geq 0 \quad (\because y^2 \geq 0)$$

$$k^2 - 7k + 9 \leq 0$$

$k$ 의 두 근을 $\alpha, \beta$ 라 하면 $k$ 의 범위는 $\alpha \leq k \leq \beta$ 가 되고 최댓값과 최솟값의 곱은 두 근의 곱과 같다.

따라서 최댓값과 최솟값의 곱은 9이다.

## 8. 여러가지 부등식

## 362

주어진 부등식을 2개의 부등식으로 나누어 보자.

1) $2x - 2 \leq 3(x + 1) + x - 1$

$$2x - 2 \leq 3x + 3 + x - 1$$

$$-2x \leq 4$$

$$x \geq -2$$

2) $3x + 3 + x - 1 < 2x + 5$

$$2x < 3$$

$$x < \frac{3}{2}$$

$$\therefore -2 \leq x < \frac{3}{2}$$

$x$ 는 정수이므로 최솟값은 $-2$, 최댓값은 $1$이다

따라서 최댓값과 최솟값의 차는

$$1 - (-2) = 3$$

## 363

$$f(x) > g(x)$$

$$x^2 + 3x - 11 > -2x + 3$$

$$x^2 + 5x - 14 > 0$$

$$(x - 2)(x + 7) > 0$$

$$x < -7 \ \text{또는} \ x > 2$$

## 364

모든 실수 $x$ 에 대하여 $f(x) > 0$ 이면
판별식 $D < 0$ 이어야 한다.

$2x^2 + kx - 1 > x^2 + x - k$
$x^2 + (k-1)x + k - 1 > 0$
$D \Rightarrow (k-1)^2 - 4 \cdot 1 \cdot (k-1) < 0$
$\qquad k^2 - 2k + 1 - 4k + 4 < 0$
$\qquad k^2 - 6k + 5 < 0$
$\qquad (k-1)(k-5) < 0$
$\qquad \mathbf{1 < k < 5}$

## 365

① $\Rightarrow x^2 - 5x + 4 > 0$
$\qquad (x-1)(x-4) > 0$
$\qquad x < 1 \ \text{또는} \ x > 4$
② $\Rightarrow x^2 + (1-a)x - a \leq 0$
$\qquad (x+1)(x-a) \leq 0$
$\qquad -1 \leq x \leq a$
만족하는 자연수가 2개 이어야하므로
$\mathbf{6 \leq a < 7}$

## 366

절댓값을 기준으로 구간을 나누어 보자.

1) $x < -1$
$\quad -2(x+1) + (x-3) < 4$
$\quad -2x - 2 + x - 3 < 4$
$\quad -x < 9$
$\quad x > -9$
$\quad \therefore \ -9 < x < -1$

2) $-1 \leq x < 3$
$\quad 2(x+1) + (x-3) < 4$
$\quad 2x + 2 + x - 3 < 4$
$\quad 3x < 5$
$\quad x < \dfrac{5}{3} \quad \therefore \ -1 \leq x < \dfrac{5}{3}$

3) $x \geq 3$
$\quad 2(x+1) - (x-3) < 4$
$\quad 2x + 2 - x + 3 < 4$
$\quad x < -1 \qquad \therefore \ \text{해가 없다.}$

1), 2), 3)에서 해는 $-9 < x < \dfrac{5}{3}$
따라서 부등식을 만족하는 정수 $x$ 는 $-8, -7 \cdots 0, 1$
10 개이다.

## 367

$3x^2 - 4x + 6 \leq 2x^2 + 3x - 4$
$x^2 - 7x + 10 \leq 0$
$(x-2)(x-5) \leq 0$
$2 \leq x \leq 5$
$\alpha = 2, \ \beta = 5$
$\therefore \ \alpha + \beta = \mathbf{7}$

## 368

$f(x) \leq 0$ 의 해가 4 가 되려면 $a(x-4)^2 \leq 0$ 꼴이
되어야 한다.

$(x-4)^2 \leq 0$
$x^2 - 8x + 16 \leq 0$
$-3k = -8$
$k = \dfrac{8}{3}$
$\therefore \ 3k = 3\left(\dfrac{8}{3}\right) = \mathbf{8}$

## 369

이차방정식이 허근을 갖으므로 $D < 0$ 이다.
$x^2 - kx - x + 1 = 0$
$x^2 - (k+1)x + 1 = 0$
$D < 0 \Rightarrow (k+1)^2 - 4 \cdot 1 \cdot 1 < 0$
$\qquad k^2 + 2k + 1 - 4 < 0$
$\qquad k^2 + 2k - 3 < 0$
$\qquad (k+3)(k-1) < 0$
$\qquad -3 < k < 1 \ \cdots\cdots \ ①$

$x^2 + 2kx + 3k + 4 = 0$
$\dfrac{D}{4} < 0 \Rightarrow k^2 - 1 \cdot (+3k + 4) < 0$
$\qquad k^2 - 3k - 4 < 0$
$\qquad (k+1)(k-4) < 0$
$\qquad -1 < k < 4 \ \cdots\cdots \ ②$
①, ②에서
$\mathbf{-1 < k < 1}$

## 370

$[x]^2 - [x] - 2 < 0$
$([x]-2)([x]+1) < 0$
$-1 < [x] < 2$

$[x]$ 는 정수이므로
$[x] = 0, 1$ 이다.

$[x] = 0 \ \Rightarrow \ 0 \leq x < 1$
$[x] = 1 \ \Rightarrow \ 1 \leq x < 2$
$\therefore \ \mathbf{0 \leq x < 2}$

## 371

1) $k+1=0 \Rightarrow k=-1$일 때,
$$0 \cdot x^2 - 2 \cdot 0 \cdot x - 3 < 0$$
$$-3 < 0 \quad \cdots 참 \quad \boldsymbol{k=-1}$$

2) $k+1 \neq 0 \Rightarrow k \neq -1$일 때,

$f(x) < 0$이므로 $k+1 < 0, D < 0$이다.
$$D = (k+1)^2 - (k+1)(-3) < 0$$
$$k^2 + 2k + 1 + 3k + 3 < 0$$
$$k^2 + 5k + 4 < 0$$
$$(k+1)(k+4) < 0$$
$$\boldsymbol{-4 < k < -1}$$
$$\therefore \; -4 < k \leq -1$$

부등식을 만족하는 정수 $k$는 $-3, -2, -1$이다.

따라서 $k$의 합은 $(-3) + (-2) + (-1) = \boldsymbol{-6}$

## 372

이차항의 계수가 양수이므로 그래프는 아래로 볼록이고 $y$절편은 $-15$이다. $x$의 계수 $a^2 > 0$이므로 이차함수의 축은 제2,3 사분면에 있다. 따라서 $x=3$일 때, 최댓값을 갖는다. 문제를 만족하려면 최댓값 $f(3) \leq 0$이면 된다.

$$x^2 + a^2 x - 15 \leq 0$$
$$f(3) = 3^2 + a^2 \cdot 3 - 15 \leq 0$$
$$9 + 3a^2 - 15 \leq 0$$
$$3a^2 \leq 6$$
$$a^2 \leq 2$$
$$-\sqrt{2} \leq a \leq \sqrt{2}$$
$$\therefore \; \alpha\beta = -\sqrt{2} \times \sqrt{2} = \boldsymbol{-2}$$

## 373

$$x^2 - 3x + 2 \leq 0$$
$$(x-1)(x-2) \leq 0$$
$$1 \leq x \leq 2$$
$$x^2 + ax - a^2 + 1 \geq 0$$

$f(x) \geq 0$이려면 $f(1) \geq 0, f(2) \geq 0$이면 된다.
$$f(1) = 1^2 + a \cdot 1 - a^2 + 1 \geq 0$$
$$1 + a - a^2 + 1 \geq 0$$
$$a^2 - a - 2 \leq 0$$
$$(a-2)(a+1) \leq 0$$
$$-1 \leq a \leq 2 \quad \cdots\cdots \; ①$$
$$f(2) = 2^2 + a \cdot 2 - a^2 + 1 \geq 0$$
$$4 + 2a - a^2 + 1 \geq 0$$
$$a^2 - 2a - 5 \leq 0$$
$$1 - \sqrt{6} \leq a \leq 1 + \sqrt{6} \quad \cdots\cdots \; ②$$

①, ②에서 $-1 \leq a \leq 2$

따라서 $a$의 최댓값은 2, 최솟값은 $-1$이다.

$$2 + (-1) = \boldsymbol{1}$$

## 374

$① \Rightarrow x^2 + 3x - 10 \leq 0$
$$(x+5)(x-2) \leq 0$$
$$-5 \leq x \leq 2$$
$② \Rightarrow x^2 - 3mx - 4m^2 > 0$
$$(x-4m)(x+m) > 0$$

$m$은 양의 정수이므로

$x < -m, x > 4m$

$-5 < -m < 2$이고 $m \geq 1$이어야 한다.

따라서 $1 \leq m < 5$이고

만족하는 양의 정수 $m = 1, 2, 3, 4$이다.

## 375

해가 $-1 \leq x < 2$이므로 등호가 있는 $-1$은 ①번 식의 값이고 등호가 없는 ②번 식의 값이다.

$① \Rightarrow f(-1) = (-1)^2 - a(-1) + b + 1 = 0$
$$a + b + 2 = 0$$
$$a + b = -2 \quad \cdots\cdots \; ③$$
$② \Rightarrow f(2) = 2^2 - 3a \cdot 2 - 2b = 0$
$$4 - 6a - 2b = 0$$
$$-6a - 2b = -4$$
$$3a + b = 2 \quad \cdots\cdots \; ④$$

③, ④를 연립하면

$a = 2, b = -4$

따라서 $2a + b = 2 \cdot 2 - 4 = \boldsymbol{0}$이다.

## 376

1) $-x - 2 \leq g(x)$
$$-x - 2 \leq (a+1)x + 2b$$
$$(a+2)x + 2b + 2 \geq 0$$
$$\Rightarrow \; a + 2 = 0, \; a = -2$$
$$2b + 2 \geq 0, \; b \geq -1$$

2) $g(x) \leq f(x)$
$$(-2+1)x + 2b \leq 2x^2 + 5x + 6$$
$$x^2 + 3x + 3 - b \geq 0$$
$$\Rightarrow \; D \leq 0$$
$$3^2 - 4 \cdot 1 \cdot (3-b) \leq 0$$
$$9 - 12 + 4b \leq 0$$
$$b \leq \frac{3}{4}$$
$$\therefore \; -1 \leq b \leq \frac{3}{4}$$

정수 $b$의 개수는 2개이다.

## 술술 읽는 해설

### 377

$x^2 - 3ax - 3a - 1 < 0$

$x^2 - 3ax - (3a+1) \cdot 1 < 0$

$\{x - (3a+1)\}(x+1) < 0$

$-1 < x < 3a+1$

$6 < 3a+1 \leq 7$

$5 < 3a \leq 6$

$\dfrac{5}{3} < a \leq 2$

### 378

이차방정식이 실근을 갖으므로 $D \geq 0$ 이다.

$x^2 - kx + \dfrac{3}{4}k + 1 = 0$

$\Rightarrow D = (-k)^2 - 4 \cdot 1 \cdot \left(\dfrac{3}{4}k + 1\right) \geq 0$

$\qquad k^2 - 3k - 4 \geq 0$

$\qquad (k-4)(k+1) \geq 0$

$\qquad k \leq -1$ 또는 $k \geq 4$

$x^2 + 2kx + 6k - 5 = 0$

$\Rightarrow \dfrac{D}{4} = (k)^2 - (1)(6k-5) \geq 0$

$\qquad k^2 - 6k + 5 \geq 0$

$\qquad (k-1)(k-5) \geq 0$

$\qquad k \leq 1$ 또는 $k \geq 5$

적어도 하나가 실근을 갖으면 되므로 공통인 부분이 아니라 전체구간이 해가 된다.

따라서 $x \leq 1$ 또는 $x \geq 4$

### 379

$x^2 - 2y + 1 = 0$ $\cdots\cdots$ ①

$y = \dfrac{1}{2}x^2 + \dfrac{1}{2}$

$|x| + |y| = 2$ $\cdots\cdots$ ②

①번 식의 $y$ 절편은 $\dfrac{1}{2}$ 이고 그래프의 최고차 항이 양수이므로 아래로 볼록한 모양이다. 따라서 ①, ②번 식이 만나는 곳은 제1사분면과 제2사분면이다.

② $\Rightarrow$ $x > 0, y > 0$ (제1사분면)

$\qquad x + y = 2$

$\qquad y = -x + 2$ $\cdots\cdots$ ③

②, ③번 식을 연립하면 $x = 1$

---

② $\Rightarrow$ $x > 0, y < 0$ (제2사분면)

$\qquad x - y = 2$

$\qquad y = x - 2$ $\cdots\cdots$ ④

②, ④번 식을 연립하면 $x = -1$

따라서 만족하는 구간은 $-1 < x < 1$

### 379

$x^2 - 2y + 1 = 0$ $\cdots\cdots$ ①

$y = \dfrac{1}{2}x^2 + \dfrac{1}{2}$

$|x| + |y| = 2$ $\cdots\cdots$ ②

①번 식의 $y$ 절편은 $\dfrac{1}{2}$ 이고 그래프의 최고차 항이 양수이므로 아래로 볼록한 모양이다. 따라서 ①, ②번 식이 만나는 곳은 제1사분면과 제2사분면이다.

② $\Rightarrow$ $x > 0, y > 0$ (제1사분면)

$\qquad x + y = 2$

$\qquad y = -x + 2$ $\cdots\cdots$ ③

②, ③번 식을 연립하면 $x = 1$

② $\Rightarrow$ $x > 0, y < 0$ (제2사분면)

$\qquad x - y = 2$

$\qquad y = x - 2$ $\cdots\cdots$ ④

②, ④번 식을 연립하면 $x = -1$

따라서 만족하는 구간은 $-1 < x < 1$

### 380

$2x - 3 < a(x+1)$

$f(a) = (x+1)a - 2x + 3 > 0$

$1 < a < 3$ 에서 $f(a) > 0$ 이려면

$f(1) \geq 0, f(3) \geq 0$ 이어야 한다.

$f(1) = (x+1) \cdot 1 - 2x + 3 \geq 0$

$\qquad -x + 4 \geq 0$

$\qquad x \leq 4$

$f(3) = (x+1) \cdot 3 - 2x + 3 \geq 0$

$\qquad 3x + 3 - 2x + 3 \geq 0$

$\qquad x + 6 \geq 0$

$\qquad x \geq -6$

$-6 \leq x \leq 4$

따라서 정수 $x$ 는 $-6, -5, \cdots, 3, 4$ $\Rightarrow$ 11개 이다.

### 381

$(a-2b)x^2+(b-2c)x+(c-2a)<0$ 의 해가

$-1<x<3$ 이므로 $a-2b>0$ 이다.

$(x+1)(x-3)<0$

$x^2-2x-3<0$ $\cdots$ 은

$(a-2b)x^2+(b-2c)x+(c-2a)<0$과 계수비가 같다.

$\dfrac{a-2b}{1}=\dfrac{b-2c}{-2}=\dfrac{c-2a}{-3}=k$

$a-2b=k$ $\quad$ …… ①

$b-2c=-2k$ $\quad$ …… ②

$c-2a=-3k$ $\quad$ …… ③

①$+$②$\times 2$ $\Rightarrow$ $a-4c=-3k$ …… ④

③$+$④$\times 2$ $\Rightarrow$ $-7c=-9k$

$$c=\frac{9}{7}k \Rightarrow ③$$

$$a=\frac{15}{7}k \Rightarrow ①$$

$$b=\frac{4}{7}k$$

$cx^2+bx+a\geq 0$

$\left(\dfrac{9}{7}k\right)x^2+\left(\dfrac{4}{7}k\right)x+\left(\dfrac{15}{7}k\right)\geq 0$

$9x^2+4x+15\geq 0$ $\quad(\because k>0)$

근과 계수와의 관계를 이용하면 $\alpha\beta=\dfrac{15}{9}=\dfrac{5}{3}$

## 9. 평면좌표

### 394

$P(a,b)=\left(\dfrac{2\cdot(-2)+3\cdot3}{2+3},\dfrac{2\cdot11+3\cdot(-4)}{2+3}\right)$

$\quad=\left(\dfrac{-4+9}{5},\dfrac{22-12}{5}\right)$

$\quad=(1,2)$

$Q(c,d)=\left(\dfrac{3\cdot(-2)-2\cdot3}{3-2},\dfrac{3\cdot11-2\cdot(-4)}{3-2}\right)$

$\quad=\left(\dfrac{-6-6}{1},\dfrac{33+8}{1}\right)$

$\quad=(-12,41)$

$\therefore a+b+c+d=1+2+(-12)+41=\mathbf{32}$

### 395

세 변 $\overline{AB},\overline{BC},\overline{CA}$ 를 구해보자.

$\overline{AB}=\sqrt{(5-2)^2+(2-1)^2}$

$\quad=\sqrt{10}$

$\overline{BC}=\sqrt{(1-5)^2+(4-2)^2}$

$\quad=\sqrt{20}$

$\overline{CA}=\sqrt{(2-1)^2+(1-4)^2}$

$\quad=\sqrt{10}$

따라서 $\overline{AB}=\overline{CA}$ 인 이등변삼각형이다.

### 396

점 $P$ 의 좌표를 $(a,0)$이라고 놓고 $\overline{PA},\overline{PB}$ 를 구해보자.

$\overline{PA}=\sqrt{(2-a)^2+4^2}$

$\quad=\sqrt{a^2-4a+4+16}$

$\quad=\sqrt{a^2-4a+20}$

$\overline{PB}=\sqrt{(9-a)^2+3^2}$

$\quad=\sqrt{a^2-18a+81+9}$

$\quad=\sqrt{a^2-18a+90}$

$\overline{PA}^2=\overline{PB}^2$

$a^2-4a+20=a^2-18a+90$

$14a=70$

$a=5$

$\therefore \boldsymbol{P(5,0)}$

### 397

점 $P$ 의 좌표를 $(1,b)$라고 놓고 $\overline{AP},\overline{BP}$ 를 구해보자.

$\overline{AP}^2=(1-(-2))^2+(b-5)^2$

$\quad=3^2+b^2-10b+25$

$\quad=b^2-10b+34$

$\overline{BP}^2=(1-(7))^2+(b-2)^2$

$\quad=(-6)^2+b^2-4b+4$

$\quad=b^2-4b+40$

$\overline{AP}^2+\overline{BP}^2=b^2-10b+34+b^2-4b+40$

$\quad=2b^2-14b+74$

$\quad=2(b^2-7b)+74$

$\quad=2\left\{b^2-7b+\left(\dfrac{7}{2}\right)^2-\left(\dfrac{7}{2}\right)^2\right\}+74$

$\quad=2\left(b-\dfrac{7}{2}\right)^2-\dfrac{49}{2}+74$

$\quad=2\left(b-\dfrac{7}{2}\right)^2+\dfrac{99}{2}$

$b=\dfrac{7}{2}$ 일 때 최솟값을 갖는다.

따라서 점 $P\left(1,\dfrac{7}{2}\right)$이고 $2\cdot1\cdot\dfrac{7}{2}=\mathbf{7}$ 이다.

### 398

$\overline{PA}^2,\overline{PB}^2,\overline{PC}^2$ 를 구해보자.

$\overline{AP}^2=(a-2)^2+(b-1)^2$

$\quad=a^2-4a+4+b^2-2b+1$

$\quad=a^2-4a+b^2-2b+5$ …… ①

$\overline{BP}^2=(a-5)^2+(b-2)^2$

$\quad=a^2-10a+25+b^2-4b+4$

$\quad=a^2-10a+b^2-4b+29$ …… ②

$\overline{CP}^2=(a-1)^2+(b-1)^2$

$\quad=a^2-2a+1+b^2-4b+4$

$\quad=a^2-2a+b^2-4b+5$ …… ③

1) ① = ②

$a^2 - 4a + b^2 - 2b + 5 = a^2 - 10a + b^2 - 4b + 29$

$6a + 2b = 24$

$3a + b = 12 \ \ \cdots\cdots \ \ ④$

2) ① = ③

$a^2 - 4a + b^2 - 2b + 5 = a^2 - 2a + b^2 - 4b + 5$

$-2a + 2b = 0$

$a = b \ \ \cdots\cdots \ \ ⑤$

④, ⑤를 연립하면 $a = 3, b = 3$

따라서 $ab = 3 \cdot 3 = \mathbf{9}$

---

### 399

평형사변형의 성질에서 두 대각선의 중점이 같다는 것을 이용하자. $D$ 의 좌표를 $(a, b)$라고 놓으면,

$\overline{AC}$ 의 중점

$= \left( \dfrac{-4 + 6}{2}, \dfrac{-2 + 2}{2} \right)$

$= (1, 0)$

$\overline{BD}$ 의 중점

$= \left( \dfrac{3 + a}{2}, \dfrac{6 + b}{2} \right)$

$\left( \dfrac{3 + a}{2}, \dfrac{6 + b}{2} \right) = (1, 0)$

$\dfrac{3 + a}{2} = 1, \quad a = -1$

$\dfrac{6 + b}{2} = 0, \quad b = -6$

$\therefore \ \mathbf{D(-1, -6)}$

---

### 400

$\left( \dfrac{2a + (-1)}{2 + 1}, \dfrac{10 + 2}{2 + 1} \right)$

$\left( \dfrac{2a - 1}{3}, \dfrac{12}{3} \right) = (1, 4)$

$\dfrac{2a - 1}{3} = 1$

$a = 2$

점 $A(-1, 2), B(2, 5)$의 $3 : 2$로 외분하는 점을 구하면,

$\left( \dfrac{6 - (-2)}{3 - 2}, \dfrac{15 - 4}{3 - 2} \right)$

$= \mathbf{(8, 11)}$

---

### 401

삼각형 $ABC$ 의 무게중심은 각각의 변을 $2 : 1$로 내분하는 점의 무게중심과 같다.

$G = \left( \dfrac{-2 + 3 + 5}{3}, \dfrac{3 + 4 + 2}{3} \right)$

$= \mathbf{(2, 3)}$

---

### 402

선분 $AB, CD$ 가 평행하므로 평행사변형은 $ABDC$ 이다.

따라서 대각선 $\overline{AD}$ 의 중점과 $\overline{BC}$ 의 중점이 같다.

$\overline{AD}$ 의 중점 $\left( \dfrac{-4 + a}{2}, \dfrac{-2 + b}{2} \right)$

$\overline{BC}$ 의 중점 $\left( \dfrac{3 + 9}{2}, \dfrac{6 + 2}{2} \right) = (6, 4)$

$\dfrac{-4 + a}{2} = 6$

$-4 + a = 12$

$a = 16$

$\dfrac{-2 + b}{2} = 4$

$-2 + b = 8$

$b = 10$

$\therefore \ a - b = 16 - 10 = \mathbf{6}$

---

### 403

$G = \left( \dfrac{2 + x_1 + x_2}{3}, \dfrac{6 + y_1 + y_2}{3} \right) = (-1, 2)$

$\dfrac{2 + x_1 + x_2}{3} = -1$

$x_1 + x_2 = -3 - 2 = -5$

$\dfrac{6 + y_1 + y_2}{3} = 2$

$y_1 + y_2 = 6 - 6 = 0$

$M = \left( \dfrac{x_1 + x_2}{2}, \dfrac{y_1 + y_2}{2} \right)$

$= \left( \dfrac{-5}{2}, 0 \right)$

$\therefore \ 2(a + b) = 2\left( \dfrac{-5}{2} + 0 \right) = \mathbf{-5}$

---

### 404

점 $P$ 의 좌표를 $(a, b)$, 자취의 방정식 위의 점을 $Q(x, y)$ 라고 놓고 푼다.

점 $P$ 가 직선위에 있으므로 점 $P$ 를 직선에 대입한다.

$a + b - 3 = 0 \ \ \cdots\cdots \ \ ①$

$Q(x, y) = \left( \dfrac{2a - 5}{2 - 1}, \dfrac{2b - 3}{2 - 1} \right)$

$= (2a - 5, 2b - 3)$

$x = 2a - 5$

$a = \dfrac{x+5}{2}$

$y = 2b - 3$

$b = \dfrac{y+3}{2}$

$a, b$ 를 ①번 식에 넣는다.

$\dfrac{x+5}{2} + \dfrac{x+3}{2} - 3 = 0$

$x + 5 + y + 3 - 6 = 0$

$\boldsymbol{x + y + 2 = 0}$

### 405

$\angle C = R$ 인 직각삼각형이므로 빗변인 $\overline{AB}$ 의 중점이 외심이 된다.

따라서 $\left(\dfrac{\overline{AB}}{2}\right)$ 가 반지름이 된다.

$\overline{AB} = \sqrt{(5-1)^2 + (2-0)^2}$

$\qquad = \sqrt{16+4}$

$\qquad = \sqrt{20}$

$\left(\dfrac{\overline{AB}}{2}\right) = \dfrac{\sqrt{20}}{2} = \dfrac{2\sqrt{5}}{2} = \sqrt{5}$

외접원의 넓이 $= \pi r^2 = \pi(\sqrt{5})^2 = \boldsymbol{5\pi}$

## 10. 직선의 방정식

### 423

1) $\overline{AB}$ 의 $2:1$ 으로 내분하는 점은,

$\left(\dfrac{2\cdot 2 + 1\cdot(-1)}{2+1}, \dfrac{2\cdot 5 + 1\cdot 2}{2+1}\right) = (1, 4)$

$y = 2(x-1) + 4$

$\boldsymbol{y = 2x + 2}$

2) $\tan(60°) = \sqrt{3}, \ (3, 0)$ 을 지나므로

$y = \sqrt{3}(x-3)$

$\boldsymbol{y = \sqrt{3}\,x - 3\sqrt{3}}$

3) $x$ 절편과 $y$ 절편이 부호는 다르면 기울기는 1이 된다.

$y = 1\cdot(x-3) + 1$

$\boldsymbol{y = x - 2}$

4) $\dfrac{x}{2} + \dfrac{y}{3} = 1$

$\boldsymbol{3x + 2y = 6}$

### 424

$\dfrac{k-3}{4-2} = \dfrac{5-3}{(k+2)-2}$

$\dfrac{k-3}{2} = \dfrac{2}{k}$

$k^2 - 3k = 4$

$k^2 - 3k - 4 = 0$

$\therefore \ \alpha + \beta = \boldsymbol{3}$

### 425

이차함수에서,

그래프가 아래로 볼록이므로 $a > 0$ 이고

$y$ 절편 값이 양이므로 $c > 0$

축의 방정식이 양인 부분에 있으므로 $a, b$ 의 부호는 다르다.  $b < 0$

직선에서,

$y$ 절편인 $-\dfrac{a}{b} > 0$ 이고,  $x$ 절편인 $-\dfrac{a}{c} < 0$ 이므로

직선은 제4사분면을 지나지 않는다.

### 426

두 식을 연립하여 $x, y$ 를 구한다.

$x + 2y - 1 = 0$ $\quad$ …… $\quad$ ①

$2x + 3y + a = 0$ $\quad$ …… $\quad$ ②

$① \times 2 - ② \ = \ y = a + 2 \ \Rightarrow \ ①$

$\qquad\qquad\qquad\qquad\qquad x = -2a - 3$

$x, y$ 를 다른 직선에 대입한다.

$2x + ay - 3 = 0$

$2(-2a-3) + a(a+2) - 3 = 0$

$-4a - 6 + a^2 + 2a - 3 = 0$

$a^2 - 2a - 9 = 0$

모든 $a$ 의 값의 합은 두 근의 합이다.

따라서 모든 $a$ 의 값의 합은 2이다.

### 427

점에서 직선에 내린 수선의 발을 $H$ 라고 하면 직선 $AH$ 는 직선 $3x + 4y - 12 = 0$ 과 수직이므로 직선 $AH$ 의 기울기는 $\dfrac{4}{3}$ 이다. 직선 $AH$ 의 방정식을 구해보면,

$y = \dfrac{4}{3}(x-1) + 1$

$\quad = \dfrac{4}{3}x - \dfrac{4}{3} + 1$

$\quad = \dfrac{4}{3}x - \dfrac{1}{3}$

$3y = 4x - 1$

$4x - 3y - 1 = 0$ $\quad$ …… $\quad$ ①

수선의 발 $H$ 는 ①번 직선과

직선 $3x + 4y - 12 = 0$ $\quad$ …… $\quad$ ② 의 교점이므로

두 직선을 연립한다.

$① \times 4 + ② \times 3 \quad \Rightarrow \quad 25x = 40$

$$x = \frac{8}{5} \quad \Rightarrow \quad ①$$

$4 \cdot \left(\frac{8}{5}\right) - 3y - 1 = 0$

$3y = \frac{27}{5}$

$y = \frac{9}{5}$

$\therefore H\left(\frac{8}{5}, \frac{9}{5}\right)$

### 428

점 $C$ 에서 직선 $AB$ 에 내린 수선의 발을 $D$ 라고 하면 직선 $AB$ 와 직선 $CD$ 는 수직이다. 직선 $AB$ 의 기울기가 $\frac{4}{3}$ 이므로 직선 $CD$ 의 기울기는 $-\frac{3}{4}$ 이다.

직선 $CD$ 의 방정식을 구해보면,

$y = -\frac{3}{4}(x - 2)$

$\quad = -\frac{3}{4}x + \frac{3}{2}$

구하는 교점은 $y$ 절편과 같다.

$y = -\frac{3}{4} \cdot 0 + \frac{3}{2}$

$\quad = \frac{3}{2}$

따라서 구하는 교점은 $\left(0, \frac{3}{2}\right)$ 이다.

### 429

직선 $y = mx + m + 1$ 은 정점을 지나는 직선이다.

정점을 먼저 구하면.

$y = mx + m + 1$

$\quad = m(x + 1) + 1 \quad \Rightarrow \quad (-1, 1)$

직선의 정점인 $(-1, 1)$ 과 정사각형의 꼭짓점인

$(1, 3), (2, 2)$ 를 지나는 두 직선의 기울기를 구해보면,

$(-1, 1), (1, 3) \quad \Rightarrow \quad \frac{3 - 1}{1 - (-1)} = \frac{2}{2} = 1$

$(-1, 1), (2, 2) \quad \Rightarrow \quad \frac{2 - 1}{2 - (-1)} = \frac{1}{3}$

$\therefore \frac{1}{3} \leq m \leq 1$

### 430

두 직선의 교점을 지나는 직선의 방정식은

$x + 3y - 1 + k(4x - y + 2) = 0$ $\quad$ …… $\quad$ ①

$x + 3y - 1 + 4kx - ky + 2k = 0$

$(1 + 4k)x + (3 - k)y + 2k - 1 = 0$ $\quad$ …… $\quad$ ②

①번 직선과 직선 $2x + 4y - 1 = 0$ 이 수직이므로,

$2 \cdot (1 + 4k) + 4 \cdot (3 - k) = 0$

$2 + 8k + 12 - 4k = 0$

$4k = -14$

$k = -\frac{7}{2} \quad \Rightarrow \quad ②$

$x + 3y - 1 + \left(-\frac{7}{2}\right) \cdot (4x - y + 2) = 0$

$2x + 6y - 2 + (-7) \cdot (4x - y + 2) = 0$

$2x + 6y - 2 - 28x + 7y - 14 = 0$

$-26x + 13y - 16 = 0$

$\therefore \mathbf{26x - 13y + 16 = 0}$

### 431

$x$ 축 위의 점을 $(a, 0)$ 으로 놓고 점과 직선사이의 공식을 적용해 보자.

$4x - 3y + 1 = 0 , (a, 0)$

$d = \dfrac{|4 \cdot a + (-3) \cdot 0 + 1|}{\sqrt{4^2 + (-3)^2}} = 1$

$\quad \dfrac{|4a + 1|}{5} = 1$

$\quad |4a + 1| = 5$

$\quad 4a + 1 = \pm 5$

$\quad 1) \, 4a + 1 = 5$

$\qquad 4a = 4$

$\qquad a = 1 \quad \Rightarrow \quad (1, 0)$

$\quad 2) \, 4a + 1 = -5$

$\qquad 4a = -6$

$\qquad a = -\frac{3}{2} \quad \Rightarrow \quad \left(-\frac{3}{2}, 0\right)$

따라서 두 점 사이의 거리는

$1 - \left(-\frac{3}{2}\right) = \mathbf{\frac{5}{2}}$

**432**

$$x - ay - 1 = 0 \,,\; x - ay + a + 2 = 0$$

$$d = \frac{|a + 2 - (-1)|}{\sqrt{1^2 + (-a)^2}} = 2$$

$$\frac{|a + 3|}{\sqrt{1 + a^2}} = 2$$

$$|a + 3| = 2\sqrt{1 + a^2}$$

$$a^2 + 6a + 9 = 4 + 4a^2$$

$$3a^2 - 6a - 5 = 0$$

$$\therefore\; \alpha + \beta = \mathbf{2}$$

**433**

세 직선을 각각 연립하여 교점을 구한다

$$\begin{cases} x - y + 4 = 0 & \cdots\cdots\; ① \\ 2x + y - 7 = 0 & \cdots\cdots\; ② \\ x + 2y - 2 = 0 & \cdots\cdots\; ③ \end{cases}$$

1) $① + ② \;\Rightarrow\; 3x - 3 = 0$

$$3x = 3$$
$$x = 1 \;\Rightarrow\; ①\;\; y = 5$$
$$(1, 5)$$

2) $② - ③ \times 2 \;\Rightarrow\; -3y - 3 = 0$

$$3y = -3$$
$$y = -1 \;\Rightarrow\; ②\;\; x = 4$$
$$(4, -1)$$

3) $① - ③ \;\Rightarrow\; -3y + 6 = 0$

$$3y = 6$$
$$y = 2 \;\Rightarrow\; ①\;\; x = -2$$
$$(-2, 2)$$

세 점을 $(2, -2)$로 평행이동 시키면
$(3, 3), (6, -3), (0, 0)$이 된다.
삼각형의 넓이는

$$S = \frac{1}{2}|3 \cdot (-3) - 3 \cdot 6|$$

$$= \frac{1}{2} \cdot 27 = \frac{27}{2}$$

**434**

내심은 각변의 수직이등분선이 만나는 점이므로
점 $A, B$의 중점과 기울기를 이용하며 수직이등분선
을 구하고, 같은 방법으로 점 $B, C$의 수직이등분선을
구해 두 직선을 연립하여 내심을 구한다.

1) 점 $A, B$의 수직이등분선
$A(4, 7) \,,\; B(2, 1) \,,\; C(6, 3)$

$$A, B \;\Rightarrow\; m = \frac{1 - 7}{2 - 4} = 3$$

$$\left(\frac{4 + 2}{2} \,,\; \frac{7 + 1}{2}\right) = (3, 4)$$

$$y = -\frac{1}{3}(x - 3) + 4$$

$$= -\frac{1}{3}x + 1 + 4$$

$$= -\frac{1}{3}x + 5$$

$$3y = -x + 15$$

$$\therefore\; x + 3y = 15 \quad \cdots\cdots\; ①$$

$$B, C \;\Rightarrow\; m = \frac{3 - 1}{6 - 2} = \frac{1}{2}$$

$$\left(\frac{2 + 6}{2} \,,\; \frac{1 + 3}{2}\right) = (4, 2)$$

$$y = -2(x - 4) + 2$$

$$= -2x + 10$$

$$\therefore\; 2x + y = 10 \quad \cdots\cdots\; ②$$

$$① - ② \times 3 \;\Rightarrow\; -5x = -15$$

$$x = 3 \;\Rightarrow\; ①$$

$$y = 4$$

$$\therefore (3, 4)$$

두 점 $A(4, 7)$와 $(3, 4)$를 지나는 직선의 방정식을
구하면,

$$y = \left(\frac{4 - 7}{3 - 4}\right)(x - 3) + 4$$

$$= 3(x - 3) + 4$$

$$= 3x - 9 + 4$$

$$= 3x - 5$$

$$\therefore\; y = 3x - 5$$

## 435

점 $P(a, b)$를 직선 $2x + 3y = 6$에 대입한다.

$2a + 3b = 6$
$2a = 6 - 3b$
이것을 직선 $2ax + 3by = 12$에 대입힌다.

$(6 - 3b)x + 3by = 12$
$6x - 3bx + 3by - 12 = 0$
$3(y - x)b + 6x - 12 = 0$

이 직선은 $b$의 값에 상관없이 항상 일정한 점을 지난다.

$y - x = 0 , 6x - 12 = 0$
$y = x , x = 2$
$Q(2, 2)$
$\therefore p + q = 2 + 2 = \mathbf{4}$

## 436

세 점이 일직선 위에 있으므로 각각의 기울기는 같다.

두 점 $A, B$의 기울기 $= \dfrac{k + 1 - 3}{2 - 2k + 1} = \dfrac{k - 2}{-2k + 3}$

두 점 $B, C$의 기울기 $= \dfrac{k - 1 - k - 1}{k - 2 - 2} = \dfrac{-2}{k - 4}$

$\dfrac{k - 2}{-2k + 3} = \dfrac{-2}{k - 4}$

$-2(-2k + 3) = (k - 2)(k - 4)$

$4k - 6 = k^2 - 6k + 8$

$k^2 - 10k + 14 = 0$

모든 $k$의 값의 합은 두근의 합인 10이다.

## 437

두 직선을 연립하여 교점을 구한다. $\Rightarrow \ (-1, 1)$

$y = a(x + 1) + 1 \ \cdots\cdots \ ①$
$\quad = ax + a + 1$
$ax - y + a + 1 = 0$

점 $(2, 3)$에서 거리가 2인 직선의 방정식은,

$d = \dfrac{|a \cdot 2 + (-1) \cdot 3 + a + 1|}{\sqrt{a^2 + 1}} = 2$

$\dfrac{|3a - 2|}{\sqrt{a^2 + 1}} = 2$

$|3a - 2| = 2\sqrt{a^2 + 1}$

$9a^2 - 12a + 4 = 4a^2 + 4$

$5a^2 - 12a = 0$

$a(5a - 12) = 0$

$a = 0 \quad 또는 \quad a = \dfrac{12}{5}$

①번식에 대입을 하면
$a = 0$일 때,

$\quad y = 0 \cdot (x + 1) + 1$
$\quad\quad = 1 \quad \therefore \ \mathbf{y = 1}$

$a = \dfrac{12}{5}$일 때,

$\quad y = \dfrac{12}{5} \cdot (x + 1) + 1$

$\quad 5y = 12(x + 1) + 5$
$\quad\quad = 12x + 17$

$\therefore \ \mathbf{12x - 5y + 17 = 0}$

$\mathbf{y = 1}$ 또는 $\mathbf{12x - 5y + 17 = 0}$

## 438

두 직선과 수직인 두 직선으로 둘러쌓인 사각형의 넓이는 대각을 이루는 두 점 사이의 길이와 과 두 직선 사이의 거리를 구해 나머지 한 변의 길이를 피타고라스의 정의를 이용해 구할 수 있다..

$l = \sqrt{(4 - 1)^2 + (1 - 2)^2}$
$\quad = \sqrt{9 + 1} = \sqrt{10}$

$d = \dfrac{|3 - (-2)|}{\sqrt{2^2 + 1^2}} = \dfrac{5}{\sqrt{5}} = \sqrt{5}$

직사각형의 다른 한 변은

$= \sqrt{(\sqrt{10})^2 - (\sqrt{5})^2}$
$= \sqrt{10 - 5} = \sqrt{5}$
$S = \sqrt{5} \cdot \sqrt{5} = \mathbf{5}$

## 11. 원의 방정식

## 458

중심의 좌표를 $(a, a + 1)$로 놓으면,

$(x - a)^2 + (y - a - 1)^2 = r^2 \ \cdots\cdots \ ①$

$(1, 2) \ \Rightarrow \ (1 - a)^2 + (2 - a - 1)^2 = r^2$
$\quad\quad\quad a^2 - 2a + 1 + a^2 - 2a + 1 = r^2$
$\quad\quad\quad 2a^2 - 4a + 2 = r^2 \ \cdots\cdots \ ②$

$(2, -1) \ \Rightarrow \ (2 - a)^2 + (-1 - a - 1)^2 = r^2$
$\quad\quad\quad a^2 - 4a + 4 + a^2 + 4a + 4 = r^2$
$\quad\quad\quad 2a^2 + 8 = r^2 \ \cdots\cdots \ ③$

$③ - ② \ \Rightarrow \ 4a + 6 = 0$

$\quad\quad a = -\dfrac{3}{2} \ \Rightarrow \ ③$

$\quad\quad\quad 2\left(-\dfrac{3}{2}\right)^2 + 8 = r^2$

$\quad\quad\quad 2\left(\dfrac{9}{4}\right) + 8 = r^2 , \ r^2 = \dfrac{25}{2}$

$\therefore \ \left(x + \dfrac{3}{2}\right)^2 + \left(y + \dfrac{1}{2}\right)^2 = \dfrac{25}{2}$

---

**459**

원의 중심이 되는 두 점 $P(-2, -3), Q(6, 3)$의 중점을 구하고 반지름인 $\frac{1}{2}\overline{PQ}$ 를 구해서 원의 방정식을 구한다.

$P(-2, -3), Q(6, 3)$

$M = \left(\dfrac{-2+6}{2}, \dfrac{-3+3}{2}\right)$

$\quad = (2, 0)$

$\overline{PQ} = \sqrt{\{6-(-2)\}^2 + \{3-(-3)\}^2}$

$\quad = \sqrt{64+36} = \sqrt{100} = 10$

$r = 5$

$(x-2)^2 + y^2 = 5^2$

$x^2 - 4x + 4 + y^2 = 25$

$x^2 + y^2 - 4x - 21 = 0$

$A = -4, B = 0, C = -21$

$\therefore \ A + B + C = \mathbf{-25}$

---

**460**

세 점 $P(0, 1), Q(2, 3), R(1, 0)$ 을 지나는 원의 방정식을 구한다.

$x^2 + y^2 + Ax + By + C = 0$

$P(0, 1) \ \Rightarrow \ 0^2 + 1^2 + A \cdot 0 + B \cdot 1 + C = 0$

$\qquad\qquad B + C = -1 \ \cdots\cdots \ ①$

$Q(2, 3) \ \Rightarrow \ 2^2 + 3^2 + A \cdot 2 + B \cdot 3 + C = 0$

$\qquad\qquad 4 + 9 + 2A + 3B + C = 0$

$\qquad\qquad 2A + 3B + C = -13 \ \cdots\cdots \ ②$

$R(1, 0) \ \Rightarrow \ 1^2 + 0^2 + A \cdot 1 + B \cdot 0 + C = 0$

$\qquad\qquad A + C = -1$

$\qquad\qquad C = -A - 1 \ \cdots\cdots \ ③$

$③ \ \Rightarrow \ ①$

$\qquad\qquad B + (-A - 1) = -1$

$\qquad\qquad -A + B = 0$

$\qquad\qquad A = B \ \cdots\cdots \ ④$

$③ \ \Rightarrow \ ②$

$\qquad\qquad 2A + 3B + (-A - 1) = -13$

$\qquad\qquad A + 3B = -12 \ \cdots\cdots \ ⑤$

④, ⑤식을 연립하면

$A = -3, B = -3 \ \Rightarrow \ ③$

$\qquad\qquad\qquad C = 2$

$\therefore \ x^2 + y^2 - 3x - 3y + 2 = 0$

$S(-1, k) \ \Rightarrow \ (-1)^2 + k^2 - 3(-1) - 3 \cdot k + 2 = 0$

$\qquad\qquad 1 + k^2 + 3 - 3k + 2 = 0$

$\qquad\qquad k^2 - 3k + 6 = 0$

따라서 모든 $k$ 값의 합은 **3** 이다.

---

**461**

$x^2 + y^2 - 4x + 2ky + 2k + 3 \leq 0$

$x^2 - 4x + 4 - 4 + y^2 + 2k + k^2 - k^2 + 2k + 3 \leq 0$

$(x-2)^2 + (y+k)^2 \leq k^2 - 2k + 1$

$(x-2)^2 + (y+k)^2 \leq (k-1)^2$

원의 넓이가 $4\pi$ 보다 작거나 같으려면 $r^2$ 이 4보다 작거나 같아야 한다.

$k - 1 \leq 2$

$k \leq 3$

따라서 정수 $k$ 의 최댓값은 **3** 이다.

---

**462**

원의 중심을 $(a, b)$ 라고 놓으면, 원의 중심이 직선 $y = x + 2$ 위에 있으므로 $b = a + 2$ 이다.

$(x-a)^2 + (y-b)^2 = b^2 \ \cdots\cdots \ ①$

$\{x - (b-2)\}^2 + (y-b)^2 = b^2 \quad (a = b - 2)$

$(-1, 2) \ \Rightarrow \ \{-1 - (b-2)\}^2 + (2-b)^2 = b^2$

$\qquad\qquad (-b+1)^2 + (2-b)^2 = b^2$

$\qquad\qquad b^2 - 2b + 1 + b^2 - 4b + 4 = b^2$

$\qquad\qquad b^2 - 6b + 5 = 0$

$\qquad\qquad (b-5)(b-1) = 0$

$\qquad\qquad \begin{cases} b = 5 \ 또는 \ b = 1 \\ a = 3 \ 또는 \ a = -1 \end{cases} \Rightarrow \ ①$

$(x-3)^2 + (y-5)^2 = 5^2, \ (x+1)^2 + (y-1)^2 = 1$

---

**463**

$x^2 + y^2 - 2x + 4y + 1 = 0$

$x^2 - 2x + y^2 + 4y + 1 = 0$

$x^2 - 2x + 1 - 1 + y^2 + 4y + 4 - 4 + 1 = 0$

$(x-1)^2 + (y+2)^2 = 4$

원과 직선이 만나야 하므로 $d \leq r$ 이다.

$d = \dfrac{|2 \cdot 1 + 1 \cdot (-2) + k|}{\sqrt{2^2 + 1^2}} \leq 2$

$\dfrac{|k|}{\sqrt{5}} \leq 2$

$|k| \leq 2\sqrt{5}$

$\mathbf{-2\sqrt{5} \leq k \leq 2\sqrt{5}}$

## 464

$$x^2 + y^2 - 4y = 0$$
$$x^2 + y^2 - 4y + 4 - 4 = 0$$
$$x^2 + (y - 2)^2 = 4$$

$A, B$ 의 중점을 $M$ 이라 하고 선분 $CM$ 의 길이,
즉 삼각형의 높이를 구한다.

$$d = \frac{|1 \cdot 0 + (-1) \cdot (2) + 4|}{\sqrt{1^2 + (-1)^2}}$$
$$= \frac{2}{\sqrt{2}} = \sqrt{2}$$

직각삼각형 $CMA$ 에서 피타고라스의 정리를 이용하면,

$$\overline{MA}^2 = r^2 - \overline{CM}^2$$
$$= 4 - \sqrt{2}^2$$
$$= 2$$
$$\overline{MA} = \sqrt{2}$$
$$\overline{AB} = 2\overline{MA} = 2\sqrt{2}$$
$$\therefore \triangle ABC의 \text{ 넓이는} = \frac{1}{2}\overline{AB} \times \overline{CM}$$
$$= \frac{1}{2} 2\sqrt{2} \times \sqrt{2}$$
$$= \mathbf{2}$$

## 465

$$d = \sqrt{(-3-1)^2 + (-1-2)^2}$$
$$= \sqrt{4^2 + 3^2} = 5$$

두 점에서 만나려면

$$3 - k < 5 < 3 + k$$
$$① \quad 3 - k < 5$$
$$-k < 2$$
$$k > -2$$
$$② \quad 5 < 3 + k$$
$$k > 2$$
$$k > 2$$
$$\therefore \alpha = \mathbf{2}$$

## 466

$$x^2 + y^2 + 4x - 4y - 4$$
$$+ k(x^2 + y^2 + 4x + 2y - 6) = 0 \quad \cdots\cdots \ ①$$

$$(1, 1) \Rightarrow$$
$$1^2 + 1^2 + 4 \cdot 1 - 4 \cdot 1 - 4 + k(1^2 + 1^2 + 4 \cdot 1 + 2 \cdot 1 - 6) = 0$$
$$1 + 1 + 4 - 4 - 4 + k(1 + 1 + 4 + 2 - 6) = 0$$
$$-2 + 2k = 0$$

$$k = 1 \Rightarrow ①$$
$$x^2 + y^2 + 4x - 4y - 4 + 1 \cdot (x^2 + y^2 + 4x + 2y - 6) = 0$$
$$2x^2 + 2y^2 + 8x - 2y - 10 = 0$$
$$\mathbf{x^2 + y^2 + 4x - y - 5 = 0}$$

## 467

기울기가 $-\dfrac{1}{2}$ 인 직선의 방정식에 수직하므로 구하는
직선의 기울기는 $2$ 이다.

$$x^2 + y^2 - 6x + 4y - 12 = 0$$
$$x^2 - 6x + y^2 + 4y - 12 = 0$$
$$x^2 - 6x + 9 - 9 + y^2 + 4y + 4 - 4 - 12 = 0$$
$$(x - 3)^2 + (y + 2)^2 = 25$$
$$y = 2x \pm 5\sqrt{1 + 2^2}$$
$$\mathbf{y = 2x \pm 5\sqrt{5}}$$

## 468

$$x^2 + y^2 + 2x - 4y + 3 = 0$$
$$x^2 + 2x + 1 - 1 + y^2 - 4y + 4 - 4 + 3 = 0$$
$$(x + 1)^2 + (y - 2)^2 = 2$$
$$d = \frac{|1 \cdot (-1) + (-1) \cdot 2 - 3|}{\sqrt{1^2 + (-1)^2}}$$
$$= \frac{|-1 - 2 - 3|}{\sqrt{2}}$$
$$= \frac{6}{\sqrt{2}} = 3\sqrt{2}$$

최댓값은 $3\sqrt{2} + \sqrt{2} = \mathbf{4\sqrt{2}}$

## 469

접선의 기울기를 $m$ 이라고 하면 접선의 방정식은,

$$y = mx - 1 \Rightarrow mx - y - 1 = 0$$
$$x^2 + y^2 - 2x - 4y + 3 = 0$$
$$x^2 - 2x + 1 - 1 + y^2 - 4y + 4 - 4 + 3 = 0$$
$$(x - 1)^2 + (y - 2)^2 = 2$$

원과 직선이 접하므로 $d = r$ 을 이용하자.

$$d = \frac{|m \cdot 1 + (-1) \cdot 2 - 1|}{\sqrt{m^2 + (-1)^2}} = \sqrt{2}$$
$$\frac{|m - 3|}{\sqrt{m^2 + 1^2}} = \sqrt{2}$$
$$\sqrt{2}\sqrt{m^2 + 1^2} = |m - 3|$$
$$2(m^2 + 1) = (m - 3)^2$$
$$2m^2 + 2 = m^2 - 6m + 9$$
$$m^2 + 6m - 7 = 0$$

두 접선의 기울기의 합은 두 근의 합과 같다.

따라서 $\alpha + \beta = \mathbf{-6}$

## 470

두 점 $A(2, 5)$, $B(4, 3)$의 중점을 $M$을 구한다.

$$M = \left(\frac{2+4}{2}, \frac{5+3}{2}\right) = (3, 4)$$

중선의 정리에 따라

$\overline{PA}^2 + \overline{PB}^2 = 2(\overline{PM}^2 + \overline{MA}^2)$이다.

$\overline{AP}^2 + \overline{BP}^2$ 이 최솟값이 되려면 $\overline{PM}$ 의 값이 최소일 때이다.

$$\begin{aligned}
\overline{PM} &= \overline{OM} - r \\
&= \sqrt{3^2 + 4^2} - 1 \\
&= 5 - 1 = 4
\end{aligned}$$

$$\begin{aligned}
\overline{MA} &= \sqrt{(3-2)^2 + (4-5)^2} \\
&= \sqrt{2}
\end{aligned}$$

$$\begin{aligned}
\overline{PA}^2 + \overline{PB}^2 &= 2(\overline{PM}^2 + \overline{MA}^2) \\
&= 2(4^2 + \sqrt{2}^2) \\
&= 2 \cdot 18 = \mathbf{36}
\end{aligned}$$

## 471

$$O \Rightarrow \begin{aligned}
&x^2 + y^2 - 4x - 4y - 8 = 0 \\
&x^2 - 4x + 4 - 4 + y^2 - 4y + 4 - 4 - 8 = 0 \\
&(x-2)^2 + (y-2)^2 = 16 \\
&O(2, 2)
\end{aligned}$$

$$O' \Rightarrow \begin{aligned}
&x^2 + y^2 + 4x + 2y - 4 = 0 \\
&x^2 + 4x + 4 - 4 + y^2 + 2y + 1 - 1 - 4 = 0 \\
&(x+2)^2 + (y+1)^2 = 9 \\
&O'(-2, -1)
\end{aligned}$$

$$\begin{aligned}
d &= \sqrt{\{2-(-2)\}^2 + \{2-(-1)\}^2} \\
&= \sqrt{4^2 + 3^2} = 5
\end{aligned}$$

두 원의 교점을 지나는 공통현의 방정식은,

$$x^2 + y^2 - 4x - 4y - 8 + (-1)(x^2 + y^2 + 4x + 2y - 4) = 0$$
$$-8x - 6y - 4 = 0$$
$$4x + 3y + 2 = 0$$

선분 $OO'$ 와 선분 $AB$ 의 교점을 $M$ 이라고 했을 때, 선분 $OM$ 의 길이는

$$d = \frac{|4 \cdot 2 + 3 \cdot 2 + 2|}{\sqrt{4^2 + 3^2}} = \frac{16}{5}$$

$$\begin{aligned}
\overline{AM} &= \sqrt{4^2 - \left(\frac{16}{5}\right)^2} = \sqrt{16 - \left(\frac{16}{5}\right)^2} \\
&= \sqrt{16\left(1 - \frac{16}{25}\right)} = \sqrt{16\left(\frac{9}{25}\right)} \\
&= \frac{4 \cdot 3}{5} = \frac{12}{5}
\end{aligned}$$

$$\overline{AB} = 2\overline{AM} = \frac{24}{5}$$

$$\begin{aligned}
\square OAO'B &= \triangle ABO + \triangle ABO' \\
&= \frac{1}{2}\overline{AB} \times \overline{OM} + \frac{1}{2}\overline{AB} \times \overline{O'M} \\
&= \frac{1}{2}\overline{AB} \times (\overline{OM} + \overline{O'M}) \\
&= \frac{1}{2}\overline{AB} \times \overline{OO'} \\
&= \frac{1}{2} \times \frac{24}{5} \times 5 = \mathbf{12}
\end{aligned}$$

## 472

중심을 $(a, 0)$으로 놓으면,

$$(x-a)^2 + y^2 = r^2 \quad \cdots\cdots \;\; ①$$

①이 원 $x^2 + y^2 = 1$과 외접하므로

$$d = r + r'$$
$$|a| = 1 + r \quad \cdots\cdots \;\; ②$$

①이 직선 $3x - 4y - 11 = 0$에 외접하므로

$$d = r$$
$$d = \frac{|3 \cdot a + (-4) \cdot 0 - 11|}{\sqrt{3^2 + (-4)^2}} = r$$
$$\frac{|3a - 11|}{5} = r$$
$$|3a - 11| = 5r$$

$a \geq \frac{11}{3}$ 이면 문제의 조건에 만족하지 못하므로 $a < \frac{11}{3}$ 이다.

$$|3a - 11| = 5r$$
$$-(3a - 11) = 5r$$
$$-3a + 11 = 5r$$
$$3a + 5r = 11 \quad \cdots\cdots \;\; ③$$

②, ③번 식을 연립하면,

$a \geq 0$일 때,

$$\begin{cases} a = 1 + r \\ 3a + 5r = 11 \end{cases} \Rightarrow \quad r = 1, a = 2$$

$a < 0$일 때,

$$\begin{cases} -a = 1 + r \\ 3a + 5r = 11 \end{cases} \Rightarrow \quad r = 7, a = -8$$

$$(x-2)^2 + y^2 = 1, \quad (x+8)^2 + y^2 = 49$$

$\therefore$ 반지름의 합 $= 1 + 7 = \mathbf{8}$

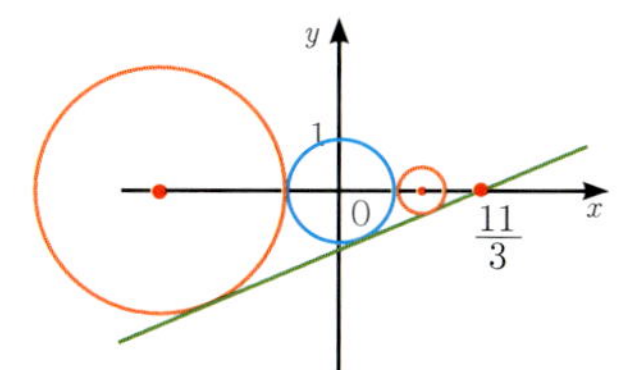

## 473

$\angle OAP$ 가 최대가 되려면

선분 $AP$ 가 접선이 될 때이다.

$\triangle OAP$ 는 $\angle OPA$ 가 직각인 직각삼각형이다.

$x^2 - 4x + y^2 = 0$

$x^2 - 4x + 4 - 4 + y^2 = 0$

$(x-2)^2 + y^2 = 4$

$\overline{OP} = 2$

$\overline{AP} = \sqrt{4^2 - 2^2}$

$\quad = \sqrt{12} = 2\sqrt{3}$

$\triangle OAP = \dfrac{1}{2} \times 2\sqrt{3} \times 2 = \mathbf{2\sqrt{3}}$

### 12. 도형의 이동

## 485

$(1,3)$ 은 평행이동 $(x,y) \longrightarrow (x+2, y+a)$ 에 의하여
$(3, 3+a)$ 로 이동한다. 이 점이 직선 $y = 2x-1$ 위에 있
으므로 점을 직선에 대입한다.

$(3, 3+a)$

$3 + a = 2 \cdot 3 - 1$

$3 + a = 5$

$a = 2$

## 486

$x$ 축으로 3, $y$ 축으로 $m$ 만큼 평행이동 하였으므로
직선의 평행이동은

$f(x, y) = 0 \longrightarrow f(x-3, y-m) = 0$ 이다.

$x - 2y + 3 = 0$

$(x-3) - 2(y-m) + 3 = 0$

$x - 3 - 2y + 2m + 3 = 0$

$x - 2y + 2m = 0$

$(2, 2) \implies 2 - 2 \cdot 2 + 2m = 0$

$\qquad\qquad 2m = 2$

$\qquad\qquad m = \mathbf{1}$

## 487

점 $(1, 2)$ 를 점 $(5, 0)$ 으로 옮기는 평행이동은

$(x, y) \longrightarrow (x+4, y-2)$ 이고 도형을 평행이동하면,

$f(x, y) = 0 \longrightarrow f(x-4, y+2) = 0$

$(x-4) + b(y+2) + c = 0$

$x + by + 2b + c - 4 = 0$

두 직선이 같으므로

$c = 2b + c - 4$

$0 = 2b - 4$

$\boldsymbol{b = 2}$

## 488

포물선 $y = x^2 + 2$ 의 꼭짓점은 $(0, 2)$ 이다.

포물선 $y = x^2 + 4x + 7$ 의 꼭짓점은,

$y = x^2 + 4x + 4 + 3$

$\quad = (x+2)^2 + 3 \implies (-2, 3)$

점의 평행이동은 $(x, y) \longrightarrow (x-2, y+1)$ 이다.

원 $x^2 + y^2 - 2x + 6y + 6 = 0$ 의 중심은,

$x^2 - 2x + y^2 + 6y + 6 = 0$

$x^2 - 2x + 1 - 1 + y^2 + 6y + 9 - 9 + 6 = 0$

$(x-1)^2 + (y+3)^2 = 4 \implies (1, -3)$

원의 중심을 평행이동하면 $(-1, -2)$ 가 된다.

$(x+1)^2 + (y+2)^2 = 4$

$x^2 + 2x + 1 + y^2 + 4y + 4 = 4$

$x^2 + y^2 + 2x + 4y + 1 = 0$

$A = 2, B = 4, C = 1$

$\therefore \; A + B + C = \mathbf{7}$

## 489

$x$ 축에 대하여 대칭이동 하였으면 $y \implies -y$

$2x + y - 4 = 0$

$y$ 축에 대하여 대칭이동 하였으면 $x \implies -x$

$-2x + y - 4 = 0$

$2x - y + 4 = 0$

원과 접하므로 $d = r$ 을 이용하자.

$x^2 + y^2 - 2x - 2y + C = 0$

$x^2 - 2x + y^2 - 2y + C = 0$

$x^2 - 2x + 1 - 1 + y^2 - 2y + 1 - 1 + C = 0$

$(x-1)^2 + (y-1)^2 = 2 - C$

$$d = \frac{|2\cdot 1 + (-1)\cdot 1 + 4|}{\sqrt{2^2 + (-1)^2}}$$
$$= \frac{5}{\sqrt{5}} = \sqrt{5}$$
$$d = r$$
$$\sqrt{5} = \sqrt{2 - C}$$
$$5 = 2 - C$$
$$\boldsymbol{C = -3}$$

### 490

$\overline{AP} + \overline{PQ} + \overline{QB}$ 의 최솟값은

점 $A(2,5)$를 $y$축에 대하여 대칭이동한 $A'(-2,5)$와
점 $B(6,1)$를 $x$축에 대하여 대칭이동한 $B'(6,-1)$의
직선거리이다.

$$\overline{A'B'} = \sqrt{\{6 - (-2)\}^2 + (-1 - 5)^2}$$
$$= \sqrt{8^2 + 6^2}$$
$$\sqrt{100} = \boldsymbol{10}$$

### 491

두 점 $A(3, a), B(b, 4)$의 중점이 직선 위에 있다.

$$\left(\frac{3+b}{2}, \frac{a+4}{2}\right) \;\Rightarrow\; x + 2y - 5 = 0$$
$$\left(\frac{3+b}{2}\right) + 2\left(\frac{a+4}{2}\right) - 5 = 0$$
$$3 + b + 2a + 8 - 10 = 0$$
$$2a + b = -1 \;\cdots\cdots\; ①$$

두 점 $A(3, a), B(b, 4)$를 지나는 직선과
직선 $x + 2y - 5 = 0$이 수직하므로 두 직선의 기울기의
곱은 -1이다.

$$\left(\frac{4-a}{b-3}\right) \times \left(-\frac{1}{2}\right) = -1$$
$$\frac{4-a}{b-3} = 2$$
$$2b - 6 = 4 - a$$
$$a + 2b = 10 \;\cdots\cdots\; ②$$

①, ②번 식을 연립하면

$$a = -4, b = 7$$
$$\therefore\; a + b = \boldsymbol{3}$$

### 492

점 $(a, b)$에 대하여 대칭이므로 직선 $x - y + 3 = 0$은

$$(2a - x) - (2b - y) + 3 = 0$$
$$-x + y + 2a - 2b + 3 = 0$$
$$x - y - 2a + 2b - 3 = 0$$

직선의 방정식이 $x - y + 9 = 0$과 같으므로

$$-2a + 2b - 3 = 9$$
$$2a - 2b + 12 = 0$$
$$a - b + 6 = 0$$

따라서 점 $(a, b)$의 자취의 방정식은 $\boldsymbol{x - y + 6 = 0}$ 이다.

### 493

$\sqrt{(a+4)^2 + 3^2} + \sqrt{(a-8)^2 + 2^2}$ 에서
점 $A(-4, 3), B(8, 2), P(a, 0)$을 찾을 수 있고 식이
나타내는 것은 $\overline{AP} + \overline{BP}$ 라는 것을 알 수 있다.

따라서 문제는 $\overline{AP} + \overline{BP}$ 의 최솟값을 구하는 문제이다.

$B$를 $x$축으로 대칭이동 시킨 $B'(8, -2)$와 $A$의 거리가
최솟값이다.

$$\sqrt{\{8 - (-4)^2\} + (-2 - 3)^2}$$
$$= \sqrt{12^2 + 5^2} = \boldsymbol{13}$$

### 494

$y = -x$에 대하여 대칭이동

$$\Rightarrow 2(-y) - (-x) + a = 0$$
$$x - 2y + a = 0$$

$x$축으로 2만큼 평행이동

$$\Rightarrow (x - 2) - 2y + a = 0$$
$$x - 2y + a - 2 = 0$$

이 직선이 원의 넓이를 이등분하므로 원의 중심을
지난다.

$$x^2 + 2x + y^2 - 4y - 4 = 0$$
$$x^2 + 2x + 1 - 1 + y^2 - 4y + 4 - 4 - 4 = 0$$
$$(x + 1)^2 + (y - 2)^2 = 9$$

$$(-1, 2) \Rightarrow x - 2y + a - 2 = 0$$
$$(-1) - 2 \cdot 2 + a - 2 = 0$$
$$a - 7 = 0$$
$$a = 7$$

### 495

두 점 $A(1,3)$, $B(4,1)$와 직선 $x + y - 1 = 0$ 사이의 거리를 구한다. 사다리꼴의 두 밑변이 된다.

$$\overline{AH_1} = \frac{|1 + 3 - 1|}{\sqrt{1^2 + (-1)^2}} = \frac{3}{\sqrt{2}} = \frac{3\sqrt{2}}{2}$$

$$\overline{BH_2} = \frac{|4 + 1 - 1|}{\sqrt{1^2 + (-1)^2}} = \frac{4}{\sqrt{2}} = \frac{4\sqrt{2}}{2} = 2\sqrt{2}$$

점 $A$에서 $\overline{BH_2}$에 내린 수선의 발을 $M$이라 하고 사다리꼴의 높이를 구하기 위해 삼각형 $ABM$에서

$$AB = \sqrt{(4-1)^2 + (1-3)^2}$$
$$= \sqrt{9 + 4} = \sqrt{13}$$

$$\overline{BM} = \overline{BH_2} - \overline{AH_1}$$
$$= 2\sqrt{2} - \frac{3\sqrt{2}}{2} = \frac{\sqrt{2}}{2}$$

$$\overline{AM}^2 = \overline{AB}^2 - \overline{BM}^2$$
$$= 13 - \frac{1}{2} = \frac{25}{2}$$

$$\overline{AM} = \frac{5\sqrt{2}}{2}$$

사다리꼴의 넓이는 $\frac{1}{2}(\overline{AH_1} + \overline{BH_2}) \times \overline{AM}$

$$= \frac{1}{2}\left(\frac{3\sqrt{2}}{2} + 2\sqrt{2}\right) \times \frac{5\sqrt{2}}{2}$$

$$= \frac{1}{2}\left(\frac{7\sqrt{2}}{2}\right) \times \frac{5\sqrt{2}}{2}$$

$$= \frac{35}{4}$$

사각형 $ABCD$의 넓이 = 사다리꼴의 넓이 $\times 2$

$$= \frac{35}{4} \times 2 = \frac{35}{2}$$

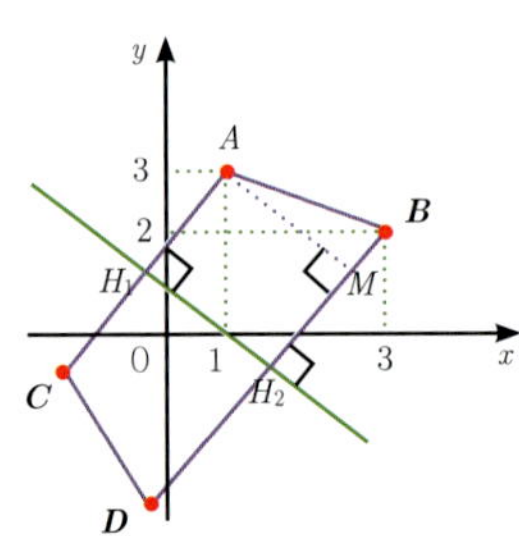


### 496

$y = x$에 대하여 대칭이동한 후

$x$축으로 2, $y$축으로 -1만큼 평행이동하면 된다.

$$f(y + 1, x - 2) = 0$$